Architecture
Image

建筑影像学概论

杨 新 磊 ◎ 著

中国社会科学出版社

图书在版编目（CIP）数据

建筑影像学概论/杨新磊著. —北京：中国社会科学
出版社，2019.8
ISBN 978 - 7 - 5203 - 4818 - 8

Ⅰ.①建… Ⅱ.①杨… Ⅲ.①建筑艺术—影视艺术
Ⅳ.①TU - 8

中国版本图书馆 CIP 数据核字(2019)第 162459 号

出 版 人	赵剑英	
责任编辑	郭晓鸿	
特约编辑	张金涛	
责任校对	冯英爽	
责任印制	戴　宽	

出　　版	中国社会科学出版社	
社　　址	北京鼓楼西大街甲 158 号	
邮　　编	100720	
网　　址	http://www.csspw.cn	
发 行 部	010 - 84083685	
门 市 部	010 - 84029450	
经　　销	新华书店及其他书店	

印　　刷	北京明恒达印务有限公司	
装　　订	廊坊市广阳区广增装订厂	
版　　次	2019 年 8 月第 1 版	
印　　次	2019 年 8 月第 1 次印刷	

开　　本	710 × 1000	1/16
印　　张	25.5	
插　　页	2	
字　　数	391 千字	
定　　价	128.00 元	

目　　录

1 导言

"对我来说，建筑与艺术可谓是两种并行的学习，从两种专业修养中受益，并努力寻找两个专业的交点。"① 作为对本论著的一个高度概括，"导言"旨在让专家、同人及读者一目了然地了解此书，用最短的时间清楚此书的研究对象、研究方法、框架结构、创新之处及应用价值。因此，该章措辞浅近，言简意赅。

1.1 选题的依据

1.1.1 业界需要

第一，全球化是典型的"图像时代/Image era""读图时代/Image - reading times"，②视觉文化大行其道，无孔不入。摄影、电影、电视所代表的影像以其逼真性、直观性、鲜活性、愉悦性无坚不摧，厚重坚实、积重难返的建筑界乃至工程界也早已要求"可视化/Visualization"，最前沿的数字建筑、智能建筑、绿色建筑更是深深植根于各种影像语言和影像技术。

第二，建筑业属于第二产业，为人民生活提供大量坚固实用的居住机器，自然也是一种制造业。建筑业所牵连与带动的材料、能源、环境等行业，都

---

① 摘自吴良镛先生 2014 年 8 月 29 日至 9 月 9 日在中国美术馆举办的"人居艺境——吴良镛绘画书法建筑艺术展"展览自序。吴先生的"艺术"主要是绘画、书法，笔者的"艺术"主要是电影、电视，异曲同工，殊途同归。

② 堂圣元、彭亚非编：《读图时代》，中国社会科学出版社 2011 年版。

是第二产业，都是重要的制造业。影像所栖身的传媒业属于第三产业，属于服务业，然而全球化尤其经济一体化正在促使现代服务业与高端制造业走向融合，① 传媒与建筑的联姻正逢其时，如日中天。

第三，建筑业已经意识到影像乃至传媒业的巨大传播力，并在设计、施工、验收、销售等各个环节想方设法利用影像传媒，广播声誉，提升影响。影像正在不断为建筑产品提供内容拓展、利润增值、产业延伸、技术革新等正能量。其中，建筑动画格外活跃，已成为建筑师当下最流行的语言。

第四，各类影像早已开始聚焦于代表性建筑物与杰出建筑人物，正在用纪实摄影、故事片、纪录片、动画片等专业样式深层关注建筑。截至 2013 年底，仅美国就有十多家此类专门性制片公司，如 Discovery Channel/发现频道、Guggenheim Productions/古根海姆制片、Michael Blackwood Productions/米歇尔·布莱克伍德制片等，年产量近 200 小时。② 英国 BBC、日本 NHK、中国 CCTV 也制作了诸多直面建筑/城市/工程的纪录片，影响广泛。

第五，城市与影视的关系日益密切，彼此成就。电影诞生于城市，可以说城市成就了电影；同时，电影也成就了城市，至少促进了城市的现代化，刺激了城市的大众文化尤其是消费。这种互文，集中体现于电影院，没有电影院的城市不是现代城市，1920 年至今的电影史就是一部有声有色的影院建设史。电影让"Hollywood／好莱坞""Cannes／戛纳"等原本乏人问津的小镇跃升为备受全球瞩目的现代都市，如今全球 70% 的城市地标都离不开电视发射塔。全球化时代，城市里高度密集的科技、人才为影视业提供了坚实的保障，传播力极强的影视也为提升城市形象、聚敛城市符号乃至推动国家文化产能提高贡献卓绝。

第六，在如火如荼的"申遗"与"非遗"热潮中，建筑业界与影像业界再次水乳交融，深度携手，保护与开发历史文化名城、大遗址、古建已经离不开影像的参与与介入，这类题材的影像作品成为展现民族风土人情、挖掘民间文化宝藏、吸引全球旅游资源、推动区域经济的强力代言，成为中国传

---

① 谭仲池、向力力编：《现代服务业研究》，中国经济出版社 2007 年版。
② 可参胡正荣、李继东、唐晓芬著《全球传媒蓝皮书：全球传媒发展报告（2013）》，社会科学文献出版社 2014 年版。

统文化乃至国家形象的生动符号。

第七，建筑电影节方兴未艾。"International Festival of Architecture Films Bordeaux"（法国波尔多国际建筑电影节）、"Festival Intl. de Film d'Architecture et d'Urbanisme de Lausanne"（瑞士洛桑建筑与城市电影节）、"Architecture Film Festival/AFFR"（荷兰鹿特丹建筑电影节）均已举办了数届，成为全球建筑界与影像界深入交流的高端平台。2013 年 10 月，由美国 20 余位资深建筑师、电影导演策展的"Architecture & Design Film Festival of USA，2013"（美国首届建筑与设计电影节）成功举办，再次把建筑与影像的融合引向纵深，从设计实践推动理论建设，收效良佳。

第八，中国的快速城镇化/Urbanization 必然要求产业结构加速转变，影像以及传媒业的信息产业技术特质正好与这一趋势匹配，前景广阔。城市空间的拓展、城市人口的激增必然要求传媒尤其影像不但在量上而且在质上与之适应，电影票房的持续增高、电视频道与节目的不断丰富尤其是微电影、视频等新媒体的勃兴与广普，促使影像与建筑休戚相关，损荣与共。

我国的文化产业方兴未艾，党的十八大更是强调文化与相关产业的加速融合。当今中国，以摄影、电影、电视、新媒体为主要内容的文化产业与"大建筑"所带动的设计、城市、景观、住居、旅游等相关产业的结合日益紧密，产业边界也在日益模糊。这种趋势既促进了文化产业拓展新市场、促生新业态、完善产业链，又增强了"广义建筑"①的文化内涵，使建筑更具人文性与传播力，二者的相互融合必将互利互惠，相得益彰。

1.1.2　学界需要

第一，建筑学从来都是一门包容自然科学、人文社会科学的交叉学科，跨界性/Transboundary 是其最显著的理论特色，吸收人类各个时代新兴学科的精华是建筑学一以贯之的学术追求。摄影、电影、电视都是年轻的后起学科，至今历史不到两个世纪，正值英年，生命力旺盛，前途不可估量，建筑学自然不会视而不见，不会熟视无睹，必然要研习、借鉴影像学科的特长与优势。建筑理论界需要弄懂影像的历史、美学特质、文化内涵尤其是传播话语。建

---

① 可参吴良镛著《吴良镛选集：广义建筑学》，清华大学出版社 2011 年版。

筑学界显然已不满足早期那种视影像为一种工具的陈旧观念，迫切需要寻找二者之间的契合点与共通点。

第二，影像学界也需要深入了解建筑学及其理论。如果仅从外形、外观上拍摄建筑物，显然只是浮光掠影，蜻蜓点水，必须触及建筑的语言、建筑的文脉、建筑的设计理念，必须廓清建筑与所在城市、区域的有机关联，只有这样才能真正读懂建筑、拍好建筑、传播好建筑的意蕴。摄影所寄居的设计学和美术学①、电影学、广播电视艺术学、传播学都需要借鉴建筑学的范式与体系，增进经世致用，开阔学术视野，促进学科交叉。

第三，艺术学研究需要打通建筑学与影视学。艺术学虽然并不包括建筑学，但建筑设计却与艺术学门类下的一个一级学科——设计学异曲同工，密不可分。事实上，建筑设计就是一项艺术创作活动，古今中外莫不如此。影视学几乎可以代表整个影像学，戏剧的舞台美术设计、影视剧的场景设计尤其后期数字特效与渲染，时刻离不开建筑学、风景园林学的知识与理论。合而观之，艺术是相通的，建筑学需要艺术学指引，影视学更需要建筑学；艺术学可以打通建筑学与影视学，艺术理论可在更高层面贯通建筑与影像。

第四，"建筑文化"这一新生二级学科的定位使然。西安建筑科技大学是一所百年老校，是全国建筑"老八校"之一。② 近年，该校在建筑学一级学科下，自主设置了一个二级学科——建筑文化，聘请从事各门艺术的校外知名专家担任博士生导师。建筑文化专业注重工学与艺术学的交叉，从文化研究层面探讨建筑问题，这与笔者的学术背景不谋而合。正是该专业的交叉性深深吸引并触动了笔者，促使笔者毅然辞职以脱产、非定向方式读博，从北京来到西安，不遗余力，志在必得。

第五，笔者的学术背景使然。笔者的本科、硕士都毕业于中国传媒大学，攻读的是影视专业，从事影视教研与实践数年，独立编导过电影、电视剧、

① 除本科外，摄影始终无学，笔者对此惋惜不已，希冀并呼吁在研究生专业设置上早日革新，详见笔者的《050409 摄影学：硕博学位点阵与研究生态未图》一文，辑于笔者的专著《理论之"在"与影像研究》第31页。
② 可参西安建筑科技大学官网（www.xauat.edu.cn）。"老八校"包括清华大学、东南大学、天津大学、同济大学、哈尔滨建筑大学（已并入哈尔滨工业大学）、华南理工大学、重庆建筑大学（已并入重庆大学）和西安建筑科技大学（原西安冶金建筑学院）。

纪录片，发表过专著和多篇论文，这些都统统围绕着电影与电视，亦涉及摄影。笔者学习建筑学，始终植根于这种学术背景，那就不得不思考建筑与影像的关系。

上述种种，综合给力，终使笔者选定此题，写就此书，如图 1-1。

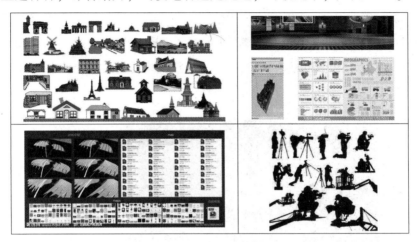

图 1-1　从业界到学界，建筑与影像已形成深刻互文，亟待系统梳理，笔者根据网络图片编辑

1.2　国内外研究现状

科学计量学（Scientometrics）根据引文半衰期（Citation half-lives）的明显不同，将科学文献划分为高被引的经典文献（Classic articles）和短期内高被引的过渡文献（Transient articles），[①] 而基于 JAVA 的经典科学文献可视化软件 CiteSpace 尤其第二版则能可视化这两类文献的援引轨迹，令任研究课题的"研究前沿"与"知识基础"之间的时变对偶（Time-variant duality）以社会网络分析图谱方式呈现。为了掌握本论题的国内外研究现状，笔者数十次在中国国家图书馆官网、中国科学技术信息研究所－国家工程技术数字图

---

① Van Raan，A.，"On Growth，Ageing，and Fractal Differentiation of Science，" *Scientometrics*，2002，472（2），347-362.

书馆官网、Web of Science（SCI 和 A & HCI）以"Architecture + photography""Architecture + film""Architecture + cinema""Architecture + movie""Architecture + television""Architecture + motion""Architecture + image"为关键词检索中外文献，有时还将"Architecture"换成"Building"、将" + "换成"in""of""for"等小品词、将"and"换成"or"进行检索，相信应该穷尽了该论题 1998—2014 年间的代表性论著。CiteSpace Ⅱ 几次输出的"Architecture + image"词频计数视图和复合网络图也印证了笔者文献检索之广深与精准，如图1 － 2。

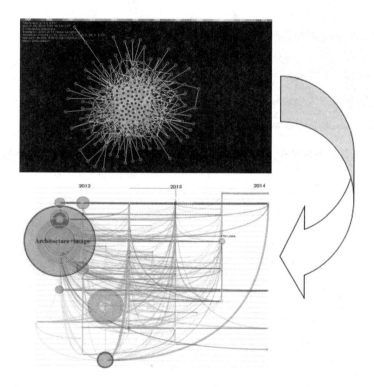

图1－2　上图为科学计量学经典软件 CiteSpace Ⅱ给出的 **2000—2011 年**"Architecture + image"及类似研究文献的时区视图。这是一个具有明显中心的非线性分维结构，其任何一维都具有可拓性，说明全球学者对这一论题的研究尚处于发轫阶段，环论题中心的发散思维仍居主导。下图为该软件给出的 **2012—2014 年**全球范围内该论题经典文献、过渡文献的被引关系网络拓扑图，在"Architecture + image"这一核心关键词周围派生出 **3** 个聚类，在其右下方还有 **2** 个较大的聚类，而且，此图不具有中心性，偏移性与耗散性十分明显，复杂性思维突出。这表明，短短的几年，中外学者对该论题的研究已经走向纵深，其间不乏分歧与分化。上下二图皆系笔者操作 CiteSpace Ⅱ 所得，笔者自绘

1.2.1　国内

国内对建筑与影像关系的研究，始于 20 世纪 90 年代初。当时，我国的传媒尤其影视业突飞猛进，日新月异，作品从数量到质量均大幅度攀升，一些从事建筑设计实践与理论的专业人士开始思索这两个以前毫不相关的领域之间的内在联系。首先被意识到的是摄影之于建筑的重要性，大量关乎老建筑、历史遗迹、文化名城的照片被建筑界空前重视。其次，大量影像的内容就是建筑，于是，关于建筑的纪录片、专题片渐现荧屏，关于建筑师的创作观念乃至哲学本体的影像志，开始令知识界为之瞩目。但是，反映建筑师生活与情感的影视，我国传者与受者均不看好。由报业发起的"中国建筑传媒奖"，尽管突出了评价建筑的公民视角与民生体恤，但却始终忽视影像的重要性。尤其，我国始终缺乏能从学理高度概括建筑与影像复杂内联的力作。

1.2.1.1　前周①

如果说台湾学者季轶男 1992 年出版的《建筑现象学导论》② 只是一个笼统的序幕且影响微弱，那么，现任教于北京建筑大学的费菁 1999 年出版的《媒体时代的建筑与艺术》③ 可能是国内第一部明确探讨媒体与建筑的著作，但除了指出建筑也是一种媒介外，作者并未深入关注建筑与媒体的内在逻辑关联，遑论具体到影像。作者甚至对建筑都兴趣不大，她真正在乎的是美国的当代艺术。而且，该书只是停留于图解，理论价值不大。④ 与之类似，台湾学者李清志的《建筑电影学：电影空间类型的比较与解读》《建筑电影院：阅

---

① 周，指周诗岩。

② 该书由台北桂冠图书公司推出。季对现象学的关注还可追溯到更早，1983 年《建筑师》第 2 期就刊发其《绝妄去执见真如——论建筑之现象学进路与展望》一文，但直到 2014 年他都不曾具体阐发建筑与影像的关联。

③ 中国建筑工业出版社 1999 年版。

④ 由于认识到自己的这些不足，费菁负笈清华大学建筑学院读博并于 2005 年获得学位，其博士论文《二十世纪中叶以来西方建筑与视觉艺术》（导师高亦兰）成熟了很多，尤其"着重讨论大众传媒对 20 世纪中叶以来西方建筑和艺术在不同层面的影响"。作者指出，"在网络世界所有活动构成背景，局部信息流动为图像，非黑即白的传统图底关系成为特殊状态……信息的清晰度体现在透明所建立的视觉联系和空间感觉，超透明表达了新型图底关系下人对自身与自然、社会和他人关系的全新思考"，这些见地仿佛出自一位资深传播学者，颇有分量。

读电影中的空间意涵》① 尽管早于费的作品三年出版，但根深蒂固的"图纸意识"禁锢了思辨，且仍未走出影片分析之窠臼，这种被"镣铐"束缚的"舞蹈"必然难以达到自由的境界，触及不到问题的核心。

蒋涤非 2000 年获清华大学硕士学位的《走向情感化的广播电视建筑》②一文，虽然着力于土木工程实践，但他对国内外广播电视建筑风格从功能主义、高技派走向情感化趋势的分析，对广播电视建筑情感化室内空间设计理念的归纳，却可见出作者对技术与艺术结合的努力探索，对建筑学内涵中人文成分的深入挖掘。

尽管周正楠 2002 年获清华大学建筑学博士学位的《媒介·建筑：传播学对建筑设计的启示》③ 试图填补上述空白，但因其自身的传播学特别是中外电影史积淀不够深厚，此著并未引起学界重视。不过，笔者颇为欣赏周的交叉精神，更为叹服其导师栗德祥先生提出的"交叉建筑学"，周文是"传播学与建筑学之间学科交叉研究的著作，它通过传播学的理论和方法在建筑学领域的运用，从一个新的视角去理解建筑，为建筑设计带来新的启示"。④ 全文包括三篇，精华在前两篇：第一篇从传播学的角度分析建筑设计过程，说明建筑设计过程实际上也是一个完整的传播过程；第二篇通过对建筑受众心理特征（需要、注意、认知、态度）的研究，来考察作为媒介的建筑与人的相互影响，揭示一些非传统建筑设计观念及其社会效果；第三篇显得有点游离，作者把传播学和信息论强行捆绑在一起，试图分析建筑自身的信息内容与信息原则。但是，由于作者并未把传播学的精髓充分展现，故而最后一篇显得空泛而薄弱。周文是国内较早将传播学理论与方法全面引入建筑设计及其理论研究的一篇有分量之作，文理渗透意识鲜明，但缺乏一种甄别诸多传播学学说的慧眼，从传播学向建筑学的移植略显生硬。

无独有偶，与周正楠同年获得清华大学建筑学博士学位的白静，也在阐

---

① 李清志的两本著作由台北创兴出版社 1996 年出版。
② 导师为单德启。
③ 东南大学出版社 2003 年版。
④ 出自该文的"摘要"。

述媒介对建筑的影响。通读其《建筑设计媒介的发展及其影响》①一文，笔者感到一种明显的移植性与搬套感，作者简单而机械地在"建筑语言""建筑图形""建筑模型""建筑数字"后添缀"媒介"一词，以此构架全文，展开分析。② 作者的专业为建筑技术科学，但此文的技术专深度明显不足。

李国棋的《声景研究和声景设计》③ 极易被忽视，笔者认为，此文很难被建筑学界重视，因为作者爆了一个大冷门。建筑设计素来依靠视觉，尽管建筑物理要考虑声学，但对建筑师而言那主要是负责施工的大小工程师们的事。作者立足于加拿大科学家、音乐家 R. Murray Schafer 于 20 世纪 70 年代提出的"Soundscape/声音景观"思想，廓清了这一思想的美学基础，提出了住宅小区声景的评价方法和评估标准，归纳了声景设计的方法和步骤。此文的实证性很强，紧紧围绕其本人创立"声音博物馆"数据库及参与编写北京2008 年奥组委《绿色奥运建筑评估体系》之声环境条款的工作经历，紧扣"'人—声音—环境'三者之间的相互关系"，④ 创新力度很大。影像与声音具有天生的关联性，密不可分，但即使在影视界内部也长期存在"重画轻音"之偏废，笔者愿向所有对"建筑－媒介"尤其"建筑－影像"论题感兴趣的学者推荐此文。此文出现于前周时期，作者独辟蹊径，依据扎实的调查工作与实践经验令学界与业界有了新认识，正视声音乃至声景在建筑尤其景观设计中的独到性，宛如建筑影像学佳人弹奏前"犹抱琵琶半遮面"般的试音调弦，又如建筑影像学巨人亮相前先声夺人之空谷跫音，是一篇独一无二的文章。

作为建筑"老八校"之首，清华大学的哲学氛围自然不薄。2005 年，承担国家自然科学基金项目的常志刚以《基于光视空间概念的光与空间一体化设计研究》⑤ 一文摘取建筑学－建筑设计及其理论博士学位，此文涌动着深沉而凝练的现象学意识。"在哲学层面上，本文运用近现代哲学的观念，结合视

---

① 导师为秦佑国，见于国家图书馆学位论文库。
② 周、白二人同属一个学院，同级同届，或许熟识，甚或过从甚密，这也许是后者模仿前者之人际传播学、组织传播学之缘由。
③ 导师秦佑国，作者以此文于 2004 年获清华大学建筑学博士学位。
④ 出自此文"摘要"。
⑤ 导师为詹庆旋，见于国家图书馆学位论文库。

觉艺术——印象派绘画，探讨视觉认知的方法论，并把建筑中艺术与科学、设计与技术的结合问题转化为客观媒介（建筑空间）与主观意识相统一的认识论问题。"在此基础上，"进而采取现象学的方法，对光视空间的本质进行还原，探讨光视空间设计的基本观念和……光与空间一体化设计的方法，提倡……双向互动的设计模式"①。与笔者一样，常尽管没有哲学专业背景，但他的睿智与勤奋足以弥补知识结构之缺陷，他对印象派绘画的实证主义背景之敏锐捕捉，他对结构主义心理学哲学渊源的清晰勾勒，尤其是他对现象学精髓的精准把握与灵活运用，充分展露出这篇获得国家级科研资金资助项目的实力与魅力。可惜的是，此文并非直面建筑与影像的关系，只与光——这一元素级而非结构级因子密切相关，特别是作者没有用现象学结合建筑学、美术学者、心理学者三个层面，没有用现象学涵摄全文的立论与脉络，这似乎没有捅破最后一层窗户纸，多少留下了一丝遗憾。

同年，同校，同一专业，程晓喜的博士论文《中国当代建筑评论的开展及传播研究》② 有针对性地提出了建筑评论的传播观，指出建筑评论创造的"拟态建筑环境"对"当代人的建筑文化认知起到了决定性的作用"，媒体使建筑评论的主体、媒介、受众等都得以丰富，大大超越了过去的传统专业范围，"媒体同时也深刻地影响和改变着建筑评论的批判功能"。③ 尽管论述对象相去甚远，但笔者依然要肯定程的传播学嗅觉和媒体意识。进入 21 世纪，建筑学研究无视传播学尤其影像，必然会落伍。

1.2.1.2　周诗岩的划时代之作

直到 2007 年，周诗岩以《建筑物与像：远程在场的影像逻辑》④ 获同济大学建筑学博士学位，这一不足方被弥补。毋庸置疑，周的著作是国内研究建筑与影像之划时代力作，她所达到的高度是空前的，但是，不可能绝后。

该著的内容提要指出："本书是国内第一部针对建筑与电影以及新媒体影

---

① 出自常文的"摘要"。
② 导师为关肇邺。
③ 出自该文"摘要"。
④ 东南大学出版社 2007 年版。

像之间的关系进行系统理论分析的论著。"① "国内第一"之言应出自责编或主编，但基本不虚。该著作的首创性显而易见，书中集中讨论了在当代符号消费的环境下，建筑的存在方式如何从直接在场转化为远程在场，建筑的重心如何从"物"转化为"像"，以及相应的影像逻辑如何作用于建筑创作和建筑观念的问题。全书分为上下两编：上编通过分析影像渗透当代建筑领域的各种现象，提出建筑在光电子时代的"透镜传播模式"；下编通过精选的电影和现当代艺术作品，结合可比照的建筑案例，分别从虚拟与实体、镜头与视点、运镜与路径以及空间序列上的蒙太奇与超链接等角度，具体分析由远程在场建筑带入建筑学的影像思维逻辑。笔者反复参研，深切感到作者视野开阔，材料丰富，文笔清新。

尤其，作者的忧患意识鲜明。"我长久地困惑于影像的'逼真'与'拟仿'，它有着双刃剑般的力量，建立我们的世界，又消解我们的世界。建筑的生产和流通，在很大程度上被建筑影像的生产和流通所替代，词与物之间曾经稳定的指涉关系在影像流通的回旋式中否定中失落了。我们无法再依靠牢牢抓住建筑的物质躯壳不放，以求得对这种影像力量的抵抗。它无孔不入，无可抵抗。我们要么落入它的世界，要么落入虚无。"② 尽管使用一个司空见惯的马克思主义政治经济学术语"流通"多达三次，略显贫乏，且与影像的传媒本质隔膜颇深，但作者对影像冲击下建筑特别是建筑学的危机深感担忧，却值得首肯。周比那些素来自命不凡的建筑师、规划师们清醒得多，冷静得多，也睿智得多，"我没他们聪明，因为我还存有侥幸，期待可以在相当具体的领域掌握它，以便我们必将落入其中的这个世界不至于太过不堪"③ 笔者以为，周著堪称影像时代建筑师们的"警世钟"，足以令其"猛回头"，④ 因为，"建筑的影像特征，即建筑作为视觉传达的对象所具备的形象特征，却是没有人能够否认的"⑤

显然，周诗岩远超费菁、李清志甚至周正楠、常志刚等学者。笔者之所

---

① 详见该书"内容提要"。
② 出自该书"后记"，第 312 页。
③ 出自该书"后记"，第 312—313 页，"它"指影像。
④ 革命志士陈天华（1875—1905）著有《警世钟》《猛回头》等文，流传甚广。
⑤ 出自周的导师伍江教授为此书所作的序。

以视周著为建筑与影像研究的划时代之作，那是因为被周的非线性乃至复杂性思维深深折服。周诗岩的思维方法不简单，不机械，也不是二元论（包括常规意义上的辩证法），而是一种极具 21 世纪科学技术禀赋的非线性、分形乃至耗散结构，她的"远程在场""影像逻辑""物质本质主义""透镜模式""时空知觉""超序空间"等术语令人耳目一新，她从容游弋于建筑学与电影学之间的那种潇洒与自信令人钦羡不已，她悄然遴选颇具代表性的几个现象学观念并巧妙用于"建筑物与影像"研究的那种四两拨千斤令人啧啧称叹。这一切，都源于她的睿智与勤奋。尽管不是电影学专业的博士生，周诗岩的阅片量尤其对一部电影的独到理解绝不逊于任何一个电影学博士生，这从其著下篇对"上镜性""杂耍蒙太奇"和"长镜头"几个关键词在建筑创作中如何体现之阐发便可管窥一斑。读博数载，笔者多次参研周作，每每均能从其才情与敏思中获益良多。

周的学士、硕士、博士三个学位均是建筑学，虽十分喜爱电影，但毕竟没有接受过全面而系统的影视学熏陶与历练，缺乏俯瞰影视学的视角，更不谙艺术学与工学之天壤之别，缺乏博雅的人文内涵。[①] 尤其，周缺乏批判锋芒，这一点甚至逊于她的师弟翟海林，后者的《建筑摄影的批评性研究》[②] 虽仅为硕士论文，但大胆质疑，勇敢建言，足以令不少学界前辈顿感后生可畏。

特别地，笔者对周的哲学功底不敢苟同。"建筑物质本质主义的困境就在这里：它始终试图确立一个客观存在的、独立于主体的建筑本体，而又无时无刻不期待通过主体的 感知 对其进行判断和证明。事实情况是，建筑只可能作为内在于主体的 感知 而不是外在于主体的对象被把握，就像我们不能判断我们无法 感知 的事物，仅在理论上被证明的存在对现实世界毫无意义。在任何社会，我们不可能脱离人的 感知 来讨论建筑——在消费社会里，我们不可能脱离消费大众的 感知 来讨论建筑。"[③] 在这段仅有 194 字的论述中，"感

---

① 后来，周诗岩意识到自己的不足，去复旦大学做新闻传播学的博士后，走向了学科交叉。
② 该文由郑时龄指导，同济大学，2007 年授予硕士学位。
③ 该书"前言"，系周所撰。

知"这样一个再普通不过的词出现了 4 次，周显然对该词寄予厚望，试图基于它阐明建筑与影像之间的复杂哲学关系，这未必有点儿戏。周应该没有系统研习过西方哲学史，对现象学不太在行，几近哲学的外行，这正是该著理论深度不够之根由。尽管是一篇划时代的力作，周诗岩的哲学基础并不扎实，缺乏辨析各种哲学流派并择优之功力，全书看不出其具备深厚的哲学素养与美学禀赋，倒是对于艺术尤其电影的热衷溢于言表，跃然纸上。作为博士学位论文、高水准的学术论文，这不能不令同行扼腕。①

1.2.1.3　后周

受周诗岩的启发，包行健 2008 年获重庆大学建筑学硕士学位的《空间蒙太奇：影像化的建筑语言》② 提出了建筑语境下的"空间蒙太奇"这一新概念，分析建筑影像化表达中空间蒙太奇的发展历程，发现影像自身的特性决定了其作为一种"语言"对于建筑表达具有不可替代的补充作用，相信未来的建筑会以"非物质化"的影像方式存在。

与周诗岩相比，高蓓的长处不在于她比前者早一年拿到博士学位，而在于她具有丰富的实践经验。高蓓读博时就已经是美国优联加（中国）建筑设计事务所（UN + Architects）中国总裁，曾任菲利浦·约翰逊理奇建筑事务所中国区总裁和主任建筑师，还策划过摄影展览，自幼喜爱文学艺术。高蓓 2006 年的博士学位论文《媒体与建筑学》③ 是一篇全面而冷静的针对媒体与建筑的交叉研究，作者认为，今天的"我们生活在……各种各样的影像包围的空间里，生活在互联网所缔造的无时无刻无所不在的'泛在'（Ubiquitous）世界里"，我们每个人"不仅作为传播的接受者，还作为传播的生产者，不仅作为真实世界的居住者，还作为虚拟环境的参与者"。④ 在这样一个"媒体时代"或"媒体社会"，真实建筑与媒体建筑的界限变得模糊，"建筑学不仅表现在建筑当中，它还通过摄影……电影、电视和网络而存在"。"媒体不仅通

---

① 《建筑师》杂志 2008 年 12 月刊系"建筑与电影"专号，刊发了数位建筑师的论文，多为赏析中外电影佳片之影评，与周诗岩一样，洋溢着对电影的偏爱，缺乏思辨性。

② 导师为陈永昌。

③ 该文由王伯伟指导，同济大学，2006 年授予建筑学 – 建筑设计及其理论博士学位。

④ 引自高蓓此文的"摘要"，见于中国国家图书馆学位论文库。

过再现来解释、投射和改写建筑，还通过再造来组装、重塑和生产建筑；我们的空间在拟仿和信息交互中走向'模拟'（Simulate）和分散，而城市正经历结构消解和重组的挑战。"高蓓虽是女性学者，但其著作结构之大气、行文之劲道丝毫不让须眉，她通过分析媒体社会和文化的深刻变革，提供了一个重新认识建筑世界的基础语境，并逐一分析摄影、电影、电视、印刷、展览、网络和新媒体与建筑及城市之间的关系。这种不分轻重的大包大揽，尽管略显芜杂与散漫，但她却能坚持深究下去，最终阐明"媒体技术和内容对建筑世界价值观的哲学改变"，力透纸背，颇见功力。至此，高文并未搁笔，而对媒体社会中的"建筑学"概念予以反思，对"建筑学"的审美价值予以颠覆，对未来建筑存在的"去物质化"和"去政治化"倾向提出展望。细读高文，笔者没有感受到周诗岩那种文人乃至超级影迷式的激情与恣肆，高蓓对西方现代哲学、美学、社会学理论的吸收与点化，陡然提升了研究的深透度与学术厚重感。可惜的是，面对承袭自几千年西方哲学史的现代思潮，她似乎有点力不从心，始终未能击中现代哲学之七寸；面对更为光怪陆离的媒体，她更显得力不从心，定力欠佳。高文显然比周文更具思辨色彩，但依旧缺乏贯一的哲学锋芒，未能发现可以统摄当代建筑理论之思想利器。

或许是因为意识到高蓓、周诗岩①两位女将因动作幅度大而导致脚步踉跄，贾巍杨 2008 年获天津大学建筑学－建筑设计及其理论博士学位的《信息时代建筑设计的互动性》② 一文，十分内敛，几近矜持，仅用"互动性"这么一个术语就概括了信息时代"大众文化、媒体、信息技术"对建筑学的渗透，以及"对建筑设计观念和方法"的"深远影响"。③ 贾文紧紧抓住

---

① 也是在 2007 年，周诗岩的同窗华霞虹在其博士学位论文《消融与转变——消费文化中的建筑》（导师为郑时龄）中指出，"在消费文化语境中，关于建筑的一切——建筑物、建筑师、建筑影像、建筑理论等都成为消费对象，它们遵循消费逻辑而不是自律原则。建筑成为符号资本，旨在创造财富……消费文化中的建筑趋向开放、灵活、流动、短暂和多元……由于消费主义文化的超前性和移植性，中国当代建筑具有时空高度压缩，极为混杂、片段的特点。一方面，执着于数量、规模和速度，旨在营造一个'物质乌托邦'，另一方面是快速制造差异，追求新奇和震撼，以优势文化为导向，显示了强烈的身份焦虑。消费文化中建筑的发展契机主要在于……运用文化符号和电子影像建构空间，在扩大消费的同时减少资源耗费……从使用转向体验，使建筑成为激发、丰富人类知觉和情感的媒介"（引自该文文首的"摘要"，见于中国国家图书馆学位论文库）。此文虽然没有直接点明研究建筑与影像的关系，但却从另一个侧面观照这一论题，具有隔山打牛和旁敲侧击之隐性功效。

② 该文由彭一刚指导，可参中国国家图书馆学位论文库。

③ 引自此文"摘要"。

"互动性"这一要柄，并将它引入建筑学，进而拓展为"交互美学"，"发掘出互动性的建筑空间区别于传统建筑的特征"，归纳得出"互动性建筑空间的形式特征和技术特征"，指出互动式设计"将大大提高公众参与设计的广度、效率以及经济和社会效益，使设计活动成为高效的信息循环"。如果说二位女将是穆桂英与樊梨花"舞枪弄棒"，贾文则如同一记快利疾锐的"小李飞刀"，讨巧得很，反倒具有几分女性的阴柔之气，此文结论的保守性与俗套气足以印证其立论的谨小慎微：贾文的结尾居然流于"管理决策者要改变观念、建立公众参与的制度和组织保障，设计师要利用新媒体承担传播建筑文化、开展建筑评论的责任，积极推行先进信息技术用于互动式设计"这种苍白的呼吁，甚至出现"我们应当充分利用现代信息技术，使建筑师与公众之间达到真正的互动，促进我国的建筑设计水平不断登上新台阶"这种无力的口号，大大削弱了此文的学术情怀与思辨魅力。

同济大学建筑与城市规划学院颜隽的博士论文《再造空间　当代建筑空间的多元解读》① 也从媒介入手，试图以"像"而非"影像"贯通建筑空间解读史，显系东施效颦，邯郸学步。尤其该文过多拘泥于案例分析，依旧缺乏理论思辨尤其是哲学淬炼。同为女性学者，中国人民大学艺术学院雷婧的硕士论文《新媒体技术对建筑本质及其影像的影响研究》② 就没有周、颜那种沉浸于电影之中的自我陶醉，该文主旨与笔者此文颇有几分神似，雷文能意识到影像会对建筑师的设计理念甚至对建筑的本质产生重大影响，且对影视技术特别是网络、手机电视等新媒体的技术本质理解得比较透彻，实属睿智。

陈丽莉 2011 年获郑州大学建筑学硕士学位的《消解·形象·情节——基于影像逻辑下的"电影建筑"理论研究》③ 一文，是对周诗岩之作的超级模仿，颇得周之要领。陈文中，"对时空结构进行编排和剪辑（editing）"，"体验空间情节并构建'超现实'的想象空间，从而营造一种'真实的在场感'"这样的论述明显得益于周文，以至于直接照搬周的"影像逻辑""透镜模式""远程在场"三个关键词。在众多硕士论文中，陈文显得鹤立鸡群，灵秀不

---

① 同济大学出版社 2012 年版。
② 此文由王英健指导，2011 年授予艺术学硕士学位。
③ 此文导师为刘兴。

俗，这皆归功于她对周诗岩衣钵之承继。一篇优秀博士论文的影响如此之大，如此之久，由此可见一斑。

与高蓓一样，中国传媒大学广告学院巫蒙、卓嘉的专著《综合媒介设计》① 以丰富的实践经验见长。尽管针对的是展览展会，但对建筑同样启发良多。作者把媒介分为环境媒介、非物质媒介与物质媒介三大类，环境媒介中就包括建筑环境，物质媒介中又包括装置、新媒体等，非物质媒介包括传统表演、实景表演、综合剧场、影像剧场，上述媒介形式或表现或再现，或真实或虚拟，或写实或写意，宛如从容游弋于建筑与影像这两个主体之间的一曲唯美的双人华尔兹。笔者特别欣赏两位作者强烈的影像意识，他们将影像剧场进一步细分为全包围影像、环绕影像、半包围影像、零散包围影像、漫游影像、单面影像、中心影像等七类，解析特点，评析案例，这显然对建筑设计、城市规划如何利用影像具有很强的借鉴意义。

或许是为了避免周诗岩的文艺情怀，2012 年，同样喜爱电影的兰俊却选择一个"物质化"的课题——《美国影院发展史研究》②，从电影院这个能很好融合建筑与电影的角度写作了长达 470 余页的博士论文，并顺利获得清华大学建筑学博士学位。看得出来，作者比较熟悉美国电影史，且能透过镍币影院、电影宫殿、新影院、多厅影院、综合体影院等风格的嬗变洞察经济、社会的消长盛衰，颇具人文批判色彩。不过，兰俊也是三个学位皆为建筑学的"三本博士"，③ 尽管能阐明"电影影院"失败的根源，但却不理解电影史真正的分水岭是电视的冲击，当然不会也不敢以此建构论文的体系，只能走一条基于时间轨迹的保守路线。此外，兰俊的文笔不如其名，不似空谷幽俊逸通脱，平实庸和，毫无周诗岩的浪漫婉约。

上海交通大学陆邵明教授的《建筑体验——空间中的情节》④ 立足于现象学体验，沿循"叙事"这条主线成功地将影视编导与建筑设计进行了类比与联结，该著第三章第三节指出建筑与影视通过空间叙事——借助光影、声

---

① 中国建筑工业出版社 2012 年版。
② 导师为朱文一。
③ 笔者称学士、硕士、博士为同一个一级学科甚至二级学科的博士为"三本博士"，这种人的知识结构单一，学术背景缺乏交叉性，科研创新力受限。
④ 中国建筑工业出版社 2007 年版。

音和必要的蒙太奇可实现理性的归一，这也是一种从主体间性考量二者的可取视域。

苏州大学刘晓平教授的《跨文化建筑语境中的建筑思维》① 倒是在极力追溯哲学源，其华彩乐章"建筑传播话语权的创新基础"旨在廓清包括影像在内的建筑传播及其机制创新等策略性问题，但因着眼于全球化、游思于跨文化传播这些空大虚论而难免散漫驳杂。

1.2.1.4 几篇较有分量的译介

2006 年，英国 AA（Architectural Association）资深教授 Pascal Schöning（帕斯考·舒宁）的专著 *Manifesto for a Cinematic Architecture* 出版，国内建筑学界迅速跟进，一批译介之作随之涌现。《建筑师》2008 年第 6 期便发表了 Pascal Schöning 与南京大学 – 剑桥大学建筑与城市研究中心窦平平的联合署名文章《一个电影建筑的宣言》，明确提出"Cinematic Architecture / 电影建筑"这一概念，认为"电影建筑通过不在场的在场而存在"。于是，一批涉世未深的硕士生争相探研，如前文提及的陈丽莉 2011 年的硕士学位论文《消解·形象·情节——基于影像逻辑下的"电影建筑"理论研究》，再如陈冠峰 2012 年的硕士论文《电影中的建筑及其与现实建筑设计之间的关系》② 等。杨晨直接设想构建一门学科，他的硕士论文《电影建筑学——建筑艺术表达的新探索》③ 梳理出"电影建筑学的两个表达途径——建筑电影和电影建筑。建筑电影是一种用电影手段表达建筑情境并创造观念现实的艺术手段，而电影建筑的目的则在于构筑对人感知的影响力，它尝试创造一种非线性的、转瞬即逝的时空情境"，④ 虽因有概念炒作之嫌而显得脆弱，但却不乏新意。

东南大学艺术学院雷鑫发表于《电影评介》2007 年第 6 期的《让·努伟尔：影像与建筑的对话》很容易被忽视，其实这是一篇从主体关联高度剖析影像与建筑内在性的力作，只可惜作者把这个论题简单化了，仅停留在"使用建筑的表皮或面作为类银幕来达到建筑的实存在视觉及心理上的部分'消

---

① 中国建筑工业出版社 2011 年版。
② 此文导师为宁晶，北京服装学院，2012 授予设计艺术学硕士学位。
③ 此文导师为戎安，中央美术学院，2013 年授予建筑学硕士学位。
④ 出自此文"摘要"。

隐'"，而未触及"源意识"。

沈克宁先生发表于《建筑师》2013 年第 3 期的《绵延：时间、运动、空间中的知觉体验》再次证明，他是国内建筑界数一数二的现象学权威。此文虽频繁引用 Henri Bergson（帕格森，1859—1941）的《时间与自由意志》[①]，但骨子里依旧是现象学，沈先生从 Gilles Louis Réné Deleuze（德勒兹，1925—1995）的《电影 1 运动—影像》《电影 2 时间—影像》[②] 中敏锐而老道地剔剥出建筑与影像在文本与主体两个层面的互文性，举重若轻，让笔者钦佩不已。

尽管北京大学董豫赣的《文学将杀死建筑：建筑 装置 文学 电影》[③] 几乎没有对建筑与电影之专论，但作者对"建筑""建筑学"这些基本概念的历史变迁之敏感，与笔者的这番现象学悬置与还原异曲同工。笔者的这篇论文，正是要从更为开阔的理论视野高屋建瓴，从更为交叉的学术语境革故鼎新，从更为深广的话语背景穷委竟源，从更为丰约的实证资源旁征博引，荡涤周诗岩等学者论述之滞涩，弥补缺憾，把国内建筑与影像的研究推向一个新的高度，如图 1-3。

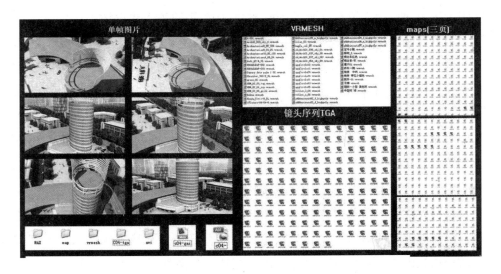

图 1-3　读博期间，笔者导演的建筑三维动画片《拜水丹江 问道南阳》之 Auto CAD + AE 工作站截图，笔者自绘

---

① 吴士栋译，商务印书馆 2010 年版。
② 黄建宏译，台湾远流出版有限公司 2003 年版。
③ 该书由中国电力出版社 2007 年出版。

1.2.2　国外

尽管很多建筑师都对影像感兴趣，いそざきあらた（矶崎新，1931—　）、勒·柯布西耶（Le Corbusier，1887—1965）就与电影导演合作过多部纪录片，① 而让·努韦尔（Jean Nouvel，1945—　）、冉·库哈斯的电影情结更是根深蒂固。但是，潜心从理论层面思考建筑与影像的西方学者，还是从现象学入手的，这种思索始终不是专题性的"孤立子"②，首先体现于建筑现象学。

1.2.2.1　舒尔兹与霍尔

建筑现象学研究从思想取向来分，仍然要首推海德格尔的存在主义现象学，其代表人物是著名的 Christian Norberg - Schulz（诺伯格·舒尔兹，1926—2000）。他的诸多著作，如《实存、建筑、空间》对海德格尔的 *Bauen*，*Wohnen*，*Denken*（《筑·居·思》）中的思想进行了建筑化和图像化解释。他亦称自己的 *Genius Loci*（《场所精神》）是走向建筑现象学的第一步，而 *Concept of Dwelling*（《居住的概念》）则是集大成者，只有当人经历了场所和环境的意义时，他才"定居"了。"居"意味着生活发生的空间，这就是场所；而建筑存在的目的就是使得原本抽象、无特征的同一而均质的"场址"（Site）变成有真实、具体的人类行为发生的"场所"（Place）。

建筑现象学研究的另一个领域采用的是 Maurece Merleau - Ponty（梅罗·庞蒂）的 Consciousness phenomenology（知觉现象学）思想，侧重于建筑设计理论和实践，主要代表人物是 Steven Holl（斯蒂文·霍尔，1947—　）③。在诺伯格·舒尔兹的理论基础上，霍尔强调的是"场所"在建筑设计中的决定作用。他认为，建筑与音乐、绘画、雕塑、电影、文学不同，是与它所存在的特定场所中的经验交织在一起的。通过与场所的融合，通过汇集

① 矶崎新曾导演 *Ma：Space/Time in the Garden of Ryoan - ji*（《间：龙安寺庭院的时空》），勒·柯布西耶曾积极参与影响很大的《今日建筑》。

② 非线性科学术语，非线性场方程所具有的一类空间局域范围内不弥散的解，如孤波。

③ Steven Holl（斯蒂文·霍尔）在中国大陆有多个作品，如深圳万科中心、杭州音乐博物馆、南京四方当代美术馆，尤其是北京当代 MOMA，实质性地彰显建筑与影像的主体间性。

该特定场景的各种寓意，建筑得以超越物质和功能的需要，进入更高的精神层次。

霍尔常从建筑物理学入手，考虑场地与建筑的功能组织如景观、日照、交通流线等，但这是一种"形而上学"的物理学。实质上，这是通过建筑与场地的现象学的经验结合而得来的，霍尔称之为"形而上学的连环"或者是"诗的连环"，正如他在 1991 年出版的 *Anchoring Point of Architecture*（《锚固》）一书中所提出的"将建筑锚固在场所中"。所谓"锚固点"，就是作为"内在知觉"（Innerperception）的经验结合在作为"外在知觉"（Outerperception）的特定秩序中。霍尔认为，建筑设计是一种在真实现象中进行思维的活动，对场地的亲身感受和具体的经验与知觉是建筑设计的源泉，同时也是建筑最终所要获得的东西。他强调建筑师要用身体度量乃至定义建筑，强调建筑师个人对建筑的独特的真实知觉，强调在建筑中创造出一种使居者能够亲身体会或引导居者对世界进行感受的契机，建筑必须依靠人们的纯粹的意识、知觉来进行自我观照从而获得个人真实的经验和知性。据此，他建构了一个被其称为"Phenomenalzones"（现象区）的设计方法，即纠结的经验、透视空间、色彩与光影、夜空间、时间片断和知觉、水、声音和细部，其中，光是最能体现其建筑现象学思想与方法的语汇，这种对光的迷恋令其直追路易斯·康。

舒尔兹与霍尔是最早进入中国大陆建筑学界的两位西方学者，后者近年仍活跃于华夏这块热土，他们虽然都是建筑现象学的旗手，但因各自秉持的哲学基础仍有差异，因而对建筑与影像关系的剖析也不尽相同，难分轩轾。

1.2.2.2 马勒 – 斯蒂文斯

Robert Mallet – Stevens（马勒 – 斯蒂文斯，1886—1945）是 20 世纪二三十年代法国杰出的建筑理论家。1924 年，他出任电影 *L' Inhumanine*（《无情的人》）的场景设计，该片属于典型的法兰西式"白色电话片"。马勒 – 斯蒂文斯将影片中的住宅设计为具有几何雕塑感的白色体块，配以大面积的透明玻璃，生成纯净而巨大的光影，显现出未来派与构成派之糅合，准确地体现了导演意图，赢得了建筑界、电影界的双双好评。随后，他将这些来自电影实践的经验运用到位于 Mézy – sur – Seine 的 Paul Poiret 别墅（1924—1925）、位于 Hyères 的 Noailles 别墅（1923—1928）、位于 Croix 的 Cavrois 别墅（1929—1932）设计中，通过无装饰的清晰线条、光影之间的强烈对比以及对摄影机运动镜头的预留空间而博得业主的青睐，马勒 – 斯蒂文斯称之为"photogenic architecture"（上镜建筑）。他那个年代，法国印象派、先锋电影正在欧洲大行其道，Louis Delluc（路易·德吕克，1890—1924）的"Photogenie"（上镜性）理论对他启发良多。可以说，马勒 – 斯蒂文斯是欧洲第一位主动借鉴影像媒介特别是电影的特性进行理论与实践的建筑师。

在《电影与艺术：建筑》和《电影中的现代装饰》① 两篇论文中，马勒 – 斯蒂文斯深入剖析了场景、人物与叙事之间的联系。他特别注重几何形体、单色调、抽象构图尤其强烈的光影对比，强调在被定格的场景中，实体、影调、摄影机的动线和节奏均要服从于镜头画框的选择与需要。这种理念，是马勒 – 斯蒂文斯的建筑与影像学说之精髓，代表着电影不太成熟时期建筑领域对影像参悟的最高水准，时至今日仍不过时。

1.2.2.3　莫霍利 – 纳吉

Laszlo Moholy Nagy（莫霍利 – 纳吉，1895—1946）是包豪斯的主力干将之一，20 世纪最杰出的前卫艺术家之一。他对表现主义、构成主义、未来主义、达达主义和抽象派兼收并蓄，以各种手段进行拍摄试验，着力研究以光、空间和运动，曾以透明塑料和反光金属为实验材料，创作"光调节器"雕塑。在包豪斯期间，莫霍利 – 纳吉开始用照相机进行一系列的摄影实验，包括从特殊角度（俯视、仰视、对角线视角）拍摄，以及打破一般透视规律。此外，他还使用各种电影的剪辑方法和制作技术，改变和强化照片的结构。莫霍利 – 纳吉教导学生把握线条、影调、空间等形式要素之间的关系。

在 Vision in Motion（《运动中的视觉》）中，莫霍利 – 纳吉提出一种"透

---

① 可参 Architecture and sculpture – Le Corbusier and Robert Mallet – Stevens – Ministère des Affaires étrangères，from Wiki。

明性"观念,"克服空间和时间的限制,无意义的单一性转化为有意义的复杂性……叠合的透明属性常暗示前后关系的透明性,揭示物体中未被注意的结构特征"。[1] 他为科幻电影 *Things to Come*(《将临之物》)制作场景设计时,就运用透明材料消除了墙体的重量,只剩下钢筋骨架、玻璃围合和塑形屋顶,房屋不再是人们生活的屏障与分割,而是促成空间与光影流动的容器。莫霍利 – 纳吉特意设计了巨大的倒锥形玻璃体,在摄影机的移动镜头下,玻璃锥和其中折射的环境一律消除了重力的作用而呈现出自由的运动状态。这一创意,直接启发了让·努韦尔的媒体园综合楼的锥形中庭,足见莫霍利·纳吉的影响之深远。

1.2.2.4　维利里奥

Paul Viritio(保罗·维利里奥,1932—　)是 20 世纪 70 年代以降最富原创力的法国哲学家之一,同时也是著名的建筑学家。

1963 年,维利里奥与建筑师 Claude Parent(克罗德·巴朗)成立"Architec – turePrincipe ∕ 建筑原则"团体并发行同名刊物,宣扬建筑的"倾斜功能",主张放弃水平与直角,曾先后完成两栋建筑作品。

维利里奥的哲学著作始终着眼于全媒体时代的社会变革与建筑革新,他在《解放的速度》[2] 中描述了光电子媒介带来的新的时空概念,明确提出"远程在场"这一术语。这一术语,全称为"即时远程在场",是有关"即时远距离行为的真实瞬间问题"的一次理论探险。为了详述这一观点,维氏给出"假器"和"大光学空间"这两个譬喻,他把现代人通过媒介尤其影像接触到的建筑与城市视为人的感官营造的一种"假器",正是这些拟态化的建筑影像,使真实的建筑被远远地抛在世界的另一端,故曰"远程在场"。真正具有原创价值的是他的"大光学",维氏指出,影像传播革命产生了光电子学意义上的透视,必将导致人们对文艺复兴时期几何透视学的超越。因此,他提出"最新形态的透明",即远程即时传输的现象学意义上的透明。建筑的影像不再是与真实存在相对应的虚物,而是通过"大光学"看到的本体。维氏的

---

① Chiago：Paul Theobald, 1947, p. 210.
② 此书由陆元昶译,江苏人民出版社 2003 年出版。

理论，刷新了建筑学的诸多陈腐迂说，他甚至预言了建筑学概念根基的坍塌。

时至今日，维氏的理论在欧洲学术界仍影响深远，让·努韦尔认为他是除勒·柯布西耶之外对自己影响最大的建筑先贤，他认为自己悟出的"建筑学的未来是非建筑的"这句箴言就是直接受维氏之启发。在国内，维氏的学说对传播学、电影学、电视研究亦不无裨益，难怪周诗岩对他钟爱有加，援引良多。

1.2.2.5 帕斯考·舒宁

2006 年，在英国 AA（Architectural Association）学校执教了 24 年的资深学者 Pascal Schöning（帕斯考·舒宁）出版了他的专著 *Manifesto for a Cinematic Architecture*，此书虽然不厚，但却是一本探究建筑与影像的学术力作。

在此书的开篇和结尾，都有这样一段话："电影建筑的本质即是静态实体的建筑彻底转化为一个能量释放的动态的过程，一个事件活动得以呈现和自我呈现的过程。在此，过去、现在和将来激发出时空感的叠加，这种时空感由我们的感观认知和心智建构的时间过程定义。在此，空间里物质的运动——纯粹运动学上的位移之影响本身得以显现。电影建筑，通过电影情节揭示叙事记忆的过程中经常相互矛盾的真相，因而获得其他方式无法呈现的空间和时间的共时性。"[1] 作为题记和跋文，这段话是帕氏理论之基石，揭橥了此论的中心——物质实体消失的过程（Disappearance），即影像语境对建筑物物质实体的消解（Dematerialisation）。

帕氏对建筑学本质的体认，源于他那个动荡的年代、苦难的童年、战争的阴影尤其父亲的冤死，"这个……问题追逐着我的一生，启发了'电影建筑'的概念——通过不在场的在场而存在"。[2] 可见，"电影建筑"的空间性是"时间–空间的记忆经验"[3]，它指的是人在空间中的体验，由人的活动、感知（Perception）和建筑物的物质形体共同构成。时间是一个感知的量度，是过去、现在、未来的循环和叠加，过去的"记忆为我们提供了一个确认和定义未来的工具"[4]。因此，"电影建筑"的空间包含了物理的（Physical）、

---

① 出自 *Manifesto for Cinematic Archite cture*，第 1 页。
② 同上书，第 7 页。
③ 同上书，第 8 页。
④ 同上书，第 12 页。

精神的（Mental）和心理的（Psychological）维度，更重要的是对人的知觉和体验的影响力，成为人的知觉、体验和记忆的投射。至此，帕氏"电影建筑"论的现象学本质敞露无余。

基于这样一个非哲学专业表达的现象学根基，无论帕氏谈论建筑形态的转化（Transformation）、消失（Disappearance）还是消解（Dematerialisation），其实都在围绕现象学认识论这一核心在画圆。因此，运动影像和变幻的光影显然会被认为是两种重要的媒介。从触发心理移情的机制和手段上说，"电影"是他革新建筑观念最好的表达，这从他自己的作品"Cinematic house/电影屋"便可看出。

在帕氏心中，现象学本体论上的"是"与"不是"不重要，"电影"本身就是一种建筑，一种建筑的理念。笔者感到，这一论说是从哲学层面对建筑与影像关系的细致描述，且发轫于建言者的人生阅历，是沉重甚至苦涩的真知，值得品咂。

1.2.2.6 帕拉司马

芬兰建筑泰斗 Juhani Uolevi Pallasmaa（帕拉司马，1936— ）2001 年出版了 The Architecture of Image：Existential Space in Cinema（《建筑影像：电影中的存在主义空间》）[1]，这位年逾古稀的建筑大家同样难以遏制对电影的热情，他遴选 Alfred Hitchcock（希区柯克）、Stanley Kubrick（库布里克）、Michelangelo Antonioni（安东尼奥尼）、Andrei Tarkovsky（塔可夫斯基）四位电影大师，从他在 The Embodied Image：Imagination and Imagery in Architecture（《影像的体现：建筑中的想象与意象》）[2] 提炼出的"the flesh of the world"这一现象学关键词出发，秉持他的"感官性极少主义"尤其"手心同源说"，[3] 深入分析了电影导演如何利用自己的"手语"[4] 与"心语"进行叙事与抒情，读来令人有凭栏远眺敞拥江涛之感，确有灼见。

---

① Juhani Pallasmaa, *The Architecture of Image*：*Existential Space in Cinema*, Rakennustieto：Helsinki, 2001.

② 此书 2011 年 5 月首版。

③ 此书 2009 年 5 月首版。此段提及的这三部著作，应为帕拉司马的代表作。

④ 电影导演、建筑师的"手语"就是他们的手艺，实乃技巧与经验。

1.2.2.7 司彻我思

美国建筑史学家 Schwarzer Mitchell（司彻我思·米歇尔，1957— ）2004年出版的 *Zoomscape*：*Architecture in Motion and Media*（《镜间动像：电影与媒介中的建筑》）[①] 新造出 "Zoomscape" 这一术语，指的是 "the perception of architecture has been altered by the technologies of transportation and the camera"，[②] 十分精准地抓住了建筑与影像的同源性。作者认为大众传媒勃兴时代观看建筑就像 "we ride in trains, cars, and planes" 一样，酷似 "we view photographs, movies, and television."[③] 这是笔者目之所及英语学界迄今最为清晰而简练地陈述建筑与影像如何具有现象学内在同一性之著作。司彻我思显然更具全球化语境中传媒家的气魄，比帕拉司马那种风雅文人单向钟情于电影尤其作者电影不同，笔者对司氏对 "影像" 之界定深含英雄所见略同甚或相逢何必曾相识之人生惬意。

1.2.2.8 桂莲

哈佛女学者 Giuliana Bruno（桂莲·布奴）的 *Atlas of Emotion*：*Journeys in Art*，*Architecture and Film*（《情绪地图集：徜徉艺术、建筑与电影》）很容易被学术界当作随笔而忽视，然而笔者却被她从容游走于建筑与电影之间的 "psychogeography/心理地理学" 交叉功底慢慢吸引并最终折服。这是一本充溢着对 "生活世界" 真切体验的形而下现象学自由心证，是她长期关注建筑与电影之最新成就，[④] 值得品味。

1.2.2.9 纽曼

Dietrich Neumann（迪垂池·纽曼）与 Donald Albrecht（多那达·阿尔伯

---

① 此书首版为 New York：Princeton Architectural Press，2004，书名系笔者所译。
② 出自该书 "前言"。
③ 出自该书之 "序"。
④ 作者十多年前出版的 *Streetwalking on a Ruined Map*：*Cultural Theory and the City Films of Elvira Notari Bruno*，Princeton University Press，1992 – 1911，是对意大利早期女电影导演 Elvira Notari（艾丽娃·诺塔瑞，1875—1946）作品之解读，理论思辨性较弱。

特）合作的 *Film Architecture：From Metropolis to Blade Runner*（《电影建筑：从
"大都会"到"2020"》）① 是第一部取消 Film 与 Architecture 之间任何关联词
如 of、in 甚至连"'s"都不用的英文专著，旨在从元素乃至起源上梳理电影
与建筑的同一性。作者对德国表现主义电影导演意识深层从来都把二者当成
一回事之深入分析，笔者颇为认同。

1.2.2.10　"Mediacity"在英语学界被提出

美国罗格斯大学出版社 2003 年推出的 Krause、Linda 与 Patrice Petro 的合
著 *Global Cities：Cinema，Architecture and Urbanism in a Digital Age*（《全球城
市：数字时代的电影、建筑与城市主义》）也是一部试图从主体间性廓清建筑
与影像一同性之力作，但终因哲学根基不稳而略显散漫。

五年后，美国佛罗里达大学 Barbara Mennel（芭芭拉·门讷）的 *Cities and
Cinema*（《城市与电影》）② 则更为精练，明显倾向于从主体层面廓清城市对
电影的诞生与成熟、制作与放映等实质性影响。作者对柏林、洛杉矶、巴黎、
香港城市史以及欧洲、远东电影史都十分熟稔，从城市公共交通与早期默片
都比较关注的"火车效应"入手，指出电影早已不是"仅仅是都市空间现实
的影像呈现"，而在"Communicatization/媒介化"过程中转型为具有本体意义
的"城市符指"，这真是一语中的，一针见血。

接着，Scott McQuire（麦克奎尔）的 *The Media City：Media，Architecture
and Urban Space*（《媒介城市：媒介、建筑与城市空间》）再次发力，深究媒
介时代城市的变异属性，将这一问题再度引向纵深。

这场思考的接力赛，终于在 2008 年达到高潮。是年，Frank Eckardt（弗
兰克·伊考特）主编的 *Media and Urban Space：Understanding，Investigating
and Approaching Mediacity* 在英语学界第一次提出了"Mediacity"③ 一词，既是
典型的一语中的，且具有一语双关之妙。"Mediacity"巧妙利用英语构词法，
将"media"与表示事物质性的名词后缀"-city"合一，新造出的该词精准

① Dietrich Neumann，Donald Albrecht，Prestel Verlag GmbH + Company，1999，全书共 207 页。
② Routledge 出版社 2008 年版。
③ 此书的 ISBN 为 3865961428，9783865961426。

地概括了媒介对城市的深刻影响。经思忖，笔者将该词译为"媒性城市"或"城市媒性"。英语出现"Mediacity"一词，标志着西方学界对建筑与影像关系的研究进入日常化、常态化，走入了深水区。

1.2.2.11　两位学术新秀

作为学术新秀之代表，MITBrian R. Jacobson 于 2005 年获 MIT[①] 的建筑学博士生 Rekha Murthy（瑞克哈）展开了一次长达数月的田野调查，他们漫步于美英几大城市的街头，拍摄了大量建筑物内外的各种影像图片，写就的 Street Media：Ambient Messages in an Urban Space（《街道媒体：城市空间中无处不在的影像信息》）一文虽仍缺乏哲学高度之拔提，但却与笔者异曲同工。

比较媒介学硕士学位的文章 Constructions of Cinematic Space：Spatial Practice at Intersection of Film and Theory（《电影性空间建构：空间实践与电影理论之交叉》）与 Heathcote Edward 发表于 Architecture + Film Ⅱ 2000 年第 1 期的 Modernism as Enemy：Film and Portrayal of Modern Architecture（《现代主义的对立面：电影与现代建筑扫描》）也可一读。

1.2.2.12　几部值得一看的论文集

美国普林斯顿建筑出版社 2000 年的论文集 Architecture and Film，[②] 系建筑界、电影界各家学说之拼合，个别论文明显抄袭三年前英国剑桥大学建筑学院与英国国家电影电视学院合作出版的 Cinema and Architecture：Méliès，Mallet - Stevens，Multimedia[③] 一书，学术价值整体不高，但其断言电影业已经深刻影响了美国的城市设计与乡村规划尤其是公共空间，这倒是敏锐而睿智的。

至 2011 年，西方学界对建筑与影像的研究已不新鲜，Mark Shiel、Tony Fitzmaurice 主编论文集 Cinema and the City：Film and Urban Societies in a Global Context（《电影与城市：全球化语境中的电影与都市社会研究》）时，稿件如雪片飞至，刊发率仅 9.42%。[④]

---

① 美国麻省理工学院。

② Architecture and Film，Mark Lamster，Princeton Architectural Press，2000 - 06 - 01.

③ 此书由 Francois Penz、Maureen Thomas 主编，London：British Film Institute，1997。

④ Blackwell Publishers Inc..

1.3 结构脉络与研究框架

本论著包括第 1 章导言、第 2 章概论、第 3 章文本间性——影像中的建筑、第 4 章主体间性——建筑中的影像、第 5 章建筑与影像悖谬与契通、第 6 章定量研究，第 7 章结语，共七章。第 1 章提出问题，从第 2 章到第 6 章分析问题，[①] 第 7 章解决问题。逻辑严谨，结构清晰，整体上是递进式，呈现为"总—总—分—分—分—分—总"的形态，如图1-4。

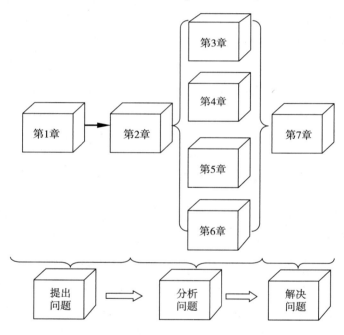

图1-4 本论著结构脉络示意，笔者自绘

第 1 章、第 2 章、第 5 章、第 7 章下辖各节都是层层推进的。第 3、4 这两章是并列平行关系，第 3 章下辖的 3 节是按照摄影、电影、电视产生的时间先后排列的，3.1、3.2、3.3 的三级目录和第 4 章下辖的 13 节都是专题性的，非线性的。第 6 章下辖的 2 节也是非线性关系。如图 1-5。

---

① 严格来说，第 2 章既提出问题，又分析问题。

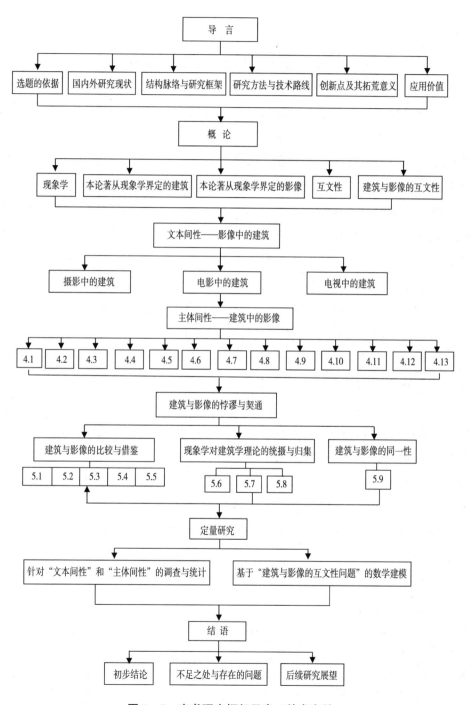

图1-5 本书研究框架示意，笔者自绘

1.4 研究方法与技术路线

第一，现象学方法。本论著的标题就已表明，这是一种植根于现象学哲思的研究与分析。现象学主张面对实事本身，笔者将直面建筑问题，直面影像问题，尤其要直面二者的关系。现象学主张悬置，笔者将悬置前人的陈见，展开独立思考。现象学主张体验，笔者将深入体验建筑与影像的互文性，对二者的文本间性与主体间性深刻体会并感悟。现象学主张还原，笔者将去蔽长期以来笼罩在建筑学理论上的多重迷雾，还原建筑的本质。现象学追求真理自明，正是笔者追求的境界。现象学倡导的"悬置—体验—思—真理自明"方法，① 是本论著的首选研究方法。

现象学不时地进行自我改变，并因此而持存"思"（Sinnzusammenhang）的可能性。现象学意味着一种共同的接近问题的方式（Verständnishorizont），理解各种人生、社会、世界的现象（Erscheinung）和本质（Ontologische）内涵，梳理它们的奠基与师承关系是现象学的基本任务，感知（Bewusstsein）、想象、图像、符号、判断、联想、良心、欲望是现象学分析的具体总题（Transzendentale Erkenntnis）。现象学只在乎接近事实本身（Das Ding an sich）的细致入微的分析研究（der ontologische Reduktionismus）。现象学之于影视学，正所谓久旱逢甘霖。传媒的意识形态性，在后现代的当下令人厌倦，必须在现象学的引领下彻底革新。现象学之于建筑学，正所谓殊途而同归，具有同样宏大的建构，同等重要的价值。②

---

① 可参徐辉富《现象学研究方法与步骤》，学林出版社 2008 年版。

② 符号学（Semiotics/Semiologie/Semiotic）其实也是现象学的拥趸，詹克斯（Charles Jencks）的 *The Language of Post – Modern Architecture*（《后现代建筑语言》）、Geoffrey Brodbent（勃罗德彭特）的 *Signs，Symbols，and Architecture*（《符号·象征与建筑》）以及 Bruno Zevi（布鲁诺·赛维）的 *The Modern Language of Architecture*（《现代建筑语言》）是西方把符号学引入建筑学研究的力作。我国著名建筑师布正伟在其《建筑语言论——建筑语言的系统、规则、运用与审美》系列论文中，亦成功操刀符号学。就连意大利符号学大师 Umberto Eco（恩伯托·艾柯）也从现象学受益良多，这从他 20 世纪 60 年代任米兰大学建筑学教授期间的诸多论述即可看出。本论著的细部，也会尝试运用这一利器，剖析相关论题。

第二，定性研究（Qualitative Research）。定性研究方法是根据社会现象或事物所具有的属性去揭示其运动规律，掌握其矛盾变化的态势，从事物的内在规定性来进行科学研究的一种方法。定性研究以普遍承认的生活常识、一套演绎逻辑和大量的历史事实为分析基础，从事物的对立统一性出发，描述、阐释研究对象在时间、空间维度上的趋势。本论著的哲学基础是现象学，因此，必须展开深入而翔实的定性研究，坚持历史与现实、逻辑与生活相结合的辩证法则，对建筑与影像的关系层层剥离，剔露无余。

首先，对比与比较。从题名便可看出，本论著将在建筑与影像之间展开大量而深入的对比与比较，追溯各个子题的社会历史根源与人文心理根基，概括建筑影像之间互文性的起因、类型、形态、特征、性质与态势。为了判断二者之间有无可比性，为了确定一个合适的比较范围，为了寻找一个合理的对比标准，为了提出一个可信的比较指标，笔者经常反复试验，苦思冥想。如果说建筑与影像是本论著的两条线索，那么对比与比较这一定性研究法则令此二线索时而纠缠，时而勾连，最终凝聚成一股绳，牢不可破，密不可分。在各具体章节，笔者展开了求同比较与求异比较、横向比较与纵向比较、局部比较与整体比较等多种方式的比较与对比。对比与比较，是本论著最根本的定性研究方法。

其次，文献研究法。读博数载，笔者阅读了大量的中文、英文、德文文献，主要是建筑学必读书目、城乡规划学、风景园林学著名学者的代表性论著，理工类、人文社科类各种价值的书目，做了3万余字的读书笔记。多年来，笔者是国家图书馆的忠实读者，平均每周去2天。笔者还前往国家科学图书馆（中国科学院图书馆）8次、中国科学技术信息研究所－国家工程技术数字图书馆4次搜集文献。笔者入学第二天就去陕西省图书馆办理了借阅证，后十数次前往。至于本校内的图书馆，更无须多言。同时，笔者还经常通过Google scholar、SCIRUS、Researchindex、Wiki和中国知网、万方、百度等搜索引擎检索中外文献。笔者经常对这些文献进行二次分析，对其语义、语法、修辞、版本、校勘尤其是援引关系展开深思，常常关注并辨析文与图、原文与译文、专著与编著、首版与再版甚至纸张问题，去芜存菁，弃伪从真。丰富而扎实的文献研究，是本论著最基础的定性研究方法。

再次，田野调查。所谓"田野"，就是一线，就是基层、底层，田野调查就是奔赴基层、底层进行社会调查。那里的人，都是实际操作者，他们没有高深的理论，甚至话也不多，不做作，不矫情，质朴实在，处事直接，甚至粗犷。深入田野，可以看到问题最现实、最残酷的一面，发现最需要解决的难题。为了弄清楚这一论题，读博数载，笔者在西安、北京二地进行了不少于 15 次的田野调查，每次都耗时 2—3 天。不光是在高校校园内，还深入街头、地铁、建筑工地、设计院、农村等地，记录文字 2 万多字，素描、速写 10 多张，拍摄照片 500 多幅，采集视频 160 多分钟，发放问卷近 2000 份，直接采访了近百人，深度访谈近十人。这些调查，让笔者感受到建筑与影像的互文性是真实存在触手可及的，是很接地气的，甚至很泥土，几乎无处不在。

最后，个案研究也是必不可少的。尽管本论著没有将个案研究单独、集中罗列，全文详细分析了 50 多位代表性建筑师、100 多个著名建筑物、300 余部经典影像作品，还数次结合自己读博期间参与建筑影像创作之实践展开剖析。这些翔实的个案，涵盖中国与外国，前人与今人，他人与本人，本土与异域，有力地支撑了本论著的论述。

第三，定量研究（Quantitative Research）。为了弥补定性研究的粗放与人为性，本论著将充分采用定量研究方法。定量研究是对社会现象的数量特征、数量关系与数量变化进行分析的科学研究方法，基于科学实证主义，具有客观性、确切性、可重复性、预测性等优势。

首先，统计学。读博数载，笔者为了研究这一课题进行了至少 15 项调查，搜集了大量数据。在第 6 章，笔者利用经典统计软件 SPSS 19.0 和 EX-CEL 2010，对这些数据进行了分析，包括描述性分析和推论性分析：（1）展开测量，包括定类、定序、定距、定比；（2）通过均值分析集中趋势，包括算术平均值、中位值、众值；（3）通过极差、异众比、方差、标准差分析变异程度；（4）通过 Gamma 系数、d 系数、tau－b 与 tau－c 系数分析两个变量之间的相关性；（5）通过正态分布、卡方（χ^2）检验、F 分布展开离散趋势分析、Logistic 回归分析、聚类分析、多元归因、时间序列等深度分析。笔者运用统计学原理与方法，力求精确把握建筑与影像的关系以及二者之间互文性的数量尺度。

　　其次，数学建模。在扎实的定性分析和基于统计学的定量分析之后，笔者将本论著的论题提炼为"建筑与影像的互文性问题"，选用高等数学中的模糊数学、管理科学中的灰色系统理论和系统科学中的可拓学，① 借助 MATLAB 7 软件，展开数学建模。具体地，首先运用模糊数学原理为"建筑与影像的互文性问题"建立模糊综合评价模型，而后借助灰色系统理论预测该论题在中国未来 20 年的发展态势，最后运用可拓学原理再次构建模并对前述二种模型予以纠偏和匡正。笔者建立了三种数学模型，旨在通过多种数学语言概括这一论题，为创立建筑影像学提供多维数学范式。

　　最后，在本论著的部分章节，笔者还借鉴了高等数学（如微分几何学、偏微方程、图论）、科学计量学、计算语言学②、心理测量学、系统动力学、人工神经网络等学科与方法，③ 学习并运用了 Citespace Ⅱ、Vensim、Ucinet（含 Pajek、Netdraw）等软件，在阐述国内外研究现状、笔者定义的建筑四元素、文本间性与主体间性的关系、公共建筑内的影像展映等复杂问题时，展开多次、多种定量分析，以求精确把握建筑与影像之间互文的数量尺度，如图 1 - 6。

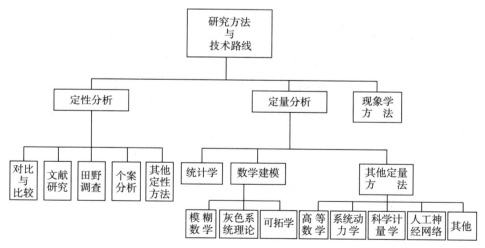

图 1 - 6　本论著的研究方法与技术路线体系图，笔者自绘

---

　　① 不能僵化地把模糊数学、灰色系统理论、可拓学划归为某一个学科，它们本身就是交叉学科，管理学科、系统学科更是极具交叉性。
　　② 又名"计量语言学"。
　　③ 这些学科与方法未必只能用于定量分析，但在本论著中的作用主要是定量分析。

　　可以看出，本论著没有把问题简单化，自始至终都在贯彻一种复杂性思维。英国科学家、思想家 S. W. Hawking（霍金，1942—2018）认为"21 世纪是复杂性的世纪"。美国建筑理论家 Charles Jencks（詹克斯）将复杂性思维视为"新范式"。复杂性思维脱胎于复杂性科学，法国哲学家 Edgar Morin（莫兰，1921— ）将其提升至哲学的认识论与方法论高度。这种思维中的非线性思维与关系思维，正是笔者要采用的两大研究方法。R. C. Venturi（文丘里，1925— ）在 *Complexity and Contradiction in Architecture*（《建筑的复杂性与矛盾性》）中坚持的正是这一思维，他对建筑的模糊性、不确定性、多层次性、偶然性等复杂特性的强调，对现代建筑矛盾、分歧多于和谐、一致的强调，对"两者兼顾""亦此亦彼"的强调，正是笔者立论之基调。詹克斯在 *The Architecture of the Jumping Universe*（《跃迁宇宙中的建筑》）中强调建筑折射了人所在世界的丰富、自由而不可捉摸的怀疑精神，以及对生存空间的不可预见性，建筑理论研究应跻身于"Complexity Science"之中，探求多义性。D. C. Brown（布朗，1936—1988）在 *Context and Complexity*（《情境与复杂性》）中强调建筑情境不应局限于客观现实，还应扩大到经济、文化和社会中去，实现交叉性价值。くろかわ きしょう（黑川纪章，1934—2007）在 *Metabolism in Architecture*（《建筑的新陈代谢》）中强调建筑应与时俱进，具有可替代性和可互换性，像生物那样不断处于生长变化的动态之中。中国工程院王小东院士强调"变化与建筑"，指出动态的非线性意识对建筑设计至关重要。[①] 同济大学万书元教授认为当代西方建筑美学的新思维体现为非总体性思维、混沌－非线型思维、非理性思维、共生思维。[②] 所有这些思想，核心都是复杂性思维，注重非线性思考问题，反对主客二分，倡导交叉与多元。笔者以为，现象学也是某种意义上的复杂科学，或者，现代复杂性哲学的滥觞正是现象学。

　　本论著将时刻秉持现象学这一强大思想武器，定性与定量并举，宏微同观，巨细兼顾，从复杂性中探寻规律性，如图 1 - 7。

---

　　① 来自王小东院士 2012 年 10 月 30 日晚上在西安建筑科技大学建筑学院四楼报告厅所作的名为"变化与建筑"的学术报告。

　　② 可参其《当代西方建筑美学新潮》第四章，同济大学出版社 2012 年版。万先生把"非线性"写作"非线型"，显然有误。

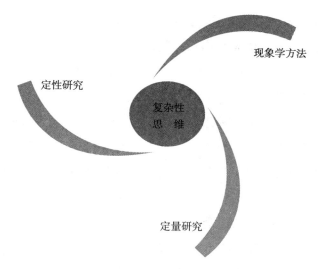

图 1-7   本论著研究方法之间的逻辑关系示意图，笔者自绘

1.5   创新点及其拓荒意义

首先，全面而系统地梳理建筑与影像的关系。

建筑与影像的关系十分重要，但也很复杂。一开始是建筑界意识到影像的重要性，建筑师几乎人手一台照相机，随走随拍，不但拍摄前人、他人已经建成的建筑物，还拍摄自己正在设计中的图纸。随着全球化的加剧，以电视为代表的传媒湮没了包括建筑界、城乡规划界、园林界在内的现代社会，传媒无处不在，无时不在。电视是不可替代的媒介手段，形象片、广告片、动画片等电视节目样式可高效而快速地传播建筑理念，诠释规划蓝图，为建筑界带来主动与便捷。同时，影像界也意识到建筑的重要性，更多摄影师把镜头对准一座座建筑物，电视更为关注城市的更新，电影画幅的增大加宽正是为了适应现代摩天大楼尤其是城市综合体之空间特性。可惜的是，虽然有学者立足于影像论述建筑，对影像中的建筑进行了初步的分析，但迄今尚无一位学者立足于建筑论述影像，对建筑中的影像予以剖析。因为，这需要跨学科，需要学科交叉之勇气与积累。

笔者将同时问鼎上述两个维度，既植根于影像观照建筑，需求"象外之象"；又要伫立于建筑观照影像，遨游"空间之间"，更要探掘建筑与影像之间的共性与异性，洞明建筑与影像之间的深层内联。笔者将二者之间的关系概括为互文性，本论著将第一次全面而系统地梳理建筑与影像关系——互文性。

其次，阐明了影像对一种艺术的建筑、一种文化的建筑的重要价值。

尽管建筑师都知道建筑具有一定的艺术性，但是，在我国公开承认建筑就是一门艺术者甚少，国务院学位办公布的各版《授予硕士、博士学位和培养研究生的学科、专业目录》也从不把建筑学列入艺术学门类下。对于业主而言，只关心建筑是否实用，成本多少，对建筑师煞费苦心的艺术创意常常漠不关心。特别令人痛心的是，媒体尤其社会公众常对各种形态的建筑物产生误读，日积月累形成偏见，认为建筑师的设计纯属追求新奇与另类，并无什么深刻的文化意蕴，建筑师肯定不属于艺术家，这显然是很不公平的。公众的这种偏见在城乡规划界更甚，规划师处心积虑的设计可能顶不上领导的一句话，尽管不是内行，有时领导却可随意更改规划图纸。对于市民而言，几乎无人知晓自己所在城市的空间布局与延展方向，住民相信城乡规划是政治问题，是经济问题，是社会问题，他们绝对不愿相信它也是一个艺术问题，是一种文化心理。

只有借助摄影、电影、电视这些传播力很强的影像媒介，建筑师的匠心才会逐渐被世人接受并认可，规划师的蓝图才会得到公众的理解与支持。只有为影像预留足够的展示空间，让建筑物内外充溢着各种影像，像影像那样高度重视光、影、色，优化空间表达的途径与方式，使空间图景更具叙事性、戏剧性、可看性，凭借强烈的现象学场所精神感染业主与住者，浸淫于传媒之中的现代人才会发现并意识到其实建筑也是一种艺术，建筑师就是艺术家。笔者在这部论著中，大至章节，小至词句，始终着力于彰显建筑的艺术性与文化内涵，这集中体现于第 4 章、第 5 章，其间新见颇多，亮点密集，极富创新力度。笔者目力所及，尚无如此有规模、有深度的剖析，应系首创。

最后，有志开创建筑影像学（Architecture – image ology）。

20 世纪 90 年代至今，随着计算机科学与技术的成熟尤其是互联网的发达与广普，信息爆炸，知识更新的速度加剧，新学科层出不穷。新学科主要通过对既有学科的交叉而产生，学科交叉产生交叉学科（Interdisciplinarity）。交叉学科大大推动了科学的进步，体现出科学向综合性发展的趋势。科学上的新理论、新发明的产生，新的工程技术的出现，经常是在学科的边缘处或交叉点上，重视交叉学科将使科学向着更深层次和更高水平迈进。从20世纪诺贝尔自然科学获奖名单上看，交叉学科研究成果的获奖率逐递增加，1951—1975年为42.71%，1976—2000年为43.37%，2001—2014年为49.88%。[①]学科交叉昭示着人类智力的进步，是科学创新的结晶，具有非同寻常的意义，具有不可低估的价值。

　　笔者从入学伊始就感到，建筑学内含自然科学、技术科学与人文社会科学的诸多因子，是一门至少由工学与艺术学两个学科门类交叉而来的交叉学科，从任何一个单一角度去诠释建筑学都是盲人摸象，以偏概全。与其耗尽心力去学习支撑建筑学的那些十分陌生的技术问题，如建筑力学、建筑光学、建筑声学、建筑热学等，不如发挥己之所长，扬长避短，首创一门二级哪怕是三级学科，为建筑理论注入新的血液，激活新生元素，开辟崭新空间。基于此，笔者将自己多年积累的传媒学科知识与理论大胆地与建筑学进行交叉，写就了这部论著，并希冀催生一门崭新的交叉学科——建筑影像学。之所以名曰"建筑影像学"而非"影像建筑学"，是为了纪念和褒奖建筑界对影像的重视，也是为了提醒影像界奋起直追，重视建筑。建筑影像学，不仅要把建筑与影像进行比较，求同存异，相互借鉴，而且还要将影像作为一种工具来理解和创造建筑，重新审视建筑内在的要素属性、空间结构以及文化寓意，将建筑学转掇为基于影像传播与接受的新体系，进而有效建构建筑的社会文化价值系统。建筑影像学主要适合于文化建筑、历史遗迹、园林景观、住宅、城市公共空间，这些类型的空间与这门新生学科具有先天的亲缘性。可见，建筑影像学的产生具有必然性，具有特定的研究对象、研究方法、术语、范式，当然也具有相应的应用价值，如图1-8。

① Natlonal Acdemies，*Facilitating Interdisciplinary Research*，Washington，D.C.：National Academies Press，2015.

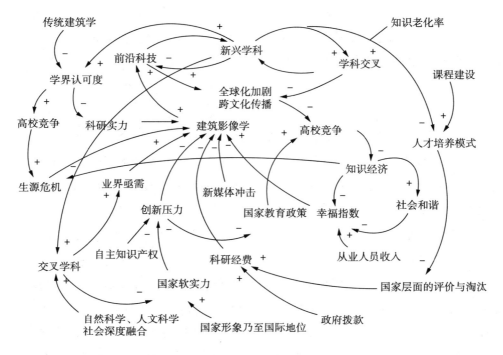

图 1—8　建筑影像学产生的必然性之系统动力学因果回路，笔者运用 Vensim 软件自绘

不过，一门学科的成熟，绝非一朝一夕之事，更不是一个人就能完成的事。笔者不敢断言，仅凭这本论著就能建立起一门新的学科，但是，它至少可以表明已经有人在做拓荒性、奠基性的工作。笔者相信，定能觅见知音与伯乐，很快就会有有识之士肯定并扶持建筑影像学，从高校、科研机构到政府也会逐渐器重之，正所谓"但开风气不为师"①。

1.6　应用价值

笔者以为，客观事物所具有的能够满足社会一定需要的特殊属性就是其应用价值。应用价值是一种关系，一方面存在着能够满足一定实际需要的客体，另方面存在着某种具有实践需要的主体。当一定的主体发现能够满足自

————————

　　①　龚自珍《己亥杂诗》。

已实际需要的对象，并通过某种方式占有这种对象时，应用价值就会得以实现。应用价值是社会产物，不能把应用价值仅仅理解为满足个体需求的事物属性。人，尤其是专家学者这样的高素质人才，不仅是应用价值的需求者，而且是应用价值的创造者。应用价值任何时候都是为人服务的，人类不需要的东西不具有应用价值。本论著具有一定的应用价值，前景乐观，如图1－9。

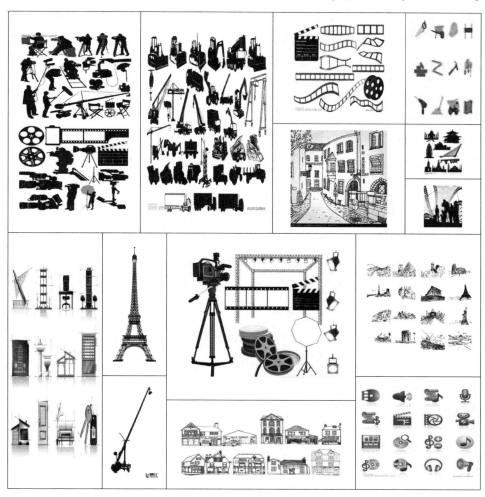

图1－9　从实践到理论，建筑与影像业已形成深刻的互文，笔者根据网络图片编辑加工

　　首先，会使包括投资、制作、发行、播映在内的影视传媒一线意识到建筑学理论的重要性。影像界会更加收敛诸如影视城之类的"伪"建筑、"伪"园林，会逐渐摈弃为拍摄一部片子而耗巨资修建一座仿古城池的做法。导演

特别是摄影师、美术师、置景师、录音师等影视主创人员会从视听语言上更为注重建筑声学、建筑光学对受众的生理作用。影像各个领域将会对建筑及其理论产生更深的敬意。

其次，会使包括建筑设计、城市规划、风景园林在内的广义建筑业界对影像产生兴趣，思考二者的结合与互动。影像在今天已经无所不在，几乎任何一座建筑物内都有影像栖身的空间。影像对各种建筑的空间拓深都有积极的意义，即使是那些乡土建筑甚至历史遗迹。相信建筑业界读过此文定会更为重视影像，把影像作为一种更为重要与积极的手段。

再次，会促进土建类高校的建筑理论教学与科研，更加重视从现象学思考建筑问题，开始有意识地探讨建筑与影像的深层互文。不久的将来，或许还能开设建筑影像学这门课程。笔者相信，随着《建筑影像学》一书的出版与传播，国内长于建筑学的高校尤其是"老八校"定会跟进，密切关注这一论题。

又次，会提醒传媒类高校、科研院所重视建筑与建筑学，令其感受到这一领域的博大精深，从中汲取良多。笔者确信，诸如中国传媒大学、北京电影学院、上海大学这类影视强校，素来注重技术，注重创新，他们会从笔者的研究中汲取良多，在戏剧影视美术、场景设计、化服道、数字特效乃至更为广泛的学科突出建筑及其理论。

复次，会使我国人文社会科学界关注建筑影像学，从学科交叉与科际互渗的高度正视这一新生学科，使其茁壮成长。

最后，会使我国哲学尤其是现象学界更为密切地关注包括建筑、影像在内的审美活动，吸纳更为丰赡的美学材料。

小 结

"论文……涉及城市、建筑、哲学、文学等多方位的话题，从城市、建筑、园林谈论到类型学、符号学、音位学，从现代主义、功能主义、科学主义谈论到结构主义、形式主义。（作者）仍然拒斥那种科学论文的撰写规范，沿用《死屋手记》那种拼杂散漫的写作风格……因而使之带有比较明晰的连贯性和逻辑性。"这是同济大学建筑与城市规划学院童明教授对中国首位普利茨克建筑奖得主王澍的博士论文《虚构城市》（Fictionlization the City）之总评。① 无独有偶，王澍读博期间"几乎每一天都徜徉在胡塞尔……等人的世界里"，② 他首先醉心的依旧是现象学。笔者此文之形神精气，直追王兄，但愿能遇童前辈此等知音，砥砺切磋，惺惺相惜，高山流水，"琴瑟友之"。③

_____

① 《建筑师》2013 年第 3 期，第 16 页。
② 同上。
③ 《诗经·国风·周南》。

2 概论

现象学，20 世纪西方最重要的哲学思潮，有狭义与广义之分。狭义的现象学指 20 世纪西方哲学中由德国犹太人哲学家 E. Edmund Husserl（胡塞尔，1859—1938）创立的哲学流派，其学说主要由胡塞尔本人及其早期追随者的哲学理论构成。广义的现象学首先包括狭义，还包括直接和间接受其影响而产生的种种哲学理论以及 20 世纪西方人文学科中所运用的现象学原则和方法体系，即现象学对人文社会科学的巨大辐射。

2.1 现象学

2.1.1 精髓

汉语中的"现象"一词，对应的英文是 Phenomen，德文为 Phänomen，二者皆可溯至拉丁文 Phenomen，最初的源头为希腊文 $\pi\chi\varepsilon\nu + o + \acute{\alpha}\nu\delta\rho\varepsilon\varsigma$。汉语中"现象学"一词，对应于英文的 Phenomenology，对应于德文的 Phänomenologie，拉丁文为 Phenomenology，它们皆源于古希腊文 $\Phi\alpha\iota\nu o\mu\varepsilon\nu o\lambda o\gamma\acute{\iota}\alpha$。"现象学"一词，最早在哲学中的使用者是 18 世纪法国哲学家 Julien Offray de La Mettrie（拉美特尔，1709—1751）和德国古典哲学家 Georg Wilhelm Friedrich Hegel（黑格尔，1770—1831），但其含义均与胡塞尔的不同。胡塞尔赋予"现象"的特殊含义，是指意识界种种经验类的"Ereignis"（本有），而且这种本质现象是前逻辑的和前因果性的，它是现象学还原法的结果。现象学不是一套内容固定的学说，而是一种通过"直接的认识"描述事物本质直观的研究方法。它所说的现象既不是客观事物的表象，亦非客观存在的经验事实或"感觉材料"，而是一种不同于任何心理经验的"纯粹意识内的存有"。

　　现象学强调对直接直观和经验感知的区分，认为哲学（至少是现象学）的主要任务是厘清二者之间的关联，并且在直观中获得对本质的认识。从这一方面上来说，现象学首先是一种方法，即从直接直观和先验本质中提取知识的途径。在方法之外，现象学在研究对象上找到了连接心理学和逻辑学的中间地带，为"纯粹逻辑学"找到了根基。另一方面，在研究途径上，现象学找到了实证主义和形而上学之间的一条道路，被胡塞尔称为"Transzendentale Empirie"（先验的经验主义），如图2-1。

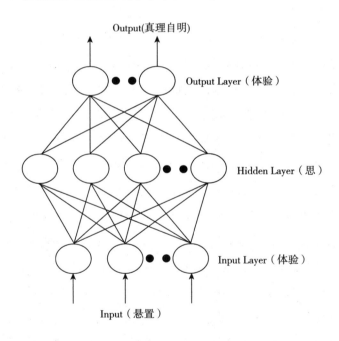

图2-1　基于 BP 神经网络分析的现象学运思图-范式甲，笔者自绘

　　最基本形式的现象学，尝试为通常被认为主观性观点的客观性研究创造条件约束，关注（Consciousness）和关注体验的概念，比如判断、理解和情感，寻求通过系统直觉去决定关注和关注体验的基础属性和结构。胡塞尔从其师 Franz Brentano（布伦塔诺，1838—1917）、Carl Stumpf（斯图姆夫，

1848—1936）两位哲学家的著述中萌生了现象学的很多重要概念，首先就是意向性（Intentionality，通常也被称作 Aboutness），指出关注总是某些特定关注（Consciousness of something）。关注对象自己被称作意向对象（Noema），并且常常以不同方式来代替关注，比如理解、记忆、关联和延伸、直观等。这些不同的意向性，虽然都具有不同结构和不同方式，存在于对此物的意向中，一个对象仍然可成为同一个相同个体。针对相同意向对象的意向性即意向作用（Noesis），在直觉中就是立即生成的此对象物的附属性和最后对它的记忆。

虽然很多现象学方法引入了几种简化，现象学基本还是反对简化（Anti-reductionistic）的。简化仅仅是更好地理解和描述意向性机理的工具，不是为了减少任何意向表现为陈述。换言之，当一个引用被指向一个事物的技术或者概念，或者当一个人描述一个相同的有组织体（Identical Coherent Thing）的组织（Constitution）时，通过描述一个人"真实"所见到的，只有这些不同侧面和角度甚或表面的东西，这无法得出事情是唯一并排他的，未必符合这些描述。简化的最终目的，是去理解这些不同的角度构成人通过经历实际体验到的事物。现象学是胡塞尔时期心理学和物理学直接孕育并催生的。

胡塞尔设计现象学是一种哲学探究方法，它抛弃向理性一边倒的选择倾向。这个理性倾向自从 Πλάτων（柏拉图，BC.427—BC.347）用知觉关注来介绍个体的生活经历（Lived experience）时起，就一直是西方思想的主体。胡塞尔的方法要求不下判断，依赖知觉掌握知识，不做预设和理性思考，这隐隐来源于认识论的某种机制（Epistemological device），带有怀疑主义的根基，被他叫作"Epoché"（悬置）。有时被称作"体验科学"（Science of experience）的现象学，根本方法根植于意向性，这正是胡塞尔的意向性理论（由布伦塔诺发端而来）。意向性代表另一种替代表达理论（Representational theory），其含义是存在不能被直接掌握，它只有通过理解现实并将其在头脑中表达才能得到。胡塞尔的不同看法是关注不在意念中而是关注自己以外的事物（意向对象），不管此事物是物质实体还是想象中的思维片段，例如，思维所附加或者影射的实际过程。因此，现象学方法存在于对现象的表述，也就是立即出现的意识关注。

为什么胡塞尔和其他一些出色的哲学家要将其学说叫作"现象学"呢？

很简单，他们关心的第一要素就是现象，甚至无非是现象。现象很重要吗？是的，现象非常重要！因为，既然我们对事物的本身，或者用唯物主义和其他本体论哲学喜欢用的术语——本质——不可能有任何把握，我们的理性的唯一对象恰恰就是现象，那么，我们能够或者必须研究的只有现象而已。因此，现象学强调 Zurück zu den Sachen selbst（面对实事本身）。但是，胡塞尔并不满足于这种设定。他认为，"现象"不是事物对人类理性的影响或作用，而正是人类理性本身。因为，没有经过人类理性的现象根本就是不存在的，他彻底发展了 Immanuel Kant（康德，1724—1804）的哲学。胡塞尔毕生所关心的都是 "νοεἶν"（思想）、"Geist"（精神）和 "Bewusstsein"（意识），即古希腊哲学所谓之 "νοῦς"（奴斯），而现象正是研究精神、意识时真正唯一的对象。至此，"现象"这个概念被赋予完全不同于中世纪、不同于启蒙运动的意义，也不同于康德的所指。

2.1.2 局限

必须指出，现象学自身存在很大的局限性，这主要体现在从胡塞尔到海德格尔再到梅洛-庞蒂乃至更为晚近，诸位现象学大师口中"现象学"的内涵并不完全相同。即使在胡塞尔本人那里，现象学也有变异。而且，现象学栖身于一个媒介勃兴的时代，传统的纸媒或印刷媒介在第二次世界大战后迅速发展，新兴的电视尤其网络更是突飞猛进，媒介对现象学的传播并非都能起到积极作用。媒介是把双刃剑，现象学恐深受其害。现象学总给人一种漫泛感，似乎与什么都相关，似乎搁在哪里都管用。尽管早已有云"哲学管总"，但现象学仿佛能凌驾于其他法律之上的宪法一样，是"法之法"，是"哲学的哲学"——这其实是很危险的。

笔者想起了马克思在《哲学的贫困》里对 Pierre-Joseph Proudhon（普鲁东，1809—1865）《贫困的哲学》的批判，任何哲学家都难逃自我矛盾之虞，尤其是那些具有原创性的哲学家。

人，自身就是理性与非理性的对立统一体，哲学家的矛盾就是哲学家的禀赋，呈现出复杂性的哲学文本往往能历久弥坚，常读常新。现象学的矛盾性阻碍了它的广普，限制了很多学者的思想，令人懊恼。

从胡塞尔到海德格尔，现象学家都喜欢打破德语语法的常规，生造术语，他们笔下很多名词兼具古希腊语、拉丁语与德语等构词法特征，这固然十分新颖，但再一次浇灭了很多学者的问思兴致。晦涩的语言，拗口的词语，生僻的字根，断裂的语法，诘屈的文笔，现象学即使在欧洲学界也难觅知音，更遑论经过转译、意译、音译等翻译之后进入汉语后造成的误解与误读了。不论是否有意为之，现象学就是这样一块难啃的骨头，那些离哲学较远的学科如文学、史学、艺术学尤其是自然科学更觉深奥，如图2-2。

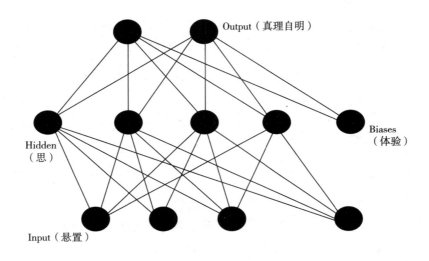

图 2-2　基于 BP 神经网络分析的现象学运思图 – 范式乙，笔者自绘

在这部论著中，笔者将尽量避免现象学上述之弊，要确保论述能自圆其说，前后一致，且要语言流畅，文词平近。毕竟，笔者论述的不是什么哲学问题，现象学在此文中只不过是一架望远镜或放大镜，而不是客体自身。建筑也罢，影像也罢，建筑与影像的关系也罢，这些话题都是比较形而下的，都不属于哲学门类。故弄玄虚或故做深沉无异于自欺欺人，笔者只想在现象学的曙光引领下，迈进建筑与影像的圣殿，探寻二者的互文性。借现象学之"光"企及思之彼岸，才是笔者的唯一目的。

2.2 本论著从现象学界定的建筑

既然确定以现象学为哲学基础，那就得用好这一强大的思想武器，否则就会弄巧成拙。《庄子》阐述过很多技艺娴熟的匠人之鬼斧神工，如《内篇·养生主》"游刃有余"、《外篇·达生》的"佝偻者承蜩"，皆具欧阳修《卖油翁》所谓之"熟能生巧"，令人叹为观止。可见，只有熟悉武器的特性，才能运斤成风。[①]

笔者将在现象学曙光的照耀下，昂首阔步，踏上这次思想征程。

2.2.1 一般意义上的建筑

建筑的历史几乎与人类的历史一样久远，但是，即使皓首穷经，也很难发现谁是第一个界定建筑的人。其实，英语中的"Building"要比"Architecture"出现得早得多，前者显然不是合成词。在现代英语中，前者更多指涉单体建筑物，二者的差别日趋缩小，几乎成了同义词。Architecture，拉丁语为architectura，源自古希腊语αρχι τ έκτων。αρχι 意为 chief，即"主要的"；τ έκτων 意为 builder、carpenter、mason，指木匠、泥瓦匠等工匠；αρχι τ έκτων 的本义就是建造房屋的主要工匠，引申为造出的房屋和建造的技艺。这一点，与中国目前可见最早的手工业文献《周礼·考工记》的精神不谋而合，遥相呼应。

近代以前的中国，皆以"营造"统称建筑甚至交通、水利等，既指技术，也指工程，还可指官职。《晋书·五行志上》："清扫所灾之处，不敢于此有所营造。"《通典·职官十五》："掌管河津，营造桥梁廨宇之事。"《宋书·张永传》："又有巧思……纸及墨皆自营造。"《隋书·百官志中》："太府寺，掌金帛府库，营造器物。"宋·张齐贤《洛阳缙绅旧闻记·宋太师彦筠奉佛》："首诣僧寺，施财为设斋造功德，为状首罪，许岁岁营造功德。"《南史·萧引传》："内务府有营造，率资经费于工部。"《明史·桑乔传》："乔偕同官陈三

---

① 《庄子·徐无鬼》："郢人垩漫其鼻端，若蝇翼，使匠石斫之。匠石运斤成风，听而斫之，尽垩而鼻不伤，郢人立不失容。"

事，略言营造两宫山陵，多侵冒。"这是中国哲学天人合一、大而化之的内在特质所决定的，也是华夏思维之禀赋。

尽管早在唐代《元和郡县志》卷三五、《太平寰宇记》卷一 五中就出现"建筑"一词，但只为动词，其义甚狭，多指修筑城墙坛台。现代汉语中"建筑"一词，舶自日语。明治初期，日本学者将"Architecture"译为"造家"。1894 年，建筑史学家伊东忠太在其论文『アーキテクチュールの本義を論じて其の訳字を撰定し我が造家学会の改名を望む』(《论阿基泰克齐尔的本义与其译字的撰定并希望我造家学会改名》)中提出该词"世のいわゆるFine Artに属すべきものにして、Industrial Artに属すべきものに非ざるなり"("应该属于世上所谓的 Fine Art，而不属于 Industrial Art")，他认为使用不仅表示工学也可表示综合艺术的"建筑"一词，能更准确而全面地接近"Architecture"之本义。1897 年，根据伊东忠太的提案，日本造家学会改名为"日本建筑学会"。翌年，东京帝国大学工科学部"造家学科"改名为"建筑学科"。

可见，古今中外，建筑的核心始终围绕着为人类活动提供空间，包括规划、设计、施工，也包括最终的构造物。根据现存最早的建筑理论著作——古罗马 Marcus Vitruvius Pollio（维特鲁威，approximately BC. 80—BC. 25）的《建筑十书》记载，建筑的要素应兼备 Utilitas（用）、Firmitas（强）、Venustas（美）的特点，体现实用、坚固、美观。几千年来，建筑始终秉承这一古训，遵循科学且艺术之圭臬。

2.2.2　笔者的重新界定

时过境迁，沧海桑田，人类发展至 21 世纪，诸多新哲学、新思想闪耀于历史的天空。现象学的生命力首先在于对历史上的成见甚至权威论述予以"悬置"，给诸多常人认为理所当然毋庸置疑的概念、结论甚至定理加上括弧，存而不论。接着，一个真正的现象学学者会展开"Reduktion／还原"，谨慎而严密地推进意向活动，包括观察、体验、解释以及潜意识甚或精神分析，这些都不是非此即彼、非黑即白的二元对立式思维，都不秉承二分法的方法论。然后，现象学会在面对实事本身的心路历程上，通过对无蔽（ἀλήθεια／Aletheia）与在场（οὐσία／An‑wesen）的暗示自己企及真理，令其自明。

从维特鲁威到今天，对建筑的本质或什么是建筑进行过阐发的学者难以计数，各种剑指建筑特质的学说琳琅满目。尽管笔者对这些先贤的高论涉猎颇多，但是，作为一名矢志创新的后起之秀，我仍要沿着现象学指引的前方，稳健迈进。

将这些浩如烟海的前论悬置起来，加上括弧，笔者经过长时间的深思，认定建筑就是一种聚合空间、结构、意象和身体的存在。这种存在既可外化为"物自体"，那就是建筑物；也可外化为一种精神行为，那就是建筑设计；还可外化为一种艺术，那就是建筑艺术；甚至可外化为关乎建筑的各种文化，比如建筑文化、寺庙文化、民居文化。不论如何，建筑永远都是空间、结构、意象与身体这四者之水乳交融，缺一不可。

2.2.2.1　空间

空间，χ ωρος／space，根据不同的标准和尺度，可划分为不同的类型。物理学、数学、哲学依据各自学科的特性对空间的界定亦不相同。

哲学认为，空间是包容事物及其现象的场所。具体事物只有在一定的空间内才能存在。一切具体的行为与现象，都在具体空间里发生、发展并结束，都以具体的空间特性作为其表现形式。空间是人们从具体事物中抽象出来的认识对象。准确地说，空间是人们对具体事物进行多次分解和抽象，从具体事物中分解和抽象出来的认识对象。

空间可独立于物质、意识之外而存在。空间既不是物质，也不是意识，这就是空间的特性，即真实性、客观性和非物质性。具体的，空间的特性体现为：①不变性和不干涉性。空间只有体量，空无的空间本身就没什么可以运动、变化的，也没有能力去干涉、影响其他事物。纯粹空间和物质空间之间所呈现的转换现象的实质是物质在运动、变化，而不是空间在运动、变化。空间本身不运动、变化，却能包容其他事物的运动、变化。②永恒性。绝对空间的持续存在过程——绝对时间没有开始的一刻，也没有结束的一刻，是无始无终的。③可分性、连续性、无限性。对于给定的局部空间，可不受限制地任意分割为更小的局部空间，此即为"Differential／微分"。另外，对于给定的局部空间，如果其边缘之外是空无的，则可表明其外面是纯粹空间；

如果其边缘之外是物质，则可表明其外面是物质空间。纯粹空间和物质空间都是空间的构成，因此，对于给定的局部空间，都可无限向外连续延伸，小可以小到无穷小，大可以大到无穷大，此即为"Fractal／分形"。

显然，建筑学上的建筑空间是一种具体空间。以千禧教堂、盖蒂中心等佳作闻名于世的建筑大师 Richard Meier（理查德·迈耶，1934— ）指出，"建筑学是一门相当具有思想性的科学，它由运动的空间和静止的空间组成，这其中的空间概念宛如宇宙中的氧气。虽然我所关心的一直是空间结构，但是我所指的不是抽象的空间概念，而是直接与光、空间尺度以及建筑文化等都有关系的空间结构"。[①] 现代建筑的空间概念，是以 Rene Descartes（笛卡尔，1596—1650）三维直角坐标系为背景，从 Isaac Newton（牛顿，1643—1727）经典力学的物理空间概念中衍生出来的，它指的是经人建造的、从几何化的物理虚空分划出来的部分，如图 2-3。古希腊建筑没有这样的空间概

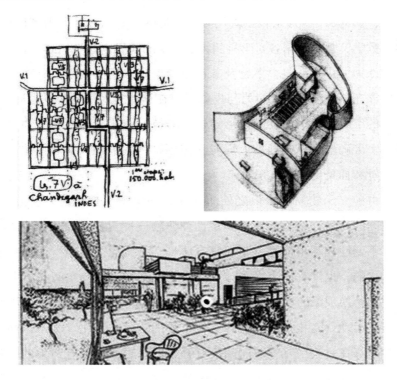

图 2-3　勒·柯布西耶的三幅建筑草图及其空间意识，来自谷歌学术

① 此语系理查德·迈耶获得普利兹克建筑奖时的获奖感言。

念，它的空间概念的本质是场所。古希腊建筑主要是神殿、剧场、竞技场等公共建筑，民众公共活动尤其是集体性聚会的需要是古希腊兴建大量建筑的重要原因。因此，在庄重典雅、和谐壮伟的崇高美之外，古希腊建筑时刻在呼唤神性莅临人间，共宿同栖的神人和谐，正是这些建筑的场所精神。海德格尔从地点与空间、人与空间的关系阐发的建筑空间的思想，在本质上与古希腊的空间概念更为接近。建筑最终是为了人的栖居，这种思想为我们提供了一条超越主体与客体、理性与非理性二元对立形而上学传统的新思路。

所以，现象学建构的建筑空间，实质上是供人栖居的场所。这种人为且为人的空间，是现象学视域中建筑的第一要素。

2.2.2.2　结　构

从哲学高度看，结构①是一种观念形态，又是物质在空间中的一种表现形式。结构是用以表达物质存在状态和运动方式的一个专业术语，在自然科学和人文社会科学中应用广泛。结构是事物在空间中的呈现形态与结合模式，基于空间而展开，离开空间就无所谓结构。

由于结构的广普性，20 世纪下半叶，西方学界兴起了一股结构主义（Constructionism）思潮。结构主义，是分析语言、文化与社会最常用的研究方法之一。结构主义认为，一个文化意义的产生与再造是透过作为表意系统（Systems of signification）的各种符号而呈现的。结构主义者研究对象的差异虽然很大，但最终皆矢志于找寻特定文化中意义是如何被制造与再制造的深层结构。结构主义首先强调整体性，其次强调共时性。瑞士学者 Ferdinand de saussure（索绪尔，1857—1913）是结构主义语言学研究的第一人。1945 年，法国学者 Claude Levi – Strauss（列维 – 斯特劳斯，1908—2009）发表了《语言学的结构分析与人类学》，第一次将结构主义语言学方面的研究成果运用到人类学上。

---

①　汉语中的"结构"，本义为连结构架，以成屋舍。葛洪《抱朴子·勖学》："文梓干云而不可名台榭者，未加班输之结构也。"刘禹锡《白侍郎大尹自河南寄示兼命同作》："结构疏林下，赛缘曲岸限。"英语中的"结构"是 Structure，意为 a fundamental, tangible or intangible notion referring to the recognition, observation, nature, and permanence of patterns and relationships of entities，是组成整体的各部分的搭配和安排。

　　艺术结构是形成一个艺术品的各种元素的构成与组合方式，也涵盖人们鉴赏艺术品时勾唤起的审美心理活动的层序，即审美心理结构。对摄影、电影、电视乃至建筑等艺术的结构分析，就是研究视觉与听觉元素作为语言的营构方式和组合范式。而且，建筑除了视听语言外，还有触觉、嗅觉直至身体等更为复杂的语言系统。建筑结构，是一种具体的结构，于外指建筑物在空间呈现的外在状态，于内指建筑物内部承受荷载的各种骨架及其组成的受力体系。建筑结构因所用建筑材料的不同，包括木结构、钢筋混凝土框架结构、铝合金空间网架结构、非接触式轻钢结构等。由于建筑也是一种艺术，所以，建筑结构还可指各种建筑语言的结构和作为艺术品的审美心理结构。最初由 Alfred Waterhouse（阿尔弗雷德·沃特豪斯，1830—1905）设计的伦敦自然历史博物馆，因结构的合理且极具包容性，120 多年间经历近十次返修扩建仍不失为伦敦乃至整个英国唯一一座集中了 19 世纪至今几乎所有不同历史时期典型风格的建筑，是 19—20 世纪世界上最伟大的建筑之一。日本结构主义建筑大师丹下健三（1913—　　）设计的 1964 年东京奥运会主会场——代代木国立综合体育馆，正是因为达到了结构与材料、功能与比例乃至历史观的高度统一而被称为 20 世纪世界最美的建筑之一。

　　现象学认为，结构具有整体性（Totality）、转换性（Transformation）和自调性（Autoregulation）。整体性指在一个由许多共同一致的现象构成的整体中，每个现象都与其他现象相依存，并且只能在与其他现象的关系中存在。转换性是指一个亚结构以生成规则为依据，有序转化为另一个亚结构。自调性是指各种规则在该系统范围内部发生作用。现象学视建筑结构为一种滞留意向过程的物自体，是固化建筑空间的物质材料之自在，如图 2-4。

图 2-4　现代建筑的结构及其独特的悬柱，出自 Peter Eiseman（彼得·埃森曼，1932—　　）设计的美国俄亥俄州立大学韦克斯纳视觉艺术中心，图片来自 http://www.zhulong.com

2.2.2.3 意象

在"意象"这个术语中，"意"就是意识，"象"就是物象。[1] 所谓意象，就是客观的物象经过创作主体独特的情感或心理活动而创生出来的一种艺术形象。简单地说，意象乃寓"意"之"象"，就是用来寄托主观心思情愫的客观物象。意象是指主观情意和外在物象相融合的心象。意象是比情节更小的单位，一般由描写物象的细节、象征、双关等词语构成。美学研究勾勒了意象的生发机理，或云意象的产生过程，大致为仿象 → 兴象 → 喻象 → 抽象。

从心理学来看，意象是认知主体在接触过客观事物后，根据感觉源头传递的表象信息，在思维世界形成的有关认知客体的加工形象在头脑里留下的记忆痕迹和整体的结构关系。这个记忆痕迹就是感觉来源信息和新生代信息的暂时连接关系。单一意象的神经基础是神经元簇或神经群组，意象是一种生理结构体，也是一种有效信息的组合体。一组神经元簇相当于一组信息编码的载体，与特定感觉信息表征相对应，它自上而下地承载着相关感觉信息的连接关系，是一种高级的信息流。意象也是一种承载记忆的结构实物，并非幻影。意象可用来指代事物，以唤起相应的感觉，激发思维的涟漪。思维是基于意象单元的能动，记忆中的影像与文字都是外界信息在主体大脑中用意象储存的一种形式。意象是外界的信息在主体内部构件成的精神世界。

意象是构成意境的基础。Jorn Utzon（约翰·伍重，1918— ）的悉尼歌剧院、罗伯特·文丘里的"母亲之家"、安藤忠雄的"光之教堂"（如图 2-5）等建筑杰作，正是以其独特而隽永的意象营造出一个个深约而蕴藉的意境。意象，比舶自日本"意匠"要多几分超脱，多几分灵韵。其实，有时候意象往往是屑小的、局部的、细节的，如脊兽[2]、颛顼、华表、饕餮纹饰、团鹤平棋天花、藻井都是中国古代建筑中典型的意象。

---

[1] 对于"意"和"象"，中国古代文论阐发良多。《周易·系辞》有"观物取象""立象以尽意"之说。《庄子·秋水》云："可以言论者，物之粗也；可以意致者，物之精也。言之所不能论，意之所不能察致者，不期精粗焉。"刘勰《文心雕龙·神思》："积学以储宝，酌理以富才，研阅以穷照，驯致以怿（绎）辞；然后使之宰，寻声律而定墨；独具之匠，窥意象而运斤：此盖驭文之首术，谋篇尤端。"唐·刘长卿《观李湊所画美人障子》："无间已得象，象外更生意。"宋以后更多。

[2] 韩昌凯：《中国传统建筑装饰艺术：脊兽》，中国建筑工业出版社 2012 年版。

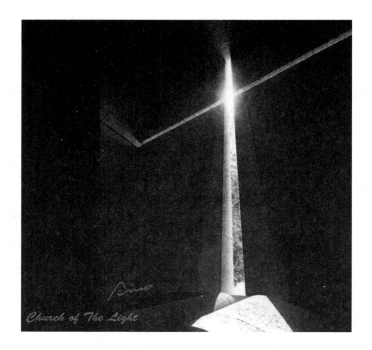

图 2 - 5　安藤忠雄的"光之教堂",在墙体上开了一个十字形分割的孔洞,从而营造出鲜明的光影效果,意象独特而深刻。图片来自 www. churuchoflight. com

　　建筑,作为一种最典型的综合艺术,自然要在空间和结构中营造意象,表达某种关涉历史、地域、民俗、宗教的文化内涵,最终企及建筑师或业主的精神情趣。从现象学看,建筑意象是建筑的必要元素,是不可或缺的构成。

2.2.2.4　身体

　　建筑是给人居住的,人有视觉、听觉、触觉、嗅觉、知觉尤其是性等一系列身体官能,优秀的建筑须令人"可游,可居",[①]让人的各种官能得以自我澄明,使其去蔽。

　　法国现象学家梅洛 - 庞蒂认为,人的身体深深根植于世界之中,与外物"遭遇"——这就是人的生活。由于身体就是主体,生活同时就被人所知觉。知觉的来源虽然是多种多样的,但它们最初都是无条件地被人感知的,是没

---

① (北宋)郭熙《林泉高致·山水训》:"世之笃论,谓山水有可行者,有可望者,有可游者,有可居者。画凡至此,皆入妙品。"此说本为画论,后被引入园林研究,成为造园境界之圭臬。

有经过人的意识审查的，是先于意识的。所有这些知觉圆融为一个大的环境，大的背景，即"知觉世界"。知觉世界是一种先验的人的结构性生活而不是一个纯粹实体。以"有机建筑"闻名于世的美国建筑大师 Frank Lloyd Wright（F. L. 赖特，1867—1959）毕生都在强调"知觉世界"的重要性。自幼成长于农场的赖特很重视大自然蕴含的生命流，他认为住宅不仅要合理安排卧室、起居室、餐橱、浴厕和书房，使之便利日常生活，而且必须增强家庭的内聚力。因此，在威利茨住宅、罗比住宅以及流水别墅的设计中，他常把火炉置于住宅的核心位置，使它成为必不可少但又十分自然的知觉源，使建筑呈现出富含人性的身体感，如图 2-6。

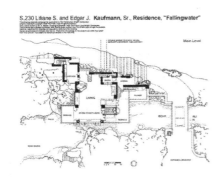
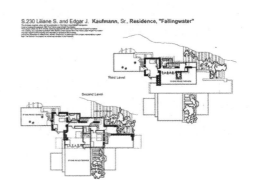

图 2-6　赖特的"流水别墅"，充分让人诗意栖居的身体感，图片来自维基百科

　　建筑的最终目的在于使人诗意地栖居。何谓"诗意"，如何才能做到"诗意"？就是让人感到舒适与安逸，令工作权、休息权等人权得以充分保障。具体地讲，①建筑在视觉上应令人悦目。从外观到内饰，建筑的色彩调配应避

免炫目,色彩的和谐与对比要合理得当,令眼睛不疲倦。②建筑在听觉上应令人悦耳。一般做到安静即可,无噪音的建筑空间可令身心放松,无紧张感,专注于工作或休息。在此基础上,若还能使声音有立体感、方位感甚至环绕感,这样的建筑更能取悦于人耳。③建筑应令人的手足、皮肤感到惬意。建材的表皮应在光滑与粗糙中拿捏到位,收放自如,当人的皮肤触及时,不会划伤,感觉不到硌涩等。④建筑应令人的嗅觉舒适。建筑内空间的空气应不被污染,要清新,无异味,无粉尘,可吸入颗粒物(PM2.5)很少,室内温度与湿度适宜。①⑤建筑,不论体量多大,内部空间的设计要易于人的识别,更要有利于人的通行与穿越。很多现代大型城市综合体搞得如同迷宫一般,很多国际化大都市摩天大楼鳞次栉比,致人疏远,令人迷失,使人惶惑,现代人在钢筋迷城和水泥森林中备感孤独、焦虑、烦躁,这样的建筑摧残人的身体,十分失败。⑥能使人诗意地栖居的建筑,必然能唤醒人的性欲,浸淫其间人性活动的频率与能力均会增强。Sigmund Freud(弗洛伊德,1856—1939)精神分析学(Psychoanalysis)指出,Libido(力比多/性力)是人的一种本能,是人体的一种原始力量,是人的心理现象发生的驱动力。力比多激发人的性行为,而性快感是身体快感的最高和最集中表现。建筑尤其现代建筑应能最大限度地激唤蕴藏在人体内部的性力。一个能令人诗意栖居的建筑,必然能令人的身心舒畅,让人备感自由,彰显人的尊严,直至可留泊和寄予潜意识深处的"逸"。

空间、结构、意象、身体这四项,正是建筑的基础内核和基本元素,如图2-7。残缺任一,都不可能成就一流的建筑。一言以蔽之,现象学认为——优秀的建筑,以精巧的结构,以充盈的空间,传播蕴藉的意象,勾唤身体之浸淫,让人诗意地栖居,如图2-8。

---

① 作为建筑学教材的《建筑物理》一般只从热、光、声三个角度着眼,不从嗅觉考虑人置身建筑物内的感受。事实上,装修经常导致室内空气恶化,建材也会释放有害气体,建筑物综合征(Sick Building Syndrome,SBS)早已被医学界提上议事日程。传统建筑学忽视化学,从不开设"建筑化学"之类的课程,这很不应该。建筑必须令人的嗅觉舒适。可参刘加平主编的《建筑物理》(第四版),普通高等教育土建学科专业"十一五"规划教材,高校建筑学与城市规划专业教材,中国建筑工业出版社2010年版。

	中 外 建 筑 典 型 图 例						
空间							
结构							
意象							
身体							

图2-7　本论著界定的建筑四元素及其实例图示，图片来自谷歌、百度，由笔者编辑

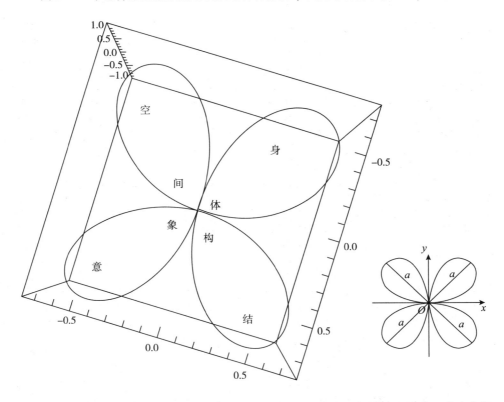

图2-8　笔者界定的建筑四元素，相得益彰，密不可分，宛如微分几何学四叶玫瑰线一般，具有严谨而精确的逻辑性，$\rho = \sin2\theta$，$\theta \in [0, 2\pi]$ 或 $\rho = \cos2\theta$，$\theta \in [0, 2\pi]$，笔者自绘

2.3 本论著从现象学界定的影像

2.3.1 一般意义上的影像

影像，中国近代以前亦作"影象"，[①] 含义比较丰富。（1）指影子，身影。宋·叶适《黄子耕墓志铭》："余观子耕了外物成坏，犹影像空寂。"（2）指画像，遗像。玄奘《大唐西域记·那揭罗曷国》："此贤劫中当来世尊，亦悲愍汝，皆留影像。"《二刻拍案惊奇》卷十："我心里也要去见见亲生父亲的影

---

① "象"早于"像"。在甲骨文、金文中，有"象"无"像"，"像"是后起的区别字。"象"的本义是指哺乳动物大象，也可泛指事物的情状和样子。"像"则指比照人物创造或制造出来的形象，如塑像、画像。由此观之，"象"是实的，"像"是虚的；"象"是本体，"像"是造体。先秦时期的《韩非子·解老》云："人希见生象也，而得死象之骨，按其图以想其生也。故诸人之所以意想者，皆谓之象也。""希"通"稀"，"希见生象"，即很少看到活象。这段话的意思是，由于地球生态的变化，人们很少看到活象，得到死象的骨头，便按照骨骼的样子想出活象的模样。所以凡靠主观意识去推想者，都称之为"象"。韩非子关于"想象"的解说，生动有趣，有如寓言，因而屡被引用，连20世纪50年代日本大修馆出版的《大汉和辞典》也曾用作书证，可见影响之广。然而，也有学者反驳之。汉代段玉裁在注《说文解字》时，在"象""像"二字条下针锋相对地提出了自己的看法："似古有象无像。然像字未制以前，想像之义已起。故《周易》用象为想像之义，如用易为简易、变易之义，皆于声得义，非于字形得义也。韩非说同俚语。"他认为，"象"字只不过因为同音借用一下，和"大象"没有任何关系。韩非之说同"俚语"一样不可信。那么，"像"字制出以后呢？段玉裁也有说法。他注"象"字时说："许书一曰指事，二曰象形，当作像形。全书凡言象某形者，其字皆当作像，而今本皆从省作象，则学者不能通矣。"注"像"字时又说："凡形像、图像、想像，字皆当从人，而学者多作象。象行而像废矣。"显然，段尊"像"贬"象"，这不无道理。但是，比段更早的文人，也有偏爱"像"者，如屈原《楚辞·远游》："思旧故以想像兮，长太息而掩涕。"其实，不同版本用字并不一致，所以王逸特地加了个注："像，一作象。"又如曹植的名篇《洛神赋》："遗情想像，顾望怀愁。"可见，"象"与"像"难分难解，在中古真可谓平分秋色。"五四"以后至1956年《汉字简化方案》推出以前这段相当长的时间里，"像"更为流行。瞿秋白在《饿乡纪程》中写道："我现在想像，他说这话时的笑容，还俨然如在目前呢。"杨朔在《迎志愿军归国》一文中，也有同样的用法："你们想像中的祖国正应该是这样。"正因为此，20世纪20年代到50年代的工具书，无论是《辞源》《辞海》，还是《国语词典》《同音字典》，都是只收"想像"而不收"想象"。1986年重新公布的《简化字总表》，明确恢复了"像"字的使用，"像"与"象"从此名正言顺地平起平坐。人民教育出版社2000年推广使用的"试验修订本"《语文》第一、二、三册均用"想像"，至少出现了59次；而第四、五、六册则一律改为"想象"，至少出现了63次。尤其值得注意的是，收入第五册的吴组缃的《我国古代小说的发展及其规律》一文，两处出现"想象"，旧教材中均作"想像"，原文发表于1992年第1期《文史知识》，当时用的也是"想象"而不是"想像"。今天，"象""像"并行不悖，"想象"＝"想像"。

像，哭他一场，拜他一拜。"《红楼梦》第五四回："十七日一早，又过宁府行礼，伺候掩了祠门，收过影象，方回来。"清·富察敦崇《燕京岁时记·除夕》："世胄之家，致祭宗祠，悬挂影像。"（3）征象，迹象。王夫之《张子正蒙注·太和》："若谓太极本无阴阳，乃动静所显之影象，则性本清空，禀于太极，形有消长，生于变化。"洋务运动后，西学东渐，欧洲的几何学、物理学、化学渐入国人心目，"影像"便开始具有了科学界定。1985 年国务院批准设立的全国科学技术名词审定委员会认为影像属于测绘学－摄影测量与遥感学，是物体反射或辐射电磁波能量强度的二维空间记录和显示。[①]

摄影也是近代舶来品。在摄影中，影像指拍摄对象留在胶片上的正像或负像。被摄体通过 Camera 镜头形成光学图像，聚焦在胶片上，通过曝光形成潜影，再经过冲洗和显影，在胶片上形成由银粒或染料组成的被摄体负像，负像经过复制在正片上便得到正像。负像和正像都叫影像。相片通常由光学镜头成像并记录在感光胶片上，是被动式遥感成像。影像则可通过光学－机械、光学－电子或天线扫描接收来自可见光、红外、热红外和微波信息，记录在胶片、磁带或 CCD/CMOS 上。170 多年来，摄影的用途日益广泛，种类日益繁多，摄影技术不断发展，且已进入数字时代，影像已成为现代社会不可替代的视觉媒材。

但是，很难把"影像"与"图像"严格而清晰地区别开来，二者天生具有某种同源性与同质性，在很多语境中都是近义词甚至同义词。晋·傅咸《卞和画像赋》："既铭勒于钟鼎，又图像于丹青。"郦道元《水经注·漯水》："其神图像，皆合青石为之。"在计算机科学与技术尤其 CG 中，图像指的是由扫描仪、摄像机等输入设备捕捉实景画面而产生的数字视频信号，是由像素点阵构成的位图。图像用数字 0、1 描述像素点、色度和纯度。描述文件的存储量很大，所描述对象在编码/压缩、解码/解压过程中会损失细节或产生锯齿。在显示方面，它将物像以一定的分辨率抽样为每个点的色彩信息，并以数字化方式呈现，可直接快速在各类屏幕上显示。分辨率和灰度是影响显示的主要参数。图像适用于表现含有大量细节的对象，如照片、CAD 等，通

---

① 可参该审定委员会审定的《测绘学名词》1990 年 12 月第 1 版和 2002 年 5 月第 2 版，亦可查询该审定委员会官方网站，http：//www.cnctst.gov.cn。

过专业软件如 Adobe Photoshop、AE 等可进行复杂的处理，以得到各种特殊效果。

汉语"影像"一词对应的英文为 Image 或 Picture。与汉语相同，二者在英语中亦很难区别。

2.3.2 笔者的重新界定

依据不同的标准，影像可分为不同的类别。在本论著中，笔者主要根据艺术门类的差异，把影像分为摄影影像、电影影像、电视影像三大类。基于此，有时根据技术属性把影像划分为模拟影像、数字影像；有时还区别为静态影像和动态影像两类。尽管这些分类体系可交叉共叠，但笔者将始终紧握摄影、电影、电视这三条经线，如图 2-9。

图 2-9 本论著中影像的分类，笔者自绘

在《逻辑研究》《形式和先验的逻辑》及其后续诸作中，胡塞尔把"Das Bild Bewusstseins"视作一种想像（Imagination）行为，他甚至把整个想像都称为广义上的"Das Bild Bewusstseins"。笔者以为，这里的"像"即 Image，是指一种包括静态影像与动态影像在内的纯粹精神图像，或指一种物质的图像，例如在"Das Bild Bewusstseins"的情境中，正如本论著所谓"影像"。

将主体与客体一分为二，是西方近代哲学的痼癖，这种二元对立的思维遗毒甚深。在黑格尔整合形而上学与科学的努力失败之后，哲学在寻找新的突破。F. W. Humboldt（威廉·洪堡，1767—1835）在黑格尔时代便试图从原始语言的分析中找到前主客体关系的状态，Lvy - Bruhl Lucien（布留尔，1857—1939）则选择了原始思维作为研究对象，Enst Cassirer（卡西尔，1874—1945）竭力从原始神话中找到非对象思维的真实起源，Jean Piaget（皮亚杰，1896—1980）认为儿童早期的心理发生机制可以理解人类思维的历史起源。海德格尔则坚持回溯，希望在古希腊的存在范畴中把握主客体关系的关键。梅洛-庞蒂通过对视觉艺术的考察发现了非对象化、非客体化思维的精妙所在。甚至，胡塞尔也带有这种趋向，他对意识整体结构的分析始终基于图像意识"Das Bild Bewusstseins"而展开，如图 2-10。

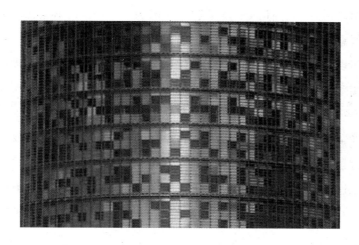

图 2-10　在阿拉伯世界文化中心的阿格巴塔楼（Torre Agbar）中，让·努韦尔则将色彩、材料、层次和"像素"的概念结合起来，每一个窗扇如同影像的一个像素，四千多扇窗户和 5 万多块透明和半透明的玻璃板组成了这幅富于运动感和层次感并可不断变化的银幕，就像电影摄影机和放映机的连续成像一般。这是一种典型的现象学图像意识，可在建筑与影像两大主体之间游刃有余。图片来自谷歌学术

　　从这个层面讲，"Das Bild Bewusstseins"所具有的共同特征就是它所构造的不是事物本身，而是关于事物的一种二度性图像。由此观之，想象只是一

种感知的变异或衍生：感知构建起事物本身，而想象则构造起关于事物的图像。甚至，想象只是一种准构造。[①]而狭义的"Das Bild Bewusstseins"之所以被归入想象，乃是因为它本身是一种借助于图像或影像（如摄影、电影、电视甚至更早的绘画等手段）而进行的想象行为。这样，"Das Bild Bewusstseins"就可以从根本上有别于符号意识，因为"Das Bild Bewusstseins"属于想象，也就意味着它属于直观行为，而符号意识则不属于直观。

那么，现象学所要把握的"Das Bild Bewusstseins"的本质结构究竟是怎样的呢？胡塞尔认为，图像表象的构造表明，自己要比单纯的感知表象的"立义"复杂。这里的"立义"，原文是 Aufassung，又译"握擎"，是意识活动统摄一堆杂乱的感觉并赋予其统一的意义的过程，从而使一个独立的对象从纷杂的背景中产生出来。[②] 任何客体化的行为，即任何构造对象或客体的行为，都含有这种"握擎"活动。因此，胡塞尔深入指出，在"Das Bild Bewusstseins"中有各种"立义"活动相互交织在一起；与此相辅相成，在"Das Bild Bewusstseins"中也有各种"立义"的结果，或者说，有各种对象交混在一起。

与海德格尔相似，梅洛-庞蒂此后也曾一再试图更确切地感受事物，他试图彻查"看/to see"这个小词自身究竟带有哪些东西。[③] 他在"精神图像"中显然也看到了许多新鲜的东西。仅以《眼与心》为例，他曾从许多荷兰绘画中发现镜子中的圆眼珠中可以看到空虚的人物内心。[④]从精神图像中并且随着精神图像深入下去，最终会看到更为深入的存在，这个"看"被梅洛-庞蒂称为"超人的视力""内视觉"或"第三只眼"。在早期的《知觉现象学》中，他更多探讨的是语言与身体经验的关系，或者说语言是生存现象学的并非独立的一部分；而在中期的《论语言现象学》和《世界的散文》中，强调的重点明显地转向语言本身，而非直接从身体经验出发，这意味着探讨文化和社会问题。也就是说，20 世纪 50 年代以后，以计算机和网络为代表的高新

---

① 胡塞尔：《纯粹现象学通论》，李幼蒸译，商务印书馆 1992 年版。

② 胡塞尔：《逻辑研究》（两卷本），倪梁康译，上海译文出版社 1994 年版、1999 年版。

③ Merleau - Ponty, L' Oeil et l' Esprit, in: *Les Temps Modernes* 17（1961），deutsche übersetzung von K. Held, Wuppertaler Arbeitsma - nuskripte. p. 17.

④ 同上书，第 22—23 页。

技术的勃兴，使梅洛－庞蒂意识到身体转移的问题，这对文化世界的意义重大，它表明文化世界的独特性质得到了最终承认。在哲学史上，Arthur Schopenhauer（叔本华，1788—1860）也曾谈论在艺术直观中起着独特作用的"另一只眼"，即他一再强调的那只"世界眼/World's Eye"。①海德格尔则提出，要"擦亮眼睛"去看/to see。② 所有这些论述都在试图描述和刻画某种深沉的联系：一种在图像客体和图像主体之间时刻存在的内在关联，以及对这种关联的特殊把握方式——艺术。海德格尔把这个联系理解为艺术作品与存在真理之间的内在关系："艺术作品以自己的方式开启存在者之存在"，他也把这种"存在"称为"物的真理"或"物的普遍本质"。③而现象学美学家Mikel Dufrenne（杜夫海纳，1910—1995）则将其视为艺术作品与审美对象之间的天然关联，"我们探寻艺术作品而发现了审美对象"，因此，"如果要我认识作品，作品必须作为审美对象向我呈现"。④

于是，事实发生的现象学与本质描述的现象学因此得到一个大致的区分。胡塞尔认为，事实发生的现象学必须以本质描述的现象学为基础，但海德格尔与梅洛－庞蒂则否认这一点。谁的看法更接近真理，这需要包括笔者在内的每个人自己来判断。但是，笔者相信，回顾西方哲学史，现象学的图像意识是迄今探究一切影像问题最佳的 Ge－stell（座架／集置）。基于此，笔者如是界定影像：影像，是跨时空的光电信号，直接照会并去蔽人类身体尤其视听双觉，令生活世界澄明于传媒。⑤

2.4 互文性

互文性包括文本间性和主体间性，二者相辅相成，辩证统一。

---

① ［德］叔本华：《作为意志和表象的世界》，任立译，商务印书馆1982年版，第277页。
② ［德］海德格尔：《林中路》，孙周兴译，上海译文出版社1997年版。
③ 同上书，第19—20页、第23页。
④ ［法］杜夫海纳：《审美经验现象学》，韩树站译，文化艺术出版社1992年版，序言。
⑤ 笔者将此界定德译为：Bilder über Zeit und Raum zu senden und zu empfangen elektromagnetische Signale, und die Menschen Schild direkt Beachten Dual－Klasse Körper, vor allem audio－visuelle Wahrnehmung, so dass Lebenswelt Klarheit in den Medien。

2.4.1　文本间性

要想参透何为"互文"，必须从"文"入手。这里的"文"，最初指的是文本/Text①。但是，"文本"的概念后来演变成任何由书写所固定下来的话语，可以是物质性的，也可是非物质性的。

在语言学中，文本指作品可见可读的表层结构，是一系列语句串联而成的线性序列。文本可以是一个单句（如谚语、格言、歇后语等），更可能由句群组成。文本构成了一个相对自足封闭的系统。苏联符号学家 Юрий Михáйлович Лóтман（洛特曼，1922—1993）指出，文本是外在的，即用一定的符号来表示；它是有限元，即有头有尾；它有内部的语法结构，也有外部的线性形态。② 法国学者 Roland Barthes（罗兰·巴特，1915—1980）认为文本一方面是能指，即语言文字符号及其组成的词、句、段；另一方面是所指，即确定的和单一的意思，由表达这种意思的正确性所限定。

其实，英文"text"一词另有正文、语篇、课文等多种译法。在西方学界，这个词广泛应用于语言学、文体学、叙事学、传播学、计算机科学与技术中。一般而言，文本是语言的实际运用形态，而在具体场合中，文本是根据一定的语言衔接和语义连贯规则而组成的语句，有待于读者在接受时个人化给定。在数字技术领域，文本是一种最简单、最常见的媒体类型。文本文件有可编辑的"纯文本"和仅供阅读的电子书两类，有".txt"".doc"".wps"".pdf"".caj"等多种格式，超文本标记语言（Hypertext Markup Language / HTML）则支持在文本文件中镶嵌图形、图像/视频、声音/音频、动画等多媒体。③

"文本"作为专业理论术语活跃于各个学科之后，"本文"一词因其本义始终指的是"这篇文章"（This essay、The article）而明显地与"文本"区别

---

① 溯"文"之词源，乃表示编织的东西，这与汉字"文"的本义颇有类似之处。"文"，甲骨文为，取象人形，指文身，指花纹。《说文》："文，错画也。象交文。今字作'纹'。"《说文解字叙》："仓颉初作书，盖依类象形，故曰文……文者，物象之本。"《周易·系辞下》："（伏羲氏）观鸟兽之文……物相杂故曰'文'。"《易经·贲卦》："观乎天文，以察时变，观乎人文，以化成天下。"

② ［苏联］洛特曼著：《结构文艺符号学》，张杰、康澄译，外语教学与研究出版社2004年版，序。

③ 李建成等主编：《数字化建筑设计概论》，中国建筑工业出版社2007年版，第39页。

开来。但是，"本文"还有一层引申义，可指原文、正文，区别于注解或译文。在这个意义上，"本文"是由作者写成、有待读者阅读的单个文学作品本身，包括由浅入深的三个层次：一是词句段层面，二是叙事方面，三是主题方面。很显然，本文可以等同于作品本身，但文本不是作品本身。洛特曼在其《诗歌文本分析》一书中断然拒绝承认文本和艺术作品是同一种东西，他指出文本是艺术作品的元素之一，整体艺术效果是在文本与一整套复杂的生活和美学观念的对比中产生的。① 北京大学艺术学院王一川教授认为，一部由作者创作出来的"语言艺术品"，当其未被读者阅读时，就还只是文学文本，而不是文学作品。只有经过读者阅读之后，这文本才真正变成了作品。简言之，文学文本加上读者阅读才能变成文学作品，接受美学（Aesthetic reception）与比较文学（Comparative literature）亦有如是标榜。文学作品的意义，是建立在文学文本的语言系统基础上的，离开了该系统是不存在意义的；同时，作者原义与读者阅读之间既有联系又有区别：阅读既可以寻求作者原义，也能发现新的意义空间。②

可见，区分作品与文本，可以破除单纯的作者决定论和意义单一论，突出文学艺术基本的语言特性，倡导在语言系统基础上的自主性、开放性、探索性阅读。于是，在文本之间（inter text），就有可能存在十分丰富的意义，文本间性遂被提出。文本间性，Intertexuality③，就是一种互文性。④

2.4.2 主体间性

在现代哲学史上，特别是从海德格尔开始，主体间性具有了本体论意义。主体间性的根据在于生存本身。生存不是在主客二分的基础上进行的，不是

---

① 可参王立业主编《洛特曼学术思想研究》，黑龙江人民出版社 2006 年版。

② 王一川：《兴辞诗学片语》，山东友谊出版社 2005 年版。

③ 实在很难把 Intertexuality 与 Intertextuality 区别开来，二者仅差一个"t"。在本论文中，文本间性是互文性的维度之一，故权且将无"t"的 Intertexuality 与文本间性对应。

④ 汉语"互文"一词，由来已久，是古典诗词中常用的一种修辞方法，也叫"互辞"，即"参互成文，含而见义"。具体地说，上下两句或一句话中的两个部分，看似各说各事，实则是互相呼应，互相阐发，相互补充，说的是同一件事，是一种上下文义的互相交错，彼此渗透，前后补充，来表达一个完整的意思。互文的特征是"文省而意存"，如"将军百战死，壮士十年归"（《木兰诗》）、"秦时明月汉时关"（王昌龄《出塞》）、"烟笼寒水月笼沙"（杜牧《泊秦淮》）等。给中古汉语的"互文"一词后缀"性"，用以翻译"Intertexuality"，有中国特色，承古典文脉，甚妙。

主体构造和客体征服，而是主体间的共在，是自我主体与对象主体间的交往、对话。一方面，在现实存在中，主体与客体间的关系不是直接的，而是间接的；它要以主体间的关系为中介，包括文化、语言、社会关系的中介。因此，主体间性比主体性更根本。当代哲学转向对语言、对话、交流、理解以及人类活动的关注，并由此导致认识论哲学在理性观、真理观等方面的难以求得一致。正是由于当代社会生活的各种新问题令主体性哲学尴尬，而主体间性的出场则是哲学对现实挑战的一种睿智回应，反映出当代哲学的主流倾向，即回到生活，回到实践，回到现实，回到人的真实生存本身。显然，主体间性，也是一种互文性。①

"互文性"，Intertexuality，这一概念首先由法国后结构主义（Poststructuralism）女学者 Julia Kristeva（朱丽娅·克里斯蒂娃，1941—　）在《符号学》一书中提出："任何作品的本文都像许多行文的镶嵌品那样构成的，任何本文都是其他本文的吸收和转化"。她认为，"互文性"主要有两方面的基本含义：一是一个确定的文本与它所引用、改写、吸收、扩展或在总体上加以改造的其他文本之间的关系；二是任何文本都是一种互文，在一个文本之中，不同程度地以各种多少能辨认的形式存在着其他的文本。"互文性"强调的是把写作甚至艺术创作置于一个坐标体系中予以观照：从横向上看，它将一个文本与其他文本进行对比研究，让文本在一个文本的系统中确定其特性；从纵向上看，它注重前文本的影响研究，从而获得对文学和文化传统的系统认识。应当说，用"互文性"来描述文本之间涉及的问题，不仅显示出艺术创作活动内部多元文化、多元话语相互交织的事实，而且也呈现出这种创造性劳动的深广性及其丰富复杂的文化内蕴和社会历史内涵。

互文性，作为一种滋蘖于结构主义和后结构主义的理论，已经大大突破了理论研究和形而下批评术语的范围，它以其对文学传统的包容性、对文学研究视域的可拓展性，在文学研究和文学写作中扮演着日益重要的角色。作为一种重要的文本理论，互文性注重将外在的影响和传播文本化，一切语境无论是政治的、历史的或社会的、心理的，都可以变成互文本，这样，文本

---

① 进一步研究互文性，可参王瑾《互文性》，广西师范大学出版社 2005 年版；李玉平：《互文性研究》，南京大学，博士学位论文，2003 年授予博士学位。

性代替了文学，互文性取代了传统，自给自足的文学观念也随之被革新。互文性将解构主义的、新历史主义的乃至后现代主义的文学批评的合理因素统统纳入囊中，从而也使自身在阐释上具有了多向度的可能。刘怡的《哥特建筑与英国哥特小说互文性研究》①正是由此洞见了哥特式建筑与哥特式小说之间的内在关联与一致。

具体而言，互文性吸取了解构主义（Deconstruction）和后现代主义（Postmodernism）的 Anti‐logoscentrism／反逻各斯中心主义传统，强调由文本彰显出来的断裂性和不确定性，而新历史主义标榜的"历史和文本具有互文性"也成了互文性理论的一个重要的分析策略。互文性以形式分析为切入点，最终让自己的视线扩展到整个文学传统，企及整个文化视域，如图 2–11。

图 2–11　马岩松设计的玛丽莲·梦露大厦，耸立在加拿大多伦多密西沙加市，完美实现了建筑与影像在主体间的位移与可交换性。图片来自谷歌学术

可见，互文性正是由文本间性与主体间性构成的。然而，二者之间不是简单的算数加和，而是非线性的混沌关系，存在一个从文本的互文性——文本间性到主体的互文性——主体间性之逻辑范式，如图 2–12。

_____

① 四川大学出版社 2011 年版。

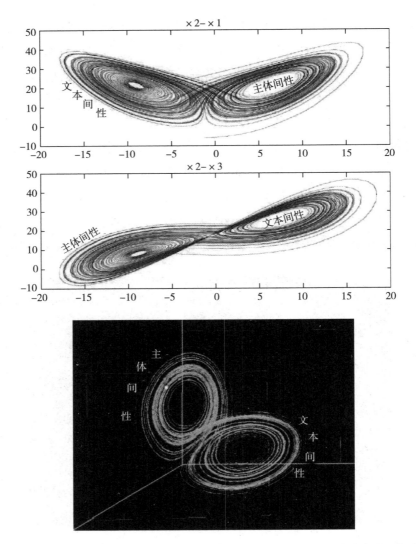

图 2－12　互文性包括文本间性与主体间性，二者之间的关系应该符合美国气象学家 **Lorenz Edward Norton**（爱德华·诺顿·洛伦兹，**1917—2008**）提出的"蝴蝶效应"偏微分方程

$$\begin{cases} \dfrac{\mathrm{d}x}{\mathrm{d}t} = -\sigma(x-y) \\ \dfrac{\mathrm{d}y}{\mathrm{d}t} = -xz + \gamma x - y \\ \dfrac{\mathrm{d}z}{\mathrm{d}t} = xy - bz \end{cases}$$

且具有 **Robustness**（鲁棒性）：文本/主体间性的初值具有敏感性，千分之一甚至万分之一的变化都有可能引起主体/文本间性截然不同的巨大变化，但整个互文系统即使受到干扰，也能够通过自适应纠正这一偏差，误差可以忽略不计，最终达成平衡。笔者自绘

2.5　建筑与影像的互文性

建筑与影像之间，存在互文性，既存在文本间性，又存在主体间性。

被誉为"建筑导演"的建筑大师 Jean Nouvel（让·努韦尔，1945—　）认为，建筑设计从开始构思到施工完成更像一部电影的形成。我们知道，电影的画面并不是作为电影设计构成的最终结果，它本身就是一种媒介，一种可以从许多层次上理解的信息的载体。既然我们生活在一个视觉文化时代，那么摄影、电影、电视乃至互联网对于今天的建筑来说就是十分合适的。让·努韦尔在设计法国巴黎阿拉伯研究中心等时，总是像一个电影导演带领摄制组把一个特殊的剧本变成影像，因而，他十分注重基于光的影调、色调与质感，注重在建筑空间中突出光影的体积感、重量感与变化的秩序；注重通过材料表现建筑物的透明性，以传达建筑与其栖身之地、所在之城的文脉。"传统的建筑是以固定的体量作为基础，这里没有注意到光的首要性——正是光使得我们能够看到建筑，并且它忽视了光的可能性以及它的多样性。对于我来说，光是实体，是材料，是一个基本的材料，一旦你理解了光是如何的丰富多变，并且感受到它的丰富性，你的建筑语汇就会立刻变得不同，是许多经典建筑所没有想到的。这样，一个暂时的建筑变得可能了——不是因为暂时的结构，而是因为光随时改变着建筑的形态。"[1] 基于此，他在里昂歌剧院、南特法院等设计中，充分调动光编制色彩，积极利用光去造型，成功营造出集限定性与创造性、透明性与神秘性于一身的绝妙空间，正是光——这种影像艺术的基本语言和基础材质——使让·努韦尔登上了我们这个"视觉—读图—传媒"时代的话语制高点，他的建筑设计因此更具通俗文化、大众文化特质，更具当代性与当下性，更具广谱性与普适性，如图 2-13。让·努韦尔的成功，是建筑嫁接影像的最佳典范，他让冰冷生硬的材料形成蒙太奇，让庞大厚重的建筑变成演员，让通透的墙体变成表演区，让含蓄的窗洞成为

---

[1]　可参刘松茯、丁格菲著《让·努韦尔》，普利兹克建筑奖获奖建筑师系列，中国建筑工业出版社 2011 年版。

独白抑或旁白，让飘逸的屋顶成为主题曲或片头曲，让建筑细部成为特写镜头，让室内结构变成故事主线，让矛盾而统一的各种空间展开叙事——让·努韦尔的建筑语言其实也是影像的视听语言，这也是其诸多作品成为我们这个时代经典之根由。

图2-13　由德国 KSP Engel und Zimmermann 建筑事务所、华东建筑设计研究院组建的 ASP 联合体设计的中国国家图书馆二期新馆，外墙及顶棚全部采用热工性能优异的中空透明 LOW - E 玻璃幕墙装饰，室内照明采用玻璃顶棚和 30 多个天窗射进的自然光，白天完全不用开灯，节能 50% 以上。笔者长期徜徉于此，对其深厚而独特的光意识深表赞叹。图片系作者自摄

无独有偶，另一位建筑大师 Luis Barragan（路易斯·巴拉干，1902—1988）也十分注重光的运用，光可谓其作品的点睛之笔。他将自然中的阳光带进我们的视线与生活当中，并且与那些色彩浓烈的墙体交错在一起，两者的混搭产生奇异的效果。在他设计的饮马槽广场中，水池尽端一堵纯净简单

的白墙在树影的掩映下拥有了生动的表情，地面的落影、墙面的落影、水中的倒影构成了一个三维的光的坐标系，一天之中随着光线的变化缓缓移动旋转，像一种迷离的舞蹈。这是建筑与自然的对话，好像阳光与植物在建筑上留下的诗意画卷。在吉拉迪住宅中，光与色彩的运用也堪称经典之作，光把色彩、空间、墙体、水面、地面奇妙地串联并交错在一起，给人以梦幻般的感觉，使人们融入其营造的诗意空间之中，如图 2 – 14。

图 2 – 14　路易斯·巴拉干的吉拉迪住宅，在侧墙开设了匀距而大小一致的窗孔，使强烈的阳光射入鲜艳的墙体，尽端屋顶还有光束照射着红色的柱和蓝色的墙——在平静的水池中升起一根红色的柱子。阳光在这里直射、折射又反射，营造出一个斑驳绚丽的梦幻空间。图片来自谷歌学术

　　显然，这两位大师均从勒·柯布西耶这位现代建筑开启者的朗香教堂汲取良多。一般研究侧重于该作品的外观与结构，赞叹其完全打破了中世纪、文艺复兴时期拜占庭、哥特、巴洛克、洛可可等各式教堂的刻板与套路。进入其内，他独特的光影智慧令人叹为观止。教堂南面向上倾斜的厚实墙面上，疏落散布着大小不一的窗洞，饰以彩色玻璃，洞口向室内深凹，阳光透过这一个个"棱台"射入，洒在每一个信徒的身上，光影明灭闪烁，游移暗淡，隐喻着上帝的神秘与无处不在。教堂立面有三个采光竖塔均开侧窗，天光从窗孔射进，循着井筒的曲面折射下去，照亮底部的小祷告室，象征着心灵与上天相通；墙顶和卷曲的屋顶之间留有40厘米的带形空隙，夜间的室内灯光使之仿佛漂浮于空中，暗示着神谕的玄妙。设计朗香教堂时，勒·柯布西耶摈弃了任何一套古典法式，充分运用光去造型，缔造出不逊于任何一座著名教堂的独创之作，如图2-15。

图2-15　勒·柯布西耶代表作朗香教堂，教堂内外的日景与夜景从各个角度展示了其独特而鲜活的光影语言。此系勒·柯布西耶的成名作，现代建筑史的大幕由此拉开。图片来自谷歌学术

光，也是影像的实体，影像的材料。建筑现象学家 Setven Hall（史蒂文·霍尔）在《锚固》中指出，"没有光，空间将会被遗忘。光所产生的阴影；光的方向；光的透明、半透明与不透明；光的折射与反射，所有这些条件交织在一起，将会重新定义一个空间。光使特定的空间充满了不确定性。"日本建筑大师安藤忠雄（1941—　）认为，"光赋予美以戏剧性……在我的作品中，光永远是一种把空间戏剧化的重要元素。建筑是一种媒介，使人们去感受自然的存在"。① 贝聿铭有言："阳光是设计师。"② 德国学者 Corrodi Michelle（米歇尔·科罗迪）、Klaus Spechtenhauser（克劳斯·施佩希滕豪泽）在 *Illuminating：Natural Light in Residential Architecture，With an Essay by Gerhard Auer*③ 中枚举勒·柯布西耶、赖特、路易斯·康、路易斯·巴拉干、安藤忠雄、让·努韦尔、斯蒂文·霍尔等 11 位建筑师为 "最善于运用自然光的大师"，④ 他们的用光风格各不相同。此论虽略显拼凑，但整体上不失为灼见。

　　光，是建筑与影像的共同材料与共通语言，是二者存在文本间性与主体间性的最佳物证。建筑被建造出来，并不意味着建筑创作的结束，作品在以后成百上千年间会不断被各种影像传播。建筑空间充斥着各种形态与风格的影像，影像与建筑结构、建筑意象之间建立起彼此注解的关系，影像还会再次为建筑下注，使建筑的美学蕴含、社会价值与历史贡献相互见证，彼此印证——这正是建筑与影像文本间性之津要。同时，建筑创作自古就离不开影像，传媒发达的现代社会更使建筑师的创作理念与语言技术与影像导演高度相似，建筑设计活动本身就是一种影像传播行为，公众使用建筑其实就是接受建筑文本，并与之展开持久的互动与反馈。传媒覆盖下的城市具有高度的媒介性，城市规划已经演变为一种媒介发达时代大众文化的影像化过程——这正是建筑与影像主体间性之津要。毋庸讳言，建筑与影像之间的关系就是一种互文，二者存在深刻的互文性。这种互文性，既体现于文本间性——影像中的建筑，又体现于主体间性——建筑中的影像。

小　结

　　本章简明扼要地概括出现象学的精髓，指出它的缺陷，并从现象学视域重新界定了 "建筑" 与 "影像"，为本论著深入论证奠定了基础。作者将

---

① 可参 ［日］ 安藤忠雄著《安藤忠雄论建筑》，白林译，中国建筑工业出版社 2003 年版。
② 薛求理：《世界建筑在中国》，古丽茜特译，东方出版中心 2010 年版，第 81 页。
③ Birkhauser Verlag A. G.，Basel，2008. 可参马琴、万志斌的汉译本《自然光照明：住宅中的自然光》，中国建筑工业出版社 2012 年版。
④ 同上书，第 209—221 页。

"互文性"分为"文本间性"与"主体间性"两个维度，逐一给予详释，认定建筑与影像之间的关系就是一种互文，二者存在深刻的互文性。这种互文性，既体现于文本间性——影像中的建筑，又体现于主体间性——建筑中的影像。

3 文本间性——影像中的建筑

建筑与影像存在深刻的互文性，这首先彰示于文本间性——影像中的建筑。具体而言，摄影中的建筑、电影中的建筑、电视中的建筑是其形而下的文本形态，以此构成的思树（Thought arbor）鲜活而葱郁，生机益然。

3.1 摄影中的建筑

摄影，photography / $\varphi\omega\varsigma + \gamma\rho\alpha\varphi\iota\varsigma$，是指使用专门设备进行影像记录的过程和技艺。摄影，有狭义与广义之别：狭义的摄影，即照相，专指图片摄影；广义的摄影，包括图片摄影、电影摄影和电视摄影。电视摄影就是摄像。图片摄影基于静态影像，电影摄影和电视摄影基于动态影像，如表3－1。

表3－1   摄影的分类，笔者自绘

		静 态	动 态
广义	图片摄影	√	
	电影摄影		√
	电视摄影 ＝ 摄像		√
狭义	图片摄影 ＝ 照相	√	

3.1.1 从摄影镜头物像共轭系统看建筑物的点线面

不论是图片摄影还是电影摄影、电视摄影，都必须使用 Camera。在我国，

图片摄影界习惯称 Camera 为照相机，电影界总是称其为摄影机，电视界喜欢称其为摄像机。其实，任何 Camera 的成像原理都是一致的，均是小孔成像、凸透镜成像、凹透镜成像之一或多重聚合。

早期的 Camera 多基于小孔成像而设计。用一个带有小孔的板遮挡在屏幕与物之间，屏幕上就会形成物的倒像，我们把这样的现象叫小孔成像。前后移动中间的板，像的大小也会随之发生变化，这种现象反映了光沿直线传播的性质。大约 2500 年前，我国学者墨翟做了世界上第一个小孔成像的实验，《墨经》："景到，在午有端，与景长，说在端。""景，光之人，煦若射，下者之人也高，高者之人也下。足蔽下光，故成景于上；首蔽上光，故成景于下。在远近有端，与于光，故景库内也。"工业革命以后，欧洲的光学和精密仪器制造业日趋成熟，Camera 逐渐变成几个甚至几组凸透镜、凹透镜的组合体，成像质量大大提高。至此，物体与影像相辅相成，焦点、光心、节点形影不离，物距、焦距、像距互生共存，景深与焦深相逼相合，物平面、焦平面、像平面三足鼎立，物方空间与像方空间交相辉映，它们各自均构成一种共轭（Conjugate）。

共轭[①]，在数学、化学、物理学、生物学中经常出现，泛指按特定规律出现的一对事物，如数学中的共轭根式、共轭复数、共轭矩阵，有机化学中的 $\pi-\pi$ 共轭、$\rho-\pi$ 共轭，量子力学中的角动量与角度，生物界的豆科植物和根瘤菌、小丑鱼和海葵的共生等，皆是共轭关系。可拓学给出了共轭关系的数学公式：[②]

$$
\begin{aligned}
O_m &= \mathrm{re}\ (O_m)\ \oplus\mathrm{im}\ (O_m)\ \oplus\mathrm{mid}_{\mathrm{im-re}}\ (O_m)\\
&= \mathrm{hr}\ (O_m)\ \oplus\mathrm{sf}\ (O_m)\ \oplus\mathrm{mid}_{\mathrm{hr-sf}}\ (O_m)\\
&= \mathrm{ap}\ (O_m)\ \oplus\mathrm{lt}\ (O_m)\ \oplus\mathrm{mid}_{\mathrm{lt-ap}}\ (O_m)\\
&= \mathrm{ps}_c\ (O_m)\ \oplus\mathrm{ng}_c\ (O_m)\ \oplus\mathrm{mid}_{\mathrm{ng-ps}}\ (O_m)
\end{aligned}
$$

当摄影师把 Camera 对准建筑物拍摄时，在镜头的光学共轭关系之外，又

---

① 轭，形声，从车，厄声，本义是驾车时套在牲口脖子上的曲木。《说文》："轭，辕前也。"段玉裁注："辕前者，谓衡也。"《仪礼·既夕礼》："楔貌如轭。"《荀子·正论》："三公奉轭持纳。"《古诗十九首》："牵牛不负轭。"共轭，意即几匹牲口尤其是马被共同套在一根曲木上，为了使它们一起用力，齐心协力。汉语的"轭"对应于英语的"yoke"，"共轭"对应于"Conjugate"。

② 杨春燕、蔡文：《可拓工程》，科学出版社 2007 年版。

增加了 Camera 与建筑物点、线、面之间的共轭关系，从而形成一种复共轭（Duplicate conjugate），如图 3-1。

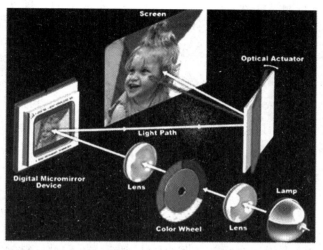

图 3-1　摄影镜头成像系统与建筑物点线面之复共轭，图片素材来自谷歌学术，由作者编辑

　　笔者以为，从现象学分析，共轭甚至复共轭的哲学内核依旧是互文性。多学科交叉研究发现，共生不仅是一种生物现象，也是一种社会现象。袁纯清博士在《共生理论——兼论小型经济》① 一书中说："一般意义上说，共生是指共生单元之间在一定的共生环境中按某种共生模式形成的关系。"在共轭关系上，人类社会与自然界有很大的不同，自然界往往是原始的、初级的、被动的，而人类社会则往往是高级的、能动的和主动的。正如日本建筑师黑川纪章在《新共生思想》中所言，"现在人类正面临着的变化……这是一种思维结构（Paradigm Shift）上的重大转变"，21 世纪的世界新秩序是"共生的秩序"。②

---

① 袁纯清著：《共生理论——兼论小型经济》，经济科学出版社 1998 年版。
② 该书汉译本可参覃力等六人译本，中国建筑工业出版社 2009 年版。这句论述出自该书序言。

黑川纪章（1934—2007）相信，建筑要体现异质文化的共生、人与技术的共生、内部与外部的共生、人与自然的共生。他以日本传统文化的唯意识论、三浦梅园（1723—1789）的"反观合一"辩证思想、铃木大拙的"即非理论"和大乘佛教的"诸行无常""万事皆空"等东方哲理为本，同时又汲取匈牙利哲学家 Arthur Koestler（亚瑟·凯斯特勒，1905—1983）的"子整体结构"、法国哲学家 Gilles Louis Réné Deleuze（吉尔·德勒兹，1925—1995）的"生命结构"和现象学家 M. Merleau - Ponty（梅洛 - 庞蒂，1908—1961）早年秉持的"多价哲学"，最终形成建筑共生思想。具体来说，他要求对局部和整体都给予同等价值；把内部空间外部化和把外部空间内部化，排除内外之间、自然与建筑之间的双重约束，促使内部与外部之间的相互渗透；在相互矛盾的成分中，插入第三空间，即中介空间；设计出共轭的要素，有意识地把异类物件混合在一起，使之产生多重性含义，以便选用传统或历史性构件，或者把传统和现代技术有意识地交织在一起；强调细部，重视对材料的选择，注重表达人类感情的复杂性和精神的微妙感。

摄影中的建筑，正是这样一种人类通过摄影技术与艺术创造出来的共生关系，是摄影师的能动与主动与建筑物的初级与被动之间的互文。于是，建筑物与摄影师、建筑与摄影之间产生共生，而这种竞合又促使建筑摄影甚至建筑设计迈入更高的境界。

3.1.2 置身摄影构图焦点透视中的建筑物平立剖三面

建筑物是一个存在于空间中的客观实体，必然具有很多个面。建筑设计必须从各个角度描绘即将落成的建筑物各面的详情，正所谓"横看成岭侧成峰，远近高低各不同"。[①]一般地，一套完整的建筑设计图纸，必须包括平面图、立面图、剖面图。平面图表示建筑的平面形式、大小尺寸、房间布置、建筑人口、门厅及楼梯布置的情况，表明墙、柱的位置、厚度和所用材料以及门窗的类型等情况。立面图主要表现建筑的外貌形状，反映屋面、门窗、阳台、雨篷、台阶等的形式和位置，体现建筑垂直方向各部分高度，甚至建筑的艺术造型效果和外部装饰做法等。剖面图主要表示建筑在垂直方向的内

———————————

① 苏轼《题西林壁》。

部布置情况，反映建筑的结构形式、分层情况、材料做法、构造关系及建筑竖向部分的高度尺寸等。但是，当这一切面对 Camera 镜头时，都将因光学镜头的共轭关系而发生各种透视，如几何透视、焦点透视和空气透视，变成一种异于真实建筑物的"模像"（Abbildung/Abbild）。

透视，Perspective，意为透而视之。经典透视学是文艺复兴时代的产物，即合乎科学规则地再现物体的实际空间位置。这种系统总结研究物体形状变化和规律的方法，是线性透视的基础。15 世纪意大利画家 L. B. Leon Battista Alberti（阿尔贝蒂，1404—1472）的画论述了绘画的数学基础，论述了透视的重要性。同期的意大利画家 Leonardo da Vinci（达·芬奇，1452—1519）、Piero della Francesca1（弗兰切斯卡，1420—1492）对透视学最有贡献。15—16 世纪的德国画家 Albrecht Dürer（A. 丢勒，1471—1528）把几何学运用到艺术中来，使这门科学获得理论上的发展。达·芬奇还通过实例研究，创造了科学的空气透视和隐形透视，这些成果总称为透视学。透视学的基本概念很多，有视点、足点、画面、基面、基线、视角、视圈、点心、视心、视平线、消灭点、消灭线、心点、距点、余点、天点、地点、平行透视、成角透视、仰视透视、俯视透视、焦点透视等。但是，中国画的透视法却迥异于西方，画家观察点不是固定在一个地方，也不受固定视域的限制，而是根据需要，移动立足点进行观察，移步换景，正所谓"散点透视"。中国山水画要表现"咫尺千里"的辽阔境界，只有散点透视才能实现。宗炳《画山水序》："去之稍阔，则其见弥小。今张绢素以远映，则昆阆（昆仑山）之形，可围于方寸之内；竖画三寸，当千仞之高；横墨数尺，体百里之回。"这是在中国绘画史上对透视原理的最早论述，是中国式散点透视学说之滥觞。嗣后，王维《山水论》继而阐发："丈山尺树，寸马分人，远人无目，远树无枝，远山无石，隐隐如眉（黛色），远水无波，高与云齐。"中国山水画透视法至宋代形成完整的体系。

摄影必然吸收、借鉴了欧洲绘画透视学之要义，摄影透视规律完全是西方透视学之翻版。当然，中国摄影师也试图把中国山水画的散点透视纳入摄影，郎静山（1892—1995）的"集锦摄影"正是朝此努力，但因镜头视角和后期暗房技术的限制，不可能成为摄影美学的主流。中外摄影透视的规律其实是一致的，中外摄影师把镜头对准建筑物时均不可避免地要受制于透视。笔者以为，源于西方的透视学带有明显的匠气，人工斧凿痕迹十分突出，犹如语言学中的修辞学一般，是一种闭门造车的人造假象或人工相术。一个典型的现象学学者，注重质疑，总是要在亲身经历的体验中独立思考自然与社会，人文与历史，甚至对那些世人公认、貌似公理的说法提出新的反思。所以，面对这些如蜘蛛网般的透视法则，笔者感到它正是束缚我们想象力和创造力的绳索和罟罾。我们若被这无形的天罗地网羁绊，就必然成为一只只缀网劳蛛①，整日辛劳而不得解放！如图 3 - 2。

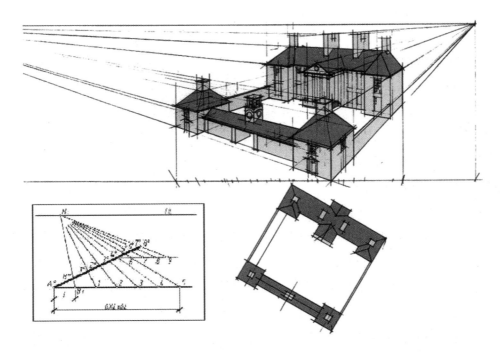

图 3 - 2　建筑透视教程与示例，图片来自中国西部开发远程学习网陕西远程学习中心，可从西安建筑科技大学官网 http：//www. xauat. edu. cn 进入，由笔者简单编辑

而且，笔者研究发现，西方这套教条刻板的透视法，十分易于激发人类视觉的错觉。人类的眼睛，总是欺骗大脑。"眼见为实"这句古训，影像工作者特别是在以 Photoshop、3D MAX、Maya、Premiere、After Effects、Combus-

---

① 许地山：《缀网劳蛛》，《许地山小说菁华集》，百花文艺出版社 2006 年版。

tion、NUKE 为代表的数字特效甚嚣尘上的当下，切不可信之。即使不提影像、特效，人眼也总是出现近视、远视、弱视。即使视力正常，也总是会产生错视与幻视。

错视，又称视错觉（Visual illusion），就是当人观察物体时，基于经验主义或不当参照而形成的错误感知和错误判断。大脑的错觉，主要来自视错觉，视错觉基本可代表错觉。"第二次世界大战"前的早期研究侧重于黑白色调的视错觉（Black & white illusion）。20 世纪 70 年代以降，由于计算机图形图像技术的快速发展，颜色视错觉（Color illusion）和运动视错觉（Motion illusion）的研究成为焦点。视错觉中研究得最多也最具代表性的是几何视错觉（Geometric illusion），最经典的有以下四类。其一，方向错觉，是指一条直线的中部被遮盖住，看起来直线两端向外移动的部分不再是直线了；由于背后倾斜线的影响，看起来中心棒似乎向相反方向转动了；画的是同心圆，看起来却是螺旋形了。其二，线条弯曲错觉，是指两条平行线看起来中间部分凸了起来；两条平行线看起来中间部分凹了下去。其三，线条长短错觉，是指垂直线与水平线是等长的，但看起来垂直线比水平线长；左边中间的线段与右边中间的线段是等长的，但看起来左比右长。其四，面积大小错觉，是指中间的两个圆面积相等，但看起来左边中间的圆大于右边中间的圆；中间的两个三角形面积相等，但看起来左边中间的三角形比右边中间的三角形大，如图 3 - 3。

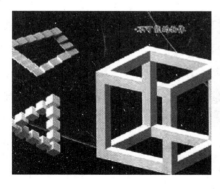

图 3 - 3　两种典型的视错觉，来自谷歌学术

上述各种视错觉，透视法皆可诱发，画家、摄影师因此被严重误导。笔者借用认知心理学（Cognitive psychology）的术语，把误导分为"显性"和

"隐性"两类。认知神经学家已经认识到至少存在两种类型的隐性误导。一种叫变化盲视（Change blindness），它是指观察者面对多样事物时（如处于复共轭系统中的一座摩天大厦），无法单独注意到其中的某个事物，更无法区别其与此前之不同。这种变化既可能是可预期的，也可能是不可预期的。它的主要特征是，除非观察者把变化前后的状态直接进行比较，否则，在任何时刻观察整个场景，这种变化都不会被发现。许多研究表明，不一定是很微小的变化才会引起变化盲视。一些较大的变化如果在眨眼、快速扫视、场景闪烁等视觉短暂中断时发生，也一样不会被注意到。英国 University of Hertfordshire 的心理学家、视觉艺术家 Richard Wiseman（里查德·威斯曼）所表演的"变色扑克牌"就是绝佳的例子。看过那段视频，你不得不承认，威斯曼的确证明了观众并没有注意到镜头摇开时发生的颜色变化。还有一种隐性误导叫无意盲视（Unattentional blindness），它与变化盲视不同，并不需要人们把现在的场景与记忆中的场景进行比较。无意盲视是指人们在特定情境中对一些出乎意料的事物往往视而不见，美国哈佛大学心理学家 Daniel J. Simons（西蒙斯）的一次实验表明，球场上专心数数的人虽然眼睁睁看着演员扮演的"大猩猩"，却并未意识到它是何物、怎样运动。

通过对错觉的研究，可以更全面地了解人的认识产生的条件、过程和特点，为批判唯心论、形而上学的认识论提供依据，为阐明辩证唯物论的认识论提供科学材料。所以，在建筑摄影中，应采取一些措施来识别错觉和避免错觉，比如使用移轴镜头，或制作 360° 全景照片等，达到伪装和隐蔽的目的，令摄影中的建筑更逼真、更美好。

透视法匠气十足。建筑理论之所以驳杂无神，一个重要根由亦在于匠气十足。这似乎无可厚非，建筑本来就是工匠之术，但那是对远古先人而言，他们理性思维水平较低，我们不能苛求。建筑院校 5—8 年正规而严格的教育体系熏陶出来的一代代建筑师，头脑中早已被平面、立面、剖面等条条框框禁锢，如同蹩脚摄影师意识深层的透视法一样，时刻都在作祟于他们的思想。所以，建筑中的摄影如果不能冲破这么多层共轭形成的"无物之阵"①，那将是艺术史上最为凄惨的悲剧。与建筑同样匠气十足的摄影，本来就无法摆脱操

---

① 无物之阵，虽然无形但却很强大，难以冲破，如腐朽的社会制度。语出鲁迅《野草》。

作机器之机械与弱稚，如今还得遭受已有千年历史的透视法之捆绑。当拍摄建筑时还得再遭受一层来自建筑绘图的几何阴影透视法之捆绑，如此得来的影像，除了最低水准的简单复原，还能有什么创造性，还能有多少艺术价值呢？

匠气，是对充满模式感、程式化的造型工艺审美效果的描述。人们称陶瓷、家具、建筑、园林等工匠一成不变、刻板僵滞的做工"匠气十足"。"匠气"一词，在文学艺术中，比喻过于追求辞藻堆砌、韵脚工整、段落转乘而有失内容的生动和灵通，如八股文。清·王夫之《姜斋诗话》："徵故实，写色泽，广比譬，虽极镂绘之工，皆匠气也。"清·沈复《浮生六记·闲情记趣》："若留枝盘如宝塔、扎枝曲如蚯蚓者，便成匠气矣。"匠气之于工艺作器或许必要，但之于艺术创作则应力避。应把匠气转为匠心，摄影中的建筑才会具备更高的审美意蕴。

匠心之"匠"绝非"匠气"之"匠"，匠心指能工巧匠的心思，常指艺术方面创造性的构思。唐·张祜《题王右丞山水障》："精华在笔端，咫尺匠心难。"唐·王士源《〈孟浩然集〉序》："文不按古，匠心独妙。"吴良镛（1922— ）毕生主张"匠心独运，开辟新景"，视"匠心"为其"人居艺境"说之首要。① 被誉为"建筑诗哲"的 Louis Isadore Kahn（路易斯·康，1901—1974）正是一位突破了透视桎梏而独具匠心的建筑大师。他从光线入手，在设计中成功运用光影的变化，巧妙而睿智地掩盖了结构与功能，其耶鲁大学美术馆、奥瑟住宅等佳作通常是在质朴中呈现永恒与典雅，坚实与厚重。他认为建筑是呈现光艺术的舞台，而光进一步可分为自然之光与表现之光，他笃信勒·柯布西耶"建筑是量体在阳光下精巧、正确、壮丽的一幕戏"② 之论并毕生勤奋践行。笔者以为，路易斯·康找到的这束光，是匠心之光，更是智慧之光。在这束光的照耀下，他刷新了学院派建筑设计乃至现代建筑学理论，令其迈入与影像更为神合融一的美学至境。在束光的照耀下，中国建筑师刘克成设计的贾平凹文学艺术馆亦匠心独具，堪称光影再现文心的交响音画，如图 3-4。

---

① 详见吴良镛先生 2014 年 8 月 29 日至 9 月 9 日在中国美术馆举办的《人居艺境——吴良镛绘画书法建筑艺术展》之书法作品，他的"人居艺境"说包括：①匠心独运，开辟新景；②山水为境，人居点睛；③天地入吾庐；④乱中求序，人文日新，共四部分。显然，匠心被首推。

② ［法］勒·柯布西耶：《走向新建筑》，陈志华译，陕西师范大学出版社 2004 年版。

图3-4　刘克成设计的贾平凹文学艺术馆，利用光廊充分展现日光在馆内形成的叠错光影，拓深空间，凸显文脉。图片来自 http://www.jpwgla.com

摆脱透视法之缰锁，探询构图之革故，摄影才会不落窠臼；革故鼎新，脱胎换骨，建筑设计才会更具灵性和人性。

3.1.3　建筑摄影的美学特质与摄影思想史的现象学进路

一般而言，建筑摄影有写实和写意两类。写实类建筑摄影要求忠实表现建筑师的设计意图和建筑功能，客观真实地再现建筑的正立面、侧立面和室内装饰等情况。以前，建筑师或房地产商经常使用建筑效果图来展示建筑的风采，但现在他们更多地使用实景照片，这样会更令人信服。建筑师通过建筑设计来表现建筑，表现自己的设计意图；摄影师通过摄影技术来表现建筑，表现自己的创作意图，建筑师和摄影师均是通过二维空间的平面形式表现建筑。建筑师在绘制透视图时，视平线的高低可以根据图面需要而上下移动，但无论是鸟瞰还是仰视，在最常见的一点和二点透视图中，原本垂直于地面的墙面和柱子等垂直线条在图画中始终可保持垂直，这种设计特性也就基本决定了建筑摄影的要求——要以平视取景（即垂直线条在照片中仍保持垂直）来获取最佳效果。建筑摄影不但要表现出建筑的空间、层次、质感、色彩和环境，更重要的是作品必须保持视觉上的真实性，作品既要追求建筑美学上的艺术性，捕捉光影变化中的瞬间美，还要把人们看到的横平竖直的建筑物表现在照片上。这就是写实类建筑摄影既不同于纪实摄影又不同于艺术摄影的创作要求。写意类建筑摄影属于艺术摄影范畴，更多的是表现摄影师对建筑的主观感受。摄影师通过对建筑的观察和表现，来反映自己的摄影思想。这类拍摄方式完全可以摆脱客观的限制，根据摄影人的理解和感悟，运用各种摄影技术来表现建筑的韵律美、色彩美和构图美。

作为一种典型的机械复制的艺术，摄影在传达建筑所蕴含的复杂意象方面，缺陷是显而易见的。Walter Benjamin（本雅明，1892—1940）在其名著 *Das Kunstwerk im Zeitalter Seiner Technischen Reproduzierbarkeit*（《机械复制时代的艺术作品》）中深刻指出，前代的艺术作品皆有灵光（Aura），灵光讲求"原真"（Authenticity），与传统、崇拜仪式（Ritual）密不可分；而机械复制时代来临后，大量生产的艺术作品不再有原真，灵光开始消退，艺术用作宗教用途的价值同时减退。在摄影、电影出现后，艺术的含义和范围一方面被它们所丰富，同时它们更将艺术的价值推向政治。摄影的本质决定了很多摄影理论不可能一成不变，它甚至只可以和某种特定的哲学结合，而不是之前普遍熟识的论调，这其实是一个相当艰巨的任务。回顾我们一直以为天经地义的那些思想，包括唯物论与唯心论、辩证法尤其科学世界观，这些学说将世界定性为可以直接解释的，可以轻松认知的，甚至承认人是世界的必然存在和当然主人等，置之于全球化语境思忖，着实可怕。因为，不经自己的深入思考，习惯性地承认别人尤其传媒热捧的思想，是不是有点麻木？美国科学哲学家 Thomas Samuel Kuhn（库恩，1922—1996）所谓"范式"（Paradigm），就是这种描述，不怕之前的体系被颠覆，关键不是为颠覆而颠覆；如果颠覆可以产生一种有益的 Verfremdungseffekt ①(陌生化),从而重新回到问题之原初,这或许会走得更远,也会使摄影中的建筑更有思想,如图 3-5。

图 3 - 5 由美国芝加哥 SOM 建筑设计公司、上海现代设计集团的邢同和、张皆正、张行健联合设计的上海金茂大厦内君悦酒店的中庭,是一个巨型桶形中空体,由 56 楼开始,旋转而上,直至 87 楼,形成一种类似装置的当代艺术感。图片来自 http://www.1x.com

本身就无边界的当代艺术,在 20 世纪 90 年代后期出现以摄影手法为媒介的当代影像艺术,且有日益普泛之势。这种方式最早源于对行为艺术的记录,后来,一些艺术家在这种完全单纯的记录中,发现摄影媒介可以产生独立的艺术效果,强化原创行为的视觉效果,于是,一些行为艺术家在创意伊始,就开始考虑最后结果的视觉呈现方式。摄影越来越多成为部分行为艺术家使用的手段,开始从形式向本质转变,最终导致纯粹的当代影像艺术出现。这一艺术的最大特征是作品在前期的素材准备和后期的呈现媒介上,都使用摄影手段和摄影材料,但却绝不遵守摄影的客观纪实规律。作品的内容完全是导演、摆布、化妆乃至装置并用的共同效应,类似电影、电视的导演与舞美设计,但不考虑时间向度。所以,其艺术思维绝对不是影视性的,亦非摄影文学之取向,而是架上油画式的。摄影不过是一种色彩语汇,类似国画众多皴法之一。数字影像技术也被广泛应用其中,艺术家利用它来拼接、构成一次摄影所无法完成的超现实场景。他们或许有意秉承 20 世纪 20 年代欧洲

---

① 德语的 Verfremdungseffekt 英译为 Alienation effects,汉译"陌生化",是现代戏剧大师 Bertoet Brecht(布莱希特)作品之美学特质。

超现实主义电影尤其 Robert Wiene（罗伯特·威恩，1873—1938）的 *Das Cabinett des Dr. Caligari*（《卡里加利博士的小屋》）、Salvador Dali（达利，1904—1989）与 Luis Bunuel（布努埃尔，1900—1983）合作的 *Un chien andalou*（《一条安达努狗》）之精义。所以，当代影像艺术是一种多媒体艺术，一种数字媒体艺术，和原来意义上的摄影并无工艺上的必然联系。一些艺术家因为一时找不到完整定位自己作品工艺属性的准确语言，惝恍间暂且名曰"新摄影""先锋摄影""前卫摄影"等，这些鱼龙混杂、模糊错糅的称谓引致长时间的批评与误解。市场已将这种艺术和摄影紧紧地绑在一起，导致公众误读，这非常不利于批评家对该类艺术的匡正。由于这种艺术带有强烈的观念特征，目前学界较为公认的称谓是"观念摄影"[①]。需要指出，如果摒除其中的数字合成技术，只是设计、摆布、化妆和装置，然后是摄影并直接呈现的，这个称谓还算具有比较科学的合法性；如果其间掺杂后期的数字拼接、置换背景和修改原始素材等人为动作，还是称其为"当代影像艺术"更为准确。之所以强调"影像"二字，是因为所有的技术改动都是建立在最早由照相机所获取的原始影像基础上的——这是根本区别于绘画的基准点，如图 3 – 6。

图 3 – 6　从建筑摄影到建筑思想史的现象学进路，笔者自绘

---

① 观念摄影，笔者英译为 Ideal photography。

"当代影像艺术"和"观念摄影"从艺术发展的创新性看，是最具当代性的艺术样式，但当代性的意义应该更多的指其思想性。从这一维度来审视这两种艺术现象，答案似乎并不尽如人意。多数艺术家的作品，把思想核心集中在对传统集权专制政治及其意识形态的抨击层面，即所谓的"国民性"的颠覆与批判。但是，那基本是老生常谈。尤其是后者，一些影像艺术家以西方文明的视角来看待自己的同胞，许多作品中的国人形象猥琐丑陋，动物的兽性与野性十足。这种对文化主体的疏离和反省，曾经成为当代艺术的时髦，似乎充满思想。许多艺术家热衷于肉体和性器的裸露，好像隐喻权力对生命的践踏，其实是想象力的阳痿。艺术如果不能勇敢地回应现实，以丰富的人文方式对社会生活进行参与，那么这种艺术是不具有真正的当下性的，遑论当代性。

当然，求美的艺术，其发展之路具有自足的内部方法，以应世界之嬗变，但如果她失去历史与现实的依托，则必然缺少震撼人心的力量，其方法的当代性不仅会大打折扣，还会掉进形而上学的陷阱。在目前的纪实摄影中，依然不乏这样的符号，如"文化大革命"记忆、毛泽东像章、中山装、红卫兵等，还有做作的底层程式化动作、做沉思状的民工或灵魂出窍的新新人类的稚嫩表情，一种新的陈调在市场的推动下快速形成。对于中国不得不面对的全球化问题、贫富差距问题、城乡二元对立问题等，此等艺术都缺少应有的关注和回应，这些都暴露出所谓的当代影像艺术和观念摄影的精神贫血和人文畸变。

可见，中国没有"纯摄影"①，摄影史不需要纯摄影。人的本质上的恶与善只要共存一天，摄影就不可能纯。因为，每个摄影人无论风花雪月还是柴米油盐都无法回避个体价值与社会存在的深刻冲突。就算某种摄影形态譬如沙龙摄影可能在政治价值判断上相对"纯粹"，但其美学所依归的意识必然还是难免公共性的，摆脱不了社会属性的。试问，还有什么理由谈"纯摄影"？

3.1.4 纪实摄影对建筑场所精神的捕捉及其分蘖的焦虑与惶惑

纪实摄影从现实主义向批评性艺术转捩后，摄影家的图片包括影像更容

---

① 纯摄影，笔者英译为 Pure photography。

易被前卫艺术家认为是"焦点访谈"——一个同质化的媒介聚焦。显然，一个差的"焦点访谈"也要比好的"无聊艺术"好得多，无聊艺术最多是寄生在前卫艺术下的审美功利主义，而"焦点访谈"来源于社会的公平与正义。正像公正永远不会过时那样，批评性艺术也不会过时，"那些再现直接影响人类生存、发展的事物的影像，那些再现普通人生存状态、揭示人性的影像"①永远不会过时——纪实摄影永远不会过时。

纪实摄影的批评性，实质是通过对艺术形式的解放来体现艺术家的自由表达，这种艺术形式，当然可以用前卫艺术的图像拼贴，可以用图像代码，它也要告诉观众，这社会到处都是艺术，就是看能否发现它。不由地，笔者想起了海德格尔在《林中路》②中关于希腊神殿的描述：

> 一座建筑，一座希腊的神殿，无所描绘。它矗立于残岩裂罅的山谷中。它供奉着神的雕像，让神灵经由开敞的门廊进入这个幽蔽的神圣境域。神灵在殿宇的出现，将场地引申和界定成为神圣的境域。神殿和场域不会消逝在无界定之中。正是神殿的矗立，第一次把路径与关系结合起来并集结于周围。其中，生与死，灾难与赞美，胜利与耻辱，忍耐与衰亡获得了人生的意义。这一开放联系结构的有序延展构成了一个历史性民族的世界。只有在这样的延展中，这个民族第一次返回自身去完成它的使命。
>
> 矗立于此，神殿落置于岩石之上，将岩石的神性从重拙自发的支撑中张扬出来。矗立于此，神殿落置于岩石之上，抗拒盘旋其上的风暴，风暴因而第一次显示出它的暴虐。虽然岩石只有借助阳光才能闪耀，它的热烈与光彩却赋予了光线以白昼的光芒，天空的宽阔和夜晚的黑暗。神殿坚定的矗立使不可见的空间显而有形。它的固着与浪花的涌动形成对比，它的沉默衬现出海水的汹涌无羁。树木和草地，雄鹰和公牛，毒蛇和蟋蟀第一次真正呈现出其之所是。希腊人称这种在自身和他物的呈现为 Phusis，它同时也澄清和阐明了人之定居建立在什么之上和什么之

---

① 胡武功先生 2010 年 3 月在首都师范大学科德学院学术报告之录音，亦可参其专著《中国影像革命》序言。

② ［德］海德格尔：《林中路》，孙周兴译，上海译文出版社 2004 年版。

中。我们称这样的场地作"大地"。这个词并不意味着存储于某处的物体和事情，也不是天文学概念上的星球。大地是涌现的事物返回之处，大地遮护它们免受侵害。对于涌现的事物，大地是一处庇护所。神殿的矗立，缔建了一个世界并同时将这个世界置回大地，大地自身借此而成为孕育之地。……神殿，矗立于此，第一次赋予物体以自身的形象，并使人们自省其身。

在《艺术作品的起源》一文中，海德格尔用这段关于希腊神殿的文字来揭示艺术作品的本质：艺术作品不是"再现"什么，而是"呈现"什么。这个被艺术作品呈现的"什么"，海德格尔称之为"本真"。①作为艺术作品，希腊神殿所呈现的"真理"是——它使场地和周围的物体"第一次真正呈现出其之所是"，赋予它们（包括纪实摄影在内）以意义，它"缔造了一个世界并同时将这个世界置回大地"。

值得注意的是，海德格尔多次提及"矗立于此"，这四个字具有特殊的意义，它清楚地表明神殿的出现是有一个特定的地点（当代性）的。"它矗立于残岩裂罅的山谷之中"，而不是任何其他地方。这个特定的地点与神殿的结合"将场地引申和界定成为神圣的境域"；这个特定的地点与神殿的结合，使所有的物体具有了性质和联系，使空间具有了维度。不仅如此，神圣空间和神圣场地的结合，把路径与关系集结起来，"生与死，灾难与赞美，胜利与耻辱，忍耐与衰亡获得了人生的意义"。至此，我们不仅遇到了天、地和神灵，而且最终返回自身。天、地、神、人的一体性，正是海德格尔"存在"理念的核心。

人，在摄影中仅占三分一而已，镜头的光学语言、个体的社会身份和个人的自觉自我三分天下，人何以单独地遮蔽得了摄影？人文摄影素来是摄影的重中之重，所有大师几乎都涉足人文摄影，这些图片型哲学家、视觉类思想家千方百计回避政治，但无时无刻不政治，他们最终都怯于纪实摄影。因为，摄影只有两种身份选择，要么承担造物主的委托，人成为摄影的一部分，成为客观的一部分；要么将摄影视为自己的工具，创作自己的所谓摄影作品，

---

① 本真，原文 Authentiziaet，其形而下地体现为 Wahrheitsanspruch。

自用于心灵安慰或者美学散步。这两类身份，非摄影独有，任何艺术都可以达到这种目的，譬如电影与电视，建筑亦可。

摄影的现代语言或云现代摄影语言学，内涵互叠，主次不清，混杂着双重视觉效应，在摄影者"再观"（Re - seeing）和读者"再再观"（Re - re - seeing）中回归本原，由此实现隐喻甚或转喻。镜头的光学语言清除了可能存在的障碍，实现形式感的最大需要，真实的"真实"和"真实"的真实体现为如此简单的陈述：如果你有足够说服力证明这就是真实，那它必然就是客观真实。主层的图语和次层的暗示交织呈示其动机，主题、方向、结构、秩序感直至归属感，这就是纪实摄影的高级对抗性对话，不是硝烟弥漫才是对抗，才是人文关注。我们——当代摄影师尤其摄影学者，在艺术传播的风景中，被两种眼神凝视：生活的状态被强迫，它们同样不是硝烟弥漫，但却是如此阴郁地打量着我们，都是那样冷漠，那样旁观，却又主动异常——这就是真实；近在眼前的控制着我们的眼和远在透视极点偷窥的眼，同谋般地协作，狡黠而狐疑，用束束目光捆绑我们，直勾勾地令人想起胡武功先生的两幅佳作——《爬城墙的孩子》和《俯卧撑》，如图 3 –7。

图 3 –7　胡武功代表作，左为《爬城墙的孩子》，右为《俯卧撑》，由笔者先基于胡老师提供的底版冲洗，再扫描而得

归属感，是一个对于人和艺术尤其建筑都具有重要意义的概念，它体现了人对场所的依赖，来自人在场所之中的"安详存在"。归属感的获得，包含着两个相互独立、相互联系的心理过程，即认同感和方位感：方位感让人获知"他在哪儿"，认同感帮助人理解"他如何在那儿"。如果说定居的概念揭示了人与场所的基本关系，那么，归属感及其包含的这两个心理过程则解释

了这种关系是如何获得的，这就是纪实摄影的过程与文本给予我们的真切感受。

方位感，使人能够辨别方向，确定位置，知晓自己置身何处，是归属感的前提和基础，是人理解场所，掌握场所的开始。方位感的获得，依赖于环境的结构和特征。在 *The Image of the City*（《城市意象》）①中，Kevin Lynch（凯文·林奇，1918—1984）把路径、边缘、区域、节点、标志作为形成方位感的基本元素，酷似光圈、焦距、速度、感光度、色温与胶片等摄影元素。这些元素，在知觉上彼此关联，形成一种具有特征的空间结构，即"环境意象"。凯文·林奇认为"一个好的环境意象能给它的拥有者一种重要的心理安全感"。任何一种成熟的艺术都有自己的方位系统，即能产生好的环境意象的空间结构。一帧出色的纪实摄影作品，与其所在的地域文化是融合的，给人以亲近感，即"方向感"。当一个环境具有清晰的结构和显著的特征时，身处其中的人比较容易获得方位感，凯文·林奇称这样的环境具有较强的"意象性"，胡武功等人的《四方城》②作为优秀摄影中影像的"意象"必然直指古城西安。

认同感，是人对场所特性和意义的感知，它是一种更为复杂和综合的心理过程。人对场所的感知可能来自场所的整体气氛，也可能来自某些局部和细节。场所的特性可以是形态的，也可以是色彩的、声音的甚至气味的。人对场所的认同感可以来自最不经意的细微之处，只要它的特性曾经被人体验，与人的生活相融合，它便有了意义。

方位感和认同感，是构成人存在于世的两个基本方面，二者相互独立，又互为联系，缺一不可。方位感是前提和基础，认同感则直接引发人对场所的归属感。需要指出的是，现代传媒同质化（Homogenization）发展中的一个严重负面效应就是导致场所感和归属感的沦丧。传媒策划和传媒设计，或以制片人的乌托邦理想为依据，或以功利的经济效益为目标，很少与传统经验中的方位系统发生关联，而单一的价值取向和社会化的工业生产使得传媒从整体到局部都被模式化和标准化了。在这样的传媒语境中，人们不知置身何

---

① ［美］凯文·林奇：《城市意象》，方益萍、何晓军译，华夏出版社2001年版。
② 侯登科、胡武功、邱晓明：《四方城》，陕西人民美术出版社1996年版。

处，无从确定自己的心理归属和文化认同，其极端化的结果就是场所的沦丧，存在的危机。

3.1.5　从影像的现代性构筑建筑摄影（学）的"脱域"空间

摄影史是温情而理智的。

Atget（阿杰特，1857—1927）是早期进行纪实摄影创作的大家，他以客观冷静的态度深入刻画了巴黎的大街小巷，那些作品在他过世后成为伟大的摄影艺术和珍贵的巴黎历史文献。之后，大萧条时期的 FSA（美国农业安全局）为纪实摄影创造了辉煌的历史，也为传统纪实摄影确定了注重人文关怀和关注社会现实的基调。Joris Ivens（尤里斯·伊文斯，1898—1989）也是那个时期的杰出摄影师。Dorothea Lange（兰格，1895—1965）用她真挚的情感拍摄那些充满苦难的人，照片里饱含着她深沉的怜悯和同情。她的作品力度，来源于她的情感力量。伊文斯是个特例，他没有像其他摄影师那样拍摄底层的具体生活，而是拍摄了他们的生活空间——生活的场所尤其是其栖居的建筑，并且始终秉持着冷静客观。后现代使纪实摄影也带有了后现代特征，即一种个人的主观的、去中心的和解构传统形式和意义的方向，像 Sally Mann（萨丽·曼，1951—　）与 Larry Clark（拉里·克拉克，1943—　），他们是从记录个私生活开始摄影的，自己成为被拍摄的对象，从而区别于传统意义上的以第三者视角拍摄的纪实摄影。直到现在，这种纪实摄影依旧是摄影思想赖以成长的重要土壤。

或许，纪实摄影可在某种意义上细分为三类：现实纪实摄影、历史纪实摄影和艺术纪实摄影。三者的区别在于创作的目的和功用不同：现实纪实摄影是服务于大众传媒的，它首先要保证拍摄的真实性和客观性，在内容上主要是对新闻事件瞬间的把握和捕捉，在形式上，有单张的报道，有成组的图片报道；历史纪实摄影是把拍摄到的建筑、风土、民俗、文物等有历史意义的痕迹或事件或场景作为文献而存档，作为资料而珍藏，包括对历史图片的搜集和翻拍；艺术纪实摄影是艺术家拍摄的纪实摄影，或者是艺术家运用纪实方法创作的摄影作品，这类纪实的方法更加多样，也更加注重个性化的思想性与独创性，主观的表达和对摄影本体语言的革新成为重要的使命。

无论哪类纪实摄影，均必须回答如何面对中国社会的现代性（Modernity）这一基本命题，因为，这一命题关乎纪实摄影的哲学品格乃至哲学生命，如图3-8。

图3-8 侯登科先生代表作之一，记录西安城墙根儿下晨练秦腔的市民，建筑与民俗相得益彰，现代与传统水乳交融。来自中国摄影家协会官网 http：//www. cpanet. cn

现代性首先不是一个艺术学命题，更不是一个传播学概念。英国社会学家 Anthony Giddens（安东尼·吉登斯，1938—   ）称现代性是"一种社会生活或组织模式，大约17世纪出现在欧洲，并且在后来的岁月里，程度不同地在世界范围内产生着影响"。[①]现代性涵盖的内容涉及伴随着启蒙运动、工业化和民主化的进程遍及全世界的政治、经济、文化、价值观念乃至人类思想的全面变革。现代化（Modernisierung /Modernization）的过程，是一个极其复杂的社会现象。它的目标有两个：一是脱离王权专制的政治变革，即民主化；另一个是由产业革命开始的经济变革，即工业化。现代化是与资本主义世界

———————————

① 语出 Anthony Giddens 的《现代性的后果》，田禾译，译林出版社2003年版。

体系尤其民族国家、政治权力结构、自由民主以及理性的回归密切相关的过程。

　　摄影的现代化只有一条路可走，那就是重新回到摄影本体，走向直面现实的纪实摄影。在中国，这一脉络彰显为北京"四月影会"后期的李晓斌、稍后广州的安哥和陕西的胡武功、侯登科等人的前赴后继，以及 1986 年北京"十年一瞬间"和 1988 年"艰巨历程"现实主义摄影展之后续篇章，在这个线性时间的逻辑中，中国纪实摄影的现代化日益深刻。这条路，不但能彰示摄影的现代性特质，更能体现摄影媒介的社会功能，凸显比较全面的摄影现代性。这个方向的摄影，比较紧密地参与到整个中国的现代性转折，以摄影独特的镜像作用，利用大众传媒对社会历史生活加以影响。同时，它也是更深意义上的对长期集权控制下的宣传摄影的反拨。自从摄影术进入中国，摄影一直受到来自两个方面的掌控，一是有闲文人的以传统花鸟、山水画为底蕴的吟花弄月（如郎静山），一个是因激烈政治斗争统辖下的政治宣传摄影（如吴印咸@延安摄影团）。在这两个方面的挤压下，纪实摄影从未获得过真正的独立，从来都不能回归作为社会个体观看、记录的本体身份。所以，走上现代化之路的纪实摄影，自然就具有划时代的意义。纵观 1980 年以降的纪实摄影，中国的摄影获得了从摄影术传入中国之后真正本体意义上的自主发展，展示了摄影作为现代媒介的各种可能和潜质。不管摄影以什么样的口号标榜自己的"现代化"，其充满活力且蜿蜒之路是中国现代化不可或缺的一部分，是中国本土语境中的现代摄影运动。

　　现代性的动力主要来自三个方面：第一是时间和空间的分离，这是在无限范围内时空延伸的条件，它提供了准确区分时间 – 空间区域的手段；第二是 Dehydroregion（脱域）机制的发展，它使社会行动得以从地域化情境中提取出来，并跨越广阔的时间 – 空间距离去重新组织社会关系；第三是知识的反思性运用，关于社会生活的系统性知识的生产，本身成为社会系统之再生产的内在组成部分，从而使社会生活从传统的恒定性束缚中游离出来。从现代性的定义和内在特征中，我们不难看出其潜在的普遍主义倾向。随着 17 世纪以后地理概念的转变，信息技术急速发展，现代科学作为一元性的真理在世界范围内传播，贸易和货币体系日益国际化，政治体制、意识形态、价值观念趋于同一。在最近的两三个世纪，空间概念上的世界被加速压缩，全球化成为各个领域必须深察的一个命题，纪实摄影本身迅速而矛盾的裂变已经成为世界全球化的一部鲜活影像志，如图 3 –9。

图 3 –9 一座后现代主义建筑的立面，各种管线被集成于一个粗大的红色中空圆柱内，且直接裸露于外，令人想起 **Renzo Piano**（伦佐·皮亚诺，**1937—** ）和 **Richard George Rogers**（理查德·罗杰斯，**1933—** ）联袂设计的 **Centre National d'art et de Culture Georges Pompidou**（乔治·蓬皮杜法国国家文化艺术中心）。图片来自 **http：// www. 1x. com** 和谷歌图片，并经笔者编辑

作为一个概念，"全球化"指的是世界的压缩，或认为世界是一个整体的意识的增强。在此，笔者仍然愿意引用安东尼·吉登斯对"全球化"的定义："世界范围内社会关系的强化，这些关系以这样一种方式将彼此相距遥远的地域连接起来，即此地所发生的事件可能是由许多英里以外的异地

事件而引起，反之亦然。"①很显然，这与他曾经提出的"现代性的四个基本制度特征——社会监控，社会资本主义，社会军事权力和社会工业主义"分别对应。全球化就是现代性从国家扩大到世界，它是全球规模的现代性，现代性内在地指向全球化。全球化的今天，摄影的出路，除了纪实摄影，还有什么？

现代性和全球化，有助于我们正确理解后现代文化的工业性与地区性的关系。虽然，相对于现代性中的普遍主义和单一性，地区性表现出抵抗的姿态和批判的精神，然而它却必然以现代性为情境和前提。只有在现代性和全球化的视野中，地区性的积极意义才能显现。在孤立封闭的环境中或狭隘偏执的观念下片面强调地区性，只能导致狭隘的民族主义。当全球化已经成为必然时，拒绝交流、自我封闭无异于放弃发展的机会，扼杀地区传统的生命。事实上，只有面对现代化的"无物之阵"②和全球化的汹涌潮流，摄影人乃至所有艺术家才能真正意识到确立自身独立的必要性与紧迫性。

3.2　电影中的建筑

3.2.1　电影照会建筑的唯一方式——现象学"亲在"

现象学的体系，初步形成于胡塞尔，现象学的基本要义就是面对实事本身，排除任何间接的"中介"，直接握擎事实本身。现象学作为"现象的逻各斯"，要为所有现象提供一种理性指南，要澄明所有现象的固在本质——即在理性的共同体中保护个体的本来面目。为此，胡塞尔以"生活世界"这一概念囊括他心中更为根本的人的存在。生活世界不是原始的世界，而是人存在的世界；它不是文本化的世界而是生动鲜活的原初世界。这个世界，作为一个"他者"，完全可以自我显现。也正如分析哲学家 Ludwig Wittgenstein（维特根斯坦，1889—1951）在 *Logisch Philosophische Abhandlung / Tractatus Logico*

---

① Anthony Giddens（1938—　），《现代性的后果》，田禾译，译林出版社 2003 年版。
② 鲁迅《野草》。

Philosophicus（《逻辑哲学论》）① 所讲，现象分为两类，可言说的与不可言说但可自我丕显的，对于不可言说的，我们要保持敬畏与沉默。

电影和建筑，都在将世界"现象"化，电影现象学、建筑现象学则研究这种活动何以可能、怎样才能效果最大化。这是提高电影或建筑自身"Sachverhalt/思义"能力的理论工作。电影与建筑作为艺术，是对生存与文化的"感觉"，现象学进入二者则是反思、整合这种"感觉"的终极哲学。

电影所讲的故事都臛括着人生在世的根本问题，都是一个相对相关的生活世界的投影。电影现象学②比任何现象学理论和电影理论都更明确、更自觉、更强烈地提出回归"生活世界"的要求。现象学语义的"生活世界"与通常语义的生活世界（胡塞尔称之为"Umwelt/周遭世界"，即外在世界、陌生世界）的关系构成电影现象学的逻辑起点。现象学的"生活世界"粗略地说，是未经"科学"过滤的有着丰富的感性内容的存在状态，是以作为"Urphänomen/前给予"的先验自我为中心的人性共同体。笔者常用王阳明的"良知说"、李贽的"童心说"以至 Jacques Lacan（拉康，1901—1981）"镜像期"之前的意识状态来想象它。胡塞尔拈出"生活世界"如同王阳明拈出"良知"，既是为了建立一种以"自我明证性"为基础的本体论，将主体性先验化、客观化，从而超越有限的、任意的、私人的心理开端，使自己的哲学成为一门严格而普遍有效的哲学，更是为了建设"更高的人性"，为了"致良知"。③ 胡塞尔说"生活世界"的改变就意味着人性本身的根本改变，"生活世界"给予"存在者的有效性"，是"意义的最终给予者"，正如此，建筑与电影在生活世界取得了默契和共识。

分析哲学尤其逻辑实证主义哲学通过语言媒介获得对世界万象的窥视权，而语言具有与生俱来的意识形态性，因此，对其颠覆的切口恰恰就在语言媒介上，现象学作为一种同是诞生于语言乃至文字符号基础上的哲学，在给予

---

① 此著汉译本可参贺绍甲译《逻辑哲学论》，商务印书馆 1996 年版。

② 国内电影现象学的拓荒者当推中国传媒大学周月亮教授，可参其《影像是生存的隐喻——电影现象学绪论》一文，也是其专著《影视艺术哲学》之序，中国广播电视出版社 2004 年版。

③ "更高的人性"，原文为 ho eneren Menschlichkeit，详见《欧洲科学的危机与先验现象学》的随机论述。用王阳明的话说，就是致了良知的人性。胡塞尔在《危机》中说："只有通过这种最高形式的自我意识（它本身就涉及一种无限的努力），哲学才能使得它自身，并因此而使得一种真正的人性有了实现的可能。"可参《中国现象学与哲学评论》第四辑，第 84 页。

现象自我话语权的同时也罹受着尴尬。电影的产生为其带来了曙光，电影的语言媒介——直观的视听图像即视听语言系统，呈现出所谓的"现象之美"的特征，此乃电影艺术对现象学的经典演绎。于是，现象学与电影构成一种隐秘的互文关系，两者之间建立起通道（das Hindurchlangen），互相解释对方，并构成主体间性。这样，电影现象学的自我建构历程伴随着早期电影理论家的不自觉地阐述开始了。

匈牙利电影理论家 Balázs Béla（巴拉兹，1884—1949）曾激情欢呼电影"使人（世界）成为可见的"，电影不但呈现"可见的人，可见的世界"，[①] 而且还可以传达文化和精神，因为电影中人的体态语言尤其表情是个巨大的容器，它既可以叙述事件，抒发情感，还可表达思想，正如维特根斯坦所言，"被显示"的世界并不比被言说的世界贫困，并进一步挑衅概念性哲学对世界解释权的垄断。就在对电影的现象之美大加溢美之下，电影文化的体系建设也开始萌芽，这一点酷似建筑文化的前史。在前语言时期，面对其他姊妹艺术，电影并未洞察自己作为"运动声画影像"的特点，但是，电影（尤其是早期电影和纪录片）的"本质直观"召唤现象学正式干预电影，这是在电影的"语言时期"。André Bazin（巴赞，1918—1958）的纪实理论对一些电影进行了指认，譬如意大利新现实主义 Orson Welles（威尔斯，1915—1985）的作品等。在苏联蒙太奇学派的强势包围下，一向冷眼旁观的银幕变得含情脉脉起来，现象学"本质直观"的自由性与意义辐射开始呈现。但是，在电影本体与现象的关系上，Siegfried Kracauer（克拉考尔，1889—1966）强调电影只是物质现实的复原，人的主观性创作的介入是与电影现象之美的呈现背道而驰的。对此，关于巴赞电影理论的哲学基础即电影本体的哲学运思还曾有过激烈的讨论。这让笔者想起现象学进入建筑学初期的情境，二者是何其巧合，何其相似！如图 3 - 10。

---

① Balázs Béla：《可见的人：电影精神》，安利译，中国电影出版社 2003 年版，第 25 页。

图 3 – 10　让·努韦尔设计的 Lucerna – Suica Hotel 室内装饰，让一帧电影画面嵌入建筑物室内的天花板与各个立面，二者的互文性盘根错节，活色生香。图片来自谷歌学术

建筑现象学研究从思想取向来分，大致可以分为两翼。一翼采用的是海德格尔的存在论现象学思想，侧重于纯粹的学理研究，代表人物是著名的 C. Norberg Schulz（舒尔兹，1926—2000）。他的 *Existence*，*Space and Architecture*（《实存、空间与建筑》）① 对海德格尔的 *Bauen*，*Wohnen*，*Denken*（《居·住·思》）予以建筑化和图像化的解释，而《场所精神》② 则是建筑现象学之滥觞。他认为，只有当人经历了场所和环境的意义时，他才"定居"了。"居"意味着生活发生的空间，这就是场所。而建筑存在的目的就是使得原本抽象、无特征的同一而均质的"场址"（Site）变成有真实、具体的人类行为

---

① *Existence*，*Space and Architecture*，Praeger Publishers，London，1971.

② 此著原名为 *Genies Loci — paesaggio*，*ambiente*，*architettura*，Milan：Electa Editrice，1979。国内译介时多以"场所精神"为题，可参施植明译《场所精神：迈向建筑现象学》，华中科技大学出版社2010 年版。

发生的"场所"（Place）。另一翼采用的是梅洛－庞蒂的知觉现象学思想，侧重于建筑设计理论和实践，主要代表人物是 Steven holl（斯蒂文·霍尔，1947—　）。在舒尔兹的理论基础上，霍尔强调的是"场所"在建筑设计中的决定作用。他认为，建筑与音乐、绘画、雕塑、文学不同，是与它所存在的特定场所中的经验交织在一起的。通过与场所的融合，通过汇集该特定场景的各种意义，建筑得以超越物质和功能的需要。一个人在建筑物空间与结构中的感觉，霍尔认为这是现象学的一种经验。对他来说，现象学是对事物本质的研究，而建筑则是唤醒我们日常生活本质的一种训练方式。作为一名感观建筑师，霍尔认为我们关于建筑的经验是视觉艺术，但他也认为这是伴随着空间和形体的轨迹的，是触觉、听觉、嗅觉的纠缠，建筑师必须从所有的身体角度来思考。霍尔一直寻求在建筑的现象学设计上体现他的两个原则：第一是使建筑物融入场所，形成一个整体，建筑师有责任来协调场所与建筑的统一；第二是竭尽全力把自己作品的意象层次与自身所感受到的身体经验融合为一。笔者以为，上述这两个领域甚或研究取向，殊途同归，实乃一币两面，正是现象学使此二思径"Lichtung/澄明"于"我思故我在/Ego cogito"。

电影如是照会建筑，携手走进我们生活的世界，让人类的感觉游憩于语言编织的可见可听的空间之中，建筑因此而明见于电影甚至影像。毫无疑问，现象学此时此地的"亲在"，是我们探寻电影中建筑的唯一津梁。

3.2.2　从线性到非线性：电影叙事之于建筑动线的"述行性"转喻与类拟

叙事，Ιστοïα/Narrative，就是讲故事，这是人类最古老、最原始的精神追求之一。叙事，是口头文学、民间文学和书面文学共同的起源。世界每个民族的史前文明史都发轫于包括叙事在内的集体无意识深层的审美本能。

叙事与建筑在根源上同一，[①] 叙事从源头上与建筑关系甚密。勒·柯布西

---

① 《说文》："叙，次弟也。"叙的本义，强调一个挨一个的序列，"叙"与"序"相通，中古以前"叙事"常作"序事"。《周礼·春官宗伯·职丧》："职丧掌诸侯之丧，及卿大夫、士凡有爵者之丧，其禁令，序其事。"《周礼·春官宗伯·乐师》："乐师……凡乐掌其序事，治其乐政。"这里既有陈列乐器的空间次序，又包含演奏的时间顺序。"序"的原义，指空间，《说文解字》释"序"："序，从'广'。广，因厂（山石之崖岩）为屋也。"因此，"序"本为建筑用语，是指隔开正堂东西的墙，墙是用来隔开空间和单元次序的。

耶素来视漫步于建筑之中就是一种叙事,他还"创造了室内和室外空间的叙述",当参观者行进时发现"建筑具有叙事的可能性源起","建筑通过叙事组成了运动进程的空间"。①在纪录片《勒·柯布西耶》"萨伏伊别墅"片段中,导演 Jacques Barsac(雅克·巴尔萨科)设计了两个高难度的长镜头,完美模拟了勒·柯布西耶的"建筑漫步"的"序列视点",西方诸多建筑学者均赞叹"相当准确且优美地捕捉了勒·柯布西耶在看似自由的平面和开放的空间中刻意预设的餐馆路径"。② 库哈斯在柏林荷兰大使馆也有这种为电影移动摄影减震器预设的轨道,他将盘旋的楼梯抻直,明显暗示出一种类似电影叙事场景的动线脉络,③"在这里,建筑的空间句法和电影的句法就好像一种语言的两种方言"。④

但是,故事有不同的叙述方法,故事的讲述方法也是叙事的一种重要内涵。讲故事是人类文化中必不可少的功能之一,这一点今天已成定论,但是"叙述的方式却是十分多样的……叙述的媒介并不局限于语言,可以是电影、绘画、雕塑、幻灯、哑剧,甚至一座建筑"。⑤西方叙事学的奠基人 Reland Bar-the(罗兰·巴特,1915—1980)敏锐地意识到建筑也可以和电影、小说一样叙事,这是相当中肯的。上海交通大学陆邵明先生《建筑体验——空间中的情节》⑥《建筑叙事学的缘起》⑦ 成功地将戏剧影视的叙事艺术与建筑空间营造进行了类比与联结,详细阐发了作为空间情节的叙事对建筑设计的建构价值与审美意义,认为建筑空间叙事具备"逻辑性和文学性"的双重特质,建筑与影视通过叙事,借助光影、声音和必要的蒙太奇实现了理性的归一。

人们对叙事的理性思考早就开始了,Πλατων(柏拉图,BC. 427—BC. 347)的"Mimesis – Diegesis / 模仿 – 叙事"二分说可被视为滥觞。然而,

---

① [英] 弗洛拉·塞缪尔:《勒·柯布西耶与建筑漫步》,中国建筑工业出版社 2013 年版。
② The Program for Art on Film. *Architecture on Screen*: *a Directory of Films and Videos*. New York: G. K. Hall & Co. , 1993, xviii.
③ 可参 Rem Koolhaas, *Content*, Hohenzollernring: Taschen, 2003, 370。
④ The Program for Art on Film. *Architecture on Screen*: *a Directory of Films and Videos*. New York: G. K. Hall & Co. , 1993, xviii
⑤ Reland Barthes:《叙事的结构主文分析导论》,卜卫译,中国社会科学出版社 1991 年版,第 3 页。
⑥ 中国建筑工业出版社 2007 年版。
⑦ 《同济大学学报》(社会科学版)2012 年第 5 期。

作为一门学科，叙事学/Narratology 是 20 世纪 60 年代在结构主义大背景下同时受俄国形式主义影响才得以正式确立的。叙事学"研究所有形式叙事中的共同叙事特征和个体差异特征，旨在描述控制叙事（及叙事过程）中与叙事相关的规则系统"，①人阅读小说如同信步于建筑之中，视点是最基本的导航标识，审美个体所体验的"相关的规则系统"是否清晰易辨，十分关键——这就是建筑的动线（Moving track）。

动线，是建筑学（包括室内设计）的专业术语，意指人在建筑物的室内室外行走、起居、工作的轨迹和路线。优良的动线设计，在大型现代建筑如博物馆、图书馆、影剧院中特别重要，如何让进入空间的人在移动时感到舒畅，没有障碍，不易迷路，是一门很大的学问。至于家居的动线设计，也是相当重要的一环，长久居住在这个室内的人会产生相当复杂的动线，是需要设计的。动线在公共空间中也常被提起，特别是大型游乐园、公园的交通动线，如果不善加规划，会造成繁复、拥挤等不良状况。

动线安排往往由两部分构成，一是固定构造物及摆设，二是人流、物流的路径。二者可因设计变动而相互影响，何者为主体，何者为客体，视空间塑形的指导原则而定，也可因微调空间而主客异位。在具体设计时，空间大小（包括平面面积和垂直高度），空间相互之间的位置关系和立体关系，以及家庭成员的身心状况、活动需求、习惯嗜好等都是应该考虑和斟酌的。往往动线设计好之后，空间配置便大致确定，如图 3-11。具体而言，动线设计的方式有棋盘格状、放射状、树状、回环曲线状等思路，目的都是让建筑中的人流不重复地自然流动到空间的每一个角落，以提高每一角落的使用价值和项目的均好性（Equilibrium superiority），各部分共享人流增强系统性效果，尽量避免回头路带来的低效感（Inefficiency）和挫败感（Frustration），而这正是叙事学尤其电影叙事所追求的最高境界。电影叙事是时间流中的线性过程，不可逆，这不同于小说叙事，受众可随时翻回来再看重读。当然，数字时代的录像机、网络也可使电影多次重放，但对电影主创者而言，若不能令非专业受众第一遍就能看懂，则意味着很大的失败。张艺谋的电影《英雄》因闪回中还嵌套两度闪回，形成"闪回中的闪回中的闪回 / Flashback in flashback

① Reland Barthes：《叙事的结构主义分析导论》，卜卫译，中国社会科学出版社 1991 年版，第 6 页。

in flashback", 令人费解, 在叙事上存在严重缺陷。

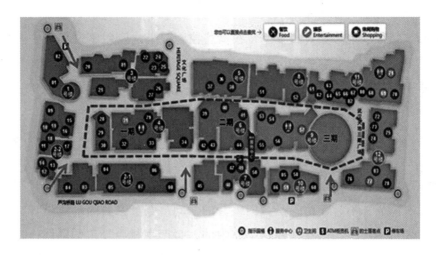

图 3 – 11 某城市综合体内部空间动线设计, 兼顾平面与立体, 使线性与非线性理想融合。图片来自 http：//www. em – bj. com/zx – knowledge

电影叙事与建筑动线的根本同一在于视点或视角, 这也是电影中的建筑赖以摄人心魄之根本。二者具备特定的互文性, 那就是因转喻 (Metonymy) 而导致的极具历史性与社会性的述行性 (Performativity)[①]。叙事学十分关注叙事视角问题, 法国学者 Francois Josr (弗朗科斯·若瑟, 1949—   ) 将罗兰·巴特的叙事理论更进一步细化为视觉角度 (Ocularisation)、听觉角度 (Auricularisation) 和所知角度 (Focalisation), 如表 3 – 2。在电影中, 具体如下。

3.2.2.1　视觉角度

视觉角度分为零视角角度和内视角角度。零视角角度实质就是客观角度,

---

　　① 近年来, 欧洲经济社会学中出现了一个最的研究流派——述行学派, 它开始了经济社会学与外部的对话, 考虑人之外的因素对经济行为的影响, 强调技术 (一种人机混合的复杂产品) 介入市场和经济的建构过程中。Zelizer、Beamish、Fligstein & Dauter、Fourcade & Healy 等著名经济社会学家开始关注这一学派, 并给予极高评价, 认为 "述行分析" 将成为经济社会学的未来发展趋势之一。现象学尤其海德格尔关注技术对人类社会的改变和影响, 这启发了经济社会学家开始与外部的联系与对话, 关注人之外的 "有形的物质" 对经济的改变和影响。正如著名的经济社会学家毕敏什所宣称的, 经济社会学需要开阔自己的视野, 保持与外部的联系, 而科学技术社会学家的观点为经济社会学提供了一种新的研究视野, 为经济社会学与 "有形的物质" 的外部联系成功地开辟了一条道路 (Beamish, 2007)。述行学派 (Performativists) 对现代经济学理论是一个挑战。

即 Camera 的旁观角度。内视角角度就是主观角度，又分为两种：原生内视角角度和次生内视角角度，前者是明显的、单个镜头完成的；后者则须通过剪接方能完成和被领悟。

3.2.2.2 听觉角度

听觉角度也有零听觉角度和内听觉角度，区别类似视觉。内听觉角度的两个亚类也同于视觉。举个例子，若同期声（台词）与画面中的人物完全同步、吻合，即一般的声画同步，此时就是零听觉角度。如果通过声音进行造型，如法国新浪潮电影 *L'Annee Derniere a Marienbad*（《去年在马里安巴德》）中的处理，则多诉诸内听觉角度，尤以声音表现幻觉、梦境和强烈感情倾向的话，即某些声画对位，则为典型的次生内听觉角度。

表 3-2　　　　　　　　　　　　　　罗兰·巴特叙事视角理论示意

	零	内	
		原　生	次　生
视　觉	零视觉角度	原生视觉角度	次生视觉角度
听　觉	零听觉角度	原生听觉角度	次生听觉角度

注：笔者自绘。

3.2.2.3 所知角度

这个概念主要用于阐发受众与片中人物在感知情节、事件态势或现场趋势方面的时间差异（主要是孰早孰晚）。因此，可分为外知角度、受众所知角度和内知角度。但是，这里的"内"与"外"所针对的对象却有异于视觉角度和听觉角度，后二者是基于作品中的人物的，所知角度的内外参照点即是受众。这一点，正是法国结构主义叙事学理论的灵活性和生命力之所在。因此，外知角度即作品中受众早于作品中人物而知，类型片、肥皂剧给受众的就是这种感觉。受众所知角度即受众早已明白，而作品中的人物却仍不明白，人类学纪录片往往反映一些被现代文明人视为落后甚至愚昧的现象，就是这种认知期待。还有，依靠这种认知，可以完成创作喜剧，进入滑稽或幽默的审美境界，如美国导演 Frank O. Gehry（欧·吉瑞，1961—　　）的纪录片《视觉声学》，而德国导演 Wim Wenders（文德斯，1945—   ）的两部深刻追问城市病之症结与新都市主义城市规划之失败、憧憬美好人居伦理的电影 *Wings of Desire*（《柏林苍穹下》）和 *Paris, Texas*（《德州，巴黎》）则由此企及严肃的哲思。内知角度就是只有作品中人物明白（当然，编导和创作者也明白）而受众却费解或不解。这种认知必须排除一种可能，那就是受众由于客观原因如语言、年龄、生理方面的障碍而产生的无法读解，这些应不纳入内知角度。也就是说，对于一个理想受众，如果作品的接受最终诉诸该角度，那就意味着作品的失败，形成"Meaningless hängt gegenüber dem/无意义的悬隔"。但是，实践中，此等失败并不鲜见，这源于创作者往往过高估计自己的阅历和视听语言的表达能力（如剪辑功底）或不正确地估计受众的认知，这自然包括其叙事清晰度不够在内，如图 3 – 12。

图 3 –12   Dupli. casa 是位于德国路德维希堡附近的一所私人别墅，业主是一位考古学家。J. MAYER. H 建筑师事务所将原先的现代主义风格旧宅改造成十足的非线性建筑。图片来自该所官网（http：//www. jmayerh. de）

20 世纪 90 年代末以来，电影叙事走向了非线性（Nonlinear），这种以多视点、多线索、多时态为特色的复杂性电影观正是现代建筑设计的要义所在，建筑进入电影的步伐更快。非线性本身就是来源于技术和工程领域的前沿科学，其学理在于物理学的混沌（Chaos）理论。非线性必将促使电影的叙事在清晰度和节奏感等维度更具后现代性，电影中的建筑因此也会呈现迥异于前的述行性。

电影素来自诩为时空艺术，常认为自己乃综合艺术之重镇，当其触及建筑（包括园林在内）时，却自叹弗如。电影空间在有形、无形两个层面上都有赖于建筑来转喻，与其说电影空间令受众泊栖审美感知的翅膀，不如说电影假借建筑的精神空间纵情于如歌的行板。电影导演及其诸种调度，只不过是满怀欣喜与惊异徜徉于建筑内部的游客式左顾右盼指指点点，甚或"手之舞之足之蹈之"。① 即使不是直面建筑的影像，建筑——在电影空间中依然承担着无可替代的"述行性"。

3.2.3　从数字时代电影画幅的阔巨化趋势看建筑跻身的无限空间

我们早已进入数字时代。

和模拟时代根本不同，数字时代电视画面的画幅再也不是单一的 4:3 即 1.33:1。诸多产品，如平板电视机、背投电视机、液晶电视机、等离子电视机、移动电视、手机电视尤其是大屏幕，其画幅可大可小，可窄可宽。在专业电视制作领域，也是如此，ARRI、RED、SONY、Panasonic 的各款高清 Camera，除了 4:3 外，还有 16:9 即 1.77:1 可供选择。即便如此，仍不能满足同样要使用这些产品摄制数字电影和电视电影之需要。电影的画幅本来就非常多，除了 4:3 和 16:9 之外，在默片、有声片、彩色宽银幕、变形宽银幕等历史阶段，电影就曾使用过 1.29:1、1.37:1、1.66:1、1.85:1、2.2:1、2.35:1、2.55:1、2.69:1、3:1、5.27:1 等十几种画幅。数字时代的电影，追求对观影者绝对的视听征服，环幕电影、穹幕电影、IMAX 3D②、4D③ 等崭新品类追求图像最大化，画幅更大。如果再把摄影纳入论域，情况就更复杂。传统 135

---

① 西汉·毛亨《诗经·大序》。

② IMAX 3D 就是"巨幕立体电影"。IMAX 是 Image Maximum（图像最大化）的缩写，指的是"巨型超大银幕"，被誉为"电影的终极体验"，分为矩形巨幕、IMAX 3D 巨幕以及球型巨幕三种。3D 则是 3 Dimension（三维、立体）的缩写，通常指立体电影。观看 IMAX 3D 电影时，一般需要戴 3D Stereo Glasses（立体眼镜），如 Hollywood 大片 Avatar（《阿凡达》）。

③ 而今，为了迎合影迷的喜好，影院又新推出了 4D Film（四维电影），也就是在 3D 的基础上加环境特效模拟仿真而组成的新型影视产品，即三维的立体电影和周围环境模拟组成四维空间。环境模拟仿真是指影院内安装有风、雪、雨、闪电、烟雾等特效设备，营造一种与影片内容一致的环境，观众在观影时，身体可实时感受到风暴、雷电、下雨、撞击、喷水、拍腿等特效。由此可见，电影和建筑正在加速殊途同归，召唤人的身体全面浸淫。

照相机的画幅为 3.6cm×2.4cm 即 1.5:1，传统 120 照相机的画幅有 4.5cm×6cm 即 1.33:1、6cm×6cm 即 1:1、6cm×7cm 即 1.17:1、9cm×6cm 即 1.5:1，用于大型彩印、喷绘的散叶片照相机画幅有 4inch×5inch 即 1.25:1、5inch×7inch 即 1.4:1、8inch×10inch 即 1.25:1。数码相机更是不拘一格，变化多端。毋庸置疑，数字时代的画幅林林总总，日益阔巨。

"画幅"的核心在于"幅"。"幅"的本义为布帛的宽度。"画幅"一词，最早见于《汉书·食货志》："布上画幅长二尺宽二寸。"迄今，"画幅"一词主要指：（1）摄影、电影、电视前期拍摄画面的长与宽的比例，电影故事片、电视剧界的"宽画幅""窄画幅""真宽""真宽幅""假宽""假宽幅"六词就是在这个层面的使用；（2）电影放映银幕、电视机荧屏、计算机显示器的长与宽之比，电影的"遮幅"一词和计算机的"宽幅""方幅"二词就是在这个层面的使用；（3）建筑、风景园林等高端专业摄影前期构图、后期成像画面的长宽比，"半画幅""全画幅""满画幅"三词就是在这个层面的使用；（4）视觉设计艺术作品的画面尺寸或面积，也就是长与宽之积，摄影界的"小画幅""中画幅""大画幅"三词和美术、广告界的"巨幅""大幅""小幅"三词就是在这个层面的使用。不管怎样，一言蔽之，"画幅"的核心含义就是画面的长与宽之比。

将林林总总的画幅归纳起来，无非两种：一是画面的长是宽的 1.5 倍以上，即长:宽 ≥1.5:1，笔者称之为"长画幅"；一是画面的长是宽的 1.5 倍以下，即长:宽 <1.5:1，笔者称之为"方画幅"。譬如，电视、电影通用的 16:9 和电影的 1.66:1、1.85:1、2.20:1、2.35:1、2.55:1、2.69:1、3:1、5.27:1 都是长画幅，电视的 4:3 和电影的 1.33:1、1.37:1 都是方画幅，摄影的 5×5、5×5.5、6×6、6×7、8×7、8×8 俱属方画幅。判断一个特定画面是长画幅还是方画幅，就是要看它的长:宽是 ≥1.5:1 还是 <1.5:1；若 ≥1.5:1 就是方画幅，若 < 1.5:1 就是方画幅。1.5:1 是一个理想的分水岭，如图 3-13，这与古希腊建筑有着惊人的相似。古希腊建筑的平面构成多为 1:1.618 或 1:2 的矩形，中央是厅堂、大殿，周围是柱子，故名环柱式建筑，空间开阔而圆润。阳光的照耀使柱网产生丰富的光影效果和虚实变化，消除了封闭墙面的沉闷感。尤其这些柱式是定型的，主要有多立克柱式（Doric）、爱奥尼克柱式（Lonic）、

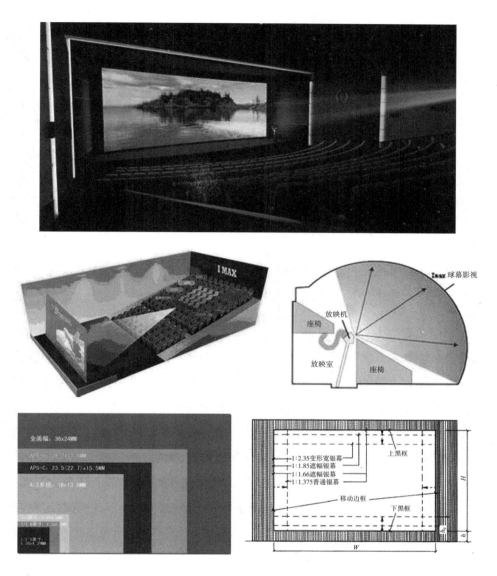

图 3 – 13　IMAX 电影的长画幅非常符合人的视觉心理，上为实景，图片来自百度百科；下为四幅原理图，由笔者运用 Photoshop 自绘

科林斯柱式（Corinthian）、女郎雕像柱式四种，一律依据永恒的人体美与黄金分割律，是一种比例、秩序与数学的和谐，直接启发了现代建筑的模数（Module）以及包括摄影、电影在内的各门艺术的构图法则，如图3 – 14。

图 3–14 古希腊建筑四种柱式的外观、结构、比例，及其与古罗马柱式的对比，图片来自石材体验网（http：//www.stonexp.com），由笔者编辑

　　长画幅看上去自然、舒服。因为人的生理特点，人的两眼是左右平生的，眼睛的横视场角远大于纵视场角。同时，由于地平线是水平的，大多数物体都是在水平面上延伸的，人们沿水平维度观察事物要比沿垂直维度更符合习惯，更易接受。长画幅的水平线被强调，画面中事物之间的横向联系显著，静体的横向排列、动体的水平态势被着力表现，横平造型力强。长画幅的上下两条边很长，从左向右横向延展，具有指向性和引导感。长画幅的内部是一个潜在的椭圆，人们的两个眼球总是追随着这个椭圆的两个圆心，因此，张力不等，呈现开放性，释放欲强。长画幅是开放型视像。人们观察这种画面时，眼睛横扫，视线会沿着画面的长边游移，大脑中视神经被更多地唤醒和触动，思维过程为注意画面左端的信息 → 理解并记忆左端 → 期待画面中部 → 注意中部 → 理解并记忆中部信息 → 期待画面右端 → 注意右端 → 理解并记忆右端 → 分析并判断整体画面→认同或质疑。[①] 这是一个较长时段的持续性接受过程，期间我们的认知心理具有明显的阶段性和趋动性，起伏与落差较大。长画幅由于长宽不等，因此是不平衡的，构图多采用不均衡法则。长画幅画面的主客、色调、影调、节奏关系应错落有致，大小、远近、轻重、

――――――――――

　　① ［美］库尔特·考夫卡：《格式塔心理学原理》，李维译，北京大学出版社2010年版，第5页。

动静、强弱、深浅、明暗、纤秾、疏密、浓淡、缓疾、繁简、藏露要多变，有别，无二。长画幅多散点透视，纵深阔达捭阖。人们接受这种画面时的眼球调用特点为眤眇、盼睐、睇眺、瞭瞻。长画幅体现出一种强烈的叙事欲，重情境，长写实。长画幅视野开阔，场面壮观，易使受众情绪波动，起承转合，荡气回肠。长画幅的景别多远景、全景，宜用广角镜头拍摄。长画幅宛如一组镜头，彼此间存在并列、转折、回环等修辞功能，易激发平行或交叉蒙太奇，镜头明喻性显赫。长画幅静可现满眼春色、无垠原野、千里江山、浩瀚星空，动可现市井众生、千军万马、山崩地裂、改天换地。风景摄影如 Ansel Adams（亚当斯，1902—1984）和郎静山（1892—1995）的代表作，*Metropolis*（《大都会》）、*Rear Windows*（《后窗》）、*N. Y.，N. Y.*（《纽约，纽约》）等场面宏大、空间开阔的电影，展现宽广场景内诸多人物命运沉浮的 *Housemoving*（《移动住宅》）、*What's Wrong with this Building*（《这建筑出了什么毛病》）等纪录片，均使用的是长画幅。

方画幅看上去很周正、庄重。在方画幅中，中心点被强调，长于表现严肃、安详、谨慎、拘束、矜持的主题。方画幅既照顾水平线，又兼及垂直线，特别具有东方审美意趣，符合"天圆地方"的中国古代哲学思想。方画幅的上下左右四条边是大致相等的，不论是从左向右还是从上往下，距离相同，因此没有指向性，引导感缺失。方画幅的内部是一个潜在的圆，不论是用一只还是两只眼睛，人们总是定位于这个圆的圆心，因此，张力相等，呈现聚合性，收敛欲强。方画幅是封闭型视像。无论你的视线怎样左冲右突，都是在四条边界定的范围内做循环运动。人们在观察这种画面时，眼睛凝视，视线不会沿着画面的四边游移，大脑中被唤醒和触动的视神经少而集中，思维过程为注意画面左右部信息 → 理解并记忆左右部 → 注意画面上下部信息 → 理解并记忆上下部 → 凝视画面中心 → 理解并记忆中心 → 分析并判断中心 → 认同或质疑整体画面。① 这是一个较短时段的静滞性接受过程，期间我们的认知心理具有明显的瞬间性和静固性，起伏与落差很小。方画幅由于长宽相等，因此是平衡的，构图多采用均衡法则。方画幅画面的主客、色调、影调、节奏关系应整齐划一，大小、远近、轻重、动静、强弱、深浅、明暗、纤秾、

---

① ［美］库尔特·考夫卡：《格式塔心理学原理》，李维译，北京大学出版社 2010 年版，第 27 页。

疏密、浓淡、缓疾、繁简、藏露要寡变，无别，同一。长画幅多焦点透视，纵深聚敛内倾。方画幅体现出一种强烈的抒情欲，重意境，长写意。方画幅视野集中，场面凝固，易使受众情绪稳沉，浮想联翩，思绪万千。长画幅的景别多近景、特写，宜用长焦镜头拍摄。方画幅宛如一个镜头，暗含强调、呼号、夸张等修辞功能，易激发定格或静帧之雕塑效果，镜头隐喻性显赫。长画幅可见景之细处微部、叶落花开、羽化涅槃、分蘖蜕变，也可见人之如玉美颜、明眸泪眼、悱恻心语、命之攸关。大量捕捉与抓拍的优秀新闻摄影镜头，展示人物缠绵、悱恻、缱绻的感情纠葛与内心涟漪的电影、电视剧，绝大多数尤其是访谈类、演播馆内电视作品如 *California Capitol Restoration*（《加利福尼亚议会大厦的更新改造》）、*The Architecture of Frank Lloyd Wright*（《弗兰克·劳埃德·赖特的建筑》）以及 CCTV – 纪录频道的《时光Ⅰ》《时光Ⅱ》《为世博设计》，都使用方画幅。

对于方画幅而言，长宽基本一致，构图时只要将画面的长与宽控制在 1.5∶1—1∶1 即可。但是，长画幅长大于宽的幅度很大，如电影就从 1.66 到 5.27 倍不等，那么，是不是越长越好，越长越美呢？不是。这里有数理技术因素——欧几里得几何学黄金分割律的制约。长画幅有左、右两个黄金分割点，构图时往往把主体置于这两个点上。主体本来只能有一个，不是放在左点，就是放在右点，其中一个点必是陪衬或反衬者。如果画幅过长，必然致使这两个黄金分割点之间的距离过大，画面中部则会显得空虚，摄影构图、导演调度的难度自然会大大增加。正是在这个意义上，很多资深艺术家颇有感触地认为长画幅绝不是方画幅的简单加长。所以，只有在综合考虑美学标准、视觉心理规律和数理技术三方面的因素后，才能设计、选择、确定出最合理的画幅。

德国哲学家 Jürgen Habermas（哈贝马斯，1929— ）曾提出"公共空间"（Öffentlichen Raum / Public Sphere）理论。[①] 这是一个私人的空间，在这个领域，来自不同阶层和社会的公众可以就一个公共话题自由地发表看法。电影作为一种强大文化的反思价值正是在这里生发增值的。但是，当电影再次被

---

① Habermas, Jürgen, *The Structural Transformation of the Public Sphere: An Inquiry into a Category of Bourgeois Society*, Polity, Cambridge, 1991.

画幅阔巨化等工具理性所宰制的时候，电影制作与接受两极间的信息传递不再是交互的，而是单向度的，交流被阻碍，尤其会导致对受众一端反思权巧妙而无形的剥夺。文化工业营造的"公共空间"拟像，进一步欺骗了大众。电影早期具有的"剧场本体"的公共空间性渐隐出历史，若不拥抱极具包容性的建筑跻身电影影像，电影作为"公共空间"的本真意义和作为消费时代大众文化的普世性与普适性也就无从谈起。

3.2.4　西方电影大师的建筑情结及电影中建筑的经典化通途

纵览世界电影史，诸多电影导演对建筑情有独钟。在欧洲，建筑很早就是艺术的一个门类。电影诞生以后，每个镜头都需要场景设计，营造一定的叙事空间，这自然必须有建筑功底。时至今日，每个影视剧组都少不了木工、泥瓦工、漆工来制景和置景，足见电影和建筑的天然因缘。

1916年，D. W. Griffith（格里菲斯，1875—1948）拍摄 Intolerance（《党同伐异》）时，就雇用600余名工匠，搭建并复原了古巴比伦城。公元前539年的中东，巴比伦大祭司因为与王子巴尔撒尔的恩怨，竟然在波斯大军攻来之际打开城门，巴比伦古国从此灭亡。令人惊异的是，这样一部内容复杂的大制作竟然没有一个完整的剧本，而只靠格里菲斯临场即兴创作而成。格氏之所以能够搭建出宏伟得吓人的巴比伦布景，完全得益于他长期对古希腊、古罗马建筑的揣摩，他为此绘制了20多幅场景设计草图。在电影史上，该片是首先使用大特写和大远景的作品，导演在一天之内动用了15000名临时演员和250辆战车，但每个人都在这座临时建筑物内各司其职，有条不紊，足见格氏深知建筑之三昧。搭景，是电影摄制大型尤其古代场景经常采用的策略，中外很多导演往往耗巨资而为之，陈凯歌电影《荆轲刺秦王》《无极》在这方面的投资占全片投资的比例都在1/4以上。格氏给电影开创的这一先例，被后继导演不断效仿，Orson Welles（奥逊·威尔斯，1915—1985）在 Citizen Kane（《公民凯恩》）的最后一场，就营建了凯恩晚年深居于桑那都如帝宫般的庄园。美国电影素来投资高昂，颇具全球发行的雄心与韬略。历史地分析，旧 Hollywood 时期往往构筑宏伟实景，20世纪90年代以降，改用计算机做数字特效，但这份对宏大建筑的痴恋不但丝毫未减，反而逐渐增加。

在个别场景或电影的局部,建筑在叙事上的功能更是无与伦比。敖德萨阶梯(The Odessa Steps),位于乌克兰共和国敖德萨州首府敖德萨市,该市系全国政治、文化及旅游中心。这座阶梯始建于 19 世纪三四十年代,因纪念1905 年"波将金"号军舰起义而被誉为"波将金阶梯"。阶梯共有 192 级,台阶自上而下逐级加宽,它与市中心半圆广场上的城市奠基者里舍利耶大公的雕像遥相呼应。站在最高处,可以鸟瞰美丽的敖德萨港。1925 年,苏联电影大师 Сергей Михайлович Эйзенштейн(爱森斯坦,1898—1948)执导 Броненосец «Потёмкин»(《战舰波将金号》)时,把全篇的高潮置于此阶梯之上,片中的"敖德萨阶梯大屠杀"成为电影史上最经典的片段之一。在该片段里,爱森斯坦成功运用杂耍蒙太奇手法,突出了沙皇军警屠杀包括老弱妇孺在内的无辜平民的血腥暴行。在这短短 6 分钟里,爱森斯坦用了 150 多个镜头,每个镜头平均不到三秒,反复在屠杀者与被屠杀者之间进行切换。此间,爱森斯坦还画龙点睛地设计了一个婴儿车沿阶梯缓缓滑落的场面,为观众平添了一种忧虑、紧张和恐惧,这一手法后来被许多导演模仿。作为公共建筑的附属,片中这样的阶梯不论从设计到体量均没有什么代表性,也并不长,但是爱森斯坦将不同机位、不同视点、不同景别的镜头反复组接,扩大了阶梯的有形空间,使敖德萨阶梯显得又高又长,这种空间的变形渲染了沙皇军队的残暴,给观众留下了无法湮灭的深刻印象。悬念大师 Alfred Hitchcock(希区柯克,1899—1980)的 The Thirty Nine Steps(《三十九级台阶》)再次挖掘台阶在电影中的叙事空间,利用观众的好奇心,悬念迭出,扑朔迷离,体现出英国人深沉的智慧与冷静。影片在台阶上设置了多次悬念,有力地推动了情节的发展,刻画出人物阴险而复杂的内心世界,又颇具欧洲古典建筑文脉,使影片充满深厚的英国本土文化气息。台阶,业已成为独特的电影空间之一,常用于展现诡谲的情节和充满反叛性的人物性格,或隐喻变故横生、命运陡转、世风日下,或暗示人物执着攀登、上进奋斗,造型性强。

与台阶类似,楼梯是电影最青睐的建筑构件,这在恐怖片中最为常见。曲折、狭窄而又盘旋的楼梯常被导演安排成凶杀、打斗的最佳场地,中国武侠电影中经典的场景设计——"客栈大战"就是在楼梯和台阶上展开的,一般最后要毁坏楼梯，体现暴力美学。在众多艳情片中，楼梯又十分香艳，是展示肉体和性欲的绝妙道具。台阶、楼梯的最大特点是线性，层次分明，演员立于其上，透视错落有致，利于摄影聚焦和画面构图，移动摄影减震器沿着螺旋楼梯平稳上升是体现 Steadicam 最高水准的摄法，[①] 技艺精湛，十分难得，对摄影师的综合要求极高。若演员调度高超，沿着台阶、楼梯完全可以完成一部短片，加拿大、英国的大学生常用此手法拍摄毕业短片，全片只有一个长镜头，一镜到底，效果甚佳，如图 3-15。

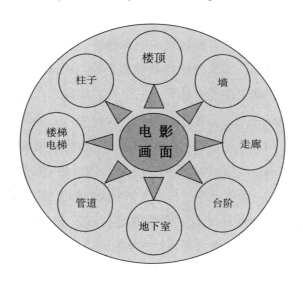

图 3-15　建筑物的部件乃至建筑元素进入电影后的经典化通途示意，笔者自绘

　　电影，作为一种视觉媒介，理解和表达角色内在世界的主要方式是各种视觉元素。电影使用建筑尤其城市空间隐喻和诠释角色的心理和社会因素，往往事半功倍。波兰导演 Roman Raymond Polański（波兰斯基，1933—　）的 *Repulsion*（《反拨》）摄于 20 世纪 60 年代的伦敦，对于建筑尤其墙、门、窗的象征性的运用达到了一种极致，墙壁被他用来暗喻性的压抑与征服。在电影的高潮中，墙体本身也开始逐渐模糊了与卡罗尔之间的界限。墙体和裂缝，预示着女主人公卡罗尔身体和心理上的变化，但她却对这种变化强烈地排斥

---

① 可参杨新磊《影视运动摄影稳定器 Steadicam（斯坦尼康）实操技艺分级评定标准》，《影视制作》2016 年第 10 期。

着，并力图通过闭紧窗户、合上窗帘、用木条封住门来维持与外界的接触，或者说是来自男人的性的诱惑与压迫，瑞典导演 Ingmar Bergman（伯格曼，1918—2007）的 *Såsom i en spegel*（《犹在镜中》）等片，也常如此调度。

The tenant（《怪房客》）再次将视角放到一栋裂迹斑斑的公寓楼上，由波兰斯基亲自出演的男主角从破碎的玻璃窥见了前任房客死亡的旧影，他在发霉的墙壁上一个塞着棉花的小孔里发现了一颗牙齿，影片的恐惧与悬疑就此展开。2002 年，波兰斯基的 *The pianist*（《钢琴师》）将我们带回那个恐怖的纳粹年代。且不去说战争阴霾下城市的废墟，窗、墙和桥在本片中的运用让我们又一次体会到波兰斯基对于建筑的情有独钟。窗在很大程度上成为男主人公与外界唯一的联系，因为门往往是被锁上的。从窗中，他注视着战争的丑恶；也是从窗中，我们注视着他和他的生存。墙成为内与外的隔阂，但不再是《反拨》中性的主题，而是两种身份、两种生活的隔阂，它分隔着地狱和天堂，而在天堂和地狱之间只有一个联系——那座高出墙壁的桥。悬念大师希区柯克 *Rear Window*（《后窗》）中的主人公透过住宅的后窗，窥视对面的公寓楼，发现它如同一组电视墙，每天上演着不同的生活秀。20 世纪 50 年代的美国城市建筑和今天很不一样，正是通过窗口，主人公见证了那起谋杀，同时也将自己置于凶手的视角之下，处在危险的境地。《后窗》中的庭院——反窥视的观念被巧妙地表达出来，这很容易让人想起法国巴黎的 Le Centre national d' art et de culture Georges – Pompidou（乔治·蓬皮杜法国国家艺术与文化中心），它使观察者同时变为被观察者，成为整个展览的一部分。意大利导演 Federico Fellini（费里尼，1920—1993）的 *Fellini's Casanova*（《卡萨诺瓦》）中，贵族为了满足窥视欲的快感，透过鱼形装饰的彩绘墙壁上的"鱼眼"偷窥卡萨诺瓦与妇人做爱。

欧洲导演常视柱子为男性生殖器的象征，在西班牙超现实主义导演 Luis-Bunuel（布努艾尔，1900—1983）的 *Tristana*（《红颜孽债》）、德国新浪潮导演 Rainer Werner Fassbinder（法斯宾德，1945—1982）的最后作品 *Querelle*（《雾港水手》）中，坚挺的柱子被女主人公用来代替心仪的男性，有如日本建筑师矶奇新（1931—   ）在筑波中心广场对男女生殖器的隐喻性设计一般，皆源于古希腊 Δωρικός/Doric（陶立克）柱式对男性、Ιωνικός/Ionic（爱奥尼）和

Κορινθιακός/Corinthian（科林斯）柱式对女性甚至远古生殖崇拜的指涉。

英国导演 Peter Greenaway（格林纳威，1942— ）的 *The Belly of an Architect*（《建筑师之腹》）将叙事空间设置在了意大利罗马美丽的建筑与园林之中。在这里，他试图用古罗马建筑柱式与雕饰上诸神的乱伦来解构人类亘古难泯的情欲之恶。片中，从路易莎与卡斯帕希做爱的房间，我们能看到居于画面正中的对街房间的窗口，雕像与布幔在这里似乎失去了纵深而成为情欲图画的背景。来自美国芝加哥的中年建筑师斯托利沮丧地坐在象征着心灵破损的正在修缮的凯旋门旁的围栏上，片中出现的建筑的尺度如万神殿、圣彼德广场开始变得宏大，而人物在建筑中的比例则表现得愈加渺小和失落，这让我们不难感受到自我在城市中的灵魂迷失。最终，当绝望的斯托利从纪念碑上跳下而死时，我们看到在极具悲剧意识的纪念碑性[①]全景构图中，大理石包裹着冰冷无情的古埃及金字塔，巍峨地矗立在空旷的世间，嘲讽着一个微不足道的生命的陨亡。格林纳威在该片中流露出的对于建筑的感情是复杂的，至少包括他对古典建筑的敬仰与推崇，对现代建筑复古时弊的蔑视和讽刺，还应内含他作为一名现代导演对城镇化导致的人的异化之无奈和叹息，如图3－16。

这种叹喟，对意大利导演 Luchino Visconti（维斯康蒂，1906—1976）的晚期作品 *The Conversation Piece*（《交谈》）中的老教授而言，更为沉重。老教授长期的封闭生活让他变得习惯孤独，他似乎与自己居住的老旧古典建筑已经融为一体。一位咄咄逼人的年轻女房客出现后，粗暴地破坏了房间，天花板开始龟裂，墙壁也开始渗水，最终完全改变了房间的装饰风格，变成与原来古典主义格格不入的简约现代主义。教授无法容忍信念与现实之间的矛盾，他选择了死亡。在巨大的爆炸声中，他毁掉了自己的房子，也毁灭了自己。老教授最终死去了，结局是悲伤的。从建筑学的角度来看，这或许暗示着现代主义与古典风格之间紧张而尴尬的窘境，表明最具人文气韵的意大利人对于文艺复兴和古典精神的向往和怀念。

---

① 纪念碑性，英文为 Monumentality，是一种历史的宏大叙事与人性的冷漠堕落之间的精神凝滞感和心理落差感，可参 ［美］巫鸿的 *Monumentality in Early Chinese Art and Architecture*《中国古代艺术与建筑中的纪念碑性》，李清泉、郑岩等译，上海人民出版社 2009 年版。

图 3-16　西方电影摄取的古代建筑与现代建筑，图片来自影片截屏，由笔者编辑

屋顶，被建筑学称为"第五立面"，包括楼顶、阳台、露台、天台等，上接天际，下瞰城市，视野开阔，但极为危险，很多电影尤其动作片把精彩甚至高潮片段安排在屋顶。改革开放初期译介至中国的日本电影『君よ、愤怒の川を涉れ』（《追捕》）的高潮，就被安排于楼顶。高仓健饰演的杜丘被坏人逼得走投无路，杀手狂妄地叫嚣，"杜丘，你看，多么蓝的天啊……走过去，你可以融化在那蓝天里……一直走，不要朝两边看……快，去吧……"①这段台词典型体现了楼顶在电影空间中的叙事张力。古巴与苏联的合拍片 I Am Cuba（《我是古巴》）中的经典长镜头，就是从高楼顶降至低楼顶，逐层展示音乐 Party 上的各个角色。成龙电影《新警察故事》最后一场惊险打斗戏就是在香港银行大厦乳白色穹弧楼顶上完成的。俄罗斯伦理片 Крыша（《楼顶》）、姜文《阳光灿烂的日子》，特别是波兰导演 Krzysztof Kieslowski（基耶斯洛夫斯基，1941—1996）"红白蓝三部曲"中的结尾镜头，往往通过高难度的运动摄影调度，让镜头落幅于楼顶，令人神思飞扬，激情盎然。李安（1954—　）《卧虎藏龙》等诸多武侠电影都有侠客在屋顶飞越打斗的镜头，甄子丹《叶问》的一个重要叙事场景就是露台。楼顶摄影，崭露头角，是新兴的摄影题材。

相反，地下空间如隧道、涵洞、地铁却封闭狭小，但也同样有故事。南斯拉夫与德法等国的合拍片 Underground（《地下》）的主要场景是一个地下兵工厂。全片 2/3 镜头在地下，表现人对自由的追求是无法压制的这一深刻主题。在德国学习电影的中国导演李杨，在其《盲井》中，正是利用那漆黑幽长的地下矿井，勾画出两个恶人的凶残与贪婪，人性之盲令人纠结。法国导演 Luc Besson（吕克·贝松，1959—　）的 Subway（《地下铁》）、西班牙电影 Metroland（《地铁风情录》）、梁朝伟主演的国产电影《地下铁》均在地铁内展开叙事，受众在备感压抑之余却相信每个人心中都有一座地下铁，通向一个叫作"希望"的出口。再往下，下水道则阴暗龌龊，藏污纳垢，视野闭塞，恐怖片常于此取景，设置悬疑，日本电影 Guinea Pig Mermaid in a Manhole（《下水道美人鱼》）正是因此而十分血腥，成为禁片。Disney 动画片 Finding Nemo（《海底总动员》）中多次出现下水道，并认为它通向大海，颇有诗意。

_____

①　出自该片。

楼顶与地下，是建筑物的极地，电影用以展露人性的极端，心物同一，环境心理学称之为"关联性危机",[①] 倒也贴切。

不论从何种角度来看，Michelangelo Antonioni（安东尼奥尼，1912—2007）的电影深刻而明确地表达出影像镜头对建筑的依赖。尽管其最终目的是人和人之间以情欲为核心的复杂关系，建筑仍成为最重要的视觉要素和话语中介。通过建筑之间、人物之间以及更加深约的建筑与人之间的空间重构，安东尼奥尼不是用语言或者表情，而是用隐喻性和心物场表达人内心的失落和痛苦。在 La Notte（《夜》）的开头，一个匀速下移的长镜头慢慢地展现着一个高层建筑单调的玻璃幕墙，预示出整个电影的现代都市语境。中年女人莉迪亚时而痛苦地依着自家楼下的墙面哭泣，时而在象征着回归的楼梯间徘徊。夫妻关系紧张后，一个现代建筑物的巨大立面充斥画面，只留下一小片空白，令人压抑，这时莉迪亚突然从画面的空白处出现，并沿着边缘走动着，与巨大的建筑物的立面形成强烈的对比。巨大的建筑立面，象征着无间隔的可供游戏的方格状建筑物自由空间的两头，可视却无法穿透的玻璃，不断推动着剧情。最终，片中人物也无法弥合感情的裂痕，消失在带着悲观色彩甚至前途未卜的大楼出口，如同建筑与自然环境相互谐和而又矛盾深刻一般。整部影片中，安东尼奥尼用一系列镜头表述了现代都市的空间感，在建筑空间和人的关系中暗藏着性别之间的紧张，性别和观念的双重冲突均基于同样复杂而矛盾的现代建筑且获知和生发，可见的墙面、窗孔尤其玻璃蕴含着丰富的不可见的隐喻，将主人公内心的迷惘与暧昧微妙地表达出来。

玻璃特别是镜子，无疑是最受电影青睐的一种装饰构件。法国诗人、导演 Jean Cocteau（考克达，1889—1963）在"诗人三部曲"中，把镜子的意象发挥到了极致：镜子成为通向生或死、理想或现实甚至带有些许性的撩拨色彩的符号。这在 Le Sang d' un Poète（《诗人之血》）中表现得尤为细致，当诗人用手抹去画布上的图案，却惊异地发现手掌上生出了嘴唇，继而生出另一副眼睑，开始在象征着生与死的面具中徘徊，被诗人手掌上的唇赋予了生命的雕像开始引导诗人穿越镜子——镜面骤然化作水波，将诗人吞没，他于是

---

① Paul A. Bell、THomas C. Greene、Jeffiey D. Fisher 著《环境心理学》（第 5 版），朱建军译，中国人民大学出版社 2009 年版，序言。

去了另一世界。这里，不仅空间被扭转了 90°，物像也被异化了。在其后的 *Orphée*（《奥菲斯》）中，诗人为失去爱人而意志消沉，毅然决定穿越镜子，赴另一世界重新寻找爱与生存的意义。几乎每一部影片、每一个有经验的导演都会或多或少地运用镜子。电影作为艺术，本身就是一种镜像①的升华，我们也需要通过影像直面"镜中我"，② 扪问自己的良知。通过镜子，电影在时间上、建筑在空间上最终再现并留存了现实世界人类复杂的心神，如图 3 –17。

图 3 –17　电影 *Inception*（《盗梦空间》）驾驭镜子堪称史上极致，来自该片截屏

在 *L'Eclisse*（《蚀》）的开头，建筑物常规空间的观念被打破，并得到延展，安东尼奥尼似乎在诉说着电影自身以平面的载体表达多维空间度的特质。这种反思式的空间转换与调度在其另一部影片 *Professione：reporter*（《职业：记者》）中演化为一个令人屏息凝视的长镜头：视线从窗外、窗内拍摄着所发生的事情，却只让观众看到结果，谋杀隐匿于建筑与镜头之中，并最终完成从内至外到从外至内的镜头视角与空间的转换。同样的空间反思，在安东尼奥尼的 *Blow –Up*（《放大》）中则上升为哲学的思考——幻想与真实的转换。

---

① 法国哲学家 Jacques Lacan（雅克·拉康，1901—1981）专门论述过"镜像"，对人文界影响很深。

② 镜中我，looking – glass self，是美国社会心理学家 Cooley Charles Horton（库利，1864—1929）提出的术语，影响深广。

电影导演的影像，直接观照着胡塞尔的"生活世界现象学"（Phänomenologie der Lebenswelt），在流动的"影像河"①中，悬置并考证本真世界，予以现象学还原。而这一切本原，仍然源于他们所生存的那片土地，还有深深植根于那片土地上的建筑。史上优秀的电影导演，总是以客观记录社会真实生活和显现内心现实主义形成独特的电影现象学风景，进而令建筑尤其古典建筑在叙事影像中定格，即经典化（Canonization）为具备神性的永恒，直观显现现代乃至后现代人性的失落和悲剧性存在②，考证以人为主体的世界的神秘莫测及其企图显现"存有"的超验还原，揭示现代工业文明带来的现实界和精神界的严重污染，勾画文明的理想王国和纯粹美好的精神空间。

3.2.5　中国电影敞拥建筑以及园林的审美痼癖——以武侠电影为重点

中国的电影导演，同样钟情于建筑。只不过，他们更侧重从园林中体悟建筑的生命体温，在寒热冷暖中咀嚼世态炎凉与人情疏离。春去秋来，物是人非，建筑尤其园林在物理学上温度和湿度的变化，譬如寒特别是由寒而生的逸，正是中国导演触摸到的象外之象。武侠电影，是中国电影特有的类型，享誉全球，儒释道思想交融其间，使武侠电影更在意得意忘象，追求"超以象外，得其环中"。③

逸，是中国艺术的至境，寒乃写逸之绝笔。明文徵明云："古之高人逸士，往往喜弄笔作山水，以自娱，然多写雪景。"④曹雪芹《红楼梦》中写雪的诗多达14首，与雪有关的情节有32段。王维就是大量以寒入画的画家，"风一更，雪一更，聒碎乡心梦不成，故园无此声"，⑤雪之寒令其画"云峰石迹，迥出天机，笔意纵横，参乎造化"。⑥张艺谋《十面埋伏》中的最后一场，铺天盖地的雪花飘洒恣肆，"雪意茫茫寒欲逼"，⑦残酷而血腥的拼杀在白茫茫的寒雪世界显得格外孤独而寂寥。明傅山曰："何奉富贵容，得入冷寒

---

① 可参迄今唯一一部关于海德格尔的纪录片 *THE ISTER*（《伊斯特河》）。
② 可参尼采（Nietzsche）著《悲剧的诞生——尼采文集》，赵登荣等译，漓江出版社2007年版。
③ 语出唐·司空图《二十四诗品》，而"环中"一词最早可溯至《庄子》。
④ 最早出处待考，见其《古木寒泉图》可知此言不谬。
⑤ 王摩诘语。
⑥ 语出纳兰性德词《长相思》。
⑦ 沈周题燕文贵《江干积雪图》。

笔?"所谓"富贵容",就是重彩,如王家卫电影《东邪西毒》中的桃花,而"冷寒笔",即水墨之体也。1994年钱永强版《天龙八部》之所以胜过1982年箫笙版甚至1977年鲍学礼版,天山童姥栖身之所"山水之状,则高低秀丽,咫尺重深,石尖欲落,泉喷如吼,其近也若逼人而寒,其远也若极天之尽",①此场景成功营造出寒与逸,功不可没。

诸多武侠电影津津乐道少林与武当难分伯仲,恰如"梅须逊雪三分白,雪却输梅一段香"。②凡古谈幽冷,必生寒逸,楚原电影《楚留香》系列平远幽深,于枯涩凝滞中见出寒逸。1980年邵氏版、1985年TVB版、1999年TVB版三版《雪山飞狐》之所以连连失败,主要在于雪景造假,于香港那温暖湿潮之地摄影棚内开低空调人工喷洒化学粉末以代替北方雪国,自然难把寒雪和平远相融为一体,受众无法品味到雪之萧疏、宁静、空灵、悠远,故对胡一刀、苗人凤的侠骨柔情无动于衷。但是,若营造得当,却格外出彩,如寒竹,亦见于李安电影《卧虎藏龙》最被人称道的那场戏,就是李慕白大战玉蛟龙,二人在竹林上凌空飞跃,蹁蹁跹跹,御风而动,随心起势,但见那竹"亭亭月下阴,挺挺霜中节,寂寂空山深,不改四时叶"。③此景宛若"梦里清江醉墨香,蕊寒枝瘦凛冰霜。如今白黑浑休问,且作人间时世妆",④极备孤艳高逸之致。

古人视寒逸为艺之至境,不仅于雪景寒林中寻其清寒寂寥,且多写独自发现之惊喜,"忽如一夜春风来,千树万树梨花开",⑤"忽然一夜清香发,散作乾坤万里春",⑥此二"忽"字酷似高手突然出剑,剑影无形,动静至尽,雄视众境,自我意识和宇宙情调得以完美体现。寒逸之境,由是从情意化的山水转为宇宙化的山水。在极为简单的诗中,"千山鸟飞绝,万径人踪灭,孤舟蓑笠翁,独钓寒江雪",⑦张艺谋电影《英雄》涌动着所谓"十步一杀"之如

① 朱景玄《唐朝名画录》论张璪。
② 宋·卢梅坡《雪梅》。
③ 吴镇自题竹画诗。
④ 宋·朱熹《墨梅》。
⑤ 岑参《白雪歌送武判官归京》。
⑥ 元·王冕《白梅》。
⑦ 柳宗元《江雪》。

霜剑气，足见"凡画之沉雄萧散，皆可临摹，唯一冷字，则不可临摹"。① 张纪中版电视剧《神雕侠侣》中刘亦菲塑造的小龙女之所以令人过目难忘，她主演的新版电影《倩女幽魂》之所以令人回味，恐是其冷艳之外的几分寒逸。

中国艺术何以如此推崇寒逸？因为，古人于此返归自己的生命家园，寒逸之境实乃古代艺术家精心构筑的"生命蚁冢"②，不论得志与否，文人的灵魂总是充满超俗、孤寂、怫郁、不羁，于此方能得以安顿。寒中包孕着生命的温暖，逸中驻留着人生的梦想。在王维雪景的凄冷中，我们能感受到吟咏生命的热烈；在郭熙寒山枯木的可怖氛围中，我们体味出一份生命的亲情和柔意；在 1980 年张彻、1984 年刘仕裕、1993 年潘文杰三版《飞狐外传》中，我们听到是一片生机鼓噪的喧闹。

寒冷与孤独蒂萼相生，以寒冷表现侠的孤傲，最为传神。从心理学的角度看，凄寒本身就是孤独者典型的情绪体验，袁和平电影《苏乞儿》一定要让主人公置身黑龙江，在大雪纷飞中展现其落魄与孤独，反衬其桀骜刚强的性格与英雄主义民族气节。我们总能看到"枯藤老树昏鸦""古道西风瘦马"，③ 还有那孤峰孑立，游僧踽踽，闲云盘桓，独芳自妍，都是一样的冷寒本色，寂寞清魂。宋玉如是叹喟，"悲哉，秋之为气也！萧瑟兮，草木摇落而变衰。憭栗兮，若在远行，登高临水兮送将归"，④ 令人顿生"风萧萧兮易水寒，壮士一去兮不复还"⑤ 之悲怆与壮美。尽管 1999 年陈凯歌版电影和 2004 年李惠民版电视剧《荆轲刺秦王》均不尽如人意，但仅凭作品的孤寒与冷逸，二作依然在美学上不乏可取之处。从秋到冬，寒气愈甚逸心愈远，孤处江湖形单影只、孑孑无助却梦想一鸣惊人以一己之力震慑朝堂扭转乾坤之侠客情怀，跃然眼前，正所谓"风雪夜归人"⑥ 之"江湖夜雨十年灯"⑦。不论是

---

① 李修易《小蓬莱阁画鉴》。
② 亦作"螘冢""蚁塚"，即高大如坟的蚁垤。《诗·豳风·东山》"鹳鸣于垤"，毛传："垤，蚁冢也。"王安石《登景德塔》诗："邑屋如螘冢，蔽亏尘雾间。"一本作"蚁冢"。《埤雅·释虫一》："垤，蚁冢也。蚁将雨则出而壅土成峰。"此词象征意义深远。
③ 马致远《天净沙·秋思》。
④ 见其《秋赋》。
⑤ 《史记·刺客列传》。
⑥ 唐·刘长卿《逢雪宿芙蓉山主人》。
⑦ 宋·黄庭坚《寄黄几复》。

1984 年 TVB 版、1996 年 TVB 版、台湾台视 1984 年版、台湾中视 2000 年版、新加坡 2000 年版、央视 2001 年版共六版电视剧，还是 1978 年邵氏、20 世纪 90 年代徐克与许鞍华与胡金铨、1992 年程小东、1993 年程小东与李惠民共四版电影《笑傲江湖》，令狐冲的孤独始终是一个引人深思的性格因子，也是所有侠客品性之缩影。如图 3 – 18。

图 3－18　在张艺谋的武侠电影《英雄》中，出现了诸多中国古代皇家建筑与皇家园林，上图为影片中精彩镜头之截屏，下左图为该片故事所发生的秦阿房宫复原图，下右图为宫殿建筑梁架结构图。图片来自百度百科

　　在中国传统文化中，孤独有两种形态。一是现实孤独，孤独感源于现实的原因，或怀才不遇，或壮士暮年，或贬谪遭弃，或深宫锁春，或闺阁茕身，皆"有恨无人省"①，落落寡合，静静体味为世人抛弃之痛苦；或感到"举世

——————
　　①　语出苏轼词《卜算子·黄州定慧院寓居作》。

皆浊我独清，众人皆醉我独醒"①，主动选择一条脱离世俗、遁向心所之路。一是宇宙孤独，与前述孤独的不同在于它不是自我身境之体验，而是冥思人类在浩瀚宇宙中的地位，由是感慨生命短暂，人类渺小，厌世藏身，"独与天地精神相往来"。②在胡金铨电影《侠女》中，准确的节奏，流畅的剪辑，考究的戏曲台步，传统的胡琴和动人心弦的鼓点，素雅淡泊，苍劲奇伟，挥洒出一种细致而自如的电影语言，而那边疆客栈和禅林寺院，仿佛既有自我流放又有正邪对决的人性废墟，抑或考问善恶沉沦与灵魂救赎的涅槃幽谷，侠女一个人的旷世孤独油然而生。这无尽的孤独，承托着胡金铨一个人对华夏五千年历史的苦苦思索，承载着他对华夏民族性格的想象。武侠电影，作为一种跨语言的"宇宙语言"，常将这两种孤独放到凄寒枯逸的意境中，因为，这正是体验孤独心境的最佳氛围。徐克电影《新龙门客栈》中周淮安、金镶玉、刀不遇与东厂大太监曹少钦在关外荒野生死决战，狂风大作，黄沙飞舞，滚沙埋身，铁沙袭人，蚁沙钻眼，流沙涌动，"飞沙"这个意象投射出的江湖豪气寒气逼人，逸心沉郁。导演选择这些独特的意象，将自己的生命感受和宇宙体验融为一体，如透过徐克电影《七剑》中萧瑟的古树、破败的土堡，导演那冷逸荒率、纵横高飙的情怀，那于极荒极寒处与宇宙并立、与苍天同流的浩渺心宇激涌而来，令受众通感共鸣。对朝廷的痛恨，对政治的厌倦，对江湖的痴恋，对现实的遁避，对人性的畏惧，汇集融寄于这恣意荡弋的影像之中，令人顿觉"念天地之悠悠，独怆然而泣下"③。相比之下，宇宙孤独，更具东方哲学意蕴和中国禅宗哲思。

禅宗何以亦视寒逸为至境？寒冷本是一种生理感觉，生理通心理，身心一体，国画以及武侠电影都是利用寒冷和人心理的深刻内联来高扬寒逸之美学品格的。现代心理学揭橥生理上的寒冷能使心态沉静，心绪冷寂，心神内敛，而禅宗正是抓住了这种关系，视寒逸为禅之典型表征。寒冷与热烈相对，寒冷乃佛性滋生之所，而热烈为欲望之温床，热生烦，烈滋躁，烦躁者惝怳恓惶，悖悖而动，唯利是图，妄念杂陈。尚敬导演的《武林外传》电视剧与

---

① 见屈原《渔父》。
② 语出《庄子·天下》。
③ 见陈子昂《登幽州台歌》。

电影，名中虽有"武"，实非武侠片，就像朱延平导演的《大笑江湖》一样，比早期影史上的《火烧红莲寺》《荒江女侠》有过之而无不及，戏谑打闹，哗众取宠，忸怩作态，几无美感可言。明代大儒宋濂论佛性云："大圣全体皆真，不失其圆明本性，如月在寒潭，无纤毫障翳，清光晔如也。凡夫为结习所使，业识所缚，而惟迷是趋，如月在浊水……翻涛鼓浪，鱼龙出没，变幻恍惚，欲求一隙之明，有不可得矣。"①寒潭喻佛性，狂涛譬欲壑，寒冷堪比打通心理与精神之不二法门。寒与逸，意味着脱俗、高逸。香港邵氏20世纪70年代出品的多部基于古龙原著的电影如《剑气萧萧孔雀翎》《圆月弯刀》《明月刀雪夜歼仇》均暗渗着这种寒与逸，构成了一种独到的审美情怀。

寒又能使人产生空、寂、无之觉。在郭熙的画中，"冬山阴霾连绵，人寂寂"；②在王维的笔下，"隔牖风惊竹，开门雪满山"；③在白居易的耳中，"夜深知雪重，时闻折竹声"；④在高启的眼里，"雪满山中高士卧，月明林下美人来"。⑤空中生寂，寂外空无，无无无有，有有有无，这也正是禅宗之至谛。为了表现这空无寂寥的境界，禅宗也多着力于寒，舒卷缥缈的是寒云，宁静渊涵的是寒潭，幽深寂寞的是寒山，朦胧如梦的是寒月，莽莽苍苍的是寒天，没有黑云压城的沉闷，没有波涛汹涌的长河，禅之至境是片云点太清，寒潭映孤月，孤鹤入白云，此即寒禅之逸，逸禅之寒。在1980年邵氏电影、1989年TVB电视剧、2003年王新民电视剧三个版本的《连城诀》中，都不乏寒逸之笔：狄云几次从血刀老祖手中救出水笙，恰逢"落花流水"到来，在铺天盖地的雪崩中，陆天抒、水岱受伤。在殊死搏斗中，花铁干失手误杀刘乘风……又是一场激烈的雪底搏斗。金庸笔下狄云之孤愤与桀骜，影视通过雪天、风雪、雪山、雪地、雪崩等一系列野寒、清寒之意象，充分地挖掘了出来，引发受众对人性之恶的弥久深思。

禅的世界是一个由深山静水、片云野鹤、幽林苍苔、古寺老僧组成的世界，寒山栖真性，冷云藏孤情，实际上是禅人亦是画人、影人追求自我情怀

---

① 见《宋学士文集》卷十三。
② 见《林泉高致》。
③ 王维《冬晚对雪忆胡居士家》。
④ 白居易《夜雪》。
⑤ 明·高启《咏梅九首》之一。

的外化形式。"时有白云来闭户，更无风月四山流"，①在幽冷中使心随寒云舒卷，"寒山古寺闻钟鼓，灵境六月也天寒"②，但侠客的心却不死寂，"莫愁前路无知己，天下谁人不识君"。③ "百泉冻皆咽，我吟寒更切"，④大量武侠电影正是借助"寒""逸"二字所营造的氛围来抚慰现代受众浮躁郁闷的灵魂，如图 3 – 19。

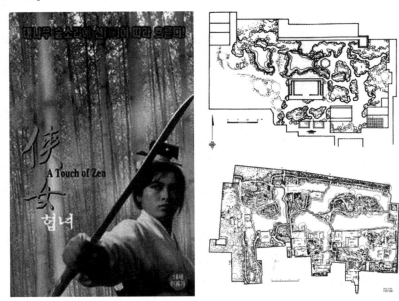

图 3 – 19　中国武侠电影中的园林及其蕴含的"寒"与"逸"，折射出文人对从政为官的厌倦与官场黑暗的憎恶。左图为一代武侠电影宗师胡金铨代表作之《侠女》的韩国海报，来自时光网 http：//www. mtime. com；右上图为苏州退思园平面图，来自百度学术；右下图为苏州拙政园 CAD 图，来自网易土木在线

　　禅宗强调万法皆空，而这亦是道家之三昧，"人闲桂花落，夜静春山空"，⑤ "万古碧潭空界月，再三捞取始应知。"⑥道家崇尚空灵，缥缈，虚幻，不滞色相，无涉梗概，正如禅宗最著名的比喻——镜花水月，有不粘不滞之

---

①　见《景德传灯录》卷四。
②　同上。
③　高适《别董大》。
④　唐·刘驾《苦寒吟》。
⑤　王维《鸟鸣涧》。
⑥　见《禅林僧宝传》卷三。又见《虚堂和尚语录》卷八、《泉州小豁云门庵语录》，又见《圆悟佛果禅师语录》卷九、卷十八，又见《庐山莲宗宝鉴》卷二、《明州天童山觉和尚小参》。

秘，如太虚片云。由于禅道俱求空无，自然界中的一切虚幻的存在便受其重视，如皎月、游云、太虚、鸟迹、潭影等，"远观山有色，近听水无声"，①"吾心似秋月，碧潭清皎洁。"②在中国大陆武侠电影开山之作《少林寺》中，③便有这种不粘不滞之深韵，"落叶聚还散，寒鸦栖复惊"，④"崎岸无人，长江不语，荒林古刹，独鸟盘空。薄暮峭帆，使人意豁"，⑤武禅合一，道武相通，妙不可言，只可意会，不可言传，叙事与影像由此"一滴声声入画禅"⑥，尽显寒逸背后禅艺合流的人文精神。

寒逸，并不流于死寂，而以此表现生命的热烈。寒逸之中，包孕着艺术家对大自然之体察身受，对个体生命之领悟洞灼，对宇宙意识之悢怊托寄。唯有在寒逸中，作者才能摆脱沉重的肉身、物化的欲望、外在的牵羁，慎独本我，驰骋心宇，思索人生真谛，质询宇宙本源。武侠电影寒中见逸，以寒现逸，令中国古代建筑尤其园林自在于影像，兴现自我，唯我无我。

3.3　电视中的建筑

3.3.1　中外电视直面建筑的文体形态及其哲学分野

电视和电影既有相同，也有不同。电视，首先是一种可同时传收图像与声音的现代通信技术，其次是一种大众媒介，再次才是一种艺术。从技术层面看，电视信号是电磁波，发射与接收具有即时性，电影永远做不到。从媒介层面看，电视的主要功能是传播新闻，注重真实性，而非娱乐，这是其区别于电影的关键。作为艺术，电视与电影虽有区别，但更多的是相似性甚至同一性。总的来看，电视与电影同多于异，消长竞合，互有短长。

---

① 诗出《画》。
② 出自唐代诗僧寒山。
③ 《少林寺》系1982年版张鑫炎执导，而2011年版《新少林寺》则禅意匮缺，更无寒逸，故而不佳。
④ 语出李白《秋风词》。
⑤ 见戴熙《赐砚斋题画偶录》。
⑥ 见皎然《山雨》。

电视是当今最具影响力的媒介之一。电视时刻都在传播国内、国际新闻，真实性不容置疑。各种电视节目、栏目，自然不能忽视对建筑的观照，纪录片还格外青睐建筑文脉。

中国中央电视台（CCTV）摄制并播出了一系列颇具知识性、科普性的短纪录片来阐释中国乃至世界上的优秀建筑，影响较大的作品如《故宫》《台北故宫》《圆明园》《颐和园》《时光Ⅰ》《时光Ⅱ》《为世博设计》《法门寺》《大明宫》《喜洲》《家园》《复活的军团》《迷城》《土楼探秘》《哥窑谜案》《淹城探谜》《寻踪东胡林》《未被发掘的皇陵》《敦煌》《天地洛阳》《土墩下的王陵》《梁思成　林徽因》《中国古建筑》《人民大会堂不能不说的秘密》等。作为我国的国家电视台，CCTV自然是党的喉舌，是政府十分重要的舆论阵地，这些关乎古今中外一流建筑、园林乃至历史文化名城的纪录片始终洋溢着一种民族自豪感，以弘扬中华民族辉煌灿烂、博大精深的传统文化为第一诉求，以提升国人的文化自信力为终极归宿，在对内宣传方面功不可没，首屈一指。但是，自豪感和爱国主义是每个民族都有的普遍文化心理，对自己国家历史的体认是任何一个国家的主流媒介都会去身体力行的必然工程，CCTV这些直面建筑的电视作品少有详细解读中国古代建筑的木结构等代表性语言，更遑论由此深入剖析中国建筑的血缘与文脉。笔者以为，意识形态（Ideology）尤其政治意识形态性，依然是我国各级电视台的话语之本。

欧洲是资本主义与重商主义（Mercantilism）的渊薮，英国广播公司（BBC）播出的关涉建筑的纪录片没有那么强烈的政治意识形态色彩，平和而细致地深入建筑深处，娓娓道来，解说词不时透露出编导对建筑艺术甚至建筑理论的独到见解。

Dan Cruickshank's Adventures in Architecture（《丹·克鲁山克漫游世界建筑群》）是一部八集电视系列片，每集40多分钟，主持人Dan Cruickshank（丹·克鲁山克，1952—　）是伦敦某大学建筑学教授、资深建筑文化评论家，他周游世界，遍访各式建筑，展示这些建筑如何体现人类的意愿、天赋和信念。在每期节目中，世界各地的建筑物被戏剧性地缀连在一起，观众发现尽管建筑风格迥异，但它们之间竟有着意想不到的联系。从俄罗斯西北边陲基日岛的木结构教堂到埃及西奈的圣凯瑟琳修道院，从古罗马马采鲁斯剧

场遗址到中国西安大雁塔，该片是一次精彩而漫长的世界优秀建筑文化之旅，不仅能丰富观众的建筑学知识，更为受众讲述了建筑背后一个个鲜为人知的故事。

十集电视系列片 *Around the World in 80 Gardens*（《世界八十园林》）并非流水账似的罗列世界各地的优秀园林，而是采取比较与对比的经纬结构，在文化研究中凸显各地园林所孕育的民族精神和人文性格，因此，能以短短七个小时的篇幅囊括这么多园林杰作。该片的摄制组走遍了 40 多个国家和地区，在第六集，主持人 Monty 来到中国，他主持并解说道："中国这个文明古国的宗教和艺术影响了整个远东的历史发展。中国园林对整个世界的园林发展的重要性不言而喻。从苏州开始，拙政园可谓中国南方园林之首，也是苏州最大、最著名的江南私家园林。"① Monty 除了盛赞里面的美景，还对石头产生了兴趣，认为堆山叠石是中国园林造园技术中一门高深的学问。Monty 所见到的，除了浑然天成的优良石材外，还需有叠石匠人巧夺天工的家传技艺，于是，中国园林专家又建议他到狮子林。Monty 也意识到跟拙政园的石头相比，这边的石头在创作和堆叠的时候已经被定位为"狮子"，而不仅仅是"山"。至于如何才能深刻读懂这些庭园，他总结了一句 "That is to let myself go and then lose myself in it"②。的确，把自己的身心迷失在园林中，何尝不是一种比中国纪录片人刘郎"苏州系列"的平稳悠然更符合当代、当下的节律？何尝不是一种比简单观赏更高的境界？

Monty 还去了黄山、颐和园，中国园林一直在模拟自然，而人也是自然的一部分，怎能把两者割裂呢？英国学者 Ian L. McHarg（麦克哈格，1920—2001）在 *Design with Nature*（《设计结合自然》）③ 中认为东方人不同于西方以人为本的设计理念，而是以自然为本进行创作甚或再创作。《世界八十园林》基于典型的欧洲建筑观念和园林学说，引领受众自愿陶醉于中国园林的仙境，成为园中一部分，让"自然中心主义"和"人本中心主义"有机地融合在一起。笔者深感 BBC 的这些节目深深植根于理性主义（Rationalism），承认并尊

---

① 详见该片。
② 出自该片。
③ 汉译可参黄经纬译本，天津大学出版社 2006 年版。

重人的推理可以作为知识的来源，理性高于并独立于感官感知。一般认为，理性主义随着笛卡儿的科学成就而产生，自 17 世纪至今主要在欧洲大陆传播。同时，这些节目也折射出大不列颠经验主义（Britannia empiricism）的思维棱角，试图从宏大物件的建造经验中获取人类建筑的普遍知识，借以判断和评估实际理由以及使人的行为符合特定目的等方面的智能，这在 BBC 电视系列片 *Short History of Tall Buildings*（《摩天大楼简史》）（如图 3 – 20）、*From Here to Modernity*（《现代主义建筑》）中表现得淋漓尽致，可谓"欧洲理性主义挽携不列颠经验主义建筑电视文体"。

作为实用主义哲学的巢窟，美国社会包容多元文化，追求自由主义，美国电视面对建筑时更多考虑的是实用甚至直接等同于使用价值。2008 年 10 月，美国有线电视新闻网（CNN）根据多个地区的民意调查，评选出世界十大最丑建筑，此举深刻震撼了全球建筑界。所有这些建筑都耗资巨大，外形怪异，但实际使用起来有时甚至连门在哪里都找不到。这份名单从伦敦格林尼治的千禧巨蛋到克利夫兰的摇滚名人堂，再到朝鲜最高的烂尾楼柳京饭店等，这些建筑预算高昂，标新立异，它们都在试图成为引领未来建筑风格的风向标，而公众的评价却褒贬不一，毁誉参半，就连业主自己对其成败亦莫衷一是，分歧很大。客观地讲，丑和美一样难以界定，最终都逼向每个人的哲学观，自古无唯一标准。所以，CNN 策划这一电视活动节目的媒介创新意义要远胜于其对美国乃至全球建筑设计领域的影响。

美国电视业十分发达，播出机构众多，受众广泛，节目内容千姿百态，不拘一格。National Geographic Channel（国家地理频道）长达 118 集的系列纪录片 *Megastructures*（《世界伟大工程巡礼》）揭示了全球包括中国在内最具野心和愿景的工程建筑案是如何展开的。借助丰富的图纸手稿以及高度专业的摄影，节目详述每项工程落成背后的精彩，随处可见充满英雄胆识的戏剧性故事。编导请出建筑师、工程师、结构专家及施工人员说明他们如何克服挑战，打造现代最高、最长、最快和最复杂的工程。显然，该系列并非都与建筑有关，不过，这种典型的宏大叙事特别节目的影响力是毋庸置疑的。电视栏目尤其各种后缀以"Show"的综艺栏目如 Talk show（脱口秀）、Reality show（真人秀）、Imitation show（模仿秀）、Life show（生活秀）等，很受欢迎。研究表明，ABC、NBC、CBS、Fox 四大电视网诸如《超级改变》（家庭版）、《我想有张明星脸》、《天才》等节目，之所以起这些名字，都是为了吸引豪华公寓内的观众，全面检查自己的身体和观念，刷新美国的消费文化，宣扬你的生活、未来都会因消费改变。显然，这只是幻象，一旦破灭，不光这类节目还有其模仿者如《学徒》《百万富翁乔》《明星纳什威尔》《幸存者》《换妻》等，均会消失殆尽。

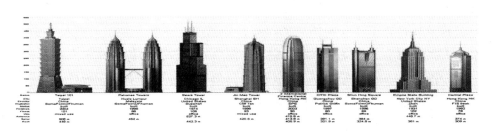

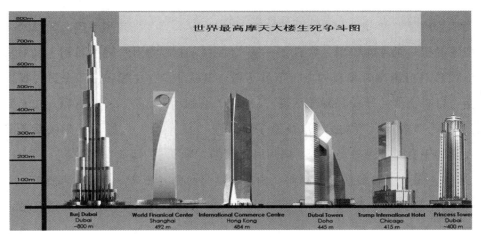

图 3－20　德意志银行经济学家 Andrew Lawrence（安德鲁·劳伦斯）提出 "Sky-scraper Index"（摩天大楼指数）的概念，指出经济衰退往往发生在新高楼落成的前后，宽松的政策与银行利率经常会刺激摩天大楼的兴建，使地产商尽可能把空间使用率和租金收益 "最大化"。在土地价格、企业需求和资金支撑三个因素的制约下，人类不断创新摩天大楼的世界纪录。然而，当过度投资与投机心理引起的房地产泡沫危及实体经济时，政策会转紧，银根收紧，摩天大楼的建成往往是经济衰退的先声。故此，"摩天大楼指数"也被称为 "劳伦斯魔咒"。图为全球最高摩天大楼排名，上为 2004 年数据，下为 2014 年数据，素材来自谷歌学术，笔者运用 Photoshop 简单编辑

《超级改变》（家庭版）① 与住宅和装修的关系密切，节目定位于通过几天、几周的装修装饰，让观众拥有一个新家，重塑自我，但装修费必须由受众自负，当然会低于市场价。制片人宣称，没有其他任何东西能满足受众的虚荣心和成就感，除了彻底拆除现有的房屋的装修并在短短七天内亲眼看着承包商、木匠、水管工、电工、灯饰师、油漆工等组成的"装修大军"魔术般地创造出一个宫殿似的新家：豪华的地毯、清洁的厨房、大屏幕电视机、超宽的大床、舒适柔软的沙发等。而且，该栏目总是选择那些经济、成员、社会背景具有潜在"戏剧性"的家庭，如富翁、孤儿、寡妇、军人之家等。最令人兴奋的是"焚烧房屋抵押贷款合同"这一仪式，仿佛这家人将永远梦幻般安逸、舒适地生活下去，整天过着高消费的日子，绝不会被日常生计与经济问题困扰。选择一个处于困境中的家庭，给他们一个崭新的、奢华的家，目睹其所有难题顷刻间荡然无存，房主不停地道谢感恩，该栏目把自己简直美化成了救世主。为了表现翻新速度之快，节目热衷于使用各种压缩时间特技如慢速摄影、快进、抽帧、MTV 风格剪辑等，而在这家人返回前，画面风格却随之陡转为全是慢镜头，长时间地叠化、淡黑，用以表现摄制组与这家人热泪盈眶地拥抱。然而，根据美国的法律，装修后的新居，房地产税就得相应提高，有时甚至高达200%，40%的房主最终不得不卖掉被该栏目改造过的新房，这就是为什么该节目的赞助商规定节目播出后必须快速抛弃这个家庭的缘故。实际上，该节目每期都要插入长达60分钟的商业广告，推销与楼盘、家具、装修、装饰有关的各种商品。虽然房子的抵押贷款付诸一炬，可是，财产税却增加到了和抵押贷款相同的水平，物业费、水电气网的使用费就更高了。在翻新计划完成后，为了新家，房主必须购买更多保险。节目中的"感情"元素是肤浅的，只能麻痹美国人最脆弱、最敏感的神经。《超级改变》（家庭版）基本上是煽情与广告的媾和，各种不幸被隐瞒，诸多新问题在摄制组离去后逐渐暴露出来。

住宅是最贴近我们身体的建筑，我们的家就栖身于住宅中，而美国电视在消费主义幌子下如此无情地玷污我们诗意栖居的美好愿景，的确令人心酸。法国学者 Jean Baudrillard（鲍德里亚，1929—2007）在 *The Consumer Society*：

---

① CCTV-2《交换空间》是一个与此类似的栏目。

Myths and Structures（《消费社会》）① 中指出，消费业已构成当下资本主义社会的内在逻辑，消费主义（Consumerism）已经改变了人们的婚姻观甚至人生观，成为后现代社会的基本道德与伦理规范之一，深刻影响着欧美社会的文化心态。消费主义表现为经济上的拜金主义（Money worship）与行为上的享乐主义（Hedonism），是一种典型的后现代主义支流。美利坚式消费主义灌输给美国人的是个人的价值只有通过金钱上的成功来实现，财富是通过购买商品来体现的。于是，下至个人上至政府向银行大举借贷，寅吃卯粮，导致债台高筑，次贷危机，经济动荡，他们因此失去了更有意义的价值观和生活方式，笔者将此概括为"美利坚实用主义尤其消费与享乐至上建筑电视文体"。

不论是"源于马克思主义政治意识形态的建筑电视中国文体"，还是"欧洲理性主义挽携不列颠经验主义建筑电视文体"，甚或"美利坚实用主义尤其消费与享乐至上建筑电视文体"，电视都在通过自己特有的话语霸权解读建筑，推动着本国本地建筑业走向繁荣，弘扬建筑艺术与建筑文化，这是各类文本共有的社会使命，公认的传播效果。

3.3.2 敞露私域与蔽遮公域：电视剧对建筑物空间伦理尤其是耻感的戏剧化揶揄

建筑的最大功能在于提供一个个可供使用的空间，人们栖身建筑的内外而学习、工作、休息，所以，建筑据此可划分为公共建筑和私人建筑两大类，建筑空间也具有鲜明的公共性和私人性。公共建筑主要包括广场、办公建筑（如政府办公楼、商业写字楼）、商业建筑（如购物城、商场、超市、展览馆）、旅游建筑（如旅馆、饭店、游乐场）、科教文卫建筑（包括学校、医院、科研机构、影剧院、音乐厅、博物馆、美术馆、体育馆、娱乐城）以及交通运输建筑（如机场、火车站、汽车站、桥梁、涵洞），园林大多也是公共建筑，这些建筑在设计时必须突出公共性，一般而言内部开阔、楼高层多、出入方便、路径直接。私人建筑主要指住宅，包括普通民居、公寓、别墅、SOHO 等，内部空间要设计合理，注重私人性，注重保护居民和家庭的隐私。

---

① 汉译可参刘成富、全志钢译本，南京大学出版社 2008 年版和 2009 年版。亦可参夏莹《消费社会理论及其方法论导论：基于早期鲍德里亚的一种批判理论建构》，中国社会科学出版社 2007 年版。

一般而言，这两类建筑的设计理念和空间功能相差悬殊，不能混同。但是，当电视剧面对公共建筑与私人建筑时，却常常颠覆建筑物预设的空间功能，创造或喜或悲的审美效能。

电视剧，是最能彰显电视的媒介质与艺术质之双重属性的节目样态，依据不同的标准，可划分为诸多不同的类型。其中，肥皂剧（Soap teleplay）、室内剧（Chamber Teleplay）、情景喜剧（Situation comedy/Sitcom）[①]加起来占六成以上。笔者无意在此厘清这三者的区别与联系，但它们都出奇一致地颠覆建筑公域和私域的空间预设，制造"陌生化"即"间离效果"（Verfremdungs effekt）。[②]

现代民主社会必须严格区分公域与私域。为什么必须如此？因为，社会规则和道德规范在这两个区域完全不同。公域就是公共领域，是每一个个体可以自由活动的领域。公域的规则就是法律，只要不触犯法律，任何行为都是允许的。私域就是私人领域，受人权法保护，任何人和公权不得入侵他人的私域。私域在法律范围内完全由私域的主人做主。民主和人权不能干涉别人的私域，这些是公域内的权属，只在公域适用。如果你受雇于某个公司，公司说你在公司内不得谈论某些东西，那不是侵犯你的言论自由，因为公司也是一种私域，你无权在私域内要求你在公域内的权利。公权只有一种情况与私域交涉，那就是私域之间出现了他们无法解决的利益冲突。除此之外，公权不得侵入私域，于是只能挤压私域。[③]

中国几千年都是封建中央集权主义国家，其最大特性就是公权可以在保护集体利益的借口下入侵私域。于是，公权为了特权阶层的利益，不停地挤压大多数人的私域，导致社会两极分化严重，社会群体事件频发。那些私域被挤占、剥夺殆尽的个体，最终只能采取集体形式如农民战争申诉与公权对抗。改革开放走向纵深，中国人的私域意识开始萌生，社会公认不可擅闯他人住宅，基于住宅的隐私权也逐渐受到社会的尊重和法律的保护。

肥皂剧、室内剧、情景喜剧虚构情节，设计细节，把属于私域的住宅如

---

① 一说"情境喜剧"。

② "陌生化"与"间离效果"是布莱希特戏剧理论之要义。

③ 可参孙兴全、简佩茹《公域与私域的划分及其制度效用：公域与私域分野的学理考察》，《财政监管》2011年第6、7期。

卫生间、卧室、厨房、书房、客厅、阳台置于公域，令其敞开暴露于公众视野，让剧中人物的隐私一览无余，故而令人捧腹。被国人津津乐道的《我爱我家》《闲人马大姐》《老娘舅》系列、《新七十二家房客》《东北一家人》《家有儿女》系列、《爱情公寓》系列、《乐活家庭》《两家人》《家住小区》《开心公寓》《缘来一家门》《快乐三兄弟》，主要场景就是住宅的内部空间，人物就是家庭成员、街坊邻居，大量的冲突与误会来自把本应发生于公域的行为搁置于完全属于私人的空间，如房事前丈夫跪在卧室的床上向妻子背诵入党誓言，丈夫在卫生间一边大便一边给孩子解释何为幸福，女婿给正在洗澡的岳母解释社会慈善组织为何要公开账目，孩子们在客厅练习升国旗，一家人分角色在家中模拟法庭审理物业纠纷，村支书带领老头老太太学习联合国宪章等。这种公私之间的巨大悬殊，这种人物身份与行动之间的巨大反差，造成了强烈的讽喻和戏谑。在欧美，《辛普森一家》《全家福》《人人都爱雷蒙德》《一家大小》《老爸老妈浪漫史》《人人都恨克里斯》等剧也频频采用这种手法，几乎每集都有父母做爱被孩子打扰双方尴尬而幽默这样的情节，却总能博观众一笑。

同样，将公域内制度化、规章式的行为搁置于私域内，也可造成滑稽诙谐的喜剧效果。国内的《编辑部的故事》《候车大厅》《大商场》《平安诊所》《向阳照相馆》《武林外传》《炊事班的故事》《卫生队的故事》《地下交通站》《售楼处的故事》《大学生宿舍》《红茶坊》《课间好时光》《成长别烦恼》和海外的《顺风妇产科》《生活大爆炸》等，不断出现在办公室、学校、医院、商场等公共场合向外人甚至陌生人吐露自己的恋爱秘密、委托亲友记住自己家的存折密码、讨论同事夫妻性生活的频率、抓阄决定给老局长挠痒痒的次序、把女同事当作老婆倾诉家长里短、工作餐时喂宠物、把宿舍布置成洞房等情节，受众看着剧中人物因空间错位而导致的愚蠢与憨傻乐得合不拢嘴，开心至极。

特别值得一提的是电梯。这是一个公私难分的狭小空间，随着门的开启和乘客的出入，公私快速转换，电视剧充分挖掘电梯的这一空间属性，安排了诸多精彩的场景。享誉全美的 *Dallas*（《豪门恩怨》）、*Sex & City*（《欲望城市》）、*The Lucy Show*（《我爱露西》）、*Seinfeld*（《宋飞正传》）、M＊A＊S＊H

(《陆军野战医院》)① 中一出现电梯内的镜头，观众就屏息凝视，编剧早已习惯把"戏扣"和悬念设置在电梯内，充分而大胆暴露人物的隐私，电梯内的角色大都毫无耻感，折射出全民道德的严重滑坡，现代伦理的高度萎缩，如图 3－21。

图 3－21　上图为周星驰 1988 年主演的电视剧《最佳女婿》，下图为日本剧集《震撼鲜师》中一帧电梯内镜头，来自二剧截屏

心理学、伦理学研究发现，人的内在情绪自裁可分为"耻感"与"罪感"两类。与西方社会主要体现为"罪感取向"不同，东方社会尤其中国主要体现为"耻感取向"。若他人尤其社会对自己行为的反应和评价不佳，作为主体道德良心的"超我"便会产生耻感，"耻感文化"体现的正是这样一种

---

① 　M＊A＊S＊H 是剧名 *Mobile Army Surgical Hospital* 的缩写。之所以用 ＊ 隔开，是为了避免与英语的"mash"一词混淆，后者意为麦芽浆、麦麸、糨糊，俚语指调情、挑逗，很不端庄。

特别注重他人反应和评价的文化。耻感文化是中国传统文化的重要内容之一。儒家强调，"耻"是道德的基础，"羞恶之心，义之端也"（《孟子·公孙丑》），并把"礼、义、廉、耻"称为四德，当作为人处世的根本。《礼记·哀公问》："物耻足以振之，国耻足以兴之。"《孟子·尽心》："人不可以无耻，无耻之耻，无耻矣……仰不愧于天，俯不怍于地。"《孟子·公孙丑》："无羞恶之心，非人也。"朱熹《朱子语录》卷十三："人有耻则能有所不为。"《管子·牧民》："国之四维，礼义廉耻。四维不张，国乃灭亡。"可见，古人将"耻感"加以发掘，使之成为一种文化积淀，耻感对国人的行为和中国的文化产生了深远的影响，同时也深刻地影响到国家制度的设计。

然而，现代人大多毫不知耻，这源于信仰的缺失。对于普通中国人来说，对天的敬畏之心是道德感的基础。在苦难和危机降临时喊一声"老天爷"，个体既可以获得救赎、归依、解脱之感，又可以为自己的思与行提供准则。正因为虔信天可惩恶扬善，国人才会祈祷和忏悔。在关汉卿的名剧《感天动地窦娥冤》中，窦娥心中的天无时无刻不在对世人的言行进行审判。正由于以天道为尺度，国人的内省才有了依据，耻感文化方能生成和延续。与国人相比，信仰基督教的西方个体更笃信忏悔。忏悔乃信徒承认自己罪愆的行为，每每总是流露出明晰的羞耻意识。个体忏悔的对象表面上是神父、牧师，实则为上帝。西方人心目中的上帝全知、全能、全善，时刻从最高的宇宙之巅审视众生。上帝不但以终极目标引领世人，而且以戒律清规约束信徒的思想、言语、行动。如果说对上帝的敬畏使人忏悔的话，那么，当上帝的律法内化为世人心中内在的道德准则时，行善的自豪感和犯错的羞耻感就会同时萌生。可见，西方的罪感文化和东方的耻感文化同样源于信仰。信仰之所以会造就耻感文化，是因为它为世人设定了终极目标和绝对法则。有了这目标、这法则，人才可能判断自己当下行为的正确与否，从而对已经发生、正在发生、即将发生的事产生自豪感或羞耻感。没有终极目标和绝对法则，人的行动就会缺乏方向和尺度，就无法区别正义和不义，自然会沦落为无耻之徒。

中国当代耻感文化的衰落始于20世纪90年代，因为那时的中国，信仰开始全面式微。随之而来的是，精神上"无法无天"、胜者为王的"丛林法则"开始主宰大多数国人。此后，在众多国人的奋斗史和生活史中，在上述大量电视剧的戏里戏外，我们可以看到众多胜利者、成功者、羡慕者、嫉恨者、贪婪者、堕落者、仇恨者、犯罪者，却很少发现知耻者和忏悔者。大凡隐私、恶行被揭露于公域，人们本能地感到此乃现实斗争之结果，被揭露者和惩罚者肯定得罪了某种权威。于是，要求他人忏悔和自述羞耻成为展示权力的手段，拒绝忏悔和言说羞耻则成为自我保护甚至错误地上升为捍卫尊严的关键。几乎所有关于忏悔和耻感的话题都指向他人而非自我内心，源于良知的内省和发自内心的自敛日益稀缺，耻感文化日渐孱弱。

必须清楚，现实不是电视剧，生活不是演戏。建筑物把我们的生活切分为一个个公域与私域，我们应该秉承道德的标杆，建树伦理的风范，这样才能企及精彩而高尚的人生。

3.3.3 中国故事：涉房题材影视剧作为当前社会首要矛盾之影像实录

每部影视剧都必然有建筑，就像每部影视剧都必然有人一样。但是，并非每部影视剧都是关乎房子的。房子，不是一个专业的建筑学词语，只是老百姓的日常生活用语，专指家庭拥有的住宅。20 世纪 90 年代至今，中国城市化进程加剧，因买房、租房、房产继承尤其是拆迁滋生的社会矛盾激增，奸商与业主、房东与房客、丈夫与妻子、父母与子女、群众与政府、农村与城市之间的恩怨情仇大都因房而生，因房而烈，很多电视剧、电影形象而生动地描述了这些纷争。

根据女作家六六同名小说改编的 35 集电视剧《蜗居》，颇具普遍性。大学毕业的一对贫贱夫妻，寄人篱下，为了攒够买房款而辛苦劳作，可房价飞涨，他们的梦想总是照不进现实。在无奈与失望中，女主人公出卖肉体，委身权势，丑恶而惨烈的现实彻底击碎了他们的梦。该剧收视率很好，备受关注。不可否认，受众更关注官场腐败与婚外情，但它让笔者想起"蚁族"的悲凉与悲壮。和《蜗居》类似，电影《各得其所》《蜗牛也是牛》的主人公就是"蚁族"，他们是一些蜗居在城市边缘的大学毕业生，智商高，收入低，生活条件差，缺乏社会保障，思想情绪波动较大，挫折感、焦虑感、自卑感严重，多少有些清高自傲，愤世嫉俗，迷醉于网络。蚁族是城镇化和高等教育大众化媾和出的畸形儿，令人纠结。

比《蜗居》更具代表性的是《房奴》，该剧刻画了为还房贷而背负沉重债务的城市居民令人压抑的艰难处境，揭示人们在物质利益面前所经历的精神和情感的焦灼与危机，阐述了保守与超前两种消费观乃至价值观的激烈较量。超前消费是消费主义的会计算术，美国学者 Daniel Bell（丹尼尔·贝尔，1919—2011）在 *The Cultural Contradictions of Capitalism*（《资本主义的文化矛盾》）①中指出，产生现代意义上的消费主义的社会因素，是"幻觉剂哄动"取代了新教伦理，具体表现为购物冲动代替了"宗教冲动"，传统的生活观发生了变化，勤俭节约被讥讽为吝啬抠门儿，安贫乐道被嘲笑为无能，省吃俭用被炫耀式消费所取代，现代人耽于透支、提前消费、奢侈享乐、炫富、快速致富、一夜暴富。于是，《房奴》中不时出现傍大款、炒股、炒基金、炒黄金、收藏甚至诈骗等一系列有望瞬间发财的"幻觉剂"，最终全都破灭，令人心酸。

除了买不起房的苦恼，购房者与房地产商之间的冲突也十分尖锐。电影《房不剩房》、电视电影《买房》揭示出城市有闲阶级的生活实录。他们并不是无房居住，而是为了住得更好，甚至投资。片中，他们不关心社会，反对变革，这主要是出于本能。人都有安于现状、得过且过的心理，对标新立异、革故鼎新会有本能的抵触，只有在环境的压力下迫不得已，才会去接受它。有闲阶级养尊处优，衣食不愁，恰恰缺乏压力。当然，维持既得利益，也是有闲阶级保守的一个重要原因。任何变革，都会导致利益的重新分配，尽管变革后整体生活水平可能会有所提高，但对有闲阶级而言，至少在短期内看来，改革有损无益，因此，他们宁愿多一事不如少一事，甚至百般阻挠改革。同时，有闲阶级肥了自己的腰包，正如电影《房子房子我爱你》中的小夫妻国立和韩艳那样，也造成了一个"蚁族"那样的赤贫阶级。这个阶级迫于生计，颠沛流离，没有闲暇去学习、吸纳新的思想与社会习惯。所以，他们与有闲阶级一样因循守旧，这就使得社会更趋保守。可见，在社会发展过程中，有闲阶级非但起不了多大的促进作用，反而是一种障碍，人们甚至把它当作保守、没落、腐朽之代名词。美国制度经济学家 Thorstein B Veblen（凡勃伦，

---

① 汉译可参赵一凡译本，生活·读书·新知三联书店 1989 年版。

1857—1929）在 *The Theory of the Leisure Class*（《有闲阶级论》）① 中所谓"金钱的竞赛"正是大量以囤积居奇、投资炒作为目的的有闲阶级购房行为的写照。他们推高房价，榨取差价，不顾芸芸蜗居者的死活，是当今中国焦灼的房地产市场中的痼疾与痈疽，如图 3 - 22。

 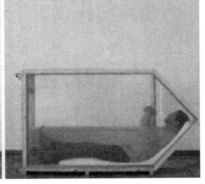

图 3 - 22　全球范围内，大城市的住房压力日益增大，很多低收入者连"胶囊公寓"都租不起，不得不放弃租房，有人常年憋在水泥管内。北京市远郊农民王秀青为了供三个孩子上学，蜗居丽都饭店附近只有 4 平方米的热力井底十多年。德国建筑师 Vanboo Donnertorte Zeer（范波·雷门特泽尔，1955—　）曾是老挝难民，设计了世界上最小的住宅，仅 1 平方米，可移动，小屋放倒后通过折叠就会出现床、桌子、灯、窗户以及带锁的门，内部拥有生存的必需品，为赤贫者在大城市提供了一个最廉价的栖身空间。它的建材包括 20 米的木板、墙纸、200 个螺丝钉、4 个轮子、约 2 平方米玻璃，成本在 300 美元以内。据悉，这种住宅已在纽约、巴黎售出 30 万套。图片来自谷歌

---

① 汉译可参蔡受百译本，商务印书馆 1964 年版。

买了房也有烦恼，电视电影《业主奏鸣曲》《我是业主》集中于业主与物业之间的冲突，将人们平时司空见惯而又令人啼笑皆非的琐事，机巧地连缀在一起，以幽默的方式展开，既在情理之中又在意料之外，极具张力。但是，笔者观后发现，二片明显贬损物业，存在完美主义（Perfectionism）流弊。完美主义的产生与生活经历、文化环境有关。一些研究指出，完美主义者的父母往往也是完美主义者。某些文化如权威主义、僵化的考试制度、过度组织化的社会以及某些宗教传统，都是消极完美主义滋生的土壤。当然，完美主义也与人的天生气质有关，抑郁质的人更容易成为完美主义者。唐·王建《新嫁娘》："三日入厨下，洗手作羹汤。未谙姑食性，先遣小姑尝。"唐·朱庆余《近试呈张水部》："洞房昨夜停红烛，待晓堂前拜舅姑。妆罢低声问夫婿，画眉深浅入时无？"女子面对公婆，男子面对科举，都是面对来自权威的评价，故而心情惴惴，压力巨大，充满不完美焦虑。这是完美主义者一个共同的特点：对来自权威的评价感到担忧。过度追求完美，实际上是想通过这种方式缓解担心。与二片导演的立意不同，笔者赞同"别太苛求，摆脱完美主义的束缚"。①

穷人无房生烦恼，富人房多亦烦恼，这主要起因于子女为继承父母房产而反目成仇，对簿公堂。电视剧《老牛家的战争》里的儿子，居然把重病的父亲用平板车拉至远郊抛弃，以便早日继承房产。"啃老族"（NEET②）如此无情，令人心碎。调查发现，"啃老族"分为三等：一等，能正常劳动有收入，并且能按时交纳生活费，但是要依靠父母出钱供其买房买车或者其他奢侈品的；二等，能正常劳动有收入，不交给父母生活费，甚至连其妻儿也跟着吃喝父母的；三等，不劳动无工资没收入，一切生活开销都由父母供给的。这些人，多为下述六类人群：第一类是高校毕业生，对就业过于挑剔；第二类以工作太累、太紧张为由自动离岗离职；第三类属于"创业幻想型"，虽有强烈的创业愿望，但没有目标，又不愿当个打工者；第四类是频频跳槽者；第五类用过去轻松的工作与如今的紧张繁忙相对比，越比越不如意，干脆不

---

① ［美］莫妮卡·拉米雷斯·巴斯科：《别太苛求：摆脱完美主义的束缚》，夏镇平译，上海译文出版社 2000 年版。

② "NEET"是英文 Not in Employment, Education or Training（不工作，不上学，不受训）的缩写，大致相当于"啃老族"。

就业；最后一类人文化低，技能差，只能在中低端劳动力市场工作，但因怕苦怕累索性躲在家中。当然，更多的城市青年不会完全依靠父母，只在婚房首付、创业基金等大事上有求于父母。电视剧《奋斗》之所以脱离现实，遭人诟病，正是由于片中主人公的爸爸是一个身价过亿的富翁。因此，该片最终沦为一部富二代（Rich 2G）的啃老史，与片名"奋斗"所蕴含的白手起家、筚路蓝缕相去甚远，判若云泥。美国作家 Robert T. Kiyosaki（罗伯特·清崎，1947—　）的畅销书 *Rich Dad，Poor Dad*（《富爸爸，穷爸爸》)①系列虽无多少学术价值，但却对中国"80后""90后"们影响深远。他们嘲笑那些"世界到处都是有才华的穷人"，②羡慕、渴望有一个《奋斗》中那样的富爸爸，致使年轻一代浮躁悸动，急功近利，不切实际，价值虚无。相比之下，笔者支持电视剧《裸婚时代》的倾向，年轻人可不买房不买车，先结婚再创业，这是一条务实之路。

因拆迁引发的冲突最为惨烈的，吴京电影《战狼Ⅱ》、贾樟柯电影《三峡好人》、张龙敏电视剧《拆迁变奏曲》乃至动画片《喜羊羊与灰太狼之虎虎生威》都表现了这一城市顽疾，如图 3-23。社会学家曾指出人类存在"同族互憎"现象，人们对自己所认同的人表现出更多的苛刻评价，对其不完美之处过分在意，而对"非我族类"的他人，却不是如此，而是代之以崇拜或盲从的态度。现象学心理学认为，当一个人将别人纳入自我的概念时，他便以对待自己的方式来对别人苛求完美，拆迁中的"钉子户"就是典型的完美主义者。事实上，指向他人的完美主义最终还是指向自己，是对"扩大了的自我"的完美要求。人如果对人际关系过于敏感，害怕别人的负面评价，就会尽量将自己的事情做得无可挑剔，十全十美，追求无可指责，以缓解焦虑。反之，一个苛求完美的人，对自己和他人要求过高，总是不允许犯错，这必然导致其在人际交往上出现障碍。当完美主义投向自己，就会出现社交焦虑，如羞怯、退缩和回避；当完美主义投向他人，就出现人际关系紧张，冲突频发，沟通受阻。在这一点上，实用主义还是可取的，应采取美国直面房屋拆迁问题的 3D 电影 *Up*（《飞屋环游记》）中老卡尔的态度，维护家庭的稳固，

---

① 汉译可参萧明译本，南海出版社 2008 年版。
② 林枫：《世界到处都是有才华的穷人》，中国商业出版社 2007 年版。

夫妻白头偕老，辛勤工作，勤俭持家，遏制物欲。

图3－23　两幅关乎拆迁及其引发的纠纷之纪实摄影作品，图片来自 http：//www. beipiao. ccoo. cn

　　房子，不仅仅仅事关居住，还关系着户口、就业、子女教育、医疗、交通等切身利益。毛泽东在《矛盾论》中指出："在复杂的事物的发展过程中，有许多的矛盾存在，其中必有一种是主要的矛盾，由于它的存在和发展，规定或影响着其他矛盾的存在和发展。"① 与电视剧《半边楼》《筒子楼》《老爸的筒子楼》中计划经济福利分房不同，当今中国的首要社会矛盾已不是人民群众日益增长的物质文化需求同落后的社会生产力之间的矛盾，而是人民日益增长的美好生活需要和不平衡不充分发展之间的矛盾。我国正处在经济体制深刻变革、社会结构深刻变动、利益格局深刻调整、思想观念深刻变化的历史转型期，出现了许多新型的社会矛盾，其表现形式也具有时代性和当下性。因房特别是拆迁已经成为当今社会首要矛盾之首要诱因，② 涉房影视剧对这一矛盾及其诱因的敏锐捕捉与清醒反思无疑具有案例分析或个案研究般的

① 见中华人民共和国成立后各版《毛泽东选集》第一卷，如人民出版社1991年6月版。

② 可参李培林、张翼、赵延东、梁栋著《社会冲突与阶级意识：当代中国社会矛盾问题研究》，社会科学文献出版社2005年版。亦可参靳江好、王郅强著《和谐社会建设与社会矛盾调节机制研究》，人民出版社2008年版。

实证主义（Positivism）的宝贵价值，值得建筑学、城乡规划学、艺术学、社会学乃至经济学、政治学界汲取和借鉴。

3.3.4 电视节目演播室空间设计理念的嬗递及其文化意向

演播室，Television Studio，是电视节目录制的基本场所和常规空间，配备专业的摄像、灯光、录音、编辑设备，小至几十大到上千平方米，可完成新闻、综艺、室内剧等各类电视节目的制作与播出。

电视的幼年，长期遮蔽在戏剧、电影甚至广播的阴影里。1936 年，BBC 开始世界上最早的定期播出，当时的电视节目演播室就是戏剧舞台和广播的播音间。1938 年，BBC 在亚历山大宫直播世界上最早的电视游戏节目 *Spelling Bee*（《拼写蜜蜂》），演播室十分简陋，但已开始尝试摆脱戏剧的束缚。20 世纪 50 年代，从美国到欧洲，在较大摄影棚内摄制的益智游戏节目 *Game Show*（《游戏秀》）和很多直播的电视新闻节目，标志着电视演播室已经摆脱了戏剧、电影、广播的桎梏，从形式到内容走向独立。1954 年 NBC 的 *Tonight Show*（《今晚秀》）和 1956 年 CBS 的 *The 64000 Question*（《64000 美元问答》）分别标志着电视娱乐节目演播室的成熟。如今，电视演播室彻底迥异于戏剧舞台尤其"第四堵墙"，可充分保证主持人与嘉宾、现场观众三者之间的互动。

面对戏剧的镜框式舞台，人们必须想象位于舞台台口的一道实际上并不存在的"墙"。它是由对舞台"三向度"空间的实体联想而产生并与箱式布景的"三面墙"相联系而言的，故名"The Fourth Wall ∕ 第四堵墙"。它的作用是试图将演员与观众隔开，使演员忘记观众的存在，而只在想象中承认"第四堵墙"的存在。"第四堵墙"的概念是为适应戏剧表现普通人的生活、真实地表现生活环境的要求而产生的。文艺复兴时期，有人提出如果在舞台上表现室内环境、房间缺少第四堵墙就显得不真实的说法。18 世纪启蒙运动的代表人物 Denis Diderot（狄德罗，1713—1784）在《论戏剧艺术》中要求演员假想在舞台的边缘有一道墙把你和在座的观众隔离开。19 世纪下半叶，随着"三面墙"布景形式的日趋定型，位于台口的这道实际不存在的"墙"变成箱式布景房间第四堵墙的剖面，被大多数演员接受。最早使用"第四堵墙"这个术语的是法国戏剧家 Ran. Rouelien（让·柔连，1829—1896）于1887 年提出，他认为舞台前沿应是一道第四堵墙，它对观众是透明的，对演员来说是不透明的。19 世纪下半叶，文学上的批判现实主义和现实主义的戏剧演出此消彼长，Émile Zola（左拉，1840—1902）认为艺术是对生活真实的复制，"第四堵墙"可在舞台上创造现实生活的幻觉。此后，Henrik Johan Ibsen（易卜生，1828—1906）、Антон Павлович Чехов（契诃夫，1860—1904）、Максим Горький（高尔基，1868—1936）、George Bernard Shaw（萧伯纳，1856—1950）等人的创作与理论推动了"第四堵墙"概念的发展，启发并促使 Константин Сергеевич Станиславский（斯坦尼斯拉夫斯基，1863—1938）在他的表演导演理论中完善了"第四堵墙"概念。在演出实践中，为了帮助演员造成那种强烈的生活真实的幻觉，他有时在布景中沿台口大幕线布置一些能唤起第四堵墙幻觉的道具，如背向放置桌椅、花瓶架之类，并利用这些道具支点，安排一些演员背朝观众的舞台调度等。但是，Bertolt Brecht（布莱希特，1898—1956）反对这一理论，梅兰芳（1894—1961）则结合中国戏曲的民族性和程式性对其多有斧正。"第四堵墙"是戏剧最核心的理论——假定性的表现之一，并不符合电视的空间特性和媒介本质。

早期电影中总有一个"乐队指挥视点"，Georges Méliès（梅里爱，1861—1938）和欧阳予倩（1889—1962）的摄影机总是死死盯着舞台，动不起来，深受戏剧"第四堵墙"之禁锢。蒙太奇理论发展起来后，电影才冲破了戏剧的樊篱。早期电视也备受戏剧遮蔽，电视的真实性和基于直播的传递受即时性促使电视演播空间迅速拆除了"第四堵墙"，直面观众，与受众融为一体。电视不需要任何假定性，戏拟与模仿与电视理论格格不入，电视演播室总是设法让观众尽可能多地占据空间主动。从空间性质来看，演播室主要由"物理空间"和"思维空间"构成。"物理空间"是有形空间，是实体性的物质的存在，而"思维空间"是无形的，是传者与受者在心理上自发约定的主客位置。物理空间的物质性决定了思维空间的约定性，它们共同折射出媒介与受众的权力架构。电视是媒介的典型代表，主持人是电视的化身和代言人；嘉宾是来自政府、高校、协会等权威机构的精英，多担任评委（评委在电视人的眼里也是受者，而非传者）；现场观众特别是电视机前的观众是受众，是节目的接受者，缺乏独立见解，多为直接启发了传播学鼻祖 Wilbur Lang Schramm（施拉姆，1907—1987）的 Gustave Le Bon（庞勒，1841—1931）所谓"乌合之众"，① 此三类人在演播室内的空间归属自然差异很大。

演播室的空间设计必须依据节目的特性，大小、格局、材质的遴选皆因节目定位不同而不同。CCTV《新闻联播》采用最小的演播室，固定机位，无嘉宾，无现场观众，主持人总是板正地坐着，景别为标准中景，背景以前是单一蓝屏，近几年变成了透明玻璃后的深蓝色电视后期机房，突出诸多监视器构成的那面墙。这种空间是单向度的，② 具有不可一世的统摄性与权威性。我国各级电视台的时政新闻演播室都采用这种设计理念，"政治权力借助这个前提条件成功地制造出凌驾和超越任何特定个人和集团之上的利益，从而牢牢地把民众束缚在形形色色的官僚制度上，结果国家的目的被普遍接受"。③但是，同是时政新闻，英国 CHANNEL 4 NEWS 却抛弃了坐着播新闻的传统，演播室在着色较好的半透明材料上打上冷色调的主光，配合来自地面的底光，分割出一个个自然的演播区域，营造出一个通透豁朗的可见空间。设计师巧妙地在演播室中发挥建筑立柱的作用，形成了访谈区域的四个支点，使空间分割形散而神不散。因此，这样的空间可实现多角度、多机位、多景别切换，节目还频繁将缓慢的运动镜头和推拉镜头结合起来，以刻画主持人播读不同内容新闻时的心境。

电视中更多的是访谈节目，欧美此类节目中嘉宾和主持人的个人空间是完全分离的，这可保证二者在交流中最大幅度地使用肢体语言。同时，要保证主持人的视线超过60°，宽达120°，让游机和摇臂可自由舒展。在材质上应大胆选用经过表面处理的玻璃，使玻璃既容易涂上光色，又能做虚背景而不反光，竖立起来后若隐若现，制造出透视的延续与中断。地面使用黑色圆形布局，在谈话区简单放置几个单人沙发、一个小茶几，背景是紧扣主题的巨幅照片甚至大屏幕。最特别的是，离谈话区 2—3 米的地方，常设置一个红砖

---

① Gustave Le Bon 著：《乌合之众：大众心理研究》，冯克利译，中央编译出版社 2004 年版。

② "单向度"是法兰克福学派 Herbert Marcuse（马尔库塞，1898—1979）提出的术语，可参其 *One - Dimensional Man*，《单向度的人：发达工业社会意识形态研究》，刘继译，上海译文出版社 2008 年版。

③ 同上书，第 28 页。

铺垫的锈迹斑斑的钢架，看上去很粗糙，风格和材料与谈话主题格格不入，反差极大，这就是"间离效果"。由于节目中多个摄像机的轴线角达到了180°，意即两台摄像机常在同一轴线上相对而摄，为了不穿帮，灯光和场景要同时考虑多角度的立体画面，必须是全景式的，至少要采用270°的光焦。NBC 的 *TODAY*（《今日》）、ABC–7 的 *Eyewitness News This Morning*（《新闻早追击》）的演播室正是如此设计的，而 CCTV 的《实话实说》《面对面》虽属此类节目，演播室的建筑语言、材质隐喻明显欠缺，且把现场观众的空间设计得低于主持人1—2米，大大压缩在一起。在 CCTV 心目中，观众区的面积不应该超过主持人区、嘉宾区，这还是政治意识形态主宰下的灌输式传播观在作祟，如图3–24。

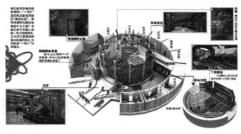
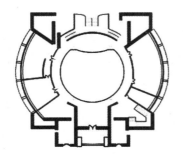
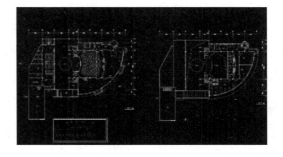

图3–24　中国中央电视台春晚演播现场，上左为实景照片，来自新华网；上右为立体示意图，下左、下右为平面图，来自 http://www.tgnet.com

大型电视娱乐节目的演播空间常在1000平方米上下，英国 ITV 的 *Britain's Got Talent*（《英国达人秀》）和美国 NBC 的 *1 VS 100*（《以一当百》）的演播空间的设计师均采用古罗马斗兽场的观念，对西方大型体育场馆古迹进行了创造性的借鉴和延展，体现出"圆中有方，方中有圆"的亮点。圆形中心区是全场的中心，全场的焦点，是主持人和节目表演者站立的地方。通往这个区域有三个通道，第一、第二个是廊桥，分别是主持人和节目竞赛者上场的途径；第三个通道是一个台阶，通向平民区域。俯瞰这一布局，空间的多变性和丰富性显而易见。中心区的背后，是现场观众区。和平民区的扇形设计不同，此空间被两座廊桥通道分割成三个小区域，三者通过相同的材料和用光相互呼应，和对面的节目参与者区形成两个半圆的扇形，包围住中心区。在圆形演播空间中，播出设备很难隐藏，但是，设计师独辟蹊径，采用了下沉式广场，悄然避开地平面上的机器和人员。多年来，笔者观摩了大量欧美电视娱乐节目，发现此类节目大都采用圆形开放空间，一面是主持人造型区、伸出式表演区，三面是观众，观众众多而有序，环绕着全场的边缘。通过镜头组织起来的观众区、表演区、布景区互相围绕而又井然有序，这其中贯穿着一条控制轴线，游戏环节正是沿着这条轴线展开的，空间逻辑关系严谨明细。比较起来，CCTV《星光大道》的现场观众少了很多，节目参与者的出场路线很明显，整个演播空间是封闭的，即使到了"春晚"依然如此，非得让主持人、表演者的舞台高出观众 1—2 米，甚至索性倒退至舞台剧场性的假定性空间。但这并不意味着中国电视娱乐节目的失败或衰落，恰恰相反，娱乐第一、综艺至上观正甚嚣尘上，如日中天。可是，活跃火爆的节目始终难以掩盖中国电视对于空间设计的漠视，甚至先天不足。

空间是物质的，材料是空间的表象。"物体即为象征。你们通常只把它们认作是真的东西，你们有时把思想、意象与梦想当成是其他事情的象征，但事实却是，具体的物体本身即为象征。它们是代表内在经验的外在象征。"[1]电视信奉内容为王，重视主持人、嘉宾、现场观众的言行，中国电视尚未意识到演播空间的设计也是一种视觉语言，具有美学蕴含和文化内涵。回顾上节论及的寥寥几部涉房电视剧，电视面对建筑，在中国当下还很陌生，甚至有些迷茫。

---

① Roberts, Jane and Robert F. Butts（1972）. *Seth Speaks*：*The Eternal Validity of the Soul*. Reprinted 1994, by Amber – Allen Publishing. 汉译可参《物质实相的象征性本质：灵魂永生》，王季庆译，台湾方智出版社 1995 年版。

3.3.5 "感官性极少主义"的中国版悲剧——影视城蔓延反思及控制①

历史剧、古装剧、武侠剧始终是电视剧生产的重要题材，但是，它们的场景设计却越来越雷同，千篇一律，几乎每部剧都是在同一个空间中拍摄的，令人大倒胃口。现任教于天津大学建筑学院的意大利学者 Paolo Vincenzo Genovese（罗杰威）在《源泉的求索：建筑的内涵及解读》第三章《复制的可怕》② 中对这种毫无创建的抄袭与剽窃深恶痛绝。溯其因，是这些电视剧皆取景于影视城内。

1984 年至今，我国兴建了很多影视城/Film & Television Town。截至 2010 年底，建成的有 42 座。③ 影视城的景点都是人造的，仿制的，很粗糙，斧凿痕迹明显，完全不能和历史上真砖实瓦的古建筑相提并论。有人刻薄地说，这些假古董、赝古屋，经不起日晒雨淋，用不了几年，便会自行荒芜。这些矫揉造作的物件对旅游者的吸引力并不大，而剧组拍摄时又希望不受游人干扰，这使影视城左右为难。实际上，多年来国产电视剧有近一半收不回投资，六成无法在省级卫视以上全国可见的频道播出。与电视剧实际拍摄需求相比，各地影视城则更多、更泛滥。

可是，这些影视城的投资者却有自己的小算盘，那就是影视旅游。破土之前，他们奢望通过大力发展影视旅游来收回投资，提升人气，甚至带动影视后产品和各种旅游商品的销售。但是，影视旅游存在严重的危机。第一，产品单一，吸引力不足。绝大多数影视城开发的旅游产品单一，主要是观赏型的旅游活动，即提供影视拍摄的场景、服装、道具等，仅供游客参观。参与型、体验型的旅游产品较少，难以满足游客的需要，吸引力不足，重游率不高。第二，影视城重复建设，个性缺失。在经济利益的驱使下，各种影视城旅游项目盲目上马，缺乏必要的科学论证，造成重复建设，浪费严重，风格雷同，毫无特色，不仅不利于影视旅游的发展，还会造成恶性竞争的不良后果。第三，影视城缺乏城市规划和景观建筑学理念，旅游功能薄弱。这些影

---

① 中国政治素有"阵歇性运动"思维，阎川《开发区蔓延反思及控制》正是对这种思维之痛批，笔者深表赞同，该书由中国建筑工业出版社 2008 年版出版。

② 该书由胡凤生译，中国建筑工业出版社 2013 年版。

③ 数据来自国家旅游局官方网站（http：//www.cnta.com）之"数字旅游"。

视城完全不谙英国环境设计大师 Ian Lennox McHarg（I. L. 麦克哈格，1920—2001）在 *Design with Nature*（《设计结合自然》）①指出的理念与途径，忽略旅游发展的特点和规律，产生了诸如景区布局不合理、景区环境差、旅游配套服务设施不完善、接待能力较低等问题，严重阻碍了影视城旅游功能的发挥。

　　面对如此窘境，来自旅游界、管理学界的一些学者纷纷出谋划策，试图打破困局。2009 年北京交通大学李玥在硕士论文《中国影视城的旅游地生命周期研究》中，借用市场营销学中的"波士顿矩阵"这一数学工具，旨在延长我国众多风雨飘摇的影视城的生命周期。初衷可贵，用心良苦，但唯缺实践理性，可行性很小。2008 年湖南师范大学周熹硕士论文《基于游客满意度的影视城旅游管理研究》，的确下了很大功夫，通过访谈和问卷调研，了解游客的看法，应用因子分析对指标体系进行修正，重点从核心吸引物、旅游服务、可进入性、旅游接待、基础设施、游览环境六个因子辟析，有意厘清制约影视旅游的各个要素尤其是决定游客整体满意度和忠诚度的内在因素。即使作者如愿获知此二类要素，依然无力回天，无法扭转影视旅游的惨淡现况。相形之下，2007 年四川大学王慧硕士论文《影视外景地的旅游吸引力研究》则更多显露出一种对影视的崇拜和向往，字里行间涌动着狂热和悸动。2009 年扬州大学胡丹的硕士论文《影视旅游发展研究》与其说是探究管理学和文化产业，不如定性为一篇自传体日记。文中，她对国外传媒佩服得五体投地，对影视满怀向往，对艺术深切憧憬。笔者深感不解，为什么这些来自影视界外的学者，反而比影视业内的人士更为强烈地看好影视，崇拜传媒？影视，真的具有一呼百应、号令天下的神奇力量吗？如今的影视真的能使芸芸受众趋之若鹜、魂牵梦萦吗？影视作为艺术，音画兼备，视听俱全，长短多变，或叙事或抒情，挥洒自如，其审美价值毋庸置疑，视其为大众的精神家园亦未尝不可。但是，这就是各地大兴奢建影视城的理由吗？建成众多影视城之后就一定能吸引五湖四海的游客吗？究竟是什么把我们内心对于影视艺术的钟爱转换为从征地、规划、施工到装修、宣传、租售这样一套完整的建筑工程，旅游究竟是想和影视联姻还是想和仿古房地产群联姻？到底是"影视城旅游"还是"影视旅游"更有市场前景？

---

　　① 该书由黄经纬汉译，天津大学出版社 2006 年出版。

笔者反复思忖"影视旅游"这一概念，仍深感困惑。影视，为什么能和旅游纠缠在一起？当然，这个概念以及由此催生的行为，主要来自旅游实务一线，他们一致认为游客对电影、电视剧尤其大片的外景地怀有浓厚的亲临欲、窥探欲和体验欲，因此，这些外景地就会吸引大批游客蜂拥而至，就应投入巨资把这些外景地建设成餐饮、住宿、娱乐等功能齐全的旅游胜地，如图 3-25。业界的这一推理过程，貌似严谨，实则经不起斟酌与推敲。

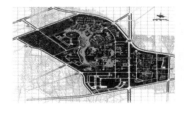

图 3-25 横店影视城坚持"影视为表，旅游为里，文化为魂"的经营理念，实现了影视业与旅游业的深度融合。1997 年，为了给陈凯歌的电影《荆轲刺秦王》提供场景，横店集团投资修建了秦王宫建筑群，日后成为张艺谋电影《英雄》的主场景。该景区占地面积 11 万平方米，有雄伟的宫殿 27 座，主宫"四海归一殿"高达 44.8 米，面积 17169 平方米，长 2289 米。高 18 米的巍巍城墙与王宫大殿交相辉映，还有一条长 120 米的"秦汉街"，充分展示了秦汉时期的街肆风貌。这一切，淋漓尽致地表现出秦始皇并吞六国、一统天下的磅礴气势，也是该集团誓当"东方好莱坞"乃至"世界片场"雄心之实证。上图为该建筑群高清实景俯瞰，中间二图为该景区导览图，下三图为横店影视城之影视产业实验区规划图。图片来自横店影视城官方网站（**http://www.hengdianworld.com**）

即使针对某种特定类型而言，如武侠电影和武打电视剧，为其遴选外景也非难事。全国几乎各省都有崇山峻岭，长河短溪，竹林花海，寺庙道观，找几处入镜有何难？而且，剧组选景肯定坚持舍远求近的原则，因为被光圈、景深、角度、景别、透视关系、人物等技术和艺术因素严格掌控下的背景，实难分辨是在四川还是在浙江。任何一省一地的竹林在镜头里都大同小异，几无二致，何必舍近求远，劳民伤财？笔者以为，影视剧的雷同与大自然的广博，导致遴选外景地具有很大的自由空间，受众怎会煞费苦心地去寻游千篇一律的山水、千人一面的外景？

今非昔比，如今的受众与20世纪80年代的不同。30多年前，中国的改革开放刚刚起步，国门始启，国人对外面的世界充满好奇和期待。那时电视还不太发达，频道很少，央视才三四个频道，节目更少。20世纪80年代到90年代初期，受众对优秀电视剧十分期待，《渴望》《北京人在纽约》《西游记》等均曾引致万人空巷，令全国数亿观众翘首以待，悲喜与共。自20世纪90年代后期至今，再也没有任何一部电视剧能产生如此强烈而广泛的影响，因为，数字时代来临了，网络到来了，电视沦为第二媒介了。如今，人们尤其是"90后""00后"们已不把看电视作为首选，电视剧的收视率每况愈下。电影，已被数字时代打入冷宫，也许用不了半个世纪，电影就会像拉洋片甚至皮影戏那样，成为古董。现代受众追求的是参与性、互动性、原创性、自主性的多元娱乐观，现代受众是自我意识觉醒的一代，究竟有几人会因看了一部电影、电视剧产生探觅外景之心，翻山越岭前去穷委竟源？笔者以为，旅游业界的想当然，是旅游攀附影视之主要心因；某些学者的肤浅，是"影视旅游"这一课题甚嚣尘上之根由。

影视技术发展迅猛。影视后期进入数字时代以来，非线性编辑取代了传统的线性编辑，抠像手段更为娴熟，基于3D MAX、Maya、After Effects、Combustion、NUKE、Boujou等经典软件的数字特效与视频合成完全可以自如地虚拟现实，任何古代建筑、园林、城市均可在CAD、CG平台完成，且成本越来越低，专业的剧组甚至不去影视城拍摄实景，至少不以实拍为主。

艺术，贵在创新，贵在百花齐放，受众的审美期待是多样的，多元的，为什么一定要选择某一两类题材？只要能揭示存在和价值、人生的意义、人性的复杂，在真善美中娱人化人，任何题材都可以拍摄，都会受欢迎，为什么非得一定要着古装、住古屋、用古器？而且，令影视城业主始料不及的是，当前，娱乐盛行，传媒娱乐化无孔不入。就连严肃的新闻也难逃此劫。娱乐化使本来就遭人诟病的"影视"口碑更差，以至于一提起"影视"或"影视界"，社会对其贬抑良多。客观地讲，影视在社会上已经引发了诸多臭名与恶誉，这些负面社会评价会使影视城遭遇厄运。

影视城兴衰沉浮几十年，而今风雨飘摇，根源在于不谙影视的本体特质，更无视影视的负面社会效应，"蔑影论"与"漠视论"根深蒂固。影视，是一个复杂的客体，且"影"不同于"视"，二者素来抵牾，理论亦大相径庭，数字时代的影视更是迥异于前。英语学界没有汉语的"影视城"，因知识局限和学科隔阂，我国各界对"DISNEY PARK／迪士尼乐园"存在严重的误读，影视"后产品"说为害深广。影视城与影视基地①是两种完全不同的事物，几无相似之处，旅游界混淆齐观，力倡影视旅游，实则匮乏精萃产品和文化蕴含，无益于产业勃兴。从建筑学剖析，现有影视城正是芬兰建筑泰斗 Juhani Uolevi Pallasmaa（帕拉司马，1936—　）所谓"感官性极少主义"②与庸俗功能主义野合之物，规划草率，设计拙劣，景观配搭俗陋，公共性定位缺失，攫利心切。现阶段投资影视城、影视主题公园及类似地产项目必是劳民伤财，浪费资源，政府应予以劝退甚或禁止。已建影视城的出路在于"去影视化"，深挖本地本族文化基因，普惠民众，将其变为公共建筑或非营利性公益事业。因认识不清，学界对影视城论题的研究，起点低，层次浅，视域窄，学理弱。

笔者断言，影视城只不过是快速城镇化进城中房地产开发商假借影视之名而炮制的圈地运动，是少数投机商利用大众对影视艺术的钟爱心理而人工雕琢的空中楼阁，也是一些地方政府试图从方兴未艾的文化创意产业中攫金取银的美梦。大众对影视的喜爱是真的，市县的土地是真的，政府和企业投

---

① 笔者将"影视基地"英译为 Base for Film & Television's Production。必须指出，影视基地与影视城完全不同，前者是影视界投资的大型专业影视节目制作场地，技术先进，设备精良，人才密集，产量大，效率高，根本不以旅游为目的。比如，中影集团（怀柔）影视基地、北京星光电视节目制作基地，就是十分专业的影视基地，而非影视城。

② 可参尤哈尼·帕拉斯马《建筑师：感官性极少主义》，方海译，中国建筑工业出版社 2002 年版。

入的资金是真的，但是，影视城的规划是虚构的，影视城里的建筑是虚假的，蜂拥而至的游客是虚想出来的，影视城必然产生不菲的利润与效益更是纸上谈兵。折腾了几十年的影视城的"导演"们，既没有深谙影视，亦未精通建筑。

小　结

本章紧紧围绕影像中的建筑，从摄影中的建筑、电影中的建筑、电视中的建筑三个层面共 15 个视角剖析建筑进入影像之后的话语转揆，寻求影像文本中的建筑符号的建构性，探寻二者的文本间性。笔者通过这 15 节，试图总结并概括出建筑与影像作为彼此文本的可能性，尤其二者的"表达之可相互交换性"（Interchangeability），也就是二者的一种"文本间位移"。

4 主体间性——建筑中的影像

建筑与影像存在深刻的互文性，这又彰示于主体间性——建筑中的影像。

具体而言，电影场景设计必须时刻恭迎建筑以及园林"一声声滴入画禅"，①建筑表皮在构筑影像视觉语言中具有不可替代的表意型塑性，建筑细部和影视剧细节在叙事学和文体学层面上存在联通性与同一性，建筑设计思想史与影视导演经典理论不仅呈现交叉畛域，且同归于意象与意境。毋庸讳言，影像拓展了建筑空间，其绵延性与溢动性超越中国影像主题建筑的"容器说"和欧美影像主题建筑的"内嵌说"，摆脱实用主义沉疴甚至功利主义痼癖，终使影像诗意地游弋与流溢于建筑内外，灵韵相契，和谐共生。

4.1 客厅里的影像及其禁忌——住宅作为电视接受的亲情空间与伦理家园

勒·柯布西耶认为，住宅是供人居住的机器，而电视也是一种供人观看的机器。尽管机器冰冷而无情，但亲人之间存在血缘和亲缘，朝夕相处，共同生活，且男女有异，长幼有别，尊卑有序，因此须重视禁忌（Taboo），性禁忌、习俗禁忌、宗教禁忌是电视节目必须尊重并极力回避的内容。

客厅，Living room，是住宅内使用率最高的空间，是主人会客的地方，是住宅与外界进行交往的场所。这种空间的特性决定了在客厅看电视必须恪守

---

① 唐·皎然《山雨》。

诸多身体性禁忌。中国很多地方的民间信仰以为，肉体是灵魂依附的处所。《左传·昭公七年》："人生始化为魄，既生魄，阳曰魂。"《康熙字典·鬼部》疏曰："魂魄，神灵之名。附形之灵为魄，附气之神为魂也。"《淮南子·说山训》："魄，人阴神；魂，人阳神。"《周易·系辞》："阴阳不测之谓神"，又以骨肉必归于土故以"归"言之，"归者，鬼也"。所以，在古人的眼中，人体的骨肉乃魂魄的驻地，当骨肉归之于土时，人始化为鬼灵。由于这种信仰的存在，有时人也可以有魂魄在身以显吉凶示祥瑞的灵性感觉，比如身体某部位的肌肉在颤动，就可能是魂魄显灵，或者是神灵附体、神灵感召的结果。① 风水学相信家是阳宅，客厅自然是阳宅之首，总是置于客厅内的电视自然要符合风水学、舆地学的正统，如图 4 - 1。

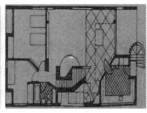

图 4 - 1　Robert Venturi（文丘里）的各个作品是位于美国费城的"母亲住宅"，他如是自述："为娘亲设计住宅至少有一个好处，就是天然享有母子间的理解、宽谅、顺从。为娘亲设计住宅却又有不便之处，老人家的体己得之不易，做儿子的花起钱来终归不忍大肆挥洒，因此，'母亲住宅'建筑规模不大、结构也很简单，但是，功能周全、到位而充满温情地满足了家庭的实际活动需要。除了餐厅、起居合一的客厅和厨房外，有一间给母亲的双人卧室、一间给自己的单人卧室，二楼另有一间自己的工作室，外带各处极小的卫生间，就这些。"笔者感到此作品很好地考虑到了住宅空间的身体禁忌问题。图片来自谷歌学术。

电视必然要呈现影像，而这也关乎禁忌。古人以为，人体是由"形"和"气"二者合一而成的。形者，形体；气者，元气，正所谓"形者生之舍也，气者生之元也"。② 王充《论衡·言毒篇》云："万物之生，皆禀元气。"所以"形体"和"元气"都是人体要护卫的，失一不可，损一害二。形体和元气的完好与否，直接关系到魂魄能否安稳，因为"魄附于形而魂附于气也"③，

---

① 万建中：《禁忌与中国文化》，人民出版社 2001 年版。
② 《文子·守弱篇》。
③ 《春秋左传正义·卷四十四·疏》。

所以，形与气的关系实则就是体魄与灵魂的关系。因此，中国民间与人体有关的禁忌中，不仅有体魄的禁忌，亦有灵魂的禁忌。

灵魂的禁忌，如何体现？国人很容易地把灵魂具象化成影像。在国人的俗信中，人的影子既与人的身体相似又与人的身体相关。身体为阳，影像为阴，总觉得影子大约就是自己的灵魂，关乎灵魂且属于自己生命中重要的东西。人有灵魂故而才有影子，鬼魂没有影子。如果一个人失去了自己的影子（据说这完全有可能），那么此人就会变成鬼而失去生命。同样，如果一个人的影子被别人损害了，那么他/她的身体也会得病或者受到伤害。所以，国人是忌讳甚至禁止别人踏踩自己影子的。在收殓死者往棺木上加盖子的时候，更需特别小心，不要让自己的影子被钉进棺材里，以免自身健康因此受到危害。埋葬时，也要后退至离开墓坑一定距离，用绳子把棺材沉入墓坑中，以免自己的身影落进墓穴。阴阳先生、超度的僧道总是要观察日光，站在自己的影子落不进墓穴的一边作法。掘墓人和抬棺人都要用布条紧紧缠住手腕，以使自己的影子稳固地依附在自己身上，因为，影子掉进墓穴是大不吉利之事。由日光、月光、烛光的影子联想到自己在镜子中的影像（"镜中我"），国人常觉得镜中之像也是自己的魂魄。中国古典文学名著《西游记》《红楼梦》以及许多民间传说、民间故事中都有"魔镜摄魂"的情节。照相机初入中国时，民间许多人害怕照相，担心魂魄会被摄去，会伤元神。民间相信，如果要诅咒或惩治某人，可以将其像画下来烧掉，或者戳破，这样至少可以损污他的灵魂，直到现今，这种办法还被用来惩罚那些犯下不可饶恕罪恶的元凶。在中国民间俗信中，人的身体与影像是同一的。人的影像、画像以及塑像和人本身一样，都是人的灵魂之栖所，有时这些影像还可替代人本身，这正是偶像崇拜之心因。像《红色娘子军》中那个年轻的女子嫁给了一尊木雕塑像，《原野》中那个老太婆针刺偶像的举动，《神笔马良》《叶公好龙》《画中人》中活人对影像的眷恋，尤其中国各地出殡时要烧掉纸扎的童男童女、牲畜、房屋、器物等，均基于这一民间信仰。可见，中国的影像禁忌有着悠久的民俗文化传统和深厚的民间信仰基础。

具体而言，一家人一起看电视时，不能公开谈论性话题，不能用淫词秽语，不能流露暴力倾向，不能血腥，不能歧视妇女儿童，不得虐待老人，不宜谈起消极败兴失望悲观的话题，电视内容也必须照此自律，如图 4 - 2。在美国，政府通过电视分级制将这些禁忌法制化，以年龄为基础，用字母和数字作为标记来提醒家长某些电视节目是否适合他们的孩子观看。① 比如，L 代表语言，S 代表性，V 代表暴力。TV - Y 是指适合 2 - 6 岁儿童观看的节目。TV - Y7 不适宜 7 岁以下儿童观看。TV - G 适合所有年龄的人观看，这种节目虽然不是儿童节目，但孩子可在无成人陪伴的情况下观看。TV - PG 是指"建议家长提供指导"的电视节目，这种节目中有些内容可能不适合儿童，可能含有不算严重的暴力、性镜头和儿童不宜的对白，*Everybody Loves Raymond*（《人人都爱雷蒙德》）等一些黄金时段播出的情景喜剧就属于 TV - PG 级。在 TV - PG 中还设置了更进一步的二级分类，包括：①V - moderate violence／含有轻微暴力内容，②S - mild sexual situations／含有轻微色情内容，③L - mild coarse language／含有轻微粗俗语言，④D - suggestive dialogue（usually means talk about sex）／含有轻微猥亵语言或暗示性的对话（通常只是谈论性话题）。TV - 14 对 14 岁以下少年不适合，这种节目可能包含暴力、性、粗话或者有暗示性的对话。一些在晚间 9 点以后播出的节目，包括一些著名的夜间脱口秀以及供电视播放的 PG - 13 或 R 级电影，② 会被定为这一级。少儿最不宜观看的是 TV - MA，MA 是"成熟观众"的意思，这级可能含有不适合 17 岁以下未成年人观看的内容，这种节目里的暴力、性和裸体镜头和粗话甚多。公共电视中这类节目比较罕见，一些供 VOD（点播）的加密卫视频道在深夜经常播放这类节目。按照 Federal Communications Commission（FCC，美国联邦通信委员会）的规定，2000 年 1 月以后生产的电视机都必须安装 "V - chip"（V 芯片）。装入这种芯片，家长可以用遥控器限制孩子观看的电视频道。如果某节目播出后被 FCC 发现违规，出现"淫秽"（Obscene）"不雅"（Indecent）或"污秽"（Profane）内容，FCC 会上电视台警告、罚款直至吊销广播执照。③

---

① 可参詹庆生著《欲望与禁忌：电影娱乐的社会控制》，清华大学出版社 2011 年版。

② PG - 13、R 是美国电影的分级体系，指导思想与电视分级相同，但更为精细。R 级就是香港所谓"Ⅲ级片／三级片"。

③ 可参戴姝英《美国电视分级制研究（1996—2009）》，董小川指导，东北师范大学历史学博士论文，2010 年授予博士学位。

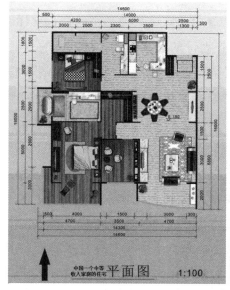

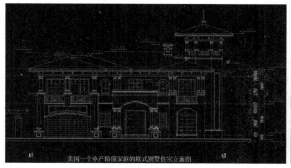

图4-2　中国、美国家庭全家人在客厅观看适当的电视节目，其乐融融，图片来自百度，由笔者编辑

　　笔者以为，影像禁忌、电视禁忌只是表象，根源在于客厅与住宅作为建筑的身体性。建筑的身体性必然包含身体的血缘传承与亲缘缔结，当一群具有身体血亲性的人居住在一起时，禁忌必然要在语言、行为、心理、文化诸多层面投射出来，进而约束成员的行为，使其更人性化，更具伦理色彩。美国建筑学耆宿 Amos Rapoport（爱莫斯·冉普卜特，1929—　）在 *House, Form & Culture*（《宅形与文化》）① 中以大幅度跨文化的气魄与积淀，对人类

―――――――――――

　　①　可参常青等译本，中国建筑工业出版社 2007 年版。

社会不同种族现存居住形态和聚居模式进行深入考证后，发现原始性和风土性是辨识人类住宅恒常与变易之圭臬，传统价值观的衰微乃至消亡是现代建筑文化尤其城市规划失调之根由。住宅是人伦的温床，客厅是亲情的苑囿，而主要期待人们在客厅接受的电视自然必须恪遵这些禁忌，凸显亲情的美好，赞美家庭的温馨。归根结底，现象学所指认的建筑身体才是这一论题之"本质直观"。

4.2　公共建筑内的影像展映及其作为媒介仪式的人类学意义

公共建筑的类型很多，用途广泛。公共建筑最大的特性就在于公共性（Publicity），是国家、政府等组织权力在市民生活域的物化凝固，体现着政治权威观照平民精神的价值预设。从社会学角度看，这种建筑是社会控制和文化渗透的体现，即社会规范通过有形的建筑影响个人行为，使个体在接受这些规范的自觉过程中趋向服从与乖良。

世界各地的公共建筑内常展映各种影像作品，如美术馆常年举办摄影、视像[①]作品展，自然、历史、军事、科技等博物馆常举办各类主题的图片展，电影节、电视节、首映式等重大影像活动往往也要置于大型高格公共建筑内进行。又如，位于中国首都北京天安门广场中央的那两块 18m × 26m 的超宽大屏幕，每天 24 小时播放祖国大好河山的风光片，展示我国政治、经济、文化建设的重大成就，令中外游客无不驻足凝视，备受震撼；位于美国纽约时代广场的大屏幕，不停地播出五光十色、琳琅满目的商业广告，在圣诞、新年之夜，更是万人狂欢的视觉焦点。笔者认为，公共建筑内的影像展映是一种独特的媒介仪式，具有深广的人类学意义。

仪式，Ritual，是对具有传统特别是宗教、民俗象征意义的活动的总称。

---

①　视像，Visual art，又名"录像艺术"，是美术尤其当代艺术的一种，兴于 20 世纪 90 年代。视像重在通过演员的表演传达美术家的意念，其与电影的最本质区别在于非叙事性，与电视的最本质区别在于非真实性和非意识形态性。

仪式是权力在特定时空内的神圣表演和世俗传播，与团体的价值判断与价值取向有关。显然，仪式具有权力性、群体性、程式性、神秘性和表演性特征。[①] 对仪式的讨论，是人类学研究偏好的一个重要课题，是文化人类学的核心问题。在其研究视野中，仪式往往作为一个社会或社会成员生存状态和生存逻辑的凝聚点存在。仪式作为一种富有社会意味的行为方式，建立在人类群体的社会性与现实性基础之上。一种仪式离开它特有的社会文化环境，往往就会完全失去它特定的历史内涵而全无意义。从现象学看，仪式有两个主要的意向形式。其一，它是一种形式化实践行为，仪式借此具备了社会化的意义与功能；其二，仪式指向一种超越性社会价值与结构。这种社会价值和结构自古以来以"信仰"为前提。在前现代社会，它的表现形式是神秘巫术和宗教圣境；在现代社会上述精神灵境趋于瓦解之后，人类仪式是社群的划分、不同族群的界定、阶层的分离与认同、财富和成功的精神幻象以及艺术对于人类精神的抚慰和引导等。[②]

影像创作者常年寂寞而辛苦，他们需要被公众和社会承认，而权威和掌权者又不愿主动走进他们的生活，因此，急需一种媒介，促使双方彼此了解甚至当面沟通。于是，双方共同走进公共建筑，公共建筑内的影像展映因此成为一种媒介仪式。媒介仪式，Media ritual，是仪式的一种，是广大受众通过大众传播媒介参与某个共同性的活动，借以让渡权威，缓和敌视，神化民意，互认价值，直至形成一种集体狂欢的过程。媒介仪式只有在现代社会的媒介环境之下才能产生，是最具当代性和当下性的仪式形式，如图4-3。

媒介仪式意味着参与和共享，同时也意味着必须遵从某一种规则。现代传媒给这种参与和共享提供了广阔的舞台，现代社会利用大众媒介创造出该社会成员彼此遵循的一整套行为文化，为人们提供了一个全新的场所，改变

---

① 可参郭于华《仪式与社会变迁》，社会科学文献出版社2000年版。

② 美国社会人类学家 N. Couldry（库莱德，1952—　）以"构架"（Framing）来说明仪式形式与社会价值的这种连接。构架之所以重要，是因为其形式直接与涂尔干视域中的宗教与仪式所涵盖的社会价值紧密关联。构架以如下三种形式发生作用：1）仪式行为结构为特定的范畴和界限；2）这些范畴出于一种潜藏的价值；3）这个"价值"表明了社会性是仪式的核心。参见 Couldry, N. (2003) *Media Ritual：A critical approach*, London：Routledge, p. 26.

图 4-3　勒·柯布西耶在《走向新建筑》中说："建筑是对一些搭配起来的体块在光线下辉煌、正确和聪明的表演。"让·努韦尔实现了这一理念，他为丹麦公共广播公司设计的哥本哈根音乐厅，明亮的蓝色透明外层覆盖着整座建筑，每个夜晚音乐厅表面都会映射出蒙太奇般的影像。《纽约时报》赞誉该建筑为"漂亮的充满情感的圣殿，似乎是无国界的世界中留下的一角乌托邦"。图片来自维基百科

着人们对共同事件和活动的参与及体验。在公共建筑这个媒介环境中，一方面，影像传播的过程和方式必然要受到媒介自身特性的制约，不同的媒介有自己独特的传播和表达方式；另一方面，参加仪式活动的人也要受到媒介活动的制约和限制，人们其实就是生活在由媒介创造的世界里，其活动自然要根据媒介规律来进行。

　　在宏伟、开阔、精致的公共建筑内，现代传媒的介入使这些悬挂于大理石墙壁上的影像具有了非日常性，从而变得庄严与肃穆。大众媒体往往通过议程设置，将人们的视线锁定在某一个事件或相关事件中，从而使得该事件成为公众的焦点。媒介对影像展映的全方位的报道使不同受众对同一事件有了各自不同的解读，即使事件本身并不一定具有这种象征意义，受众仍然通过媒体赋予其符号性。有学者指出，传媒是一种从事"环境再构成作业"①

---

　　①　Silverstone, R., Television myth and culture, In J. W. Carey (ed.), *Media, Myths, and Narratives*, Newbury Park, C. A.: Sage, 1988, p. 29.

的机构。也就是说，媒体对世界的报道并不是"镜子"式的映像，而是一种有目的的选取，媒体根据自己的价值观和报道理念，选取符合自己标准的事实进行报道，最终形成自己所期望的一套表达系统和符号系统。通过传媒的一系列隆重的纪念和报道活动，影像展映显然已经成为文艺界的一个象征符号，逐渐沉淀于民族的集体记忆中。

媒介仪式创造性地通过现代传媒技术，形成了新的神圣／世俗二分的世界。古代仪式为了将神圣世界从凡俗的空间中划分出来，会设置一系列的禁忌。这些人为设置的圣物、神坛与可以跟神圣世界沟通的教士和神职人员作为各种手段，强化了神人的二分与对峙，将"神圣"这一质素强行地从世俗世界中抽离出来，赋权于它，成为一种"信仰"，供世人膜拜。与之相对，媒介仪式尤其通过电视屏幕就轻易、隐晦而巧妙地做到了这种区分。① 电视观众虽然可以意识到直播电视所演出和进行的节目发生在与自己同一的世界和同一的时间，但是屏幕的区隔导致了他们对屏幕内外的两个世界有了彻底不同的认知：屏幕外的"我世界/My World"是一个日常、琐碎和不值一提的平庸世界，我是多么的渺小，鸡毛蒜皮，微不足道，这种自卑和影像创作者的心境无二；屏幕内的"他世界/Others' World"是一个精彩纷呈、光彩夺目、明星汇集的神圣世界。"他世界"里充满了观众对"成功""财富""权力""明星""荣耀""美丽""浮华"的渴慕和艳羡，至少这些影像栖身于体量宏大、内饰考究、造价高昂的高格公共建筑内，被装裱得精致考究，镶金镂银，有的还被万里迢迢空运、海运而来，距离与陌生感必然滋生崇拜甚至迷信。这些事物即便不能在"我世界"里得到现实的给予，但是在潜意识之中"我"的上述欲望也会得到审美的满足。更为值得重视的是，观众在收看电视的时候会产生"他世界"比"我世界"更为真实的想法。荧屏隔开的"他世界"是"公平""真实""可信""权威"的代表，而现实之中的"我世界"反倒会使人产生虚幻的不真实感觉，从而认为所谓的现实世界充满了虚假、欺骗和不完美。媒介仪式中审美幻象与残缺现实的尖锐对立，使正在展映的影像成为神器与圣物，不同凡响，如图4-4。

---

① Goethals, E., *The TV Ritual*: *Worship at the Video Altar*, Boston: Bescon Press, 1981.

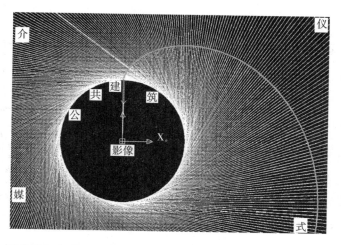

图4-4 影像进入高端公共建筑展览，便被媒介放大，增加话语权，提升权威感，最终催生仪式感和神圣性，这如同圆的渐开线一样，渐行渐远，渐行渐巨，
$$\begin{cases} rk = \dfrac{rb}{\cos\alpha k} \\ \theta k = \tan\alpha k - \alpha k \end{cases}, \quad \begin{cases} x = rb \cdot \cos\theta + rb \cdot \mathrm{rad}\theta \cdot \sin\theta \\ y = rb \cdot \sin\theta - rb \cdot \mathrm{rad}\theta \cdot \cos\theta \end{cases}$$ 笔者自绘

媒介作为社会公器，影像创作者们往往大肆进行仪式性消费与炫耀性消费。一般认为，影响消费者行为的文化要素主要有以下几点：1）宗教；2）民族或族群，如面子消费；3）观念，包括价值观、道德观、审美观等；4）风俗习惯，如节日、婚丧嫁娶仪式中的消费；5）家庭组织；6）成就感。显然，影像创作者们的上述二种消费是文化资本的宣示和既得霸权的广播，美国人类学家 Franz Boas（鲍亚士，1858—1942）关于印第安人的 Potlatch（夸富宴）的研究足以证明。[1]英国女学者 Marry Douglas（玛丽·道格拉斯，1921—2007）与 Baron Isher wood（伊舍伍德，1923—2002）在《物品世界》中，通过分析人类学民族志中关于消费问题的描写与记录来解读消费行为所反映的社会结构和物品的意义，并明确指出"仪式性消费是生产和维持社会关系的一种日常生活实践"。[2]笔者认为，这种消费不单是一种自然的物质消费，而且转化成为一种充满不同目的性的社会文化行为和过程，展现出一种清晰的文化代码和逻辑指向。从自然的利用中获得的满足以及人们之间自我

① Boas，Franz，*The Mind of Primitive Man*，1911.
② *The World of Goods*，Marry Douglas，Baron Isher Wood，1979，p.45.

利益的平衡，都是通过象征符号系统而被建构起来的。对人类而言，并不存在未经文化建构的纯自然本质、纯粹需要、纯粹利益或纯粹物质力量，这也是现象学的一个常见观点。因此，生产和消费作为某种文化的体现，不在于产品的物质意义，而在于物质所代表的符号代码。影像被公共建筑接纳并展映，代表着政治、媒介、公众的多重认可，预示着作品已经跻身影像史、建筑史甚至文化史，更暗含着日后创作者身价与艺术品成交价的持续增长，面对这种难能可贵、名利双收的好事，消费行为的炫耀取向自然是媒介仪式的必要组成，当然也是影像创作者对自己已经得到的霸权的广播。公共建筑为这出人间喜剧提供的不仅仅是场地和道具，更是海纳百川、宠辱不惊的文化包容力，如图 4 – 5。

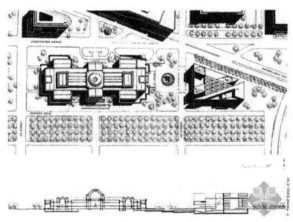
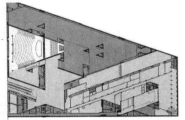

图 4 – 5　贝聿铭设计的 National Gallery of Art, USA – The East Building（美国国家美术馆东馆）是一个典型的公共建筑，也是一个极具影像主体意识的作品，光是跃动的设计精灵。这个等腰三角形建筑的中央大厅高达 25m，自然光从 1500m² 大小、由 25 个三棱锥组成的钢网架天窗上倾泻而下，不同高度、不同形状的平台、楼梯、斜坡和廊柱在明亮温情的日光下尽情欢歌。自然光经过天窗上分割成不同形状和大小的玻璃镜面折射后，扑向由华丽的大理石筑就的墙面、天桥及平台，柔和而浪漫。该馆主要收藏现代艺术作品，包括摄影，2013 年曾展出美国超现实主义摄影家 Man Ray（曼雷）1916—1968 年创作的 150 多幅人像作品，鲜明的媒介仪式感令人难忘。图片来自谷歌学术

　　人类进入工业化与后工业化后，社会连接的纽带主要是传媒。人们在践行仪式时借助的途径不再是乡村集会、巫术舞蹈、祭祀占卜，而是诉诸传媒。

Max Weber（韦伯，1864—1920）所谓"Disintegrate individual"（分化的个体）与"Disconsolate individual"（孤独的个体）[1] 在媒介仪式中找到了联系的纽带，发现了共有的情感，权力在这个场合也可以温情脉脉。从此，人类栖息的家园不再是"土地"，而是媒介。接收电视、网络、报纸等媒介是一种社会性行为，观众的收视与互动践行着一种既是家庭式的又是社会化的仪式洪流，媒介仪式已经成为现代社会的一个重要文化表征。同时，媒介仪式又更进一步深化了公共建筑的公共性。饱受儒学政教熏陶的中国民众，生来就惧怕权力，自古就匮乏与权力对话的途径，他们只能在祠堂、戏台、庙会、灯会和广场的夜空下表达自己的政治抱负，一代又一代地以民居、戏文雕刻化孕育高尚的道德情怀。在这里，权力和艺术达到了最高的和谐，公共性得到了最深刻的体现。在大众自发创造且彼此沟通的意义上，这种融合公共性的艺术体现了权力的民主化，显示了最积极的社会政治意义和自由色彩。公共建筑的公共性，不是空间支配权该由谁来掌握的问题（这其实是一个单纯的社会管理问题），而是我们的社会该怎样支配自己的公共空间，该往这个空间灌注怎样的内容的问题。建筑理论界从一个极端越到另一个极端，颠覆空间支配权的"公共性革命"，在中国既没有文明基础也没有文化理由，中国的权力精英和普通百姓如果享受不到公共建筑的实惠，那它还有什么公共性可言？

笔者断言，在相当长的时期内，影像提升自身价值的主要场所依然是足以滋蘖仪式感的公共建筑，这是建筑的幸事，更是建筑的使命。

4.3 电影院——建筑作为现代人无意识底层性欲乃至原欲泊憩的港湾

电影被世人公认为一种新兴艺术后，放映与观看便固定在建筑物的特定空间——电影院内。电视普及前的电影院，装修十分豪华，学者兰俊名曰

---

① Max Weber 著：《新教伦理与资本主义精神》，罗克斯伯里第 3 版，苏国勋、覃方明译，社会科学文献出版社 2010 年版，第 122、26 页。

"电影宫殿";① 电视的冲击使电影院走向细分,出现多厅影院、两极影院、汽车影院、首轮影院等②。美国电影心理学家 Maggie Valentine(麦琪·维纳特)一语中的:"对电影的体验——在很大程度上受周围环境的影响。'去电影院'这一感受等于,甚至超过荧幕上的电影本身。电影院是这种感受的中心,因此,回忆,实际上正是电影所要销售的……电影院观影环境的重要性超过了电影本身。"③

　　电影院,这种空间是陌生的,封闭的,幽暗的,私密的,必须有偿使用。置身其间,深藏在人体内的欲望很快就会被勾唤出来,这主要是性欲。

　　性欲,作为人的一种原欲,在生物动力学意义上是必须受到尊重的。性欲既然作为意识能体的一种原欲而存在,它所产生的冲动也必须得到我们的理解与宽容。21 世纪,从大善与大恶的意义上来说,褒贬他人性冲动的言辞和文字是应该遭到摒弃的。纵观历史或横瞰当今,只要是性观念相对解放的社会,其科技和文化也相对进步。这就在客观上告诉我们一个事实,人类只有在尊重自然、尊重人类本身原欲的基础上,社会方有可能获得良性的发展。违背这一原则,即使在某一阶段取得一些表面上看起来的成功,其民生的焦灼、资源的矛盾以及整个生态的失衡必将逐渐凸显出来。人类在追求科技进步的同时,必须考虑资源、文化以及生态的客观因素,而不能因急功近利或政治的需要无视自然和原欲。如果我们智慧地看问题就能发现,无论你如何巧舌如簧地为自己的行为辩解,都不能否认,无视自然和不尊重原欲的科技探索不是目光短浅的利欲熏心就是强权的野心勃勃,皆是为了掩饰社会潜藏的危机与丑恶。正因如此,百年电影发展史表明,凡是能直面人类性欲乃至原欲的影片,是最适合电影这种艺术的。性与暴力是人类最原始的两种原欲,文明人通过伦理和法律严格束缚这两只猛兽,而电影院这种现代建筑却为人类通过电影释放心中的困兽、宣泄抑郁躁狂提供了最佳的物质空间,如图4-6。

---

① 兰俊:《美国影院建筑发展史》,中国建筑工业出版社 2013 年版。

② 即极大影院和极小影院,多可容纳上千人,一些高新技术往往应用于此,如"IMAX""立体电影";少则不足百人,主要播放艺术电影、色情片。

③ Maggie Valentine, *The Show starts on the Sidewalk*: *An Architectural History of the Movie Theatre*, starring S. Charles Lee. New Haven: Yale University Press, 1994, p. 1.

图 4-6　豪华电影院内，受众沉浸在 IMAX 3D 电影带来的视听享受中，图片来自昵图网（http：//www.nipic.com）

从现象学看，作为建筑，电影院的身体性是居首位的，是一种坐着便可获得身体与心灵双重休息的卧室。电影院乃至电影有助于人类性的解放。性的解放，是一种大善，它不仅是人类目前要面对并期待的，它也是必然的。但是，性的解放绝不等于放纵性行为，绝不是 20 世纪 60 年代美国 "Beat Generation/垮掉的一代" 因人生漫无目标而堕落的那种无节制、无目的的原欲满足。[①] 性的解放，应该是一种基于对人生意义洞明的快乐生活，一种尊重原欲基础上的身心解放。因此，它不是一种制度，一种教条，它是一种健康的文化。也就是说，它必须是一种摒弃占有欲指导思想下的人类社会彼此依赖互存的人际关系，它的快乐原则不应建立在得到和占有异性的理念上，而应该建立在对异性的尊重以及付出的基础上。如果我们撇开性行为中异性给自身带来的快感，便可发现性行为的目的在自然意义上只是一种繁衍的手段。这种手段所能依赖的并不是一个永久固定的个体，而是整个社会群体中任意一位适合的个体。正是由于有这样的客观奉献，人类这一意识能体才得以延

---

① 可参王维倩《从 "垮掉的一代" 到嬉皮士的全球化》，四川大学出版社 2009 年版。

续和发展。① 显然，性欲在自然演化过程中被生物能体进化为外化原欲的一种能力，它所面向的对象，本身就带有鲜明的社会性，这与建筑本身就是社会性的一样。这种自然意义上的非凡成就，如果被人类自私而狭隘的占有欲思想所曲解，并赋予什么道德伦理来制约，显然是一种反动。

欲望来自需要，需要源于本能。可见，欲望实际上是宇宙意志在个体生命中表现出的需要。欲望并不是一种意识的产物，它本质上是一种无意识的产物。欲望涵盖着生命意志的一种走向，或者说包含了个性本能的表现需求。这种需求是生命升华过程中个体行为的动力，也就是真正意义上的内驱力。欲望的趋向性决定了生命本身的快乐原则。这种快乐，实际上是人体因环境影响所产生的电磁共振效应。② 共振效应仅仅是指能体之间因个性展现所产生的电磁信号引起的能量效应，这一能量效应促使电子在可能的情况下参与集体的互动。反之，信号作用不能引起能量效应，彼此就不可能进行互动的参与。这是因为，原子本身在没有外来能量的进入下，电子运动是相对稳定的。③ 由于这种相对独立性的存在，客观上相互制约了部分的快乐原则，这就迫使整体在对环境内容的选择中更有机地体现出快乐原则的综合需求。相对于环境，原始生物能体在自身快乐原则下所做出的整合性活动，不仅是一种智能的飞跃，同时也是人类对智慧在原始意义上的理解。

出于无意识层面的原始冲动和本能以及之后的种种欲望，由于社会标准不容许，得不到满足而被压抑在意识之中，但它们并没有消失，而在无意识中积极活动。

因此，无意识是人们经验的大储存库，由许多被遗忘了的欲望组成，正所谓"冰山理论"（Iceberg theory）：人的意识组成就像一座冰山，露出水面的只是一小部分意识（仅占1/7），但隐藏在水下的绝大部分（无意识，占6/7）却对其余部分产生重要影响。Sigmund Freud（弗洛伊德，1856—1939）认为，无意识具有能动作用，它主动地对人的性格和行为施加压力和影响，如图4-7。

---

① 能体，孕育能量的生命主体。可参李银河《性的问题》，内蒙古大学出版社2009年版。
② 姜堪政、袁心洲：《生物电磁波揭密：场导发现》（第2版），序言，中国医药科技出版社2011年版。
③ 王玉玲：《生物电医学与中医》，学苑出版社2008年版，第190页。

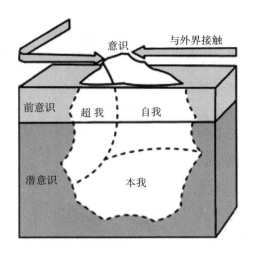

图 4 – 7　"冰山理论"示意，笔者自绘

Carl Gustav Jung（荣格，1875—1961）提出，在集体无意识的内容中，包含着人类往昔岁月的所有生活经历和生命进化的漫长历程。在生理解剖学上，这些内容存储在大脑上丘的灰质层。他说，精神的个人层终结于婴儿最早的记忆，而它的集体层却包含着前婴儿前期即祖先生活的残余。作为祖先生活的一种储藏，集体无意识所隐藏的曾祖父—祖父（爷爷）—父亲、曾外祖母—外祖母（姥姥）—母亲的直旁两系三代个体经验，以及在本能（主要是饥饿和性欲）影响下产生的整个精神印痕，都作为原始意象预先存储于大脑及其神经系统中，成为个体生命存在的原基。就此而言，集体无意识既是人类经验的银行，又是这一经验的土壤与温床；既是驱力和本能之源，同时也是将创造性冲动和集体原始意象结合起来的人类思想的基源，其表现形式就是集体无意识原型。在世界各民族的宗教、神话、童话、传说中，荣格找到了大量这样的原型，包括大地原型、创世原型、死亡原型、英雄原型、骗子原型、魔鬼原型、智者原型、海盗原型、母亲原型、巨人原型、自然物原型、人造物原型等，[①] 世界各地的电影正是对每一原型的影像再现，因此，电影对所有人都具有普遍的吸引力。电影宛如磁石一般，把我们吸入电影院，

---

　　① 可参 Carl Gustav Jung 著《原型与集体无意识·荣格文集》（第 5 卷），徐德林译，国际文化出版公司 2011 年版。

把与我们相关的各种生活经验具象为故事，形成影响个人发展的电影情结，进而融入我们的生活与生命，如图 4 – 8。

Eduardo Souta de Moura 设计的 Casa do 电影院外观之一

Eduardo Souta de Moura 设计的 Casa do 电影院外观之二

北京当代MOMA

　　图 4 – 8　获得 2011 年普利兹克建筑奖的葡萄牙建筑师 Eduardo Souta de Moura（爱德华多·索托·莫拉）设计的 Casa do 电影院，外观酷似电影放映机的放映窗与镜头，此二图片来自 Wiki 百科。不过，这只是令建筑具有表面化的影像主体性，建筑现象学大师 Steven Holl（斯蒂文·霍尔）设计的北京当代 MOMA 则实质性地彰显建筑与影像的主体间性，足见影像在其设计生命中的重要性。出北京地铁东直门站，沿左家庄西街往北走，远远看去，当代 MOMA 十分抢眼。天桥从建筑的第 16 到 19 层之间"伸出"，构成半透明的空中走廊，这里有画廊、健身房、阅览室、餐厅和俱乐部。从天桥上可以"上帝之眼"俯瞰整个社区，而下面的人看这些飘浮于头顶上的人，如同看一场不间断的流动的"城市电影"，正如霍尔所说，"你可以看到城市在你眼前缓缓展开"。笔者徜徉于该社区，只见被 8 座住宅楼、1 座酒店围绕在中心的是一座小型电影院，电影院的周围是水池。播映电影时，画面被传送到电影院外墙的超大银幕上，加上映于水池、玻璃中的幻影，整个当代 MOMA 会变成一座超大的露天电影院。笔者深信，霍尔此作就是美国经典影片 The Truman Show（《楚门的世界》，Peter Weir 导演）的建筑版甚或现实版，该图片由笔者自摄

要理解人生，就必须读懂生命的含义；要理解人类的行为，就必须了解人的欲望。我们必须明白，原欲作为一种本能欲望，它是无意识的。必须到意识中的无意识部分去探索，而在意识的无意识部分探索不到的需求内容，也就必然成为意识催生欲望的动因。建筑的身体性与人类的欲望尤其性欲在本质是同一的，极具身体性的电影院作为电影文化的内在构成最大限度地依赖于建筑的现象学本体价值，影像在建筑内敞开的方式实质上就是影像自我的存在。

4.4 美术馆里的另类影像——建筑对录像或视像艺术当代性与先锋性的形塑与重构

录像艺术，是美术尤其当代艺术的一个分支或流派，是对西文"Video art"一词的汉译，又译"视像"。这两个英文单词虽然简单，但将其译为具备独特内涵的中文却主要不是语言学家的功劳，而是吸收这种舶自欧洲的新兴艺术的中国美术界的约定俗成。他们一直努力使录像艺术异质于电视和电影，尽管三者都要使用 Camera。

如果说"文化大革命"让美术家看清艺术被政治操纵会何其危险的话，那么 20 世纪 90 年代以后被商业画廊操纵的所谓"玩世现实主义"和政治波普则使年轻的美术家感到商业利益驱使下的架上绘画被西方后殖民主义利用的危险，而这两者均基于旧式马克思主义创作观和以电影、电视为代表的传统艺术媒介论。中国的录像艺术就是在这种背景下由年轻的艺术家提出并开始实践的，他们希望找到一种不被西方画廊商业化但又和主流艺术形成反差的崭新艺术媒介，同时这种媒介又能允许个性化感觉和个人语言的存在，并易于驾驭和传播。

其实，欧美在数字影像技术成熟并广谱后兴起的新艺术品类更是繁杂，但在年轻的中国美术家看来，录像艺术在观看过程中所要求的时间性能导致比传统媒介更深入的体验性，这种体验性能让作品获得超越文字描述的张力，即录像不能像现实主义绘画那样被文字描述所穷尽，它要求观众在一个时间段内的实际体验。同时，录像常与另一种当代艺术——装置（Installation）结合形成录像装置（Video installation），其互动性与复合性能在欣赏的过程中邀请观众身体的进入。1989 年，一个德国艺术学者到中国美术学院讲学，带来 8 个小时的录像艺术资料，包括 Grey hill、Bill violla 和 Matthew bonnie 的作品。这些作品使张培力、邱志杰等中国两代录像艺术家看到这种媒介作为艺术的可能性。1996 年，中国美术学院推出中国大陆第一个录像艺术展"现象和影像"。①

　　张培力是中国最早的录像艺术家之一，更关注社会和文化中的"宏大叙事"，语言上采取逻辑化和概念化的方式。他在《不确定的快感》中竭力强调录像艺术和常见电视节目的差别，不允许任何常规影视手法、音效甚至电视的语言出现在自己的作品中。和张不同的是王功新，他在美国纽约生活了十年，其《布鲁克林的天空》等作品通过对常规生活细节的放大获得超常规体验，如图 4－9。于是，录像艺术开始朝着纪录性、叙事性和互动性三个方向产生分野：迈向纪录性，与电影、电视纪录片融合，催生"新纪录运动"；迈向叙事性，与电影故事片融合，加入地下电影、独立电影、小成本电影行列；

　　图 4－9　王功新 *Synchronisation*（《同步》），录像装置，13×11m，图片来自东方视觉（http：//www. ionly. com. cn）

---

　　①　此展的名称可译为"phenomenon and image"，但两个词在中文对应不同的"像"和"象"。录像的"像"蕴含有 reflect 的意思，而现象的"象"蕴含有 response 的意思。

迈向互动性，与电影、电视彻底决裂，拘囿于美术尤其当代艺术圈内，在美术馆里展览，成为纯录像艺术。在录像装置作品《屏风》中，汪建伟通过对中国传统建筑中影壁和屏风功能的探讨，思考现象学中的遮蔽与去蔽问题，它似乎像福柯"知识考古学"的视觉版本，现场的视觉、听觉、运动知觉体验往往超越作者的原初设定走向更为复杂和丰富的冥思。

从摄影特别是电影界内部来看，始终也有归依录像艺术的潜流。若把电影视为理论的思考主体，最重要的是必须把它在每个时代的语境所展现出的生成性考虑在内。从电影幼年的市集杂耍奇观（Cinema as premiers temps）演变为 20 世纪 20 年代超现实主义等各种前卫流派所醉心的殊异性（Singularite）表征，直至以叙事性逻辑形塑各个国族电影的语言体系，这几个极具转折性的现象足以展露电影具有可被高度模塑与表现的特质。就此种殊异特质而言，一方面指涉的是电影复杂的准建制性，即各种场域竞逐与诠释的所在地；另一方面电影实乃所有运动音像的机械复制技术之源泉，即非实体化视觉物质，后者构成了"胶片/Film"乃至"电影/Cinema"的存在意义。早在 20 世纪 20 年代，Laszlo Moholy – Nagy（莫欧里·纳吉，1895—1946）、Abel Gance（亚伯·岗斯，1889—1981）与达达主义艺术家，就凭借电影特质实践了一种杂糅真实性与创造性、视觉性与触觉性、绘画性与音乐性的异质空间，这种多视像（Polyvision）银幕的操作手段使电影传统的放映空间成为未来的展演场域之雏形。尔后，20 世纪 30 年代，美国纽约现代美术馆（MOMA）不仅将影片列为收藏的对象，更将其编制为常态性的放映节目，使之成为后来 Henri Langlois（亨利郎瓦，1914—1977）创办法国电影资料馆时所参考与援引的重要源头。这两个极具代表性的事件为后来各时代、各门类艺术家开展实验电影、媒体艺术、录像艺术、录像装置、新媒体艺术等提供了历史积淀和理论来源，召唤美术馆更为开放地接纳这些当代艺术。

由法国电影资料馆前馆长 Dominique Payni（多米科佩尼，1948—　）策展的 *Hitchcock et l'art, cocncidences fatales*（《希区柯克与艺术：致命的吻合》）、*Cocteau, sur le fil du siècle*（《考克多：在世纪的思路上》）两个大型录像艺术展，分别于 2001 年、2003 年在建筑大师 Renzo Piano（伦佐·皮亚诺，1937—　）和 Richard George Rogers（理查德·罗杰斯，1933—　）联袂设计的

Centre National d'art et de Culture Georges Pompidou（乔治·蓬皮杜法国国家文化艺术中心）推出，再次深刻昭示录像艺术对美术馆的天生依赖以及二者的空间姻缘。美术馆作为公共建筑的非官方性、非意识形态性、平民性和作为视觉艺术圣殿的神圣性、庄严性尤其崇高审美预置性，使录像艺术顷刻在艺术史乃至文化史上具有了不可替代的纪念碑性（Monumentality）①，如图4 – 10。

图4 – 10 建筑现象学大师 Steven Holl 的 **KIASMA Museum of Contemporay Art**（芬兰赫尔辛基当代美术馆）经常展出包括录像、视像、装置等在内的欧洲当代艺术作品，该馆对这些艺术的生命力具有不可多得的再造性。图片系该馆内景，来自其官网 **http：// www. kiasma. fi**

这两个大型展览，运用高度敏锐的连接与分析能力让两位已故导演的运动影像，从影迷型（Cinephilique）记忆跨入不同影像政体（Regime of image）间的关联性及演变轨迹的更高层次上。其中，最令人感到新颖的是把希区柯克与考克多视为一个尚待发展与思考的命题，而非一个盖棺论定的符号，不是庸俗地回顾导演生平、轶事及其作品，而是构想运动影像如何能够在美术馆展览厅的动线中与其他的视觉艺术之间产生出形象构型力（Forces figuratives），这是深谙建筑学三昧的高明创意。《希区柯克与艺术：致命的吻合》展馆被划分为几个子主题区：偶像（Idole）、景观（Spectacle）、恐怖（Ter-

---

① ［美］巫鸿著：《中国古代美术和建筑中的纪念碑性》，李清泉、郑岩等译，上海人民出版社2009 年版。

reur）、形式与节奏（Formes&Rythmes），策展人除了将希氏 *Spellbound*（《意乱情迷》）中布满眼睛的墙面、*Psycho*（《惊魂记》）中的房间、*The Birds*（《鸟》）中站满鸟群的铁架、*Marnie*（《艳贼》）中的手套与皮包等电影场景与道具"去脉络化"并"伪造"以揭示人物内心的恋物癖外，更引人瞩目的独特做法在于尝试将这位英国导演的作品与象征主义、前拉斐尔画派（Pre‑Raphaelite Brotherhood）联系起来。所以，该展览最成功的地方是将影片的细节，譬如将改编自比利时作家 Georges Rodenbach（乔治·罗登巴赫，1855—1898）的象征派小说 *Bruges La Morte*（《布鲁日死城》）的《迷魂记》中的溺水画面与主演 Ingrid Bergman（英格丽·褒曼，1915—1982）、Kim Novak（金·诺华，1933—　）的特写镜头悬于墙面上并类模为肖像画，进一步将其与 Dante Gabriel Rossetti（罗赛帝，1828—1882）的 *Proserpine*（《女人像》）、Willy Schlobach（维利·史络巴哈，1864—1951）的 *La Morte*（《女死者》）甚至 Auguste Rodin（罗丹，1840—1917）的 *Le Baiser*（《吻》）并列展示，以突出录像艺术如何不同于电影。

　　对希区柯克影像的这种思考，亦延伸至和他同时代的导演如 Fritz Lang（佛烈兹朗，1890—1976）的作品之比较上。这里所谓"比较"，是指随着数位技术播放的运动影像的韵律、节奏与修辞，其他影片片段同时并置而获得的感知经验。法国当代艺术史学家 Daniel Arasse（丹尼尔·阿哈斯，1956—　）认为，影像细节乃至不同影像材质间做出展示与对照的思考方式及分析方法，使得以希区柯克为题的电影展览体现出和绘画的根本差异，再也不是电影本身。"产生了视觉联系性的影像是一个让传统艺术与媒体的过去性得以产生'幸存'与'迁徙'的视觉材质，而美术馆与电影院的先天差异则是这种录像艺术得以成熟的空间保证，说起来，这还归功于建筑的非凡魅力。"①

　　30 多年来，录像艺术家不断切断自身和摄影、电影、电视的联系，把美术馆作为展览这种艺术新宠的唯一空间。在这种语境下，录像艺术由信息文化批判开始转向和社会思潮结合，从而使录像艺术获得自身的合法性。他们中的一部分，在对录像艺术的开拓中，丧失了信心，最终走向更富技术色彩

---

① *Exposer Cocteau，cinématographiquement*（《电影般地展示考克多》），法国电影资料馆馆刊 *Cahiers du cinéma*（《电影笔记》）2003 年第 582 期，第 62 页。

也更富设计色彩的多媒体互动艺术和网络视频艺术。艺术永远无法预测技术革命的明天，但对于中国录像艺术而言，不论是作为媒介还是作为一种文化，它都应该开辟更为广阔的生存空间。

4.5 地下铁内的镜语与拟像——城市中产阶层迅疾旅途中驿动而羁泊的心境

地铁，完全是后工业时代的产物，是现代社会的新宠，是城市公共交通系统中的新生力量，如图4-11。地铁里充斥着各种影像，动静皆备，大小不一，特别是当地铁行进时，乘客凝视车厢外快速闪过的一幅幅影像，极具电影感，这是多帧连动静态画面基于人眼视觉残留机理而导致的连续闪映，原理与电影放映完全相同。

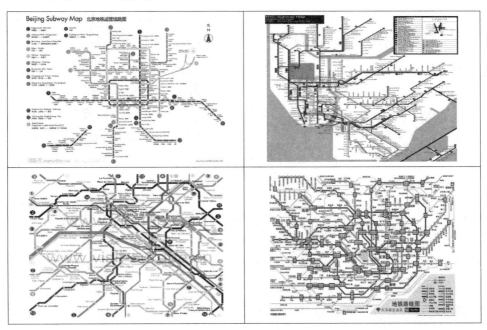

图4-11　北京（上左）、纽约（上右）、巴黎（下左）、东京（下右）2014年地铁线路图，图片来自谷歌

这些影像，内容多为广告，且主要是商业广告。地铁乘客主要是城市的

中产阶层，受教育程度高，有独立见解，不见得对广告十分迷信，因此，地铁影像实为城市精神的典型折射。王福春的摄影集《地铁里的中国人》抓拍了北京、上海、广州、香港、南京中国五个城市地铁里各色人等的鲜活瞬间，在人们行色匆匆抑或暂留稍驻的身影与形态中，受众最感兴趣的是猜测影像中人的职业、身份尤其出行目的。镜头内外，固然凝固了快速城镇化的中国之昂首阔步，但也驿动着当今这个贫富差距日益加剧、社会变革烟雨欲来时代国人复杂的心境。作为美国最有影响力的纪实摄影师之一，Bruce Davidson（布如思·戴维森，1933—　）的摄影集虽名为 Subway（《地铁》），但主要还是拍摄纽约地铁里的人，这些锐利的黑白作品多摄于 20 世纪 80 年代，客观地记录了已运行半个多世纪的纽约地铁的老化与不堪重负。但是，戴维森影像的核心在于写照纽约乃至美国人的精神，美国式粗犷（广角、变形、强烈的闪光、大胆的构图）与欧洲式细腻（对于家庭温情的刻画、对人物性格的渲染）交融在他的线条与影调中，画面中每一个生命的自我、坚毅、自信令人怦然心动。比摄影更时兴的虚拟电子影像，也在为地铁乘客竭尽全力，美国一个名为"Acrossair"的团队研发出一款叫"New York Nearest Subway"的虚拟现实 App。启动后，乘客可通过 iPhone 摄像头了解地铁各个路口的导乘信息，甚至周围人的性别、身高、年龄、肤色等。该团队还曾使用名为"Nearest Tube"的技术为伦敦地铁做过一系列虚拟现实导航。[①] 不同的影像均可使地铁尤其车厢这个十分短暂而又紧密空间内的人们快速消除隔膜，摒弃陌生。

有人说莫斯科地铁呈现贵族气派，巴黎地铁表述优雅风度，北京地铁传达平民特色，广州地铁突出务实精神，西安地铁承载厚重历史，城市因性格不同而千人千面，但地铁影像却总是特定城市精神的速写，电影《开往春天的地铁》、电视剧《地下铁》正是现代城市新生一代崭新生活与新式爱情的美丽倩影。这种生活方式之"新"，其实是与地铁建筑结构与技术的革新交相辉映、相映成趣的。如伦敦的地铁，从早期的砖石拱形结构，到后期的纯钢铁架构，再到现代的钢化玻璃站台，让人体会到英国 100 多年地铁建筑发展史乃至欧洲工业革命的巨大成就。影像伫立于坚如磐石的地铁之中，地铁奔突于日新月异的城市之腹，文化便渐渐渗沥与潜透进建筑的骨架与细部中。

---

① 资料来源于 2012 年 6 月 20 日 CNN 新闻。

　　然而，地铁却是一个"小恶"① 的符号。在第二次世界大战之后的法国新浪潮电影中，地铁第一次大张旗鼓地在人类想象力的影像空间登场了。拍摄于1960年的 *Zazie dans le métro*（《扎齐坐地铁》）表达了现代都市生活的欲望与虚妄。乡下小姑娘扎齐一心想到巴黎坐地铁，可到了之后，却一次地铁都没坐。在巴黎的两天里，她发现所有认识的人都在对她说谎。离开时，扎齐感到自己老了很多。这一趟，地铁没有坐成，这隐喻着一个乡间女孩初进城市的心理乃至精神落差，她的美好与善良最终被巴黎粉碎，成为泡影，就如同地铁本身只是一个空洞的过道而已。我们每天坐完地铁，出站，到了地面，什么都没有留下，唯一的感受就是自己又老了很多，朝生命的终点又近了一步。地铁，难道不是运载我们奔向坟墓的入口吗？地铁，在这里，成了连接地面上的人类世界与地下的地狱世界的一条通道，如图4-12。

图4-12　地铁建造史一瞥，上为1905—1908年修建巴黎地铁4号线采用的传统技术，下为全球工程界当前普遍采用的最新技术。技术的进步必然激发文化的裂变，地铁亦然。图片来自谷歌学术

　　① 伦理学把"善"与"恶"划分等级与层次，依次为大、中、小，如大善即"上善若水"，而"小恶"就是略带邪性与较小毁灭性的"恶"。可参王海明《伦理学原理》，北京大学出版社2001年版。

地铁是一个带着城市居民高速运转但往往总会给乘客带来某种恍惚和寂寥意味的空间。因为，人对于周围世界的真实感，很大程度上来自阳光的普照和不同空间之间的互相参照。在地面上，人在不同地点和不同场所通过一定距离互相看到对方，互相为对方做合法的在场证明。这种因为不同地点、空间之间在一个广阔开敞的坐标系中能互相作为坐标来定位对方的特征，使得人类在地面上有一种踏实感，稳定感，毫无羁旅与漂泊感，而在密闭、狭隘的地铁空间中，乘客的视线被封堵，私人空间被高度挤压，身体可被随意接触，隐私被肆意窥探，人们内心的不安与焦躁油然而生，总想快速离开这种空间。于是，地铁空间的迅逝性、驿动性便具有反人性的略微恶意。在改编自意大利先锋小说家 Dino Buzzati（迪诺·布扎蒂，1906—1972）的同名电影 *Inferno moderno Viaggi*（《现代地狱游记》）中，地铁空间成了地上空间的一个镜像，这或许也是 20 世纪 60 年代到 70 年代欧洲精英知识分子对整个现实世界的抗拒和失望。毕竟，那是一个全球文化闹革命、要摧毁所有现实壁垒的时代，资产阶级经营的令人压抑沉闷而又极具日常性的封闭运输系统——地铁遂成为众矢之的，自然不足为怪。这种"小恶"，直至匈牙利导演 Nimród Antal（尼莫洛德·安塔尔，1973—   ）2003 年的电影 *Kontroll*（《地铁风情画》）依然挥之不去，而被我国一律译为《地铁惊魂》的英国导演 Christopher Smith（克里斯托弗·史密斯，1970—   ）的 *Creep*、英国导演 Tony Scott（托尼·斯科特，1944—   ）的 *The Taking of Pelham* 123 及其 1974 年原版、韩国导演백운학（边云鹤）的 *Tube* 仍然光大着这种"小恶"，视其为类型片不同凡响的叙事语境。

20 世纪 80 年代以降，地铁空间的翻身日子莅临，地铁在影像中日益客观甚至阳光，如图 4－13。地铁空间不再是黑暗、封闭、象征着地狱的符号了，而成了一处各种叛逆青年为逃避地上现实可以躲入其中的地下乐园，涂鸦艺人竟然与流浪汉、行乞者和平共处，互炫自由。青年们在再也撼不动地面上一座座坚不可摧的权威堡垒与权力枢纽之后，只能拿相对幽暗、僻静且处于松散管理下的地下空间当自我宣泄的地盘。在 Luc Besson（吕克·贝松，1959—   ）的电影 *Subway*（《地铁》）中，男主人公在地铁车站里遇到了各种不受社会约束的人，找到了自己在地面上从未体验过的自由生活。在 Leos Carax

图 4 – 13   巴黎地铁某车站独特而鲜明的现代主义建筑风格，图片来自 http://www.1x.com

（卡拉克斯，1960—　）的著名电影 *Les Amantsdu Pont – Neuf*（《新桥之恋》）中，男主角恰恰也是在地铁通道中看到离去女友的海报而突然情绪爆发，发起了以生死相见、彻底不顾社会陈规的焚烧城市运动。在类型文学中，地铁往往是刺激想象的战场，日本作家村上春树的报告文学的『アンダーグラウンド』『約束された場所で』（《地下铁事件》《约束的场所：地下铁事件 Ⅱ》）详述了 1995 年 3 月 20 日日本东京地铁沙林毒气事件，对日本这种"责任回避型封闭性社会"予以深刻反思；被改编成同名游戏的俄罗斯作家 Дмитрий Алексеевич Глуховский（德米特里·格鲁克夫斯基，1979—　）的 *Mempo* 2033（《地铁 2033》）则幻想 2033 年由于核战爆发整个世界都笼罩在辐射之下，地铁站成了人类最后的方舟。在消费文学尤其都市爱情影视剧中，地铁则成了都市男女邂逅爱情的场所，从国产电影《开往春天的地铁》（导演张一白）、《地下铁》（导演马伟豪），台湾电视剧《地下铁》（导演陈家霖、张敏）到日本电影『地下鉄に乗って』（《穿越时光的地铁》）（导演筱原哲雄）再到西班牙老导演 Philip Saville（菲利普·萨维勒，1930—　）的 *Metro-land*（《地铁风情录》），即使在 Francois Truffaut（特吕弗，1932—1984）的晚年电影 *Dernier métro, Le*（《最后一班地铁》）中，地铁都是十分重要而独特的爱情温床，生离死别在此上演，悲欢离合于兹展开，人生像一趟趟地铁，来去匆匆，转瞬即逝。

尽管欧美已有这种偏精英文艺的精细分工，但中国本土的地铁影像依然处于不是情爱山寨便是快餐传奇的单纯幻想。这其中的缘故，当然有着作者开动想象力时的习惯问题，比如偏好单纯化和自我解脱的东方想象的积习与惯性，但另一方面，地铁作为一个意象的薄弱与单向度性①也难辞其咎。在东方尤其中国，我们的地铁空间本身就是扁平的、单薄的、乏味的，政府从不允许各色人等在其中自主行动，自我表现，营造各自的个性空间。在纽约、巴黎地铁内，常年有各类艺术家和流浪者驻扎其中，正是这些自由进入和驻留在地铁中的边缘人群，造就了地铁作为另一种生活世界的独特性，造就了欧美丰富的地铁文化和地铁想象。中国地铁文化若要发展和丰富，首先要从将空间向市民、艺术家和流浪者开放做起。开放空间并不是简单地让他们从地铁穿过，而是让其能在这个地下公共空间自由活动，自由表现。一个五光十色、多元和谐的地铁空间，必将成为城市的亮丽风景，成为都市生灵的隐性存在，这才是真正活生生的属于人的空间，才是蓬勃的影像葳蕤之地。否则，地铁，只是一部冷冰冰的机器，反复地颠沛我们的身心，快速地掏空我们的灵魂，令我们在日复一日的风驰电掣中疲于奔命，最终迷失自我。

鲁迅先生要世人"自己去看地底下"，② 今日的"地底下"，越来越成为具象的建筑空间和富饶的文化载体。行驶在地下的地铁，不能仅仅是单一交通功能的设施，应该让其成为文化，成为建筑的文化，平民的文化，生活的文化，商业的文化，直至精神的文化。一流的城市，需要一流的地下世界，这个地下世界无论务实还是务虚，都应该是一流的。

4.6 大遗址乃至历史文化名城保护中影像的介入及其尴尬窘境

在城镇化的冲击下，我国众多独具特色的古迹遗址正惨遭破坏，大批珍

---

① 　可参 Herbert Marcuse（赫伯特·马尔库塞，1898—1979）的 *One - Dimensional Man*，汉译本有《单向度的人：发达工业社会意识形态研究》，刘继译，上海译文出版社 2006 年版。

② 　《中国人失掉自信力了吗》，《鲁迅全集》第六卷，人民文学出版社 1981 年版。

贵的文化遗产因此殒命，民间的非物质文化也后继乏人。全国大部分地区正深陷"开发性破坏"的怪圈中不能自拔。在政治功绩与经济利益的双重驱动下，各级特别是地市级政府假"文化创意产业""申遗""非遗""经济特区""经济圈""开发区""高新区""保税区""物流圈""孵化器"等政策之名，行旧城改造、疯狂拆迁、大兴土木之实，追的是利润，图的是虚名。于是，建筑界、规划界风行"假大空"，好大喜功，叶公好龙，这集中体现于大遗址甚至历史文化名城的保护。

西安大明宫成为国家遗址公园后，大刀阔斧，投入巨资摄制了"大型剧情电影纪录片"《大明宫》和"大型历史文化电视纪录片"《大明宫传奇》（以下，笔者将二片合称《大》）。因投资人、主创者的急功近利和肤浅草率，《大》显然血本无归，只能自拍自赏，在园内给游客播映。平心而论，《大》不得唐文化之要领，更无力揭橥中国传统文化之精髓与华夏民族之精神。

《大》公布的英文片名为 Legend of The Daming Palace，笔者以为，此译正暴露出该片文化底蕴尤其思想深度之浅薄。众所周知，大明宫是唐代长安城禁苑，位于城东北部的龙首原，是唐帝国的政治中心，是世界建筑史上最宏伟和最大的宫殿建筑群之一。大明宫周长 7628 米，面积 3.3 平方公里，是北京紫禁城面积的 4.5 倍。大明宫的平面形制仿佛一个南宽北窄的楔形，西墙长 2256 米；北墙长 1135 米；南墙为郭城北墙东部的一段，长 1674 米；东墙的北部偏西 12 度多，由东墙东北角起向南（偏东）1260 米，转向正东，再304 米，又折向正南长 1050 米，与宫城南墙相接。它是唐长安城规模最大的一处宫殿区，原名"永安宫"，"大明"之得名，乃建宫过程中出土一面铜镜，唐太宗对随行的魏征、房玄龄等重臣正色言道："夫以铜为镜，可以整衣冠，以古为镜，可以知兴替，以人为镜，可以明得失。"唐太宗认为魏、房等忠臣是他的一面面明镜，故改"永安宫"为"大明宫"，[①] 如图 4 - 14。英译若用"Daming"，显然容易使人误解为 Ming dynasty，以为此宫系明代建筑，且根本无法彰显"大明"一词的中文深意。故，笔者建议译为 Legend of the Great Tang Palace。另，其中的《大明宫传奇》在 CCTV - 纪录播出时通篇无字幕，更无英文字幕，解说过于高亢饱满，灌输感强，令人反感。

---

① 此说系正史，载于《新唐书》卷 661，第 1125 页。

图4-14　唐大明宫想象图，上为建筑师手工搭建的木质模型之照片，来自中国文物信息网（http：//www.ccrnews.com.cn）；下为建筑动画师制作的三维影像之截屏，检索自百度百科，源自西安网（http：//www.xiancity.cn）

　　《大》为了印证恢宏的建筑群与奢华的宫廷，营造了一个毫无色彩的故事，照搬经典奢靡场景造型尤其是铺天盖地的花瓣浴，这种毫无创新的舞美思路即使在20世纪80年代也是拾人牙慧，味同嚼蜡，是对观影者视觉兴趣与理性思索的巨大催眠，有点侮辱受众的智商。从酝酿到襁褓，《大》天生与中国传统建筑勾连甚深，只可惜搜遍全片，观众依旧难睹木结构之细部，不明肌理，未见构架。《大》始终未引起学术界的关注，即使在电影理论界也乏觇问津，其露骨嚣张的旅游招贴画风和明目张胆的商业禀赋，即使俪俪众生亦皆可洞穿识破，真学者们何须为其张目？与其说高清晰的、影视套拍的《大》是建筑借诸电影再现大唐气魄和中华精魂最终弘扬爱国主义精神，弗如说揎掇于《大》幕后的无聊艺人、寂寥学者、势利政客沆瀣一气尔虞我诈借电影更借建筑展现功利野心和商业韬略最终吸纳天下真金四海白银。

　　《大》从骨子里还瞧不起"西北""西部"这些字眼，鼓吹多个"中国第一""亚洲首次""全球罕见"，却不见票房佳绩尤其是受众的口碑。搬出Hollywood的IMAX 3D高技愚弄行里行外，却与自己叫嚣的IMAX 4D自相矛盾。号称已赴联合国总部放映，却不见跻身北美院线或得到UNESCO甚或国家广电总局之首肯。《大》之盛名，其实难副。仔细分析，IMAX技术的核心在于放映银幕的超大，其清晰度并不比普通35mm胶片强，依旧采用Digital DOLBY 5.1环绕立体声音效，更关键的是《大》定位于纪录片，即使是"剧情纪录片"，也得追求真正的现象学还原，而这正是《大》从内容到技术含混芜杂的致命伤。

　　显然，《大》推崇高技派，[①]宣称从Hollywood取回了两部真经，一部是请来了《指环王》的制作班底之中坚，一部是从Shooting到Postproduction的整套IMAX 3D技术。二者是否"真经"，笔者持有怀疑。本来就有建筑效果图和CAD，用3D MAX最多Combustion、AE渲染在胶片上，不就是《大》中这几个水平一般的视觉特效吗，何必总是用Hollywood混淆视听，糊弄世人？可是，这场"大戏"中，甘愿被愚弄的角色太多了，至少地方政府就是其一。否则，何以实现称雄中国、脚踏美国、傲视世界、睥睨寰宇的大唐遗梦？这究竟是谁的梦，是谁的野心？在这梦一般的野心后面有些人究竟意欲何为？

---

　　①　高技派（High – Tech school）亦称"重技派"，是现代主义乃至后现代主义建筑的一个重要流派。此派突出当代工业技术成就，并在建筑形体和室内环境设计中加以炫耀，崇尚"机械美"，在室内暴露梁板、网架等结构构件以及风管、线缆等各种设备和管道，强调工艺技术与时代感。高技派典型的实例为法国巴黎蓬皮杜国家艺术与文化中心、香港中国银行等。条理分明、理性思维占上风的理想主义者推崇高技派。科技改变生活，专属于这种风格的人群对未来极度渴望，他们有着迥异的思维，喜欢一切具有创造力的与众不同的事物和生活方式。为了凸显自己的特立独行，他们所有的电子产品都是应季新品，而生活在一个充满个性的居室空间也成为顺理成章的事。事实上，对Hollywood的崇拜和对影视数字后期合成特效的追捧，正是影视界"高技派"之凸出特征，但因其作品思想贫乏、脱离现实尤其是类型化与商业色彩甚嚣尘上而招致诸多诟病。

　　"大唐"是对唐朝的敬称，"大"是对唐朝所企及的空前绝后高度之赞颂。唐文化，是中国传统文化的集中体现。唐情结，包括对大唐盛世的怀念与追缅，对唐文化的眷恋与思慕，对中国传统文化的体认与张扬，对华夏民族精神的归依与彰显。中国传统文化的精神，就是中华民族在精神形态上的整体风貌与鲜明特点，那就是"刚健有为，和中共一，崇德尚用，天人合一……这些就是中国传统文化的基本精神之所在"。①中国的民族精神，基本凝结于《周易·大传》的两句名言："天行健，君子以自强不息；地势坤，君子以厚德载物。""自强不息，厚德载物"可概括中国传统文化的基本精神。"中庸"的观念，虽然在过去广泛流传，但是实际上不能起到推动文化发展的作用。所以，不能把"中庸"看作中国传统文化的基本精神，修正为"中和"尚可。②有学者认为，中国传统文化之根本精神为融和与自由；③也有学者认为，以自给自足的自然经济为基础的、以家族为本位的、以血缘关系为纽带的宗法等级伦理纲常是贯穿于中国古代的社会生产、生产关系、社会制度、社会心理和社会意识形态这五个层面的主要线索、本质和核心。④

　　笔者缕析，唐情结体现在四个层面：理性精神、自由精神、求实精神、应变精神。唐之理性精神，集中表现为唐代具有持久的无神论传统（如崇佛与灭佛贯穿整个唐史），充分肯定人与自然的统一、个体与社会的统一，主张个体的感情、欲望的满足与社会的理性要求相一致（如李白的人生与诗篇）。总的来看，否定对超自然的上帝、救世主的崇拜，否认彼岸世界的存在（如对景教和祆教的排斥），强烈主张人与自然、个体与社会的和谐统一（如山水诗与花鸟画），反对两者的分裂对抗，这也是中华民族理性精神之根本。唐之自由精神，首先表现为人民反抗皇权贵族剥削与统治的精神。同时，在反对外来民族压迫的斗争中，统治阶级中某些阶层、集团和人物（如安禄山）也积极参加这种斗争，这说明在中华民族的思想深处，都有着酷爱自由的积极

---

① 张岱年：《论中国文化的基本精神》，《中国文化研究集刊》第 1 辑，复旦大学出版社 1984 年版。

② 张岱年：《中国文化与中国魂哲学》，《中国文化与中国哲学论集》，东方出版社 1985 年版。

③ 许思园：《论中国文化二题》，《中国文化研究集刊》第 1 辑，复旦大学出版社 1984 年版。

④ 杨宪邦：《对中国传统文化的再评价》，见张立文等主编的《传统文化与现代化》，中国人民大学出版社 1987 年版。

一面。唐之求实精神，唐代继承了儒家所主张的"知之为知之，不知为不知"①，知人论世，反对生而知之，反对"前识"，注重"参验"，强调实行，推崇事功，主张"知人""自知""析万物之理"。以雕版印刷、《千金方》为代表的大唐科学技术蓬勃发展，这些都是求实精神的表现。唐之应变精神，除了"尊祖宗、重人伦、崇道德、尚礼仪"②外，中国传统文化的变通观念与发展观也生机勃勃，于国求改制图强，惠民富邦；于人求自强不息，好学不倦。"穷则变，变则通，通则久，"③"流水不腐，户枢不蠹，"④ 中国社会正是在一次次适宜而敏锐的变革中走向一次次强盛的，唐之灭亡也正是因违背了这一亘古天训而致。

唐情结乃至中国传统文化的精神，本质是一种中国中古的人文主义，中国本土的人文主义。这种人文主义不把人从人际关系中孤立出来，也不把人同自然对立起来；不追求纯自然的知识体系，注重化人治人的入世伦理；在价值论上是反功利主义的，致力于做人处世。每个华夏子孙的思想深处，都有这种凝重的唐情结，这种中国传统文化的人文精神。她给我们民族和国家增添了光辉，也设置了传承的障碍；她向世界传播了智慧之光，也造成了中外沟通的种种隔膜；她是一笔巨大的精神财富，也是一个不小的文化包袱。《大》既未放下包袱，轻装上阵，挥洒自如，又未冲破障碍，未能用电影的非文字符号缔造唐之视像与唐之声像，只是"轻轻的我走了，正如我轻轻的来；我轻轻的招手，作别西天的云彩……悄悄的我走了，正如我悄悄的来；我挥一挥衣袖，不带走一片云彩"。⑤

毋庸置疑，《大》乃至大明宫国家遗址公园，都矢志于宏大叙事（Grand - Narrative）。宏大叙事，又名宏伟叙事，其基本特质包括：是某种一贯主题的叙事；是一种完整的、全面的、十全十美的叙事；常常与意识形态和道德教化联系在一起；与总体性、宏观理论、共识、普遍性、民族主义、国家主义、历史长时段具有部分相同的内涵，而与细节、解构、分析、差异性、多元性、

① 《论语·为政》。
② 司马云杰：《文化社会学》，山东人民出版社 1987 年版。
③ 《易·系辞下》。
④ 《吕氏春秋·尽数》。
⑤ 徐志摩《再别康桥》。

心态、家庭悖谬推理具有相对立的意义。宏大叙事有时被学者称为"空洞的政治功能化"，与社会生活和文化历史的角度相对，题材宏大，与个人叙事、私人叙事、日常生活叙事、草根、底层等概念相对。

从本源上讲，宏大叙事来自后现代理论，与语言学关系密切，与后现代主义思想家 Jean‐Francois Lyotard（利奥塔，1924—1998）联系密切。利奥塔将"后现代"态度界定为"不相信宏大叙事"，并以此凸显了叙事与知识的关系，从而对启蒙运动以降的现代理性主义传统展开了深刻的反思。利奥塔之所以如此防范宏大叙事，是因为宏大叙事中含有未经批判的形而上学。从表面上看，如果我们沿用利奥塔的概念，似乎全都是由"小叙事"构成，而缺乏整体的"宏大叙事"，构成艺术的诸"小叙事"之间似乎缺乏有机的联系，因此，从某种角度看，也可以认为宏大叙事带有一些"后现代"特征。在 Stevien Best（贝斯特，1956— ）和 Douglas Kellner（凯尔纳，1963— ）合著的 *Postmodern Theory：Critical Interrogations*（《后现代理论：批判性的质疑》）①中，利奥塔拒斥宏观理论而推崇差异与悖谬推理，并且指责总体性、宏大叙事、共识及普遍性等。总体地评价，利奥塔反对宏观理论，解构了宏大叙事。上述著作是我们深刻理解利奥塔与宏大叙事的对立关系的有力向导，在基本精神上，后现代理论与宏大叙事是两个对立的概念。

在更进一步的阐发中，Dorothy Ross（罗斯，1936— ）对她所使用的"宏大叙事"这一概念做了解释。她说，她所用的"宏大叙事"一词是指对于 The story of all humanity（整个人类的叙述），有开始、中间和结尾。这种用法与 Allan Megill（阿伦·麦吉尔，1954— ）在 *Grand Narrative and the Discipline of History*（《宏大叙事与历史学科》）一文中的用法相同。② 只是麦吉尔区别了"宏大叙事"与"主叙事"（Master narrative）即对一个国家或地区的叙事，而罗斯则说明她要讨论的美国和欧洲的主叙事，与人类进步的宏大叙事密不可分，而且一般都暗示了人类进步的宏大叙事的存在。也就是说，现

① *Postmodern Theory：Critical Interrogations*，《后现代理论：批判性的质疑》，1991 年由美国 Macmillan 公司出版，1994 年台北巨流图书公司推出朱元鸿等的译本，国内的中译本由中央编译出版社于 1999 年 2 月出版，张志斌译。

② Allan Megill，*Grand Narrative and the Discipline of History*，in *A New Philosophy of History*，Frank Ankersmit and Hans Kellner，eds.，Chicago，1995.

代欧美史学写作的主叙事与宏大叙事密切相关，而且主叙事一般对宏大叙事都有所反映。

从麦吉尔等学者的连续性来看，宏大叙事是西方历史编纂学中长久盛行的一种叙述。麦吉尔说，他借用的是利奥塔在《后现代状态：关于知识的报告》① 中所使用的"宏大叙事"这一术语，在保留的同时做了些修改。依照利奥塔在该文中的表述，宏大叙事可以表述为"证明'科学知识的合法化'话语的合法化的叙事"②。在麦吉尔看来，"宏大叙事"这个术语最好被看作是指代一种无所不包的叙述（An all‐embracing story），按照开头—中间—结尾的顺序来布局谋篇是其最显然的意义。麦吉尔讲明自己在文章中打算运用"宏大叙事"更为概括的含义，是指代一种连贯性的观点（A vision of coherence），特别是一种概括明了、足以支持客观性的主张的观点，"终极世界的统一"是这种叙述的基本假设之一。③

大致看来，宏大叙事本意是一种"完整的叙事"，就是无所不包的叙述，具有主题性、目的性、连贯性和统一性。史学中的"宏大叙事"这一概念与历史认识论息息相关，与历史的发展规律及史学家对于这种规律的探索与认识紧密相连，隐含着使某种世界观神化、权威化、合法化的本质。罗斯这样写道，"由于将一切人类历史视为一部历史，在连贯意义上将过去和将来统一起来，宏大叙事必然是一种神话的结构。它也必然是一种政治结构，一种历史的希望或恐惧的投影，这使得一种可争论的世界观权威化"。④因此，史学宏大叙事往往与意识形态脱不了干系，《大》就是当下活的例证，如图 4‐15。

① Allan Megill, Grand Narrative and the Discipline of History, in *A New Philosophy of History*, Frank Ankersmit and Hans Kellner, eds., Chicago, 1995, p. 151.

② Ibid., p. 152.

③ Jean‐Francois Lyotard, *The Postmodern Condition: A Report on Knowledge* (1979), trans. Geoff Bennington and Brian Massumi (Minneapolis, 1984), xxiii. quoted in Allan Megill, op. cit., References, 264. 利奥塔：《后现代状态：关于知识的报告》，载于《后现代主义》，赵一凡等译，社会科学文献出版社 1999 年版，第 2、10、11 页。

④ 同上书，第 4 页。

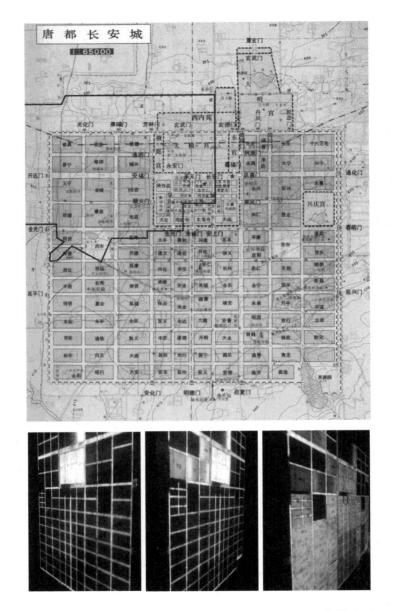

图 4－15　上为唐都长安城平面图，来自西安市莲湖区档案馆官网（http://www.xalhda.gov.cn）；下三张照片为陕西历史博物馆二楼展厅运用现代光电技术展示唐长安城布局，随着光线的明暗，可逐一展现南北中轴线、纵横干支、街区格局等，笔者自摄

　　笔者认为，宏大叙事是一种完满的设想，是一种对于人类历史发展进程有始有终的构想型式。由于这种设想无法证实，反而常常会遭到现实的打击

而破灭，因此，不免带有神话的色彩，就像受众尤其学界其实不买《大》的账，《大》只不过是一厢情愿，打着"联合国""国际""美国""Hollywood""IMAX 3D"这些猎猎大纛敛财吸金罢了。另一方面，宏大叙事是针对整个人类社会历史发展进程所进行的大胆设想和历史求证，它的产生动机源于对人类历史发展前景所抱有的某种希望或恐惧，总要涉及人类历史发展的最终结局，总要与社会发展的当前形势联系在一起，往往是一种政治理想的构架。虽然，近些年来，西方史学循着突破"政治—军事—国家"的框架前进，宏大叙事的走向偏重经济和文化，但是，无论经济还是文化，从最终的结局来说，仍然摆脱不了与政治结构及社会意识形态的干系。宏大叙事与其说是一种历史叙事，不如说是一种历史构想。它因逝去的历史事实而证实，因将来的历史事实而证伪，是史学家的希望和寄托，是史学家的激励和追求，在这一点上，大明宫国家遗址公园在建筑学、历史学、考古学、民俗学、美学上的价值要比其衍生的《大》有分量得多。《大》这样的拙作只能为意识形态招魂，陈旧迂腐的艺术词汇在高清晰胶片上书写着江郎才尽和黔驴技穷，庸俗媚俗甚至低俗的审美情调在杜比立体声的环绕下激荡着空空如也和轻如鸿毛。这不是宏大叙事之错，更非唐情结甚或中国传统文化精神之错，这只是几个最多一伙跳梁小丑在传媒、建筑、政治三重面具后的傩戏——一出没有清醒者更没有赢家的闹剧。

宏大叙事，不仅是整个西方史学的难题，也是整个世界史学的难题。这一难题之所以难，一因缺少可以一贯之的圆满主题，二因缺少圆满的社会发展理论来指导。宏大叙事面临的另一个巨大障碍，也许就是后现代理论的自毁性（Self-destruction）。宏大叙事的构成，是以对历史的全面形态有确切的把握——这种确定性为基础的，后现代主义虽然为宏大叙事的建构提供了多样性的选择，但同时也瓦解着宏大叙事的基础，结果增加的是更多的不确定因素。

中国尤其中西部的很多地市，正在构筑着一个个宏大叙事的梦，主张建筑物的体量要尽可能的雄伟、高耸，誓夺中国第一、亚洲第一、世界第一；而城市规划更要广，要宽，要全，要大，显示出大气魄、大手笔、大风范，让人回想起"文化大革命电影"的"假大空"与"高大全"。他们纵横捭阖，激扬文字，在这些"理想国"与"乌托邦"的身后，实则是空洞与无奈。城市是给人居住的地方，中国人多地少，交通、能源、生态并不理想。文化与历史的融合，艺术与实用的契通，才是建筑的至境。让人身心宜居的城市，才是我们最终的梦想。

4.7　园林中的"影"——蕴含丰约人文情愫的营造语汇及其华夏美学韵致

　　影，是一种独特的营造语汇，于中国古代建筑尤其园林裨益良多，但却一直未被学界充分重视。笔者结合《全唐诗》《全宋词》中摹写园林中诸物之影的佳句，体认"影"对建筑空间绵延性与幽深感强大的拓展功能，影足可令园林绝处逢生，锦上添花，彰显动静相宜、虚实相生的美学至境。

　　园林，是当之无愧的综合艺术。中国古典园林注重意境，视"虽由人作，宛自天开"①为美学至境，为了追求情景交融，常虚实相生。山水草木、亭台楼阁、墙地门牖皆是实景，司空见惯，欲洞察虚景之妙，则须从"影"入手。影，是营造虚景的主要语汇，是古代造园的独特匠心。影因生发机制不同而种类繁多，与造园休戚相关的大致有山水之影、花木之影、鸟兽之影、物什之影、人影五大类。

　　山，是造园必不可少的工序，不管是借山入园，还是掇山、塑山，都必须做好"山"这门功课，正所谓"一池三山"。②因此，山影，也是造园语汇之一，厚重的山影倾泻地上，书写着山的凝重与端庄。游人见"云容山影两嵯峨"，③顿时滋生眷恋，不愿归去。文人常"扫径兰芽出，添池山影深"，④徘徊吟咏。山倒映水中，山影相连，虚实互生，妙不可言。"山影水中尽，鸟声

---

① 计成《园冶·园说》。
② "一池三山"是中国园林的古典范式，笔者此处旨在强调一个池尚需配搭三座山，突出山之多，山之重要。
③ 刘长卿《岳阳楼》。
④ 钱起《春谷幽居》。

天上来"① "溪水浸山影，岚烟向竹阴"② "山影沉沉水不流"③ "山影暗随云水动"④ "水风山影上修廊"，⑤道尽山与影的血肉联系，正所谓"山一程，水一程"，⑥定叫游客魂牵梦萦。山影，也是园林造山出奇制胜之法门。

水，是造园中十分关键的元素。"山以水为血脉"，⑦水之影，灵动溢光，晶莹浮跃，是水之秀清静明的华彩乐章。"云光侵素壁，水影荡闲楹"⑧ "绿窗笼水影，红壁背灯光"，⑨墙壁、窗楹在水影云光的照映下，仿佛知人心思。还是李白最得诗文三昧，"水影弄月色，清光奈愁何"，⑩ 周密又言"月香水影，诗冷孤山"，⑪水月光影在他的心中总是那么情投意合。水，因器赋形，随势高低，因风起浪，水影也是不拘一格，其中，波影亦是造园难得的手段。"桃李尽无语，波影动兰舟"⑫ "日光浮霍靡，波影动参差"，⑬波光涟影令景物明艳炫目，"波影摇妓钗，沙光逐人目"⑭ "岸容浣锦，波影堕红"，⑮游客"堪窥水槛澄波影"，⑯波影逐游人，人在波影中，真是妙趣横生。理水，是造园的基本功，泉瀑渊潭、溪涧河流、池塘湖泊、港汊湾汀、沟沚鸿渚皆可成影，它们辉映日月，叠印霓霭，形成千姿百态的倒影、清影、流影、波影，使园林熠熠生辉，婀娜多姿，五光十色，如图4－16。

① 戎昱《题招提寺》。
② 戎昱《题严氏竹亭》。
③ 李涉《秋夜题夷陵水馆》。
④ 刘沧《晚归山居》。
⑤ 黄庭坚《画堂春·摩围小隐枕蛮江》。
⑥ 清·纳兰性德《长相思》。
⑦ 郭熙《林泉高致》。
⑧ 唐·张南史《独孤常州北亭》。
⑨ 白居易《江南喜逢萧九彻因话长安旧游戏赠五十韵（见才调集）》。
⑩ 《金陵江上遇蓬池隐者时于落星石上以紫绮裘换酒为欢》。
⑪ 周密《木兰花慢·觅梅花信息》。
⑫ 叶梦得《水调歌头·修眉扫遥碧》。
⑬ 陈翊《龙池春草》。
⑭ 孟浩然《初春汉中漾舟》。
⑮ 张矩《应天长·岸容浣锦》。
⑯ 陆龟蒙《袭美以纱巾见惠继以雅音因次韵酬谢》。

图 4 – 16　园林中的月影、树影、云影、竹影及其不同的造园功能，图片来自百度百科，由作者编辑

　　园中百花，林中万木，琳琅满目，争奇斗艳。花草树木之影，同样千姿百态，变化多端，是造园语汇之妙笔。张先凭"云破月来花弄影"①"娇柔懒起，帘压卷花影"②"柳径无人，堕风絮无影"③三句而获"张三影"之美名，羡煞多少后学。若使花影生出动态，则会锦上添花，"花影飞莺去，歌声度鸟来"④"美人不眠怜夜永，起舞亭亭乱花影"，⑤花美人美，美艳之景"花影深沉遮不住"，⑥真乃人生一大快事。人活百年，失意多，"美酒一杯花影腻，邀客醉"⑦"醉后满身花影、倩人扶"⑧"泪痕深、展转看花影"；⑨困顿多，"花影乱，莺声碎"⑩"花影压重门"⑪"满身花影弄凄凉"；⑫苦痛多，"空帘谩卷，数日更无花影"⑬"花影底，长年恨锁云容"；⑭哀怨多，"风引漏声过枕上，月

---

①　《天仙子·水调数声持酒听》。
②　《归朝欢·声转辘轳闻露井》。
③　《剪牡丹·绿野连空》。
④　谢偃《踏歌词三首》。
⑤　戴叔伦《白苎词》。
⑥　殷尧藩《闻筝歌》。
⑦　欧阳修《渔家傲·露裛娇黄风摆翠》。
⑧　晏几道《虞美人·疏梅月下歌金缕》。
⑨　陆游《月上海棠·兰房绣户厌厌病》。
⑩　秦观《千秋岁·水边沙外》。
⑪　李清照《小重山·春到长门春草青》。
⑫　范成大《虞美人·谁将击碎珊瑚玉》。
⑬　张炎《琐窗寒·乱雨敲春》。
⑭　仇远《渡江云·流莺啼怨粉》。

移花影到窗前"①"花影移来，摇碎半窗月"，②能有美人相伴，能有林园游赏，复又何求？另，树影婆娑，"日滟水光摇素壁，风飘树影拂朱栏"，③白居易赏玩小楼，得其自在。贾岛信步《泥阳馆》，"夕阳飘白露，树影扫青苔"，得其幽静。方干拾阶环溪亭，"树影兴余侵枕簟，荷香坐久著衣巾"，④得其秾丽。皎然访贤何山寺，"夜倚月树影，昼倾风竹枝"，⑤得其高洁。齐己修禅道林寺，"门前石路彻中峰，树影泉声在半空"，⑥得其超脱。杨齐哲《过函谷关》，"河光流晓日，树影散朝风"，得其阔达。辛弃疾少年痛饮，"明月团圆高树影"，⑦得其豪爽。花木之影给予园林不同的韵致，游客所感也各不相同，正所谓"一切景语皆情语"。⑧

　　古之苑囿，蓄养鸟兽虽不多，但却精心遴选。鸟兽嬉戏林间花下，其影跃动，亦可一观。"蝉声集古寺，鸟影度寒塘"，⑨寺因鸟影而生趣。"鸟影垂纤竹，鱼行践浅沙"，⑩竹因鸟影而灵动。"猿声连月槛，鸟影落天窗"，⑪窗因鸟影而扑簌。"鸟影度疏木，天势入平湖"，⑫树因鸟影而疏离。"鸟影参差经上苑"，苑因鸟影而喧闹。鸟兽之影惠及园林的是生命鲜活的声与色，亦很难得。

　　人，也是园林一景。人之美，其他任何景观皆不可比。现代诗人卞之琳《断章》云："你站在桥上看风景／看风景人在楼上看你／明月装饰了你的窗子／你装饰了别人的梦。"风景因人的介入而有了景深，有了人文精神，也有了丰富的情境。人是园林必不可少的一部分。"磬声花外远，人影塔前孤"，⑬这人好孤独；"人影动摇绿波里"，⑭这人好惬意；"归路有明月，人影共徘

---

① 无名氏《长信宫》。
② 赵长卿《醉落魄·一斛珠》。
③ 《宅西有流水墙下构小楼临玩之时颇有幽趣吟偶题五绝句》。
④ 《睦州吕郎中郡中环溪亭》。
⑤ 《灵澈上人何山寺七贤石诗》。
⑥ 《道林寺居寄岳麓禅师二首》。
⑦ 辛弃疾《清平乐·少年痛饮》。
⑧ 王国维《人间词话》。
⑨ 杜甫《和裴迪登新津寺寄王侍郎》。
⑩ 张祜《忆云阳宅》。
⑪ 李商隐《因书》。
⑫ 袁去华《水调歌头·鸟影度疏木》。
⑬ 司空图《偶书五首》。
⑭ 刘希夷《公子行》。

徊"，①这人好茫然；"池水澄澄人影浮"，②这人好悠闲；"人影窗纱，是谁来折花"，③这人好俊俏。人因处境情绪的不同，带给游人的感受亦不相同，人影使园林有味，酸甜苦辣，悲欢离合，尽在无言的风景中。

笔者遍察诸影，旨在揭橥影如何惠及宫苑墅殿、亭台楼阁、馆轩斋堂、庭廊榭庄、村舍寨坞、寺观庵院、庐穴巢窟、塔龛墓冢，如何使山岩溪池、洞港洲渚、门墙路径、帘窗户牖、顶柱拱檐、槽墩壁屏、桥闸棚架、栏障篱竿不同凡响。难怪明末郑元勋要将自己的私园名曰"影园"，真是独具慧眼。影，在园林中无处不在，无时不有，确是活色生香、锦上添花的神来之笔，园林、古建筑创作与工程建设者应高度重视。

4.8　影像主题建筑"物化"的生活美学及其环境行为学"锚固"④

所谓"影像主题建筑"，笔者译为 Buildings Orientated Image，是指定位于制作、收藏、展映、研究影像的建筑，如电影制片厂、电影博物馆、电影资料馆、电视台、广播电视博物馆等。此类建筑直接容纳影像的生产与消费，自然在设计理念上要突出影像特色。

因制作过程是流水线作业，电影制片厂/Film Studio 都定位于工业建筑，多为独立的1—2层厂房，不会设计成高层建筑。拍摄影片是一项复杂的工作，必须事先认真准备。拍摄工作要在具有特别设备的摄影棚内进行。制片厂由一系列的车间组成：摄影车间、灯光车间、录音车间、制景车间、化服道车间、剪接室、放映室等。化服道车间最为烦琐，要解决油漆、木工、缝纫、烟火、枪械、动物的制作与保管，多为仓库。还得有乐队、合唱队和动效工作间。此外，必须有发电所、蓄电所、车队、水塔、泵站、烟囱、食堂、

---

① 辛弃疾《水调歌头·今日复何日》。
② 周邦彦《长相思·沙棠舟》。
③ 蒋捷《霜天晓角·人影窗纱》。
④ S. Holl（霍尔）的 Anchoring 通常被汉译为《锚固》，强调建筑是受地点限制的，建筑总是被束缚在特定的情境中，与特定场所的经验交织在一起。

办公楼等。设计电影制片厂，必须做到：①有良好的采光和照明；②有良好的通风；③控制噪声；④要充分考虑温度、湿度、洁净度、无菌、防微振、电磁屏蔽、防辐射等方面的特殊要求，要在建筑平面、结构以及空调、暖通等方面采取相应措施；⑤要多设计出口与入口；⑥要意识到电影制片厂是文化艺术单位，整体环境的设计要优雅，色彩不宜浓烈，绿化植被要体现人文素养。

在从事影视实践与理论研究的职业生涯中，笔者数次走进北京电影制片厂（如图 4-17）、八一电影制片厂、中央新闻纪录电影制片厂、西安电影制片厂以及上海电影制片厂，深感它们的确彰显了上述独立庭院制造业厂房式功能主义（Functionalism）建筑设计理念：外观低调，占地广阔，粗放疏旷，贴地坐实，朴拙浑厚，多为排架或钢架结构，是典型的制造业工厂，对建筑的最高要求就是实用，其次便是经济。乍看起来，这与电影的艺术禀赋和审美情韵似乎相去甚远，但是，却能最利于电影的制作与生产。由于纪录片和故事片在制作上差异很大，北影厂隔壁的新影厂就小得多，内部车间也少了很多。到了以动画片为主的上海美术电影制片厂，则更小，更集中。

图 4-17　2011 年冬，为了给建筑动画片《拜水丹江 问道南阳》虚拟演播室 Camera 动作捕捉物色最佳的演员，笔者赴正在拆除中的北京电影制片厂门口面试群众演员，破败的建筑与兴旺的产业极不相称。图片由笔者自摄并做简单的 Photoshop 处理

　　我国的电影制片厂大多是建国初期计划经济的产物，设计理念深受苏联现代建筑师联盟（OCA）、新建筑师协会（ACHOBA）之影响，结实耐用，造价低廉。20 世纪 50 年代，电视成熟，电影受到空前冲击。20 世纪 90 年代以后，网络勃兴，电影日渐萎靡。在城镇化浪潮中，大城市的土地寸土寸金，电影制片厂占据大块城市国有土地却资不抵债，入不敷出。如今，位于北京市北三环的北影厂早已名存实亡，厂区出租给了民营影视公司。西安虽没有北京那么多影视公司，占地 330 亩的西影厂如今却闲置萧条，冷清寂寥。中国电影集团则在北京市北郊另购地皮，投资兴建了又一个实用主义至上的厂房式电影生产工厂，这次名曰"影视基地"。很明显，该基地的资源集约度高了很多，厂房多为碳钢龙骨结构，内部设备的计算机化增强，新增了多个数字特效车间。只要电影制作的线性规律不变，为电影生产而设计的建筑始终应追求实用和经济。

　　洗印、复制电影拷贝的工厂是电影洗印厂，因其几无艺术性，常与电影制片厂分设。北京电影洗印录像技术厂、上海电影技术厂同样诞生于 20 世纪五六十年代，草图曾得到苏联著名建筑师维斯宁三兄弟［Леонид Александрович Веснин（1880—1933）、Вик‐тор Александрович Веснин（1882—1950）、Алек‐сандр Александрович Веснин（1883—1959）］的当面指点，亦为普通的工业建筑，但占地面积小，单体空间有限。考虑到胶片冲洗要在暗房完成，故地下部分多达三层，显影机、定影机、烘干机、配光机等设备密布，且排水系统发达，以便洗印过程中产生的大量银盐、卤离子和重金属污染物快速排出。实为化学工业的电影洗印厂要投入很大财力、人力处理好工业废水，环保压力很大，这也是电影数字化成为必然趋势之根由。

　　保存、收藏各种电影资料的建筑是电影资料馆。中国电影资料馆负责汇集国产影片的底片素材、拷贝、电影剧本、分镜头剧本、完成台本、剧照、海报等档案，也保管部分外国电影拷贝，开展学术交流与史论研究。位于北京市西城区小西天的该馆，定位为普通办公楼，外观并不起眼，为多层建筑，砖混结构，内部设施比较陈旧，有效空间并不开阔，令人怀疑如此有限的空间怎么能盛放不断增多的电影资料。特别是，笔者在各层均未发现消防设施，一旦失火，燃点很低的胶片定会快速化为灰烬，重演电影史上屡屡出现的影片毁于一旦之悲剧。与其说这幢再普通不过的钢筋水泥办公楼是简约主义（Simplism）功能至上的，弗如说其实是内部主义①的，是典型的"容器说"，这是大多数国人看待建筑的观念——只重视内部的实际功能，丝毫不关心建筑的造型与外观，更莫提建筑的城市坐标及建筑与环境的关系。即使是从事艺术工作的电影人，这种观念依旧根深蒂固，这尤其见于日本 NHK 大厦与英国 BBC 总部的设计中。

世界上最大的电影资料馆是位于巴黎市的 Cinémathèque Française（法国电影资料馆），旧馆在塞纳河边的夏约宫地下，20 世纪 30 年代由 Henri Langlois（朗格卢瓦，1914—1977）创办。第二次世界大战时，德军毁灭了所有 1937 年前的电影拷贝，朗格卢瓦将大量资料转运，从而保存了许多珍贵的影片。战后，法国政府为其提供了一个小放映间、一些工作人员及少量资助，许多 20 世纪四五十年代的欧洲著名影人经常聚会于此。这个地方颇有文脉，1968 年成为学生运动的策源地之一。旧馆设备和放映厅都很简陋，厅里居然有几个死角，看不到银幕，实乃建筑尤其室内设计之败笔。新馆气派了很多，在十一区比较现代的 Bercy，主体是三个放映厅，最小的厅也能容 80 人左右。三层、四层是常设性常态博物馆，主要展出电影史料与实物。五层是现代展厅，经常搞特殊的主题展览，规模很大，一般与正在放映的影片挂钩。展览和放映只是电影资料馆的主要功能之一，它还能为公众提供所有关于电影的服务，如西侧的图书馆。

与法国电影资料馆一样，Museum of Television and Radio in NYC, USA（美国纽约电视广播博物馆）也是私立的，建筑定位于多层现代写字楼，具有浓郁的新古典情怀，包含着馆主游走于艺术与商业之间的从容与自信。馆内，随处可见竖立板柱承重体系，这是社会理想的标准化构件，机器生产的典型产物，能够担当社会职责和生活压力，蕴含着欧美知识精英内心深处抹不去的对古希腊、古罗马的向往。此外，房屋底层采用的是独立支柱，屋顶花园很讲究，自由的平面和立面以及横向长窗比比皆是，这一切都是典型的"内嵌说"，让笔者感受到勒·柯布西耶的现代主义遗风，足见他对西方建筑影响之深广。

---

① 笔者英译"内部主义"为 Innerism。

　　显然，法国电影资料馆的目标是"电影博物馆"，中国在这方面捷足先登，领先世界。2007 年 2 月开馆的中国电影博物馆，是目前世界上最大的国家级电影专业博物馆，是纪念中国电影诞生 100 周年的标志性建筑，是展示中国电影百年发展历程、博览电影科技、传播电影文化和进行学术研究的艺术殿堂。

　　中国电影博物馆坐落于北京市朝阳区东北部，建筑面积近 38000 平方米，展线长度 2970 米。该馆由创办于 1946 年的美国 RTKL 建筑事务国际有限公司与北京建筑设计研究院联合设计，前者奉行多元主义建筑观和全球化管理观："世界不是一维的，我们的对策也不是一维的，我们喜欢从多维迎接挑战。有时我们侧重形式，有时侧重功能，我们几乎总能让业主体验到建筑的丰富内涵、物质享受且造价低廉，我们能让用户产生共鸣。我们将使世界更宜居。"①基于此，该馆的设计理念便体现出电影艺术与建筑语言的平衡，不仅可以让观者感受立体的视觉冲击，而且能使其仿佛置身电影之中，将强烈的视觉效果升华为综合的全方位体验。该馆外观不仅气势宏伟，而且充满独特的艺术特色，如图 4 – 18。

图 4 – 18　中国电影博物馆外观，实景，笔者自摄

---

　　① 　原文见于 http：//www. rtkl. com/ThoughtHubs，笔者译。

　　在主体建筑的前方，巨大的银幕与广场上一道断续的斜墙构成形似一个半开半合的场记板的平面组合。建筑采用黑色作为基色，并使用镂空图案的金属板作为外层装饰，增强厚重感和质感。在协调、庄重的黑色背景上，四个立面根据建筑内部空间的位置分别辟出一片大型彩色玻璃面，红、绿、蓝、黄分别代表该馆展览、博览、观影、研究四种功能。主体建筑为多层，内部采用黑、白、灰三色作为基调，典雅而沉静，象征着默片和黑白影像记载的电影史。其他一切色彩在这样的基调下显得更加五彩斑斓：巨型的彩色玻璃在自然光的照射下，投射出多彩的个性；能够不断地变换色彩的中央圆厅环形墙壁，华美鲜艳；电梯内的装饰灯流光溢彩，让观众在游览过程中体验视觉享受带来的惊喜。馆内设有 20 个展厅，介绍中国电影百年发展史以及电影科技史。另有临时展厅、报告厅和多功能厅，还有巨幕电影厅、数字电影厅、三个 35mm 电影放映厅。各展厅都是环形的，信步其间，不知不觉便来到下一厅的入口，让人游兴盎然。

　　毕竟是中国的建筑，中国元素自然不可或缺。该馆一层有竹，有椅，可休憩观赏。有四个不同主题的中庭，或庄严，或明净，或闲适，或清幽，流连其间，宛如置身中国园林，令芸芸超脱电影，不被类型电影之低俗与匠气所浊，独享电影视觉与画面之美，领略消费电影之后的身心愉悦。笔者多次游历该馆，徜徉其间，获益匪浅，但发现观众中观看时尚影片者众，观展尤其细观介绍电影制作技艺的"博览区"者寡。大多数观众只不过把中国电影博物馆当作一个票价低廉的电影院。在这个传媒甚嚣、网络恣肆、娱乐风行的时代，电影显得力不从心，早期电影人的物什尤其淡泊名利、筚路蓝缕的精神早已被当下明星大腕的贪财势利、矫揉造作湮没，年轻人沉浸在追星乃至成名的狂热中，无暇瞻仰前辈，无心学习历史。来中国电影博物馆的人中，又有几人会读懂这建筑内外的深刻意蕴呢？①

　　早在 20 世纪 80 年代，就有人提出创建中国电影博物馆，创办人在改革开放的前沿窗口——深圳市奔走多年，最终还是夭折于那块文化沙漠。经济

---

　　①　建筑学者解读该馆的佳作可参：①柯蕾、杨超英、刘锦标《中国电影博物馆设计》，《建筑创作》2006 年第 3 期；②王韬《故事中的黑色"咔拉板"——中国电影博物馆设计解读》，辑于张路峰、金秋野编《建苑文心：建筑评析论文集》，中国电力出版社 2008 年版。

的发展，城市的扩张，最终都代替不了人类对精神的追求，唯有文化方可抚慰人类的焦灼与孤独，唯有艺术才能安顿人类羁旅漂泊的心灵。北京市之所以需要中国电影博物馆这样一个根本不赚钱的公共文化设施，就在于北京不同于深圳。在城镇化的快速进程中，北京，这座拥有深厚历史文脉和文化积淀的城市，比以往任何时候都需要古今对话，新旧碰撞，中西结合，这集中体现于 CCTV 新厦，如图 4 – 19。

图 4 – 19　冉·库哈斯设计的 CCTV 新厦外景，实景，图片由作者自摄

这座被质疑为"好看难建"的"最危险的建筑"出自荷兰大都会建筑事务所（OMA）建筑师 Rem Koolhaas（库哈斯，1944—　）之手，始终备受争议。库哈斯早年是记者和电影剧本撰稿人，后转学建筑。吴良镛先生极力反对，他曾与何祚庥、周干峙等 49 名院士联名上书中央，提出批评，建议国家让本土建筑师操刀。有人讥讽其为丑陋的"大裤衩"，有人却赞誉它隐喻中国传媒的"世纪之跨"，惊呼它原来是两个"Zoom"的字首"Z"的变形与组合，酷似睁大的眼睛，象征中国电视聚焦东方与西方，凝眸寰宇。笔者经常路过这座建筑，每每细品，总觉得其创意不凡。CCTV 新厦的结构是由许多个不规则的菱形渔网状金属脚手架构成的，这些脚手架构成的菱形看似大小不一，没有规律，但实际上却经过精密计算。由于大楼的不规则设计造成楼体各部分的受力有很大差异，这些菱形块就成了调节受力的有效工具：受力大的部位，将用较多的网纹构成很多小块菱形以分解受力；受力小的部位刚好相反，用较少的网纹构成大块的菱形。笔者走进其间，深切感受到这座建筑空间的高度开放性。该大厦有超过 1/4 的场所是完全面向公众开放的，总是能令人情趣盎然，充分体现出英国学者 Geoffrey Scott（杰弗里·斯科特，1883—1929）在《人文主义建筑学——情趣史的研究》①描绘的那种体量、空间、线条、一致性之统一。

众所周知，电视是传媒的重镇，传媒是现代社会最开放、最包容的文化公器。为这个沧桑伟大的民族，为这个意气风发的时代，为这座朝气蓬勃的城市，为这种沸腾喧嚣的行业——推出 CCTV 新厦这样的设计，笔者相信，库哈斯的选择是独到的，北京市的选择是正确的，中国的选择是睿智的。

影像主题建筑是最接近影像的一类建筑，二者作为主体的独立性本身早已毋庸置疑，于此更能凸显融合性与互渗性。此类建筑作为审美大众化抑或生活美学日常化之"物"的凝聚，"瞄固"的正是一种现象学情怀下的环境行为学②观照，时刻召唤人徜徉其间，阅读影像，领悟人生。

4.9 会堂内"可见/在场"的影像与"不可见/不在场"的权力

会堂，Assembly Hall / Conncil House，是举办大型会议的专用建筑，是典型的政治性建筑。根据会堂所有权人的政治背景，可划分为国际会堂、国家会堂和地区会堂三个等级。国际会堂供举行国际会议之用，多建在国际化大都市中，一般单厅要容纳 10000 人，如联合国总部大厦、日内瓦国际会议中心、北京国际会议中心。国家会堂一般建在该国首都的中心地区，是国家中央权威的象征，如美国国会大厦、英国议会大厦。位于北京天安门广场的人

---

① 可参张钦楠译本，中国建筑工业出版社 2012 年版。
② 可参李志民、王琰《建筑空间环境与行为》，华中科技大学出版社 2007 年版。

民大会堂，是世界上最大的国家会堂。地区会堂多位于各省的省会或最大的城市，法庭也是一种地区会堂。会堂并不是盛纳各类经济尤其商业主题展会的建筑，尽管这种会展中心、展览场馆也是宏大的公共建筑，但其设计之初的功能定位不具备政治预设性，业主也多非国家或政府，因而，本质上是商业空间。会堂，是国家意志的策源中枢，是中央集权的运作场所，是民主决策的最高殿堂。会堂，是典型的政治空间。

无一例外，会堂都很重视利用影像。除了在室内四壁悬挂大好山河、伟人领袖以及历史大事的静态影像外，还注重发挥电视的现场直播与新闻报道功能。通过电子大屏幕对主席台上发言人进行近景定焦即时同步放大，对会议全程录像录音，有时还需远程电视会议。会堂总能吸引各大媒体聚焦会议的大小要员与巨细事项，不论会议是否直接关涉政治，在会堂这种宏伟建筑内举行的会议均会被涂抹上强烈的政治色彩，宛如一场盛大而隆重的权力展览。会堂内的影像，对强化建筑空间的政治隐喻功不可没，是一种空间政治学的具象化。

法国思想家 Henri Lefebvre（列斐伏尔，1901—1991）断言，空间，始终具有政治性和意识形态性，"有一种空间政治学存在，因为空间是政治的"。① "空间具有政治性，空间离开意识形态或政治内容就不是一种科学对象，它总是包含着政治性和策略性……空间的生产能够与任何特殊形式机制的生产相类同。"② 他认为，社会空间作为政治空间而被概念化，国家生产了不同的等级性空间，但同时根据其上下内外的发散关系形成了空间的同质化（Homogenization），这是发生在国际、国家、地区、城市内部的现实状况。列斐伏尔对这个过程中国家的作用进行了分析：第一，政治空间的生产——民族疆域，政治空间并不是民族存在的结果，而是国家和民族历史结合的产物，民族通过国家意志被界域化（Territorization）；第二，通过物质的空间分布而实现社会空间的生产，社会空间的生产通过人们的基本共识而组建社会的组织结构；第三，通过国家公民的个人表现而实现精神空间的产生和占有，于是，这一空间生产观念被历史的、时态的分析所凝固，成为穿透政治学和政治经济学

① Henri Lefebvre, *The Production of Space*, Wiley – Blackwell, 1992, p. 3.
② Ibid., p. 7.

的一束炫目光芒。由于国家意志或中央集权已深入我们日常生活的各个方面，国家权力日益渗透到公民社会，空间走向政治化（Politicalization），空间的矛盾也变成直接的政治矛盾，如图4－20。

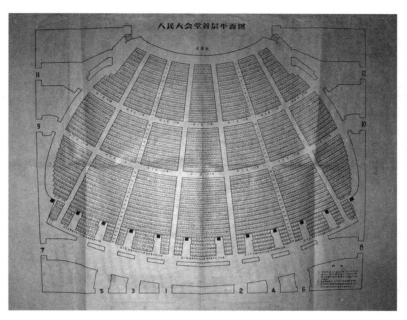

图4－20　人民大会堂首层平面图
印制于1950年，图片来自中国书店官网 http：//www. zgsd. net

与空间政治化同行的是空间公共化与私人化的分野。这种分野指的是制度化的政治权力与外在于国家控制的私人活动之间的区分。在这个意义上，"公共的"意味着可见的（Visible）或可以观察到的（Observable），是在前台上演的；而"私人的"则是隐蔽的，是私下或有限人际圈子中的言行。对包括摄影、电影、电视在内的现代传媒持激烈批判态度的哈贝马斯断言，公共领域在20世纪因传媒尤其影像的发展而衰落了。哈贝马斯的"公共领域"本质上是一个"对话性"的概念，意指在一个共享的空间中平等参与的个体面对面地交谈与对话。哈贝马斯的"公共领域"一是强调交流面对面的性质，二是强调它的口语性。① 显然，这样的"交往"与经过传媒中介而维持的

---

① Habermas Jürgen, *Theorie des kommunikativen Handelns ∕ The Theory of Communicative Action.* translated by Thomas McCarthy，Cambridge：Polity（published 1984 – 1987），pp. 12 – 15.

"交往"之区别是显而易见的,因而也与影像所创造的公共空间相去甚远。

相比之下,列斐伏尔对空间公共性即空间作为权力容器的阐发更为深沉。"因为,空间是政治的,因而有空间政治学……空间不仅是发生权力冲突的地方,而且是权力斗争的本身。空间是一种政治的活动和政治的生产。"① 在这里,空间不是简单的传统地理学尤其是几何学意义上的存在,而是一个社会关系的重组与社会秩序的建构过程;空间不是一个抽象逻辑结构,而是一个动态的实践过程。他强调,现代社会已由空间中事物的生产转向空间本身的生产。由此,城镇化把空间塑造为社会的"第二自然",而全球化实际上是一种与资本主义相关的各种形式空间在世界范围内的扩张与交织。在全球范围、国家范围、城市范围中,资本主义持续不断地进行着空间的区域化(Regionization)甚至再区域化(Re-regionization)。

问题是,我们应当承认,影像已经创造了新的、传统模式不能容纳的公共空间。发达的传媒使公共性现象已经越来越脱离共享的公共空间,它已经变得去空间化(De-spatializzation),呈现非对话性(Non-dialogicality),而且越来越与由传媒(尤其电视)所生产并通过传媒而获得的独特可见性(Visibility)紧密相关。仔细分析,所谓"去空间化",是指在大众传媒时代,某个事件或个体的公共性不再与一种"共享的共同场所"相关,而是获致一种被传媒中介化的公共性或经传媒调节的公共性(Mediated publicity)。也就是说,个体不必直接参与观察(不在场)就可以通过传媒而彰显这种公共性。影像或曰视觉媒介创造了一种新的公共领域,它几乎是没有边界和限度的,也不必维系于对话性交谈,它已经能够被无数处于私人空间(比如家庭)中的个体所接受。以这种方式,传媒带来的影像促进了具有自身特点与结果的两种迥异类型事件的出现,即经过媒介转掇的公共事件与经过媒介转掇的私人事件,二者相反相成,同为当下社会空间的内容物。

列斐伏尔继承马克思的传统,把空间理解为生产。空间不是一种纯粹的外在物,也不是一种人类对世界的主观理解,而是人的实践,是人创造的物质,是一个社会过程。列斐伏尔认为,马克思关于社会主义生产的定义是满足社会需要的生产,这些社会需要大都关涉到空间。可见,公共性经验与共

---

① Henri Lefebvre, *The Production of Space*, Wiley – Blackwell, 1992, p. 8.

享空间的分离，或公共性与共在语境（The context of co-presence）的分离，必然导致公共空间本质的转化以及个体参与公共性方式的转变。正是这种被中介化的公共性的易获取性已经产生出新的机会与新的问题。新的机会是指，媒介的发展使更多的个体可以体验遥远空间发生的事件，参与全球范围内被中介化的公共空间，从而使自己的公民权利抑或民主权利得以提高。而新的问题则是，更大的可获取性（Retrievablity）与可参与性（Participatory）使那些掌权者一方面更难控制人们对信息的接触，一旦他们控制了传媒，那么其权力将借此覆盖更广阔的空间，导致更可怕的独裁或专制。

那么，影像甚或媒介创造的这种新的公共性与政治权力的关系究竟是什么？应该强调的是，大众传媒所创造的公共性是一把双刃剑。在传媒创造与维持的新公共空间中，政治领袖可以通过前所未有的方式出现在民众面前。这样，民众对政治领袖的认知与评价，在很大程度上必然由传媒来建构。显而易见的是，长相俊美、老道圆熟的政治家可以利用这一点。他们可以精心设计自己的自我表征，巧妙安排自己在这种特定中介化领域的可视性，以获取乃至骗取民众最大程度的信任与支持。由于影像的优势，这种设计行为极大地超越了空间的物理限制。现代政治家不仅频频出现在本国受众面前，而且在世界观众面前登台亮相，当代政治的公共空间是整个地球村。于是，在当下语境中，政治／权力与媒介／影像的关系就非常密切。政治家的"上镜性"是塑造权威的修辞，是笼络民心的罗网，如图4-21。

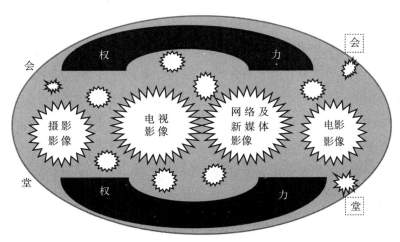

图4-21　会堂内影像与权力的博弈示意，笔者自绘

　　列斐伏尔不满足于资本主义空间与社会主义空间的机械二分，提出了所谓的"空间生产的历史方式"，社会主义空间与资本主义空间只是该方式中两个必经的环节，如同它们是马克思社会形态理论中的两个环节一样。由此，空间生产理论的构架基本完成，即以作为生产资料与消费对象的空间为基础，以空间中的阶级斗争为矛盾的主线，建立起来的一个空间的历史发展模式。笔者发现，横亘其中的正是权力。福柯认为，权力既是一种个体力量或个人能力，又是一种公共性、社会性资源。正因为权力主体占有这种资源，它才能对他者实施统治，有权者与无权者的二元结构才会呈现不平等。① 笔者以为，权力既包括政治、军事、经济等所谓"硬权力"，又指文化、制度、价值观等方面的"软权力"。权力虽然具有不同的形态，但这些形态往往交织在一起。媒介权力是依附性权力，总体上是供硬权力驱使的，但后者也深深依赖于前者；前者装饰了后者的社会形象，证明着后者的合法性。事实上，文化殖民是多形态、多层次权力共同作用的结果。表面上看，文化殖民依靠文化手段，通过意识形态渗透来进行殖民侵略和统治，但在文化殖民中"软权力"的背后必定有"硬权力"在支持，在微观权力之侧必有宏观权力相伴。"软权力"要起作用如没有"硬权力"做基础，必然是失效的。正如亨廷顿指出的，只有硬的经济和军事权力的增长才会提高自信心、自负感，更加相信自己的文化或软权力更优越，并大大增强该文化和意识形态对其他民族的吸引力，② 列斐伏尔也承认，空间是权力的逞能场所，对空间的叛逆与对空间的驯服的历史一样古老，有空间扩张就有空间反制。空间既是统治的手段也是抵抗的工具，空间既能生产也能消费，空间既是镇压之地也是反抗之所。对空间的非常规使用，成为挑战社会秩序的潜在渠道。空间是在各类势力的较量中获得存在价值的。在资本主义通过剥削空间来巩固自身的同时，反抗资本主义统治的空间也不断扩大，后者又延长了资本主义的生存空间。在当代，社会空间变得日益政治化，对空间的控制与反控制跃升为冲突的焦点。

　　在这种冲突中，虽然影像甚或视觉媒介为政治家的可见性设计创造了前

---

　　① 可参 Michel Foucault 的 *Surveiller et punir：naissance de la prison*。汉译《规训与惩罚》，序言，刘北成、杨远婴译，生活·读书·新知三联书店 2007 年版。

　　② 可参周琪译本，《文明的冲突与世界秩序的重建》（修订版），新华出版社 2010 年版。

所未有的可乘之机，但是它也为其权力运作带来了前所未有的风险。在电视出现之前，政治家能够把这种设计行为控制在一个基于人际传播的相对封闭的圈子中，而作为整体的绝大多数民众则难得一睹尊容，他们权力的合法性在一定意义上就是通过这种距离感即不可见性（Invisiblity）来维持的。今天的政治家已不可能用这种方式控制可见性的设计，现代政治的中介化领域以传统集会与古典法庭所无法想象的方式向大众开放，而且大众传媒的本质决定了信息可以通过传媒者无法监视与控制的方式被接受。这样，传媒所创造的可见性可能也是一种新的对于权力的威胁。① 尽管限制依然存在，但总体而言，今天的权力运作发生在越来越看得见的领域，这种新的"全球监视"使政治行为带有前所未有的风险。无论有多少政治家苦心孤诣、搜肠刮肚地控制其公共形象，但依然难免失控。政治领袖可能毁于一次情绪上的偶然失控，一次即兴的失当评论，或一次思虑不周、判断不慎的行为，权力的丧失可能是在一瞬之间。② 传媒创造的可见性是一把双刃剑，今天的政治家必须积极寻求有效驭之，但不能奢望彻底控制它。影像被中介化的可见性是制度化政治不可避免的在场条件，但其对权力的运作同样具有不可见的非在场效应。

列斐伏尔将这种不可控性提升到阶级斗争的高度。在他看来，"阶级斗争介入了空间的生产。只有阶级冲突能够阻止抽象空间蔓延全球，抹除所有的空间性差异。只有阶级行动能够制造差异，并反抗内在于经济成长的策略、逻辑与系统"。③ 阶级斗争源于对这种空间结构两重性日益清醒的认识，而且阶级斗争必须同时以革新社会结构和空间结构为目标。在那些经过重构而获得中心地位的边缘地带，新的机会与行动空间产生了，这是差异所构成的空间，想象的空间将实际的空间开拓成具有彻底开放性的地方。如果新的空间已经成为生产关系再生产的场所，那么它也会成为众多冲突之滥觞乃至革命之渊薮。

鉴于影像的这种双刃性，许多学者开始反思传媒自身的体制以及传媒栖

---

① 胡洪侠：《公众人物与传媒》，《天涯》1997 年第 6 期。
② 如 2011 年在"7·23"甬温线特别重大铁路交通事故中被免职的铁道部原新闻发言人王勇平。又如，2012 年在延安"8·26"特大车祸现场佩戴多款名表晒笑的陕西省安监局原局长杨达才，被网友戏称为"表哥"，终被判刑 14 年。
③ Henri Lefebvre, *The Production of Space*, Wiley–Blackwell, 1992, p. 42.

身的社会体制。显然，传媒及其媒介权力不是存在于真空中，而对传媒运作及其社会效应产生最重要制约的无疑是其寄居的社会体制。大体而言，现代民主政治尤其法制为传媒提供的是一个竞争而自由的社会环境，大众传媒常常不会被操控在某个政治集团手中，而是群雄共逐之"鹿"。正是这种相对多元的竞争格局，某个党派的政治家或利益集团不可能一手遮天，更不可能独揽传媒大权。换言之，各种政治力量常常都可利用大众传媒来服务于自己的政治目的。民主的政体是大众传媒不至于与极权主义、个人主义联姻，不至于沦为某一个权力集团的傀儡或玩偶。冷静地看，大众传媒尤其影像这类视觉媒体既可能是独裁或专断的帮凶，也可能是民主与协商的良友。事实上，现代社会的民主监督离开了大众传媒是不可思议的，因为现代人亲身经历每次重大事件的可能性日益趋小，以在场方式获得的信息也越来越少。我们越来越依赖于传媒尤其影像，这是一个无法改变的事实，如图4-22。

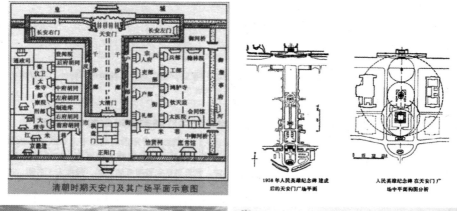

图4-22　北京天安门广场。上为清朝和1958年天安门广场平面图，图片来自首都图书馆北京地方文献阅览室；下为实景鸟瞰图，高清超宽电子显示屏前电视记者正在拍摄，图片来自新华网

　　不可否认，空间与政治、影像与权力的关系正与全球化趋势相互纠缠，难以分解。全球化和世界各国在全球范围内的日益互相依赖，对社会空间的各个层面都造成裂痕，并使其散碎得再也拼贴不到一起。当代社会的政治运动与权力运行在某种意义上正是一种"空间的审判"，影像是其中的一味催化剂，一首定场诗，一记惊堂木，使这审判更具可看性，更活色生香。

4.10　因"土"而"乡"："反规划"的乡土建筑与"文化寻根"热潮中的乡村影像

　　乡土建筑，Vernacular Architecture，International Council on Monuments and Sites（ICOMOS，国际古迹遗址理事会）1999年在墨西哥通过的《关于乡土建筑遗产的宪章》将其表述为"农村社区自己建造房屋的一种传统的和自然的方式，是一个社会文化的基本表现，是社会与它所处地区关系的基本表现，同时也是世界文化多样性的表现"。① 可见，乡土建筑既是一个物质实体，也是一种文化积淀。除了地域性与民族性之外，乡土建筑的自发性、祖传性、民俗性也很突出，是一种切切实实的农业文明的成果，是乡村风格与泥土气息的物质载体与外在显现。

　　乡土建筑的类型也不少，其中，最主要的就是民居。民居就是村民的住宅，②《礼记·王制》："凡居民，量地以制邑，度地以居民。地邑民居，必参相得也。"《管子·小匡》："民居定矣，事已成矣。"中国民居最有特点的是北京四合院、黄土高原的窑洞、徽州古居、福建土楼、土家族吊脚楼、蒙古包等。社会科学界素来注重农村研究，由此形成独特的"乡村视野""乡土学派"。农村研究与中国民居一样，极具中国本土特色，它遴选紧扣乡土色彩的学科如社会学、人类学、考古学、民俗学、方言学、艺术学以及建筑学、风景园林学等，观照中国农村的诸多重要问题，常常形成与一般意义截然相反

---

① 原文可参该会官方网站，http://www.icomos.org。
② 一些建筑学家认为民居也包含城市里的市民住宅，笔者从中国自古就是农业社会这一基本历史事实出发，将民居的内涵精确限定于农村，这也许会在城镇化、现代化铺天盖地的氛围中，给建筑学界内外带来一些"直面实事本身"的思考。

的价值判断。

中国长期处于城乡二元对立结构中，居住在乡土建筑内的农民，对乡村影像自然有自己的选择与判断。笔者发现，报道时政与政策的电视新闻节目，农民和广大农村干部不大爱看。其实，是不愿看、不敢看。因为，这些节目在启发农民参政的同时，也在客观上削弱农村基层政权的权威性。这是深居城市的"对农"传者始料不及的，是甚嚣尘上的"对农传播"在农村落地后生动而现实的图景。深入分析当下中国农村政策信息的传递模式，已从以前组织传播的"层层过滤"①，变成大众传播的从中央到农民的"直达"。

农村题材电视剧最受农民欢迎，农民最喜爱。这些电视剧，选题直面现实，主旨健康向上，人物进取豁达，叙事清晰流畅，画面明快简捷，对白风趣诙谐，表演本色率真，具有真实性、地域性、民俗性、泥土化的审美特质。追溯其因，首先在于作品本身的艺术魅力。农村题材电视剧是现实主义的，是现实生活的真实写照，既反映农村生活的淳朴，乡土气息的浓郁，又反映新时代农民思想的开放和转变，揭示了诸多新农村建设中的问题和困惑，把握住了农村生活的时代脉搏，符合当代审美需求。譬如，赵本山及其凝聚的一批东北"二人转"演员，他们生活基础扎实，表演自然，表现出极强的主动性与参与性。这种参与，正好体现了电视区别于电影乃至其他传媒的个性，表现了农民的创造力和积极性，是对处于社会底层的农民人格尊严和生命价值的认可和赞许。2008年暑假，中国传媒大学戏剧影视学院曾组织过一次调查，结果表明，《刘老根》《乡村爱情》《马大帅》《圣水湖畔》《民工》《当家的女人》《希望的田野》《插树岭》《阿霞》《喜耕田的故事》《清凌凌的水蓝莹莹的天》《文化站长》等12部电视剧均有50%以上的信度。调查还发现，很多中老年观众，特别看好20世纪80年代中期的农村三部曲即《篱笆·女人和狗》《辘轳·女人和井》《古船·女人和网》。而且，农民希望能自己创作反映自己生活的电视剧，包括编剧、导演、摄影、表演、剪辑等各个环节。但是，现状却是，农村的影视制作人才极度缺乏。获奖电视电影《自

---

① 所谓"层层过滤"，正如韦伯所云之"实质理性"，而非"形式理性"，都是就事后的结果进行价值评判而非在事先就有明确的规则，都是在强调实践过程中的创造和"再生产"，并不强调明晰的准则、合法的程序以及结构的严肃性和稳定性。这种实用主义和相对主义的逻辑，必定导致在政策落实过程中大量上级默许的变通、扭曲和"Reconstructlization/再结构化"。

娱自乐》，讲述一群极富创造性的农民，自编、自导、自摄、自演武侠电视剧的感人故事，他们顽强执着的探索和吃苦勤勉的劲头，令人叹服，如图4 - 23。

图 4 - 23　乡土建筑之窑洞，左图由笔者自绘，右图由笔者自摄并经 Photoshop 简单处理

特别值得关注的是，个体色彩越强烈的农村题材电视剧越成功，越受欢迎。在农村，农民特别相信"能人"，对其寄于致富乃至解决生活难题之厚望，这种心理千百年来深深地扎根于农民头脑。在工业化的城市，各种制度、组织以及日益健全的法制，使各行各业各种事务皆有章可循，有规可依，靠个人的力量根本干不成什么事，"能人"没有生存土壤，但在农村却大不一样，备受推崇。农村受众多不熟悉国际大腕、当红明星，本性纯朴的农民对明星的恶习、劣迹、陋癖、绯闻深恶痛绝，因此，明星多为此类电视剧所排斥。但是，一些出身农村、经过自己努力而成名的演员，如赵本山、潘长江、郭达、小沈阳、阿宝、朱之文，却大受农民欢迎。

可参与的、竞技性电视综艺栏目，也很受农民喜欢，紧追农村题材电视剧之后。春晚，不论是央视的还是各省的，主要受众是农民。春节，虽是中国传统节日之首，但只有在农村才会被高度重视，出身农民的赵本山之所以连续十多年上央视春晚，原因就在于农民喜欢。戏曲，具有深厚的传统文化底蕴，宣扬仁爱、礼仪、忠孝、诚信等儒家思想，深深植根于广袤的农村，全国各省、市乃至县均有至少一种地方戏曲。戏曲非常适合观众参与，拥有广泛的戏迷和票友。戏曲具有鲜明的民族性、地域性、群众性特征。戏曲经电视传播后，受众面成倍增加，参与方式更为灵活，在农民受众中掀起了收视热潮。河南电视台《梨园春》、陕西电视台《秦之声》的收视率在地级市最高达到 35.71%，在县城达到 64.25%，在乡村高达 78.19%，农民占该栏目受众总数的 81.62%，① 创造了中国电视的一个收视神话。这些栏目通过观众参与的形式，极大缩小了传、受距离。过去的观众只能仰视电视，如今却能平视，使受众成为电视屏幕的主人。仰视者，累了他可以不看，但作为主人公平视电视，不但要看，还要参与节目，参与评判。事实上，除了春晚与戏曲类综艺栏目，很多电视栏目的参与者有大量农民。

农村题材电影故事片，也比较受农民喜爱。改革开放 40 年来，《喜盈门》《月亮湾的笑声》《咱们的牛百岁》《人生》《秋菊打官司》《凤凰琴》《被告山杠爷》《喜莲》《一个都不能少》《男妇女主任》《那山 那人 那狗》《暖春》《美丽的大脚》《背起爸爸上学》《诺玛的十七岁》《马背上的法庭》《沉默的远山》《花腰新娘》《美丽家园》《香巴拉信使》《上学路上》《山乡书记》《两个人的教室》《赣南之恋》《叶落归根》《买买提的 2008》《白鹿原》等优秀影片，塑造了一大批深受农村受众喜爱的银幕形象，鼓舞着一代又一代人，这些银幕形象至今深刻地印刻在受众的脑海中。与此同时，还有三万多支农村电影流动放映队和一大批优秀的农村电影放映员，常年坚守在农民身边。而今，农村电影放映正迈向数字化，农民接受电影影像正日益廉价，日益便捷。

笔者认为，乡村影像必须走进乡土建筑。乡土建筑首要特征就是"乡"，是乡风、乡音、乡规、乡情、乡俗的物化与凝固，是乡愁依偎的臂膀，是酝酿乡怨的酒缸，是乡亲、乡党繁衍生息的家园，是乡巴佬、乡下人的生死道场。其次，乡土建筑须是"土"的，是"土法"建造的，是"土人""土包子""土专家"的作品，是"土头土脑""土里土气"的，是"土生土长"的，"土"得掉渣的。土，对于乡土建筑而言，意味着固守传统，敬畏祖先，传承历史，拒绝全球化。因此，乡土建筑是一种切切实实的乡井文化沉淀，是岁月在乡间锤塑的泥土精神之外在显现。所以，"本土建筑"并非"乡土建筑"，因其不"乡"；"民间建筑"并非"乡土建筑"，因其不一定"土"；"传

---

① 数据来自央视索福瑞《中国电视综艺栏目收视率调查与排行（2011）》，可参中国网络电视台官方网站，www.cntv.com。

统建筑"并非"乡土建筑",因其未必"乡",未必"土"。笔者以为,乡土建筑中最能体现"乡土"特质的是祠堂、庙观、戏台,如图4-24。

图4-24　笔者拍摄六集电视剧《天缺一角》时的主场景、电影《法门寺之侠女神器》的第二场景——陕西省扶风县博物馆,原为城隍庙,是一座带有典型关中民居特色的乡土建筑群。图片由笔者自摄

　　居者的心性与建筑的灵韵息息相通。乡土建筑深受中国传统思想的影响,崇尚自然,追求天人合一。无论是北方的厚重粗犷还是南方的洒脱秀丽,乡土建筑都富有田园牧歌般的韵律和山水诗画般的意境。乡土建筑崇尚自然,借鉴和发挥自然。浓郁的乡土气息,蕴含着农耕文化的根基,蕴含着对勤俭的固守,对孝道的信奉,对宗族的归依,对家乡的热爱,对土地的眷恋,对清贫生活的认同,对平淡人生的满足。笔者幼年住过窑洞,一直相信乡土建筑蕴藏着淳朴的生活气息、温馨的人伦亲情和亲切的空间尺度。乡土建筑是"反规划"① 的,是最具人味的。

―――――――――――――

　　① "反规划"是对一般意义上的城市规划之反叛,强调尊重自然,尊重生态。可参北京大学建筑与景观设计学院院长俞孔坚教授的相关论述及其作品《"反规划"之台州案例》。

全球化使世界正走向高度一体化（Integration）和同质化（Homogenization）。作为对这些的反叛与悖逆，20 世纪 80 年代以降，文化寻根（Seeking Cultural Roots）始终纠结着世人敏感的神经，在思想界持续发酵，渐成一场自下而上的文化复兴运动。着眼国内，从"寻根文学"到新儒家，从国学复兴到孔子热，从唐装风行到清明、端午成为法定节日再到全球汉语热，特别是时下的热点话题"申遗"与"非遗"，都是世界性的文化寻根潮流冲击吾国之表现。寻根，寻根，去哪里寻根？显然，千篇一律的现代都市里没有我们的根，钢筋水泥的高楼大厦里也无你我的根，城里人的爹娘都在乡下，任何一个中国人往上数几代必是农民，乡村——才是我们的根。只有走进真正的乡土建筑中才能寻见"文化"之"根"。乡土建筑是中国传统文化中乡土意识"物"的凝固，印证着宗族/宗法/忠孝节义/仁义礼智等儒家道统，是根深蒂固的祖先崇拜之有形外化。乡土建筑存留家谱，镌刻姓氏，因"土"而"乡"，最具中国性（Chineseness）与中国质（Chinaity），破浪于国际传播之潮头。文化寻根必须摒弃"他者"的旁观视点，唤醒文化自觉，捍卫中华民族的文化安全，建构国家文化战略。

4.11　隐私被广播：从建筑乃至城市"电子眼"的广谱看远程监控影像的伦理悖谬

20 世纪 90 年代以降，数字技术快速成熟，Camera 日益走向非广播电视领域，进入各行各业甚至普通民众的生活，全球掀起了一股 DV 热，最新形态为微电影/Minifilm、微视频/Minivideo①。如今，很多建筑物都安装有楼宇视频系统，可实现视频对讲；门禁系统也大为改进，先进的视频门禁、人脸识别门禁通过快速影像鉴定即可判断身份，决定是否许可进入；同城、异地的建筑物之间可以通过视频会议系统，即时通信，商议要事。尤其，大型建筑物内部以及各个城市的大街小巷遍布的"电子眼"———一种被远程操控的小型电子摄像机，全天候 24 小时摄录并监控行人与车辆的一举一动。建筑与

---

　　①　此二词的前缀也可更换为"Micro –"。

城市，业已随着远程监控影像的广谱，毫无秘密，一览无余，全然敞露，如图4－25。

图4－25　某建筑企业通过远程电子监控系统集中调度全国各施工现场
图片来自中国建筑第五工程局有限公司网站，http：//www.cscec5b.com.cn

业主、政府给建筑和城市安装这些"电子眼"，主要是为了安全保卫。物业公司借助这些影像，不但可以看到建筑物内部楼层、出口、管道的实时画面，还可快速定位故障或有需求住户的空间位置，公安部在全国推行的"天眼工程"为及时破获各类刑事案件立下了汗马功劳。20世纪最杰出的传播学家Marshall McLuhan（麦克卢汉，1911—1980）敏锐地指出，媒介是人的延伸。[①]媒介不是冷冰冰的外在化的存在，媒介就是人的身体、精神的延伸。媒介改变了人的存在方式，重建了人的感觉方式和对待世界的态度。麦氏对媒介的理解大胆而独特，他把媒介分为"冷媒介"和"热媒介"。电视、电话、口语被他划入冷媒介，因为清晰度低；而广播、电影、报刊等则被看成是热媒介，因为清晰度高。显然，这里的"清晰度"并不是指图像的可视感觉，

____

①　［加］马歇尔·麦克卢汉著：《理解媒介：论人的延伸》，周宪、许钧、何道宽译，商务印书馆2000年版。

而是指这种媒介传载信息的准确度和可把握较多的含义。热媒介只延伸一种感觉，并使之具有"高清晰度"，也就是使媒介处于充满数据的状态。麦氏的这种划分有他的个人偏好，也有他所处的时代局限。例如，把电视划为冷媒介就有待商榷，他那个时代电视还不是十分普及，电视技术也远不如现在先进。在今天看来，电视就应该是热媒介。可惜的是，麦氏尚未论及电脑和互联网，他所处的时代这互联网还未出现。现在看来，互联网作为媒介，作为当今第一传媒，对当代人类生活的改变显然是前所未有的，是最"热"的媒介。笔者以为，建筑与城市内的"电子眼"是电视和互联网两种热媒介的结合，自然更热，信息量更大。

麦氏宽泛地认为，媒介①无时不有，无时不在，凡是能使人与人、人与事物、事物与事物之间产生关系的物质都是广义的媒介。被誉为"传播学之父"的 Wilbur Lang Schramm（施拉姆，1907—1987）曾经赞扬麦克卢汉使"'媒介'这个曾经主要是细菌学、微生物学才使用的词进入传播学，并风靡一时"。但是，这种全部依据"都集中在媒介工具对中枢感觉系统"②的媒介理论忽略了人与人之间的社会关系。正如美国学者 J. Czitrom（切特罗姆，1948—）所指出的："他的技术自然主义强调媒介是人的生物性延伸，而不是人的社会性延伸。虽然他想通过传播媒介来追踪人类文化的发展，但他的历史学却难于置信地缺乏真正的人民。"③的确，作为一种热媒介，建筑与城市内无处不在的"电子眼"时刻都在窥窥我们的行踪，侵犯我们的隐私。

不论如何，我们的隐私是客观存在的。无论隐私的内容如何，是否违反道德或法律，也无论社会舆论或国家法律对隐私内容做出怎样的评价，隐私的内容总是客观存在的，不以他人是否承认或如何评价为转移。隐私的客观性告诉我们，隐私是客观真实的社会存在。社会舆论、国家法律或其他规则可以对特定隐私做否定性的评价，但无法否认它的存在。隐私是个人的自然

---

① 汉语的"媒介"一词，最早见于《旧唐书·张行成传》："观古今用人，必因媒介。"英语的"Media"，复数为"Medium"，17、18 世纪主要用于细菌学、微生物学，如 Entomophily（虫媒）即 Pollination by insect as media（以虫为媒介的授粉）。20 世纪中叶，随着传播学的兴盛，Media 逐渐进入人文社科领域，泛指使事物之间发生关系的介质或工具尤其是大众传媒。

② Wilbur Lang Schramm、William E. Porter 著：《传播学概论》（第2版），何道宽译，中国人民大学出版社 2010 年版，第 37 页。

③ J. Czitrom 著：《美国大众传播思潮》，导言，陈世敏译，台北远流出版社 1994 年版。

权利。从人类用树叶遮羞之时起，隐私就产生了。隐私感是猿人进入人类社会后的第一个表现，它应当产生于人类劳动之前，即在原始人能够进行抽象思维之前，就已产生了类似的意识和感觉。其中，隐私感及其派生的羞耻感是最先表征出来的本能。隐私感是人类羞耻感的内因，它使人从主观意志和客观行为两方面告别了动物。无论是相对个人性的隐私如身体的性器官等隐蔽部位，还是明显社会性的隐私如住址、存款、婚外性关系、病史等，均是仅凭个人的主观意志即可作为，无须公众或不特定多数人的协助或配合。因此，隐私之于社会公众而言是不可剥夺的，这正是人的自然权利的特点。

在法学中，隐私权的内容主要有个人生活自由权、个人生活情报保密权、个人通信秘密权、个人隐私利用权。① 隐私权体现着自由、秩序、尊严三个层面的价值。自由层面，隐私权包括多种内容，如个人生活自由权、个人生活情报保密权、个人通信秘密权等都体现了"排除人为的不正当障碍"的自由之价值；而体现"支配""控制"的自由之价值如个人隐私利用权，即权利主体有权依法按自己的意志利用自己隐私，从事某种满足自身需要的活动。隐私权的利用同样不得违反法律上的强制性规定，不得有悖公序良俗，即不得滥用。秩序层面，隐私权的建立保证了人际关系的相对稳定性、人类行为的规则性和人身财产的安全性。通过设立隐私权，可使权利和义务合理分配，以调整知情权与隐私权的冲突。隐私权的立法及其严格实施，不仅可维护个人的安宁和安全，实现个人与社会的基本和谐，达到维护社会安定团结之目的，而且能保障人们有更多的精力去学习、工作，更好地造福人类社会。尊严层面，隐私权属于一种具体的人格权，而人格尊严是人格利益的基础，因此隐私权自然就体现出人的尊严，保护隐私权即保护人之尊严。隐私权体现了现代文明的一种生存艺术，与此相关，隐私权也就意味着对他人的尊重。如果法律不保护这些只属个人领域的利益，那么人格尊严将难以捍卫。

媒介伦理学指出，任何媒介都是对私主体信息的广播，电视尤其网络对人们隐私权的无意、有意侵犯是有目共睹的，令人忐忑。在这个道德滑坡、精神萎缩的时代，媒介娱乐化甚嚣尘上，风靡全球，产生了诸多负面影响与

---

① 可参张莉《论隐私权的法律保护》，中国法制出版社 2007 年版；王秀哲《隐私权的宪法保护》，社会科学文献出版社 2007 年版。

消极效果。笔者曾为此进行过深入研究,① 最新的思考发现，媒介其实是利己主义的，尽管在大众传媒国有体制下（首推我国，其次是其他几个社会主义国家如古巴、朝鲜）这种利己主义带有公共性，自然是合理的、必需的，但是，放眼全球，媒介与各种企业在本质上无二，都是趋利的，均要实现利润最大化。因此，涌动于人类血液中的利己主义基因，被传媒广播后，人不但失去隐私，而且丧失自由与尊严，如图 4 - 26。

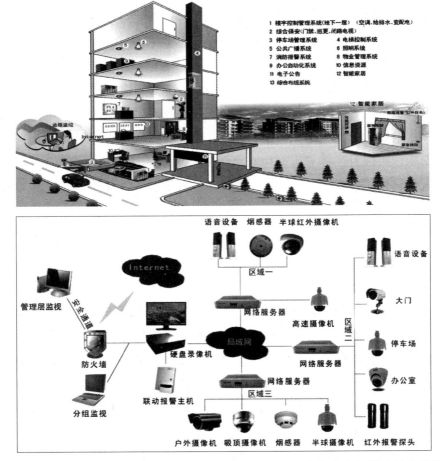

图 4 - 26　一个典型的远程监控系统，可实现对建筑物内每个房间的实时高效管理，但也令居者的隐私荡然无存。图片系笔者依据网络素材运用 CAD、Photoshop 软件自绘

---

① 可参笔者发表于中国伦理学会会刊《伦理学研究》2011 年第 2 期的论文《娱乐化的 "去伦理化" 本质及忧思》。

利己主义①，是只顾自己利益而不顾别人利益和集体利益的思想。利己主义是个人主义的表现形式之一，把利己看作人的天性，把个人利益看作高于一切的生活态度和行为准则。从极端自私的个人目的出发，不择手段地追逐名利、地位和享受，追逐个人名利，历来是一切利己主义者的人生目的。合理利己主义从抽象人性论出发，认为趋乐避苦、自爱自保是人的本性，利己心不仅是合理的而且是合乎道德的。人在自己的行为中，能够遵循的只是自己的利益。因此，不能放弃利己主义，而要使人们"合理地"理解自己的利益。合理利己主义反对把个人利益与公共利益对立起来，认为追求自己的利益本身就包含着社会的利益和他人的利益，而任何为了他人利益的活动，实际上也是从利己出发的。人们只要按照这种"合理"理解的自己利益去适应社会，个人利益就可以和社会公共利益协调起来。但是，即使是合理利己主义，也不是人性的全部，也不是人性的核心，利他行为（Altruistic behavior）和利他主义（Altruism）才是人类的主要伦理规范。生物学家研究发现，动物的"Hard – core altruism"（亲缘利他）行为很普遍，即有血缘关系的生物个体为自己的亲属提供帮助或做出牺牲，例如父母为子女、兄弟与姐妹之间的相互帮助。此外，没有血缘关系的生物个体为了回报，也经常相互提供帮助，即"Soft – core altruism"（互惠利他）。② 虽然精密的"互惠利他"模型直到20世纪晚期才由美国政治学家、博弈论专家 Robert M. Axelrod（罗伯特·阿克塞罗德，1943—　）建立起来，但其基本思想早在200多年前 Adam Smith（亚当·斯密，1723—1790）论述那只著名的"看不见的手"时就被一针见血地指出。人类同样具有亲缘利他和互惠利他，甚至还有人不追求任何回报而为陌生人无偿提供帮助，如雷锋、义务献血。所以，媒介的利己主义取向与人类的利他主义主流在本质上是冲突的，是无法调和的。

当建筑和城市里的"电子眼"不断窥探我们的隐私时，当电视、网络不断进逼我们的私生活时，我们内心深处那美丽而善良的利他主义本能就会有被羞辱感，被贬损感，我们从事慈善与义举的积极性就会受到嘲讽甚至质疑，

---

① 英文为 Egoism，源于拉丁语 "ego"，意为 "我"。

② *Ethics*，*Humans and Other Animals*：*An Introduction with Readings*，Rosalind Hursthouse，Routledge，2000，p. 22.

世间的好人好事自然会减少。笔者以为，建筑本来是令人诗意栖居的家园，若任由广布于建筑与城市内这些攫取人们自由与尊严的远程影像泛滥下去，必将在很大程度上扼杀建筑的初衷与归宿，致使二者彰显难以调和的尴尬，那将不得不说是影像的悲哀，建筑的噩梦。

4.12　数字建筑中虚拟影像的"上手状态"与"苍莽之境"

影像与建筑的互文性，在数字化的今天达到极致。从数字技术剖析二者，简直不分你我，难辨彼此。3D Max、Maya、Photoshop、Premiere、After Effects、Avid Composer、Combustion、MOKEY、NUKE 等经典软件，既在建筑 Auto CAD 中广泛应用，也在摄影、电影、电视的后期制作与特效合成中大显神威，数字化使建筑中的影像在沉思中企及 Zuhandenheit（上手状态），数字建筑中的影像以虚拟的"思"自行趋近开放（die Freigabe des Sichnähern des zu Denkenden），进而被提高到 das Unheimliche（苍莽之境），① 如图 4 – 27。

图 4 – 27　位于美国纽约的某数字化智能建筑内景，虚实相生，雄浑苍莽，图片来自 http：//www.1x.com

---

① ［德］马丁·海德格尔：《面向思的情事》，陈小文、孙周兴译，商务印书馆 2012 年版。

　　所谓数字化，Digitalize／Digitalization，就是将许多复杂多变的信息转变为可以度量的数字、数据，继而建立起适当的数字化模型，把它们转变为一系列二进制代码，引入计算机系统，用0、1表示，进行统一处理。数字、文字、图像、视频、语音等各种信息，通过采样定理都可以用0和1来表示，数字化以后的0和1就是各种信息最基本、最简单的表示。软件中的系统软件、工具软件、应用软件等，信号处理技术中的滤波、编码、加密、解压缩等都是基于数字化实现的。例如，图像的数据量很大，数字化后可以将数据压缩至十到几百分之一；图像受到干扰变得模糊，可以用滤波技术使其变得清晰，这些都是数字化的结果。今天，各行各业都在走向数字化。数字技术在影像与建筑这两大领域最集中、最突出的共同体现就是虚拟现实。

　　虚拟现实，Virtual Reality（VR），是近年来出现的高新技术，也称灵境技术或人工仿真环境。虚拟现实是利用计算机模拟产生一个三维的虚拟空间，为使用者提供视觉、听觉、触觉、嗅觉等感官的模拟，让使用者如同身临其境一般，可以及时、无限制地观察三度空间内的事物。

　　虚拟现实是一项综合集成技术，涉及计算机图形学、人机交互技术、传感技术、人工智能等领域，用计算机生成逼真的三维视、听、嗅等感觉，使参与者通过适当装置自然地对虚拟世界进行体验和交互作用。使用者的位置移动时，电脑可以立即进行快速而复杂的运算，将精确的3D影像传回，以产生临场感。该技术集成了计算机图形（CG）技术、计算机仿真技术、人工智能、传感技术、显示技术、网络并行处理等最新成果，是一种由计算机辅助生成的高技术模拟系统。概而言之，虚拟现实是通过计算机对复杂数据进行可视化操作与交互的一种全新方式，与传统的人机界面以及流行的视窗操作相比，虚拟现实在理念与思想上有了质的飞跃。目前，以Multigen Creator/Vega、WTK、VR－Platform、VRML为代表的WEB 3D软件正将虚拟现实在建筑与景观设计、城市规划领域引向纵深。

　　虚拟现实中的"现实"，泛指物理意义上或功能意义上存在的任何事物或环境，它可以是现实中可实现的，也可以是实际上难以实现或根本无法实现的；而"虚拟"是指用计算机"仿真"的意思。因此，虚拟现实的本质是用计算机生成一种特殊环境，人可以通过使用各种特殊装置将自己"投射"到这个环境中，并能操作、控制环境，实现特殊的目的，人是这环境的主宰。因此，虚拟现实便具有不可替代的独特性与优越性。（1）通感性（Synaesthestia / Multi – Sensory），指除了一般计算机所具有的视觉感知外，还有听觉感知、力觉①感知、触觉感知、运动感知，甚至包括味觉感知、嗅觉感知等。理想的虚拟现实技术应该包括人所具有的所有感知功能，具备融通所有感官之联觉功效。由于相关技术特别是传感技术的限制，虚拟现实技术目前所能具有的感知功能仅限于视觉、听觉、力觉、触觉、运动等几种。（2）浸淫感（Immersion），又称临场感，指用户感到作为主角投身于模拟环境中的真实程度。理想的模拟环境应该使用户难以分辨真假，使用户全身心地沉浸或陶醉于计算机创建的三维虚拟环境中，该环境中的一切看上去都是真的，听上去都是真的，动起来都是真的，甚至闻起来、尝起来感觉都是真的，与在现实世界中的感觉一样。（3）交互性（Interactivity），指用户对模拟环境内物体的可操作程度以及从该环境得到反馈的自然程度，如流畅性、实时性。例如，用户可以用手去直接抓取模拟环境中的虚拟物体，这时手就有握着东西的感觉，并可感觉到物体的重量，视野中被抓物也能随着手的移动而移动。（4）构想性（Imagination），强调虚拟现实技术应具有广阔的可想象空间，可拓宽人类的认知范围，不仅可再现真实存在的环境，也可随意构想客观不存在的甚至是不可能发生的环境。由于浸没感、交互性和构想性是虚拟现实的最关键特性，且其英文单词的第一个字母均为 I，所以虚拟现实的特性也被概括为"3I 性"。一般来说，一个完整的虚拟现实系统由：1）虚拟环境；2）以高性能计算机为核心的虚拟环境处理器；3）以头盔显示器为核心的视觉系统；4）以语音识别和声音合成与声音定位为核心的听觉系统；5）以方位跟踪器、数据手套和数据衣为主体的身体方位姿态跟踪设备；6）以及味觉、嗅觉、触觉与力觉反馈系统等六大功能单元构成，如图4 – 28。

---

① 力觉就是身体发力与受力的感觉。

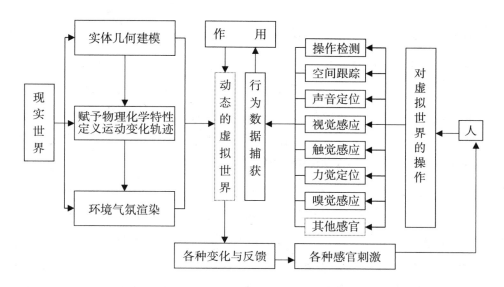

图 4 – 28　虚拟现实系统框架与流程，笔者自绘

　　虚拟现实在建筑设计中大有可为。虚拟现实不仅仅是一个演示媒体，而且还是一个设计工具。它以视觉形式反映设计者的思想，把构思变成看得见的物体和场景，将以往的传统设计模式提升到"所见即所得""即看即得"的完美境界。运用虚拟现实技术，设计师可以完全按照自己的构思去装饰"虚拟"的房间，并可任意变换自己在房间中的位置，借以观察设计的效果，直到满意为止。随着房地产业竞争的加剧，传统的展示手段如平面图、表现图、沙盘、样板房等已无法满足消费者日益苛刻而刁钻的需要，只有敏锐捕捉市场动向并果断启用最新技术，方可捷足先登，领先一步。虚拟现实技术是集影视、广告、动画、多媒体乃至网络于一身的最新型房地产营销方式，在欧美发达国家、在京沪穗等国内一线城市都非常热门，是当今房地产企业展现综合实力的技术利器。

　　有学者指出，城市规划学（Urban Planning）日后定会发展为城市学（Urbanology），[①] 而非城乡规划学，这是对新生可视化技术需求最为迫切的领域之

---

　　① 可参唐恢一等编著《城市学》（第 3 版），哈尔滨工业大学出版社 2008 年版；段汉明《城市学——理论 方法 实证》，科学出版社 2012 年版；董增刚主编《城市学概论》，北京大学出版社 2013年版。

一，虚拟现实技术可为其带来切实可观的经济效益和社会效益。首先，展现规划方案。虚拟现实系统的"3I 性"不但能够给市民、住户带来强烈逼真的感官冲击，使其获得身临其境的体验，还可通过数据接口在实时的虚拟环境中随时获取项目的动态资料，方便大型复杂工程项目的规划、设计、投标、报批，有利于设计与管理人员对各种方案进行辅助开发，也利于专家组乃至决策者对方案进行评审。其次，规避设计风险。虚拟现实系统所建立的虚拟环境是基于真实数据的数字模型，严格遵循工程设计的标准和要求，是对项目进行真实的"再现"。用户在三维场景中任意漫游，人机交互，这样很多不易察觉的设计缺陷能被轻松发现，减少因事先规划不周而造成重大损失之风险，提高项目的安全系数。再次，加快设计速度。运用虚拟现实系统，我们可以轻松随意进行修改，改变建筑高度，改变建筑外立面的材质、颜色，改变绿化密度，只要修改系统中的参数即可，从而可加快设计的速度和精度，提高修正设计稿的准确率。又次，提供合作平台。虚拟现实技术能使政府决策层、规划行政部门、项目开发商、施工人员以及公众从形成良性互动，及时观看规划效果，更好地掌握城市形态和理解规划师的设计意图。有效的合作、良好的沟通是确保城市规划最终成功的前提，虚拟现实技术为这种合作提供了理想的桥梁，这是传统手段如平面图、效果图、沙盘乃至单一计算机动画望尘莫及的。最后，强化宣传效果。对于公众关心的大型规划项目，虚拟现实系统可将现有的方案导出为高清或标清视频文件，用来制作影视宣传片、形象片，在电视、网站等大众传媒播出，让公众知晓项目，建言献策，真正参与到项目中来。

在数字城市（Digital City）这一前沿，虚拟现实技术如鱼得水，十分值得期待。数字城市不是一项单一的技术，是今后 30 年到 50 年世界各大城市综合管理的目标与追求。数字城市旨在将三维地面模型、正射影像和城市街道、建筑物及市政设施的三维立体模型融合在一起，再现城市建筑及街区景观，使各个行政部门的城市管理者在计算机显示屏上直观、生动而逼真地进行查询、量测、漫游、浏览等一系列操作，确保城市网格化管理的精度与效度。数字城市正在由第一代城市地理信息系统（GI）向基于"3S 技术"① 的虚拟

① "3S 技术"是遥感技术（Remote Sensing / RS）、地理信息系统（Geography Information Systems / GIS）和全球定位系统（Global Positioning Systems / GPS）的统称。

现实第二代智能城市（Urban Intelligence / City intellectualization）演进，如图 4－29。

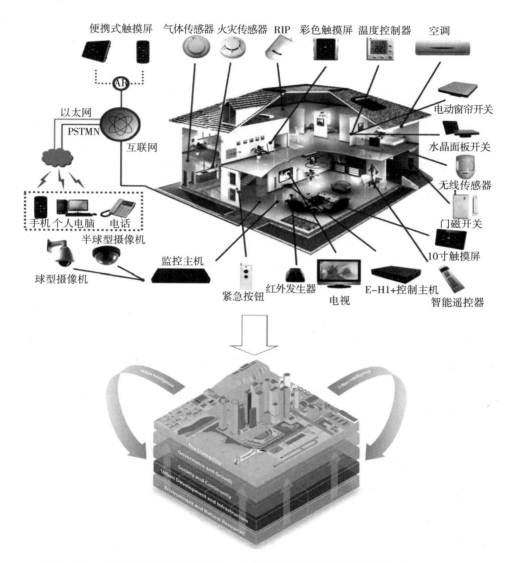

便携式触摸屏　气体传感器　火灾传感器　RIP　彩色触摸屏　温度控制器　空调

AR

以太网
PSTMN
互联网

电动窗帘开关
水晶面板开关
无线传感器
门磁开关
10寸触摸屏

手机 个人电脑 电话
半球型摄像机
球型摄像机

监控主机
紧急按钮　红外发生器
电视
E-H1+控制主机
智能遥控器

图 4－29　从智能家庭到智能城市，笔者根据谷歌图片素材运用 Auto CAD + Photoshop 编辑

　　虚拟现实使电影、电视的制作方式发生剧变，令其特效制作光彩熠熠。首先，虚拟演播室。这是虚拟现实技术在电视栏目制作中的体现。传统的演播室对节目制作的限制较多，虚拟演播室制作的布景、道具是合乎比例的立体设计，当 Camera 移动时，虚拟的布景与前景画面都会出现相应的变化，结合抠像，从而可增强节目的真实感。虚拟场景具有快速及时更换的优势，可大幅节约制作经费，还可减少对摄制组的劳动力需求。对于电视电影、数字电影等单个形态的节目，虚拟制作似乎不会显出很大的经济效益，但在场景、Camera 机位不变的长年固态节目（如 CCTV《新闻联播》）中，它的确能大大缩短制作周期，节约资金。其次，中国古典文学四大名著始终备受影视界青睐，翻拍与重拍不断，但迄今无一版本出现数字古代地图和数字城市。年轻受众不谙古代地名，常迷惑于名著中州县的地理位置与空间关系，且罗贯中、施耐庵当年曾有意虚化地名，影视化过程中若再轻视或忽略之，现代受众必定苦不堪言，难以释怀。可利用虚拟现实技术，秉持受众至上的原则，结合军事学、兵法等国学常识，基于数字城市观念，采集并制作基础地理信息集成系统，最终在影视剧情节与对白中巧妙呈现"《三国演义》各国数字城市与重大战役攻守图""《水浒传》北宋州县疆域数字地图与水泊梁山数字城市"等，提升影视的可看性和观赏性，以飨受众。最后，在立体电影、IMAX 尤其 4D 电影中，虚拟现实更能大显身手，充分调动观众的身体，使其感受到视觉、听觉、嗅觉、触觉以及运动知觉。The Academy of Motion Picture Arts and Sciences（美国电影艺术与科学院）已研制出专攻成人影院使用的 SEX – 4D System，将各种性玩具与观众座椅有机结合，红男绿女可一边观看色情电影一边自慰。影视离开人类的感官便无法存在，虚拟现实必将在这一领域获得长足发展。

虚拟现实使影像与建筑在数字时代实现深刻互文。现象学所揭橥的建筑的特质之一便是身体性，虚拟现实令建筑与影像触动身体的每一根神经，进入身体的每一个细胞，在这个浮躁而悸动的后现代具有诱人的快乐美学乃至享乐主义意蕴。有学者甚至认为虚拟现实已发展成为一种新的独立的艺术，"该艺术形式的主要特点是超文本性和交互性。艺术家可以采用更为自然的人机交互手段控制作品的形式，塑造出更具沉浸感的艺术环境和现实情况下不能实现的梦想，并赋予创造的过程以新的含义"。[①]

---

　　① 李怀骥：《主体的终结：VR 艺术的游戏性体验》，《雕塑》2010 年第 5 期；《虚拟现实艺术：形而上的终极再创造》，《今日美术》2009 年第 4 期。

4.13 建筑与电影的异质同构——从 Montage 源于 Bauhaus 说起

一般认为，汉语"蒙太奇"一词源于法语 Montáge，原是建筑学术语，意为构成、装配。在权威英语词典 ① 中，Montage 的词性是名词、动词，词源为法语，词根为 monter to mount，进入英语的时间为 20 世纪 20 年代。英语释义为 any combination of disparate elements that forms or is felt to form a unified whole，single image，etc.，引申为 a literary，musical，or artistic composite of juxtaposed more or less heterogeneous elements，甚至 a heterogeneous mixture，如 a montage of emotions。追溯 Montage 的法语释义，它主要指 d'accommodation，d'adaptation（匹配电路）等十几种电路，后指 montage usine（工厂安装）、montage à blanc（预装配），足见该词的源学科为工学—电工学或电力学。1917 年，法语中出现 montage financier（金融蒙太奇、融资组合）一词，特指几大金融寡头在经济危机中被迫拆借或合资，共御风险。

Montage 的这种内涵，率先被 Bauhaus 引进与工学密切关联的建筑学。

Bauhaus，汉译"包豪斯"，是德国魏玛市的"公立包豪斯学校"的简称，存在于 1919 年 4 月至 1933 年 7 月。两德统一后，更名为 Bauhaus – Universit & aumlt Weimar（魏玛包豪斯大学）。它的成立标志着现代设计的诞生，对世界现代设计业产生了深远的影响，包豪斯也是世界上第一所完全为现代设计教育而建立的学院。"Bauhaus"一词，是该学院创办人 Walter Gropius（格罗皮乌斯，1883—1969）析造出来的，由德语"Haus"（房屋）与"Bau"（建筑）二词倒置合成。

工业革命前，欧洲的手工艺生产是劳动密集型的，而此后的大工业生产则以机器复制为特色。手工时代的产品从构思、制作到销售全部出自工匠之

---

① 如 Longman Dictionary of Contemporary English Updated（4th Edition）、Oxford Advanced Learner's Dictionary（7th）、Collins Cobuild Advanced Learner's English Dictionary（5th）、Cambridge Advanced Learners Dictionary（2nd）、Macmillan English Dictionary for Advanced Learners of American English。

手，这些工匠以娴熟的技艺取代或包含了设计，可以说，这时没有独立意义上的设计师。工业革命后，社会分工加剧，设计与制造分离，制造与销售分离，设计因而获得了独立的地位。然而，大工业产品的弊端是粗制滥造，审美标准失落。技术人员和工厂主一味沉醉于新技术、新材料的推广运用，他们只关注产品的生产流程、质量、销路和利润，并不顾及产品的美学品位。同时，艺术家不屑关注平民百姓使用的工业品。因此，大工业中艺术与技术对峙（Unmontage，Dismontage）①的矛盾十分突出。19 世纪上半叶，形形色色的复古风潮为欧洲社会带来了华而不实、烦琐庸俗的矫饰之风，例如 Racoco（罗可可）式的纺织机、Gothic（哥特式）蒸汽机以及 New Egyptian（新埃及式）水压机。如何将艺术与技术相统一（Montage），在设计领域引发了一场革命，导致以下三次艺术运动，这也是包豪斯产生之前欧洲具有重要意义的三次设计艺术革命。

一是 19 世纪后期英国人 William Morris（威廉·莫里斯，1834—1896）发起的"艺术手工艺运动"。威廉·莫里斯是画家、诗人、手工艺术家和建筑师，对当时缺乏艺术性的机械化批量化产品深恶痛绝，同时十分反对脱离实用和大众的纯艺术。现代主义建筑师 Mies van der Rohe（密斯·凡·德·罗，1886—1969）深入继承这一理念，他的巴塞罗那德国馆、范斯沃斯住宅、克朗楼等作品，始终追寻"匀质的秩序"与"清晰的建造"，坚信"魔鬼在细节"（Devils are in the details），如图 4-30。他对建筑表皮与结构的过度重视，从根本上排斥了柱、墙等实体元素的介入，这种源自手工业作坊的精细感注定具有一定的局限性，② 其背离了工业革命的必然趋势，否定代表新生产力的大工业机器，不可能从根本上解决大机器生产时代技术与艺术的矛盾。

二是 1900 年前后以法国、比利时为中心的新艺术运动。该运动主张艺术与技术结合（Montage），提倡艺术家从事产品设计，主要成就集中于家具与室内设计方面。但是，它也否定了工业革命和机器生产的进步性，错误地认为工业产品必然是丑陋的。这次运动最为杰出的代表是 Henry Vaan de Velde

---

① 这两个单词由笔者根据英语构词法造成。

② 可参汤凤龙《"匀质"的秩序与"清晰的建造"——密斯·凡·德·罗》，中国建筑工业出版社 2012 年版。

（威尔德，1863—1957），他指出技术是产生新文化的重要因素，根据理性结构原理创造出来的完全实用的设计，才是实现美的第一要素，同时也能企及美的本质。于是，他提出技术第一性的原则，并在产品设计中对技术加以肯定。1902—1903 年，威尔德广泛地进行学术报告，发表了一系列文章，从建筑革命入手，涉及几乎所有工业产品设计，传播他的新设计思想。1906 年，他认识到设计改革应从教育着手，于是，前往德国魏玛，被魏玛大公任命为艺术顾问，两年后把魏玛市立美术学校改建成市立工艺学校，此校成为"一战"后包豪斯设计学院的直接前身。威尔德到魏玛后，思想有了进一步的发展，他发现，如果机器能运用得适当，也可促进设计与建筑的革命。应该做到产品设计结构合理、材料运用严格准确、工作程序明确清楚，以这三点作为设计的最高准则，达到工艺与艺术的完美结合（Perfect montage）。这样，他突破了新艺术运动只追求产品形式的改变而不管产品的功能性之局限，大大推进了现代设计理论的发展。

图 4-30　范斯沃斯住宅是密斯·凡·德·罗为美国单身女医师范斯沃斯设计的一栋住宅，坐落在河岸，四周是树林。该住宅以大片的玻璃取代阻隔视线的墙面，成为名副其实的"看得见风景的房间"，外观类似一个架空的四边透明的盒子，造型简洁明净，高雅别致。不过，这栋深受包豪斯风格影响的全玻璃房子，在住者看来无疑是隐私会被完全暴露，故备受争议。图片来自建筑文化艺术网（http：//www.jzwhys.com）

三是 20 世纪初的 Deutscher Werkbund（德国工业同盟或德国制造同盟，简称"工业同盟"）。这是一个半官方机构，旨在改善工业产品设计。这也是世界上第一个由政府支持的促进工业设计的中心，在德国现代史上具有非常重要的意义。核心人物为 Herman Muthesius（海尔曼·穆特修斯，1861—1927），他洞察到英国艺术手工艺运动的致命弱点在于对工业化的否定，因而确立了"艺术、工业、手工艺合作机制"（Montage system），明确指出机械与手工艺的矛盾可以通过艺术设计来化解。英国手工艺运动认为手艺比机械生产优越，而"工业同盟"提倡重视两者之间的差别，穆特修斯自信地为标准化和机械的价值争辩，认为简单和精确既是机械制造的功能要求，也是 20 世纪工业效率和力量的象征。"工业同盟"想把艺术家、手艺人与工业融合为一个整体（Montage to one），提高大批量生产出的产品的功能和美感，尤其是那些低成本的廉价消费品。包豪斯的创始人格罗皮乌斯青年时代就曾追随"工业同盟"，但他区别于同代人的是，以极其认真的态度致力于美术和工业化社会之间的调和（Montage）。格罗皮乌斯力图探索艺术与技术的新统一（New montage），并要求设计师向死的机械产品注入灵魂。他认为，只有最卓越的想法才能证明工业的倍增是正当的。格罗皮乌斯关注的并不局限于建筑，他的视野面向美术的所有领域。文艺复兴时期的艺术家，无论达·芬奇还是 Michelangelo Buonarroti（米开朗基罗，1475—1564），都是全能的造型艺术家，集画家、雕塑家甚至设计师于一身，根本不同于现代社会具体化了的美术家，包豪斯对建筑师的要求，正是希望他们成为这样的全才。包豪斯的理想，就是要把美术家从游离于社会的状态中拯救出来。因此，包豪斯的教学，谋求所有造型艺术间的交流（Montage via communication），把建筑、设计、手工艺、绘画、雕塑等统统纳入。包豪斯是一所综合性的设计学院，其课程包括新产品设计、平面设计、展览设计、舞台设计、家具设计、室内设计和建筑设计等，甚至连话剧、音乐以及新生的电影都囊括其中。

在理论上，包豪斯提出三个基本观点：①艺术与技术的新统一（New montage）；②设计的目的是人而不是产品；③设计必须遵循自然与客观的法则。这些观点，对工业设计的发展起到了积极的作用，使现代设计逐步由理想主义走向现实主义，即用理性的、科学的思想来代替艺术上的自我表现和浪漫主义。包豪斯的学时为三年半，学生进校后先要进行半年的基础训练，然后进入车间，学习各种实际技能。包豪斯并不敌视机器，而是试图与工业建立广泛的联系，这既是时代的要求，也是生存之必需。包豪斯成立之初，格罗皮乌斯招募了一些欧洲最先锋的艺术家来校任教，他们带来了当时流行的诸多思潮特别是表现主义。包豪斯早期的一批教师主要有俄罗斯人 Wassily Wasilyevich Kandinsky（康定斯基，1866—1944）、美国人 Lyonel Feininger（费宁格，1871—1956）、瑞士人 Paul Klee（克利，1879—1940）和德国人 J. Eaton（伊顿，1885—1950）等，这些艺术家都与表现主义有很强的联系。表现主义是 20 世纪初现于德国和奥地利的一种艺术流派，主张艺术的任务在于表现个人的主观感受和体验，鼓吹用艺术改造世界，用奇特、夸张的形体表现时代精神。这种理想主义的美学思想与包豪斯"发现象征世界的形式"和创造新的社会目标在某种程度上是一致的。

　　包豪斯对设计教育最大的贡献是基础课，最先由伊顿创立，是所有学生的必修课。伊顿提倡从干中学，即在理论研究的基础上，通过实际工作探讨形式、色彩、材料和质感，并把上述要素结合起来（Montage them）。1923年，伊顿辞职，由匈牙利艺术家莫欧里·纳吉接替。纳吉用照相机进行一系列的摄影实验，包括从特殊角度（俯视、仰视、对角线视角）拍摄，以及打破一般透视规律。他还使用各种剪辑方法和制作技术，改变和强化照片的结构，贯通摄影与电影。在教学上，纳吉教导学生学会观察与思考，把握线条、影调、空间等形式要素之间的关系。他鼓励学生利用投影的造型，使其成为安排画面的一个因素。纳吉是一位不断探索绘画、摄影、电影尤其建筑的实验艺术家，抽象艺术、构成主义、功能主义和建筑学的宣传者，把包豪斯观念运用到工业设计和建筑操作的理论家，为包豪斯的基础教育课程做出了重要贡献，如图 4 - 31。

　　包豪斯对现代工业设计的贡献是巨大的，特别是它的设计教育思想，影响深远，其教学方式成了世界许多艺术学校的蓝本，它培养出的杰出建筑师和设计师均达到了新的高度。相比之下，包豪斯设计出来的实际工业产品在数量上并不显著，在世界主要工业国之一德国的工业格局中，并未起到举足轻重的作用。包豪斯的影响，主要不在于它的实际作品，而在于它的精神，其

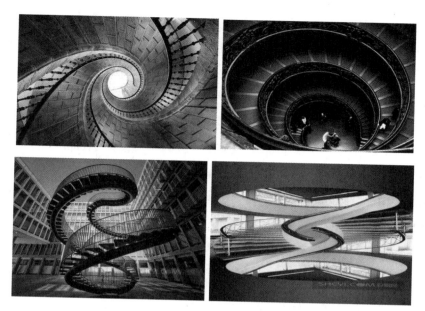

图 4 – 31　深受包豪斯思想影响的现代建筑之螺旋楼梯，图片来自 http：//www. 1x. com、www. sheyi. com

思想在很长时间内被奉为现代主义经典。包豪斯的历程，就是世界现代设计的诞生史与早期史，也是在艺术和技术这两个相去甚远的门类之间搭建桥梁（to bulid a montage）的历程，其开创意义与拓荒价值，在基于计算机和互联网的数字时代，显得更为意味深长。

包豪斯反复强调艺术与技术的结合，"包豪斯丛书"中纳吉编著的 *Malerei，Photograhie，Film*（《绘画，摄影与电影》）明确指出这三种艺术与建筑均存在结合的空间，它们都是材料与形象在空间中的形式组合与法则变换，这正是 Montage 的本来含义。20 世纪 20 年代，电影诞生不久，刚刚脱离襁褓，还深深遮蔽在戏剧的阴影之下。如何使电影在实践尤其理论上迅速成熟起来，马克思主义无产阶级革命家缔造的新国家——苏联的电影人对此尤为着急，新政权需要新经济、新社会、新文化和新艺术，而电影正是崭新的艺术。所以，Kuleshov Lev Vladimirovich（库里肖夫，1899—1970）、Vsevolod Ilarionovich Pudovkin（普多夫金，1893—1953）和 Сергей Михайлович Эйзенштейн（爱森斯坦，1893—1948）便不约而同地聚焦于包豪斯以及未来主义、构成主义、立体主义所共同推崇的 Montage 身上，用 Montage 指代其电

影学说，直到后来形成 Montage school（蒙太奇学派）。于是，直接影响了
"五四"时期的中国知识分子，Montage 被汉译为"蒙太奇"，中国电影界由
是全面接纳了这一理论。

小　结

本章紧紧围绕建筑与影像之间的主体间性，立足于对建筑的多元化分类，
从住宅—客厅、公共建筑、电影院、美术馆、地铁、历史文化遗址、古典园
林、会堂、乡土建筑、城市—街道、数字建筑等十多个视角逐一剖析这种主
体间性，探寻这些不同定位、功能、风格的建筑内各种影像的元素组成、语
言建构、美学意蕴乃至社会文化价值。笔者通过这 13 节，试图总结并概括出
建筑与影像同时作为主体的可能性，尤其二者的"立场之可相互交换性"
（Interchangeability），也就是二者的一种"主体间位移"。

5 建筑与影像的悖谬与契通

近代以降，人类的科学与文化发展迅猛，学科交叉形成了诸多交叉学科（Interdisciplinary research），在主流学科的外围产生了不少边缘学科，传统的人文社会科学与自然科学二分法在被社会科学、人文科学、自然科学三分法取代后如今又面临着社会科学、人文科学、自然科学、工程技术四分法之挑战。建筑学，正是这样一门"结合人文科学自然科学与技术科学的新成就"，①位列人文学科的影视学天生就与技术过从甚密，建筑与影像的互文高度彰显科学与人文、技术与艺术的科际渗沥。因此，对建筑—影像的本我性抑或影像—建筑的同己性必须给予交叉审视。

5.1 作为艺术的建筑与作为艺术的影像之比较

建筑的历史比影像要早两千多年，建筑是最古老的艺术种类之一，中国社会科学院朱狄研究员在《艺术的起源》② 第 4 章《最早的艺术类型》中结合中外数十座现存最早的建筑印证了这一事实。照此推算，建筑的历史几乎与人类等长，即使从古希腊起计，也非影像所能望其项背。

综观美学史与艺术史，迄今没有一个公认的艺术分类体系。尽管 Άριστοτέλης（亚里士多德，BC. 384 – BC. 322）的《诗学》、莱辛的《拉奥孔》、康

---

① 刘先觉：《现代建筑理论：建筑结合人文科学自然科学与技术科学的新成就》第 2 版，中国建筑工业出版社 2008 年版。

② 中国青年出版社 1999 年版，第 4 章始于第 151 页。

德的《批判力批判》尤其是 F. W. J. Schelling（谢林，1775—1854）、G. W. F. Hegel（黑格尔，1770—1831）等美学家对其均有阐发，但进入现代之后，艺术的分类更为芜杂。笔者秉持多样性与同一性相结合的原则，遴选如下 12 个具有重大影响的分类标准，对作为艺术的建筑、作为艺术的影像予以全方位比较，如表 5 – 1。

表 5 – 1　　作为艺术的建筑、作为艺术的影像之全方位比较，作者自绘

	建筑	影　　像		
		摄影	电影	电视
视觉艺术	●	●	●	●
听觉艺术			●	
时间艺术			●	●
空间艺术	●	●	●	●
造型艺术	●			
实用艺术		●		
静态艺术	●	●		
动态艺术			●	●
古典艺术	●			
现代艺术		●	●	●
表演艺术			●	●
综合艺术	●		●	●

可见，在 12 种分类指标中，建筑与影像在"视觉艺术""空间艺术"这两个指标下完全一致，二者都是视觉艺术，二者都是空间艺术，这是建筑与影像最大的相同之处。除此之外，二者在其余 10 个指标中的耦合度均不高，这表明二者的差异十分明显。尤其建筑首要追求实用，而影像视美为其首要诉求，这一点至关重要。

笔者运用管理学经典的 Fuzzy Synthetic Evaluation Model（模糊综合评价模型），令 P = 建筑艺术，其因素集 $U = \{u_1, u_2, \cdots, u_m\}$，评判等级集 $V =$

$\{v_1, v_2, \cdots, v_m\}$，$m \leqslant 12$，则评判矩阵 $R = \begin{bmatrix} r_{11}, r_{12}, \cdots, r_{1m} \\ r_{21}, r_{22}, \cdots, r_{2m} \\ r_{n1}, r_{n2}, \cdots, r_{nm} \end{bmatrix}$。给表 5-1 的 12

个子项在 $[0, 5]$ 间依次赋值，根据 $\sum\limits_{i=1}^{N} \dfrac{d_{ij}}{k} [a_i, b_i] \underline{\Delta} [a^j, b^j]$ 可得出 $\beta_i =$

$\varepsilon i \max\{\theta_{1i}, \theta_{2i}, \cdots, \theta_{ni}\} + \dfrac{1}{n}(1 - \varepsilon_i) \sum\limits_{j=1}^{n} \theta_{ji}, i = 1, 2, \cdots, m$，进而求出各自的置信

度。经计算，"实用（$n = 6$，$u = 6$，$v = 6$）"一项得数最大，$R = \begin{bmatrix} B_1 \\ B_2 \\ B_3 \end{bmatrix} =$

$\begin{bmatrix} 0.2000 & 0.4000 & 0.1818 & 0.30000 \\ 0.2161 & 0.2000 & 0.4435 & 0.2161 \\ 0.3000 & 0.2000 & 0.1667 & 0.3500 \end{bmatrix}$，可见，"实用"是 $P = $ 建筑艺术的 P_{max}。

实用，就是实实在在的用处，有实际用途。因此，建筑比影像更依赖生活经验，更注重材质。由于体量庞大、材料笨重、成本高昂等因素所限，作为艺术家的建筑师不能像摄影师、导演、演员、编剧那样享有极大的创作自由。因此，建筑美学主要表现为一种形式美，其次追求生活美；而影像则首诉艺术美，再求社会美。建筑美的语言主要是点、线、面构成的二维或三维几何空间，而影像美的语言主要是光影构成的人，尽管空间也是为人而设计、供人居住的，但直面人类与人生更容易揭示人性。建筑创作很少叙事，影像则须时刻考虑叙事，讲好故事是影视艺术成功的关键之一。建筑伦理首先求真，由真及善，坦率直接，但途径单一；影像伦理首先求美，由美及善，多变多彩，但不易成功。建筑创作的程式性强，不亚于戏曲，影像创作则不然，尤其电影艺术，早已艺无定法。建筑美的形态多为优美，偶或崇高；影像美则更多样，除此二项外，悲剧、喜剧更为常见。鉴赏建筑艺术，受众需要较高的文化修养与生活质量，审美门槛远比影像高，故此，建筑不像影像那样属于大众艺术，通俗艺术。因此，建筑离传媒较远，而影像本身就栖身于传媒之中，就是传媒的内在构成。由于并不首先追求美，建筑美学并不是建筑学理论最重要的学科，而摄影美学、电影美学、电视艺术美学对这三者至关重要。

综上，作为艺术的建筑与作为艺术的影像，二者之异远胜于同——这正

是建筑艺术与影像艺术形成互文性的根由，也是建筑与影像存在鲜明文本间性之根由。

5.2　作为文化的建筑与作为文化的影像之比较

文化，内涵十分广泛，至今无公认的定义，分类也十分芜杂。笔者遴选学者每每论及文化问题时惯常沿用的一些子项或指标，对建筑文化与影像文化进行深入比较。这些因子也就是对作为文化的建筑、作为文化的影像有重要干扰与影响的 Factors，但不包括艺术。表 5 - 2 中，左边第一列，从"技术"到"国际化"共 17 项，就是这些 Factors。为了使论述更为绵密而细致，笔者还特意把建筑从体量角度细分为单体建筑、园林、城市三个子项。在表 5 - 2 中，●表示权重大，◎表示权重一般，空白表示几乎无影响。

表 5 -2　　　　建筑文化与影像文化之深度比较，笔者自绘

	建　　筑			影　　像		
	单体建筑	园林	城市	摄影	电影	电视
技术	◎	●	◎	◎	●	●
材质	◎	●	●	◎	◎	◎
制度	◎	●	●		◎	●
民族	●	◎			◎	◎
宗教	●	●			●	◎
信仰	●			●	●	
语言					●	●
地域	●	●	●		●	
性别					●	◎
年龄	◎				●	●
风俗	◎			●	●	◎
气候	◎	●	●			
灾害	●	◎	◎			

	建　　筑			影　　像		
	单体建筑	园林	城市	摄影	电影	电视
生活习俗	◎			●	●	●
历史	●	●	◎	◎	●	●
大众	◎	◎		●	●	●
国际化	●	◎		◎	●	◎

不难发现，对建筑文化有至关重要影响的因素，大致排序为地域、材质、气候、制度、历史、宗教这 6 项，对建筑文化几乎无影响的因素大致包括语言、性别，其余各项对建筑文化具有一般性或局部性影响。对影像文化有至关重要影响的因素大致包括技术、信仰、语言、年龄、风俗、大众这 6 项。可见，影像文化要比建筑文化受到更多的外界干扰，而且这些干扰因子多为无形的、隐性的。

笔者采用管理学经典的 Analytic Hierarchy Process（AHP，层次分析法）对上表进行定权，设有 n 个元素参与比较，则 A ＝ $(a_{ij})_{n \times n}$，显然，$a_{ij}a_{jk} = a_{ik}$，$1 \leqslant ij$，$k \leqslant n$。因此，不一致程度指标则为 $CI = \dfrac{\lambda_{\max}(A) - n}{n - 1}$。令 $U_k = \dfrac{\sum_{j-1}^{n} a_n}{\sum_{i-1}^{n} \sum_{j-1}^{n} a_n}$，$U = (u_1, u_2, \cdots, u_n)^z$，依次对表 5 - 2 17 个子项赋值，便可根据下式计算出影响建筑文化的指标之权重：

$$\lambda = \frac{1}{n} \sum_{i=1}^{n} \frac{(AU)_i}{u_i} = \frac{1}{n} \sum_{i=1}^{n} \frac{\sum_{i=1}^{n} a_i}{\dfrac{\sum_{j=1}^{n} a_{ij}u_j}{u_i}}$$

据上述定量分析，建筑文化多体现为一种对材料、物质的"拜物教"，如水泥情结、钢结构之梦、木作缅怀；多体现出地域差异，如乡土建筑、民居建筑在全国各地姿态万千，不一而论；多体现为对气候、灾害（如地震、雷电）的自然神崇拜，西北干旱地区/黄土高原/资源匮乏型城市对建筑的影响巨大；宗教、历史、官制/礼制/刑制/学制等制度在建筑物中往往通过柱式、雕饰、檐廊、铺地形成"物"的凝固。左右建筑的这些因子大多是有形的，显性的，更多彰显出天、地、人之对立统一，与共时态的社会性因子关联较远。譬如，"大众"这一子项，具有强烈的社会性与当代性，是影像文化必须密切关注的对象，影像文化因此也是大众文化之一，执大众文化之牛耳，但"大众"对单体建筑和园林几无干扰，对城市也仅存轻度干扰。城镇化在全国加速推进，造城运动如火如荼，但放眼华夏乃至寰宇，城市千篇一律，大同小异，城市规划陷入高度同质化之泥淖，抄袭、复制、剽窃风行，根本不顾公民/大众之诉求，因此，建筑文化不是一种大众文化。同理，"语言"对建筑设计、城市规划的干扰也微乎其微，"华语建筑"这种概念十分可笑，但"华语电影"却非常值得研究；"外语园林"更是荒唐，但"译制片"与国产片长期对峙，争夺受众，却是影视界的研究热点。所以，建筑文化与翻译关系不大，不是一种语言文化，这同时也印证了建筑文化的国际化程度很高，不在电影之下。

　　综上，作为文化的建筑与作为文化的影像，二者的异远多于同，这正是建筑文化与影像文化形成互文性的根由，也是建筑与影像存在深刻主体间性之根由。

5.3　影像创作充分彰显建筑能动性的策略与方法

　　在第3章，笔者对影像中的建筑之分析，已经孕育着多条影像创作充分彰显建筑能动性的策略，其中不乏具体的形而下的方法。

　　对于摄影尤其建筑摄影而言，首先，要尽量使用移轴镜头，避免因透视而产生的畸变。其次，要尽量采用大画幅，把建筑物的体量囊括其中。再次，要尽量采用高清 Camera，以展现建筑物的细部。又次，要捕捉光影对建筑物内外空间的影响，在高调/低调、明调/暗调的变奏中书写建筑诗的韵律。复次，要尽量通过光线、色彩、构图等视觉语言传达触觉、嗅觉信息，实现通感，在联觉中凸显建筑物的现象学体验之美，鼎新建筑的本质内涵。最后，纪实摄影一定要紧扣建筑的文脉，在建筑与影像互文性中建构人文表征，在建筑物场及其场所精神中镌刻人性之美，进而深思人生，讴歌生命。

对于电影而言，第一，要摒弃仅仅把建筑物当作叙事空间的传统观念，使之企及电影语言的高度。建筑物不仅提供了一个可供演员表演的物理空间，还是演员情绪与感情发展变动的心理空间，是推动电影叙事的内在动因之一。第二，电影摄影尤其运动摄影要充分游刃于建筑物内外，通过广角、长焦镜头，通过轨道、减震器、摇臂、航拍、水下以及各种新生的承托展现建筑空间的特性，为角色创造一个发挥才华的足够大的舞台。第三，即使选取建筑物的局部，也要聚焦于最具代表性的地域建筑、民族建筑或宗教建筑、乡土建筑，不能人工堆砌，斧凿拼凑，以建筑之美提升电影之美，美美与共。第四，在城市、建筑外观日趋雷同的今天，电影作为高度自由的艺术，应打破常规，标新立异，追求个性，至少可让每个住宅的室内空间不同凡响，可让陈设道具栖身的表意空间充满寓意。第五，建筑素来就有"凝固的音乐"之誉，音乐音响是电影视听语言的重要一翼，可设法表现画面中建筑的凝固美与瞬间美，以此提升角色乃至故事的观赏性与艺术性，如图 5 - 1。

图 5 - 1　一部充分而深入彰显法国、意大利建筑尤其园林的电影，来自法国导演阿伦·雷乃的《去年在马里安巴德》，图为该片在日本公映时的海报，来自时光网（ht-tp：//www. mtime. com）。该片的主场景之一即 Versailles（凡尔赛宫苑），是法国古典园林之典范，正所谓"文艺复兴的意大利，古典主义的法国"，周围 5 幅为该园林实景图、规划图，来自土木在线（http：//www. co188. com）

对于电视而言，首先，电视新闻要大量而深入地报道拆迁问题，反思城镇化的正负意义。拆迁是当今中国社会主要矛盾的一个缩影，是土地财政的必然产物，是城乡对立与贫富差距的直接诱因，是民众仇富心理的火山口。电视新闻无法回避这些尖锐而敏感的社会问题。其次，电视剧本来就应直面现实，各种关于房子的题材如买房、争房、赠房、骗房及其引发的婚姻、家庭、遗产纷争始终能吸引受众的眼球。电视人应通过这些故事，引导观众理智而和谐地面对涉房问题。再次，电视栏目尤其法制类栏目流行栏目剧，这是一种融合电视新闻与电视剧的新样态，也应把关乎房子的文章做好，以普及法律知识，促进社会的公平。最后，切莫以为电视演播馆就是一个提供演播场地的建筑物，内部结构与设计怎么样都行，尤其外观无所谓。这些都是十分外行和肤浅的理解。建筑心理学（Architectural psychology）与环境心理学（Environmental psychology）的研究均已证明，建筑物的内部空间结构与布局设计，对栖身其内的人的各种感官乃至潜意识均有不可低估的干扰与影响，电视演播馆自然也不例外。

图 5–2　深谙影像与建筑互文性的后现代主义建筑表皮，图片来自 http://www.1x.com

当代社会是一个图像时代，各种设计、观念乃至科学整体都走向可视化，影像不仅成为我们表达的语言，而且成为我们生活的构成，如图 5–2。建筑在导演的调配下，在不同的角度、不同的色调、不同的光线、不同的音乐的烘托下，可表现出导演的喜怒哀乐，为电影的情节发展做出良好的铺垫；有时会比对白甚至表演更具有空间感和想象，产生更强烈的感染力。建筑物进入影像后，不仅可以成为叙事的线索，还可以成为隐喻的深度空间，引领故事潜入受众的意识之海。海德格尔多次论及"在场"，建筑在影像中的"在场"恰恰是其实际上在影像中的"缺席"而塑成的，"缺席"的前提已经得到了肯定，并且反证这种前提性的"不在场"是一种远程在场，是一种"在场境域"，影像创作由此具有驾驭建筑内涵与意蕴的灵活权术，由此实现道器合一。

5.4 建筑设计巧妙利用影像能动性的理念与通途

在建筑设计中，建筑师必须要有正确的理念，才能巧妙利用好影像这一强大符号。

首先，通过空间演绎再现文脉。在建筑设计时，建筑师可依据项目的历史传统、文化渊源而把握建筑物的文脉，并给用以播放影像的大屏幕预留足够的栖身空间，影像可将曾经的历史盛景在当今空间中重演再现，联系古与今的内在逻辑，召唤受众品位传统文化。这是目前建筑师一般都能想到并普遍采用的理念，但缺陷在于不谙影像内容的风格与制作手段。一般来说，这种影像多为纪录片，建筑师应尽可能多地为影像导演提供建筑细部如柱式、斗拱、飞檐、雕饰的准确数据，最好是三维图片，以便影视制作时数字化处理。这种理念可将模拟性、再现性、物化性有机统一，为建筑物提供一个由现代电子科技支撑的"物"的实证舞台，如图5-3。

其次，通过面线增强场效应。电影有院线，即各个电影院构成的一条放映联盟阵线，建筑师也应把一面面荧屏想象成一个个点，这些点形成的"面线"是建筑物不可或缺的构成元素，既可以从色彩、影调上为建筑物添彩，也可提升建筑物照明的亮度或照度，还可多少增加室温，吸附粉尘，洁净空气。尤其，形成强大面线后影像展览或播映，具有强烈的建筑场效应，正所

图 5-3　影像作为建筑语言自由表演的舞台，图片来自 http：//www.1x.com

谓"强场"。山东工艺美术学院丁宁教授在《论建筑场》① 指出"建筑场"超出人们通常所认识的建筑物化的实体形态，它是自然、人工、环境、社会等客观因子与人的意识、心理、行为、体验、情感等主观因素交相辉映而形成的，具有一定的强度、穿透力和辐射性。著名建筑设计师熊明先生在《建筑场与城市广场尺度》② 一文中进一步提出"建筑场效应"概念，并对其进行了详细的定量分析。普通建筑物尚且能产生不可小觑的建筑场，试想，内含高新科技与前沿理念的影像面线，在建筑物、城市内外产生的吸附力、凝聚力、定向力、引导力将是何等强大！

再次，拓扑图底关系。图底关系理论，对建筑设计和城市规划尤为重要。美国建筑师 Roger Trancik（罗杰・特兰西克）在 *Finding Lost Space：Theories of Urban Design*（《寻找失落空间——城市设计的理论》）中指出："图底关系理论是研究地面建筑实体（图）和开放虚体（底）之间的相对比例关系。控制图底关系的目的在于建立不同的空间层级，理解都市内或地区内的空间结构。"③ 影像与建筑物、影像与城市之间也可形成这种关系，呈现影像的屏幕是图，建筑物或城市乃至周边环境是底，建筑师在设计之初就必须处理好二者的图

---

①　中国建筑工业出版社 2010 年版。
②　此文载于《建筑创作》2000 年第 3 期，第 20—27 页。
③　可参朱子瑜等译本，中国建筑工业出版社 2008 年版，第 65—69 页。

底关系，进而形成空间的结构与秩序，拓扑该地域中积极空间与消极空间之间的关系，使之主次分明，变化有度。

渗延空间边界。影像的强大辐射力完全可以延伸、渗透至建筑物的外部空间，建筑师应为这种过度和延展提供设计支持。譬如，建筑的屋顶、入口、广场都是建筑空间的天际轮廓，往往也是人们兴趣的盲点，视线的终点，若在这些地方设置荧屏，播放特定的影像，定会令人们兴味盎然，顿生柳暗花明之欣慰。

作品极少但理论嗅觉颇为敏锐的美国建筑师 Jonh Hejduk（约翰·海杜克，1929—2000）倡导在建筑空间中举办"假面舞会"，让他的"剧团"去"表演"建筑的空间蕴含。"剧团"是海杜克对公共机构、社会角色、建筑类型、公共空间和摄影机的临时性聚集，"演员"由一批形式原型——住宅、塔楼、地块、平板、剧院、大门、亭子、花园、迷宫、道路、方型广场、桥梁组成。海杜克赋予它们不同的叙事任务，令其沉醉在体验性在场之中，通过身体传达建筑的文化历史内涵。[①] 荧屏尽管不如真人表演，只是城市镜像的一个小片段，但同时也是建筑与环境的鲜亮窗口，将不同空间的边界渗延起来，定会产生气韵生动、文脉长存之庄重感与崇高感，如图 5 - 4。

织补空间肌理。建筑物的空间肌理是由各种空间元素如房间、道路、广场等组成的，具有一定的整体性和延续性。不同城市的空间肌理，因历史、人文尤其该城市的经济结构等因素而各不相同，西安注重周秦汉唐历代城墙那种土老破旧、粗糙直硬，而北京早已拆除元明清三代城墙追求全面开放，建筑师完全可以影像织造并补充空间肌理之裂缝。譬如，拿捏走廊、甬道、街巷的宽窄短长，以此形成局促或宽泛、开放或内敛、保守或豁达之寓意。又如，调节影像的光影，使之随一日之中太阳的起落高低而形成影之"双人舞"，借景抒情，令建筑物的肌理具有自然神韵。肌理，是影像尤其摄影比较关注的一个构图范畴，影像可为建筑师织补空间肌理提供多种可能。

最后，建筑师应充分了解影像的类型、来源与特点，多向传播学、电影学、广播电视艺术学借鉴。有学者将影像细分为全包围影像、环绕影像、半

---

① Hejduk, John. *Msak of Medusa*, New York：Rizzoli, 1985.

图 5 – 4　由土耳其建筑师 **Eren Talu**（艾仁·塔露，**1960—**　）设计的 **Adam & Eve Hotel**（亚当 – 夏娃酒店）位于该国 **Antalya** 省，被欧洲导游称作全世界最性感的酒店。艾仁·塔露利用简单柔和、充满光泽的材料，彩色透明玻璃、随处可见的镜子及隐藏的吸音板营造出让人神魂颠倒的梦幻效果。夜幕降临，酒店外观俨然上百块充满浪漫柔情的电影屏幕，同时上演着绚丽迷人的爱情故事，而房间内多重反射的镜子则通过影像蒙太奇将红尘俗世的人间梦境推向高潮。两帧图片来自 **http：//www. jzwhys. com**

包围影像、零散包围影像、漫游影像、单面影像、中心影像等七类,[①] 各种影像或表现或再现，或真实或虚拟，或叙事或抒情，或写实或写意，共同谱写建筑与影像的和谐乐章。英国伦敦大学巴特雷特建筑学院 C. J. Lim（希·杰·林）指导的课程单元八、AA School 的 Ricardo de Ostos（R. 奥斯托斯）指导的课

---

① 可参巫濛、卓嘉《综合媒介设计》，中国建筑工业出版社 2012 年版。

程单元三，鼓励学生将电影、剧集甚至小说移植进建筑与城市空间中，并尝试通过各种叙事载体将设计主体物象化，转化为空间的必然的构成元素，令空间的转化与衔接更具影像化的故事性，进而塑造一种如同观赏电影般的耐人寻味的体验感，[①] 这显然对建筑设计、城市规划如何利用影像具有很强的借鉴意义，如表 5-3。

表 5-3　　　　　　　建筑设计借鉴、参照影像创作之互文，笔者自绘

		建筑设计															
		地理位置	城乡环境	文脉	空间	结构	意象	身体性	照明	暖通	给排水	装修	抗震	节能	智能化	成本	使用寿命	……
影像创作	主题	●	●	●	●	●	●	●	○	○	○	●	○	●	●	●	○	
	叙事	●	●	●	●	●	●	●	○	○	○	●	○	○	○	○	○	
	构图	●	●	●	●	●	●	●	●	○	○	●	○	○	○	○	○	
	色彩	○	○	●	●	●	●	●	●	○	○	●	○	○	○	○	○	
	影调	○	○	●	●	●	●	●	●	○	○	●	○	○	○	○	●	
	质感	○	○	●	●	●	●	○	●	○	○	●	●	○	○	○	●	
	运动性	●	●	○	●	●	●	●	●	○	○	○	○	○	○	○	○	
	场面调度	●	●	○	●	●	●	●	●	○	○	○	○	○	○	○	○	
	表演	○	●	○	●	●	●	●	○	○	○	○	○	○	○	○	○	
	节奏	○	●	○	●	●	●	●	●	○	○	○	○	○	○	○	○	
	剪辑	○	○	●	●	●	●	●	●	○	○	○	○	○	○	○	○	
	声画关系	○	○	●	●	●	●	●	●	○	○	●	○	○	○	○	○	
	投资	○	●	●	○	●	●	○	○	○	○	●	●	●	●	●	●	
	利润(票房)	●	●	○	○	○	○	○	○	●	●	○	●	●	●	●	●	
	……																	

●深度互文　　●中度互文　　○无互文

---

① Lim，C. J.，*Virtually Venice*，London：British Council，2004.

在驾驭影像元素方面，建筑大师让·努韦尔堪称高手，在设计 ONYX Culture Center 时，他用摄影机暗箱隐喻文化的包容，从主体高度乃至思想源头深度融合了建筑与电影，如图 5－5。[①] 日本著名建筑师芦原义信（1918—2003）的《外部空间设计》[②]《街道的美学》[③]，始终流溢着一种基于人体感知效应的现象学体验原则，他对自己提出的积极空间、消极空间、加法空间、减法空间的评价最终均以人在这些空间中的视觉、触觉、听觉、知觉乃至身体的舒适度为准，建筑师利用影像创造空间时，也应坚持这一标准——基于现象学的人性互文原则。

图 5－5　让·努韦尔作品 ONYX Culture Center 实景
图片来自 http：//www. en. wikipedia. org

5.5　影像化或高度互文影像的建筑设计乃至工程施工总图

为了使 5.3、5.4 两节的论述更符合计算机自动化控制和信息的模块化管理，笔者绘制了"高度互文影像的建筑设计的流程图"，如图 5－6。考虑到

---

① 可参刘松茯、丁格菲著《让·努韦尔》第二章，中国建筑工业出版社 2011 年版。
② 汉译本可参尹培桐，中国建筑工业出版社 1988 年版。
③ 汉译本可参尹培桐，百花文艺出版社 2006 年版。

建筑设计的复杂性，尤其高度互文影像建筑设计的前沿性，笔者在图 5 – 6 基础上再次具细化，绘制出"建筑设计高度互文影像进而凸显主体间性总图"，如图 5 – 7。

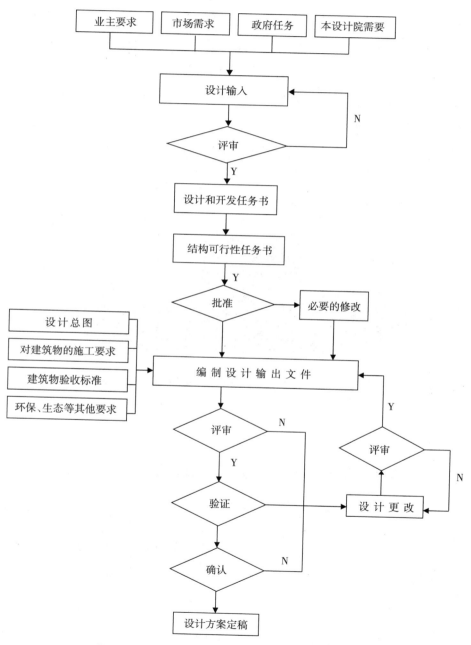

图 5 – 6　高度互文影像的建筑设计流程，笔者自绘

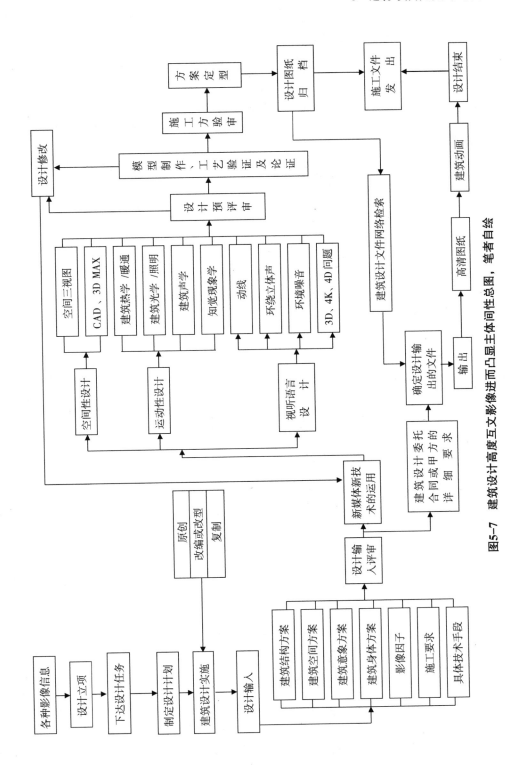

图5-7 建筑设计高度互文又影像进而凸显主体间性总图，笔者自绘

　　在这个影像无处不在的时代，诸多建筑工程无形中都"被影像/Imaged"
了，这是一种被动而又不可避遁的"影像化/Imageize"，其施工、监理、质
监、验收等与媒介勃兴之前的传统工程有很大的不同，需要给出"'被影像'
或影像化建筑工程施工图"和"'被影像'或影像化建筑工程竣工验收图"，
如图 5 - 8、图 5 - 9。

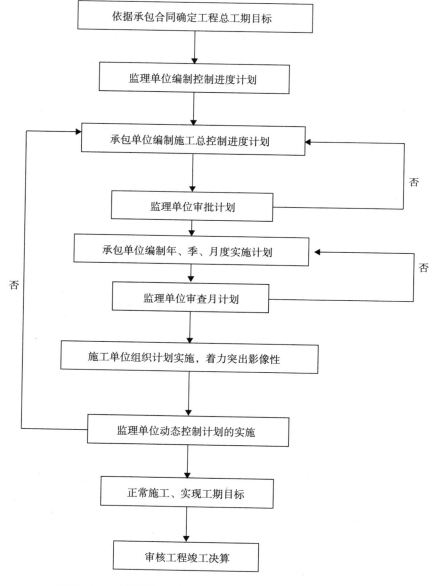

图 5 - 8　"被影像"或影像化建筑工程施工图，笔者自绘

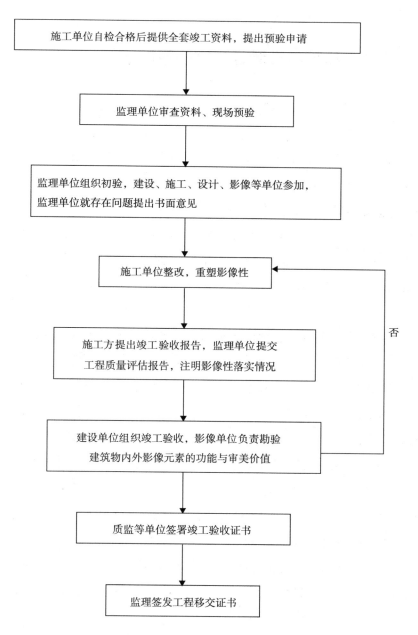

图 5 − 9　"被影像"或影像化建筑工程竣工验收图，笔者自绘

5.6　建筑与影像互文性的意向表征——文脉

　　建筑界日益重视"文脉"，① 文脉主义是一种活跃的当代建筑理论。文脉，Context，除意为"共同，联合"的前缀"con－"外，不难看出，Context与 inter text 几无分别。文脉实质上正是互文，文脉主义（Contextualism）的本质正是互文性／Intertextuality。不过，文脉更强调历史性，注重从历时态勾勒建筑的思想承继轨迹，追认传统，正本清源。

　　文脉，是一个在特定的空间发展起来的历史范畴，其上延下伸包含着极其广泛的内容。从狭义上解释，文脉即一种文化的脉络，美国人类学家 A. Cerober（艾·克罗伯，1955—　）和 Kelaeder Cerakohe（克莱德·克拉柯亨，1956—　）把"文脉"界定为"历史上所创造的生存的式样系统"，并指出"文化的基本核心，包括由历史衍生及选择而成的传统观念，尤其是价值观念；文化体系虽可被认为是人类活动的产物，但也可被视为限制人类作进一步活动的因素"。② 城市是历史形成的，从认识史的角度俯瞰，城市是社会文化的融会，建筑精华的钟秀，科学技术的结晶。对于城市乃至乡村建筑的探究，自然需要以文化的脉络为背景。印度建筑师 Charles Correa（查尔斯·柯里亚，1930—　）设计的管子屋就是一种特别适合印度人文化心理的住宅，呈纵向，通过管状的基本形式、错落的空间界面、特定角度与方向的开口，构成一个空气自由循环的复合空间，获得自然通风、不用空调的凉爽居住效果。城市形象正走向趋同，全球化（Globalization）导致同质化（Homogenization）日益加剧，文脉可使我们不断从民族、地域中寻找文化的亮点。如果我们对历史文化名城、古代遗迹仅仅处于维持状态，使其始终保持一个

---

　　① 脉，会意，表示身体里的一种支脉，本义是血管。《黄帝内经素问·脉要精微论》："夫脉者，血之府也……裹犹分也。裹行体中，谓血脉流转于体中也。"清·朱骏声曰："按，字俗作脉。"（汉）王符《潜夫论·德化》："骨著脉通，与体俱生。"脉，后引申指事物的条理，王建《隐者居》："雪缕青山脉，云生白鹤毛。"

　　② A. Cerober、Kelaeder Cerakohe 著：《文脉的本源及其在城市设计中的价值》，张兵译，中央编译出版社 2001 年版，第 125 页。

僵化的躯壳，它的光辉只会逐渐减弱，这种消极保护只能维持自然的衰败。

实际上，我们可以采用一种更为积极的思维，变换角度——在历史环境中注入新的生命，赋予建筑以新的内涵，督促新老建筑协调共生，历史的记忆才会得以延续。1971 年，美国城市规划师 M. E. Schumacher（舒玛什，1945—　）在 *Contextualism*：*the Ideal of Urban and the Disintegration of City*（《文脉主义：都市的理想和解体》）① 一书中最早提出 Contextualism 一词，倡导文脉主义城市规划观，主张挖掘整理城市空间与历史、文化要素之间的关系。1990 年以后，文脉主义在城市规划领域演进为新城市主义或新都市主义（Neo - urbanism），其主要内容是恢复旧的城市面貌和功能，使城市重新成为人们集中居住、工作和生活的中心，这其实已经偏离了文脉主义的本源。

笔者以为，文脉，是民族的集体记忆在建筑与城市的延续，而影像也是民族的集体记忆之延续，建筑与影像在延续民族的集体无意识这一历史功能方面没有本质的区别，更无冲突。对建筑师来说，建筑创作不仅仅意味着要探究历史而且意味着在历史环境中注入新的生命。形式的模仿是以新形式的自我消失来获得协调，但新形式的自我消失并不意味着对历史的尊重。历史遗留下来的旧建筑的价值在于它距当今时代的时间跨度。形式的模仿只能含糊或抹杀时间，没有深邃的时间性也就无所谓价值的内敛。

一般来说，在文化活动中，人们所受到的限制主要来自符号方面。不是人们驾驭符号，而是符号异化人，海德格尔称之为"语言说人"。优秀的建筑师，应该精通自己民族的文化，应该娴熟地操作该文化符号系统，并把新的经验和见识编织到符号中去。现代建筑语言是基于建筑设计的理论和建筑材料的空间语言，它的形式不是符号，而是建构建筑形体和空间的手段。成熟的设计行为必定有深厚的理论基础支撑，就新老建筑协调而言，首要的任务是剖析历史，对已定论的建筑事实包括历史文化重新认知，因此，涉及历史建筑的创作必须是再认识历史的过程，重新寻求空间、环境、技术等不和谐因素间可对话的媒介（譬如身体），以本质新与旧的统一作为出发点开拓文化共生的局面。芬兰建筑师 Daniel Libeskind（丹尼尔·李伯斯金，1946—　）

---

① Annis, David, "A Contextualist Theory of Epistemic Justification", *American Philosophical Quarterly*, 1978, 15：213 - 219.

设计的柏林犹太人博物馆（如图5-10）融入了4个纠结而含蓄的隐喻情结，离散而勾连；沿着曲折型的外观引入了60个连续的断面，营造出宽敞而断裂的非线性空间。该馆设计了三条通路，各自叙事，建筑物的锌皮表层布满裂缝，所有这些都在影射犹太人的苦难史及其与德国复杂悠长的历史渊源，是借助文脉主义传达深邃思想乃至哲学精神的建筑佳作，理想地体现出文化共生的魅力。文化共生不仅能最大限度地、真实地保留旧建筑，同时可利用新设计中的现代材料及手段更大限度地调动时间差来表现老建筑的与城市的文脉。

　　图5-10　柏林犹太人博物馆的建筑平面曲折蜿蜒，走势极具破坏性，仿佛把六角的"大卫之星"切割后再重组的结果。堆叠而连贯的锯齿形平面被一组排列成直线的空白空间打断，这些空间代表着真空，不仅隐喻大屠杀中逝去的无数犹太生命，也暗喻犹太民族及其文化永远无法弥补的空白。穿过陈列着犹太人档案的展廊，混凝土原色的开阔空间没有任何装饰，只是从裂缝似的窗户和天窗透进模糊的光亮。博物馆外墙以镀锌铁皮构成不规则的形状和带有棱角尖的透光缝。由表及里，所有的线、面和空间都是破碎而不规则的，馆内几乎找不到任何水平和垂直的结构，所有通道、墙壁、窗户都带有一定的倾斜，以此隐喻犹太人在德国的地位失衡，影射其在心理和精神上所遭受的苦难。展厅内虽无直观的犹太人遭受迫害的展品，但馆内曲折的通道、沉重的色调和灯光无不给人以精神上的震撼和心灵上的撞击。图片来自 http://www.archina.com

集体记忆，Collective memory，是社会心理学研究的一个对象。法国社会学家 Emile Durkheim（涂尔干，1858—1917）等人对此多有贡献。集体记忆是一个具有特定文化内聚性和同一性的群体对自己过去的记忆。从现象学看，集体记忆就是集体无意识（Collective unconscious / kollektiven Unbewussten）的自我澄明（Lichtung des Offenen）。集体无意识，由 Carl G. Jung（荣格，1875—1961）于 1922 年在 *Bei der Analyse der Beziehung zwischen Psychologie und Poesie*（《论分析心理学与诗的关系》）一文中提出，指由遗传保留的无数同类型经验在心理最深层积淀的人类普遍性精神。荣格认为，人的无意识有个体的和超个体的两个层面。前者只到达婴儿最早记忆的程度，是由冲动、愿望、模糊的知觉以及经验组成的无意识；后者则包括婴儿实际开始以前的全部时间，即包括祖先生命的残留，它的内容能在一切人的心中找到，带有普遍性。荣格指出"集体无意识"中积淀着的原始意象是艺术创作的源泉。一个象征性的作品，其根源只能在"集体无意识"领域中找到，它使人们看到或听到人类原始意识的原初意象或遥远回声，并形成顿悟，产生美感，而这些正是构筑建筑、园林文脉的最基础的因子。日本建筑师筱原一男（1925—　）设计的东京工业大学百年纪念馆运用混沌的语言构建了一个"漂在空中的闪光柱体的意想"，反规则的"零度机器"既分割又统一，既杂乱又有序，冰冷而又热忱，完美再现了日本这所工科名校传承百年的集体记忆与绵延文脉。

可见，建筑与影像，都是民族集体记忆的载体和媒介，均为民族的集体无意识。不论是建筑还是影像，文脉是其形成互文性的主要渠道。文脉，最终在现象学意义上完成了建筑与影像的等值与同一，是二者意向的表征。

5.7　前现象学时期学者对建筑与影像的关系之认识及其缺憾

现象学勃兴之前，纵览彼时学者对建筑与影像关系的阐发，笔者将其囊括为工具说、元素说、媒介说、题材说四个流派。当然，从时间上清晰而准确地厘定此四说的起讫，显然有待于更多史料考证与田野调查。但是，作为认识史上的一个课题，四者的核心尤其区别应该比时间证史更具学理价值，如图5-11。

图5-11　是建筑，还是影像? 是建筑，也是影像。图片来自 http://www.1x.com

如果把绘画也纳入影像论域，那么，影像与建筑的历史几乎等长。但是，本论著侧重从摄影、电影、电视构筑的影像体系去把握，因此，建筑的历史要比影像久远得多。所以，应该首先洞察建筑界如何认察影像。众所周知，建筑设计是一种从根源上就依赖图像的形象思维，建筑师总是离不开各种图纸。这种"图至上"的意识，直接指涉摄影出现后的西方建筑界。关于建筑的摄影作品被当作一种新兴的图纸，而且长于再现建筑实景，建筑师、园林师外出考察手里总离不开照相机，颇具交叉性的建筑摄影（Architectural photography）由是诞生。但是，在建筑师的心中，摄影只是一种现代工具。建筑师手中的绘图工具林林总总，建筑摄影不足以越俎代庖，独树一帜。

这种明显源于工具理性（Instrumental Reason）的"工具说"也延伸至电影，但是，与摄影不同，电影不大愿意也不太方便全身心地充当建筑的工具，因为电影的成本显然远高于摄影，电影的语言更复杂，能涵盖的社会意义更为丰约，公众对电影的审美期待与文化认同绝非摄影所能企及。因此，建筑只能与电影求同存异，一方面把电影注重光影、色彩、场景这些与己同质的元素保留下来，另一方面学习电影在叙事、运动视觉语言尤其时刻关注人的生活与生命这些异质元素，现代主义尤其后现代建筑开始注重故事性，凸显对人至少人性的尊重与关怀。这是一种典型的"元素说"，植根于解构主义与分析哲学，旨在通过局部的元素完成整体的表意型构（Ideographic Figures）。周诗岩在《建筑物与像：远程在场的影像逻辑》[①] 中，详细讨论了在当代符号消费的环境下，建筑的诸种元素如何从直接在场转化为远程在场，建筑的重心如何从"物"转化为"像"，以及相应的影像逻辑如何作用于建筑创作和建筑观念的问题。她通过分析影像渗透当代建筑领域的各种现象，提出建筑在光电子时代的"透镜传播模式"，尤其致力于以电影作品为例，从虚拟与实体、镜头与视点、运镜与路径以及空间序列上的蒙太奇与超链接等角度，具体分析由远程在场建筑带入建筑影像的思维逻辑。可以不夸张地说，作为分析哲学的一个重要支流，逻辑实证主义（Logical positivism）正是这样醉心于把哲学的任务归结为对知识进行逻辑分析，特别是对科学语言进行分析；坚持分析命题和综合命题的区分，强调通过对语言的逻辑分析以消灭形而上学；强调一切综合命题都以经验为基础，提出可证实性或可检验性和可确认性原则。从该书流露出的对于电影的狂热和偏爱来看，周诗岩恐怕并不能意识到自己是一个十足的逻辑实证主义者，显然，这种矢的于语言细节的"元素说"并不能高屋建瓴，一览众山小。

所以，当建筑随后以此种心态握擎（Währen）电视时，便必然会发现诸多不适应。电视与电影虽有相同，但是，更多是迥然不同。电视具有媒介质与艺术质的双重属性，而最主要的是媒介质。电视对于时空的超越，对于意识形态的忠诚，都是有目共睹、不言自明的。电视的影像世界俨然是现代人生活世界与心灵世界之间不可逾越的中介，于此，构成了意义的转述与世界的隐喻。中国传媒大学周月亮教授据此认为，"影像是生存的隐喻"。[②] 他的论证虽起于电影，但事实上更能揭橥电视的特质。柏拉图认为我们所理解的

---

① 此著由其博士学位论文《建筑的远程在场：从媒介到终端产品的建筑影像》修订而来。东南大学出版社 2007 年版。

② 周月亮、韩骏伟：《电影现象学》，序言，中国传媒大学出版社 2003 年版。

客观现实世界并不是真实的世界，只有理式世界才是真实的世界，而客观现实世界只是理式世界的摹本，艺术模仿必须经历这三个环节——理式世界、客观世界、艺术世界，正所谓"World³理论"。电视影像产生的三个环节——真实世界、电视世界、心灵世界与"World³理论"之间有着惊人的类似之处，只不过二者的哲学基础不同，一个是理式的，一个是真实的。所以，建筑只能视电视为一种媒介。清华大学周正楠在《媒介·建筑——传播学对建筑设计的启示》中掩饰不住这种喜悦，"传播学的理论给我们提供了一个工具，使我们可以以一种独特的方式，把人类在建造活动中的某些尚不清晰的认识和经验明确化、系统化、理论化。从传播学的角度来考察建筑，更多的并不是着眼于传统建筑学意义上的建筑功能或者形式上的好与坏的问题，而在于它是否与受众达成沟通，并深入人心的问题"。①这种"媒介说"既视电视甚至网络、手机等新媒体为传播建筑作品乃至理念的绝好媒介，又试图借鉴传播学的要义匡正积重难返的千年建筑理论，敦促今天的建筑更有人味。必须承认，这种敏锐是值得肯定的。但是，毕竟缺乏系统的媒介素养，周正楠恐怕意识不到媒介尤其电视对现代人思想的异化，电视早已不能营建一个精神的乌托邦，电视甚至所有媒介只能在权力意志和话语霸权的重压下，让乌合之众迷醉于被意识形态肆意解释的"异托邦"（Heterotopia）。电视在客观世界与心灵建构的间离效果（Verfremdungs effekt），是空前的，是令人发指的，也是每个当代人无可奈何的。

可惜的是，从影像握擎建筑的广度与深度明显逊于从建筑握擎影像。尽管作品众多，但是，从摄影到电影再到电视，均视建筑为一个不可多得的题材，建筑摄影其实就是以建筑物为主要拍摄对象的摄影类型，摄影不可能从建筑理论中汲取更为复杂的东西用以推进摄影的革命。这种困惑，同样也体现于电影中。虽然都讲究结构，但建筑结构是可见的、具象的、呈现于空间的，而电影结构则是不可见的、隐性的、呈现于时间的，蒙太奇甚至非线性叙事最终要靠受众的审美经验去意会。而且，电影只是视听艺术，只能作用于人的视觉和听觉，尽管4D电影正试图从技术上挖掘受众的触觉、嗅觉，但这远非主流。可是，建筑却更为综合，必须让人的整个身心诗意地栖居。所

---

① 周正楠：《媒介·建筑——传播学对建筑设计的启示》，东南大学出版社2003年版，前言。

以，电影只能仰视建筑，惊讶并钦佩建筑之宏博与超脱，自叹弗如。若再稳定建筑的社会效应，比如，建筑对城市、农村的重要影响尤其是其对个人、家庭、社会的巨大牵涉与撼摇，电影更是望尘莫及。一个人可以十年不去电影院观影，但一天都不能离开建筑，如图 5 – 12。

图 5 – 12　是建筑，还是影像？既是建筑，又是影像，来自 http：//www.1x.com

可见，电影也只能视建筑为一种题材。不过，与摄影不同的是，电影主要关注建筑师的生活与人生，西方不少电影导演早年曾从事建筑设计，在他们看来，与建筑相比，电影只是小儿科。电视面对建筑，更感到陌生和敬畏。电视长于跨越时空，同时同地、同时异地、同地异时地传播信息，而建筑总是以亘古不变的空间跨越时间，容纳人类工作与娱乐，这种包容性也使电视相形见绌。任何媒体都必须栖身于建筑中，而且还得追求多功能和现代化，如 CCTV 新厦；任何信息的传授，也都必须在建筑中完成，数以亿计的电视机都是放置于住宅等建筑中的。电视，充其量也只能视建筑为一种题材，这在电视纪录片中尤甚。

综观建筑之于影像，"题材说"是 170 余年摄影史、110 余年电影史、80 余年电视史朝向建筑之认识基调，其间，敬畏之心溢于言表，自卑与自怜不言而喻。

5.8 现象学对建筑学理论的统摄与归集

毋庸置疑，建筑，是人类最为昂贵的艺术。建筑，当然是最典型的综合艺术。建筑，是一个集成的文化系统。建筑学或建筑理论，是自然科学与人文社会科学之交叉，应以现象学的本体论、认识论、方法论统摄之。

建筑学或建筑理论早已成为体系，且体例宏大，系统巨博，内涵丰富。其间，主义纷呈，学派林立，观念斑驳，潮流起伏，令人目不暇接。笔者发现，迄今较有影响的建筑理论学说或流派包括但不限于自然主义/Naturalism、古典主义/Classicism、新古典主义/Neo - classicism、人文主义/Humanism、历史主义/Historicism、文脉主义/Contextualism、象征主义/Symbolism、经验主义/Empiricism、包豪斯/Bauhaus、复古主义/Revivalism、隐喻主义/Metaphorism、平民主义/Civilianism、个人主义/Individualism、民族主义/Nationalism、民粹主义/Ethical populism、功能主义/Functionalism、理性主义/ Rationalism、功能理性主义/Functional rationalism、实用主义/ Pragmatism、功利主义/ Utilitarianism、现实主义/Realism、新现实主义/Neo-realism、新理性主义/ Neo-rationalism、人本主义/Humanism、民本主义/Populism、乡土建筑学/Rusticism architecture、地域建筑学/Regional architecture、简约主义/Simplism、唯美主义/Aestheticism、折中主义/Eclecticism、现代主义/Modernization、后现代主义/Post - modernization、结构主义/Structuralism/Constructionism、解构主义/Deconstructionism、高技派/High technology school/ Hi - Tech school、行为主义/Behaviorism、构成主义/ Constitutionaism、先锋建筑/Pioneer architecture、建筑符号学/Architectural semiotics、建筑类型学/Architectural typology、多元主义/Multimetalism、极少主义/Minimalism、建筑语言学/Architectural linguistics、建筑人类学/Architectural anthropology、建筑宗教学/ Religious architecture、建筑地理学/Architectural geography、建筑考古学/Architectural archaeology、波普主义/Popularism、立体主义/Cubism、未来主义/Futurism、建筑心理学/Architectural psychology、建筑伦理学/ Architectural ethics、精英主义/Elitism、建筑美学/Architectural aesthetics、生态主义/Eco - ism、环保主义/Environmentalism、建筑法学/Law of architecture、建筑经济学/Architectural economics、建筑管理学/Architectural management、非线性建筑/Non - linear architecture、建筑现象学/Phenomenology on architecture、建筑哲学/ architectural philosophy 等。执国内建筑理论之牛耳的刘先觉前辈，在其前后两版煌煌大作《现代建筑理论：建筑结合人文科学自然科学与技术科学的新成就》中，枚举了30多种理论。当笔者满怀恭敬和疑惑地当面请教他"这么多理论是按照什么顺序排列的，彼此之间遵循什么逻辑"时，前辈竟然一言未发，怅然离去。显然，细观这些理论，任何一个理智的学者都会感到无序与芜杂。可以说，建筑理论的杂糅性远远胜过任何一门学科，甚至比边界日益模糊的文学理论还要广散。这些学说，主义横行，"新""后"频现，却缺乏建筑学独有的建树，大多皆能见于文学艺术甚或人文社会科学，足见其学术储备匮乏，归根到底——哲学根基虚无，如表5 - 4。

表 5 - 4　　　　　现象学出现前后的建筑史与影像史对照，笔者自绘

		前　现　象　学　时　期				现象学时期
		古　代	近　代	现　代		当　代
		实用建筑学	艺术建筑学	功能建筑学	空间建筑学	人居建筑学
建筑观念史		把建筑当作谋求生存的物质手段，为避风挡雨、防御野兽而巢居、穴居	把建筑视为艺术之母，视建筑为纯粹的艺术品，和雕塑、绘画、文学、音乐一样	把建筑视为供人居住的机器，是大工业的产品，以勒·柯布西耶为代表	把建筑视为空间的艺术，空间成为建筑的主角，以布鲁诺·赛维为代表	真正认识到环境的极端重要性，注重建筑内外的人，走向现象学建筑学观
建筑技术史		经验技能型	科学技术型	系统科学型		复杂科学型
	材料	土、木、石→草筋泥、混合土	混凝土、玻璃铁、钢→钢筋混凝土、预应力混凝土	建筑塑料金属板覆膜材料玻璃钢		可再生能源纳米材料高新技术材料
	工艺	石器→青铜器→铁器	熟铁冶炼法钢材的工业化生产大型水压机铆接机	自动化设备系统化设备		数字技术智能技术虚拟现实技术仿生技术
	结构	梁柱体系→拱券、穹顶体系→近似于框架体系	金属框架钢筋混凝土框架大跨度结构	网架结构悬索结构张拉膜结构		非线性结构混沌结构生态学结构
影像史				摄影电影		电视网络新媒体

　　面对史上斑斓纷杂的建筑理论，缕析之，笔者深感缺乏通览贯达之脉络，匮乏能使驳杂众说纲举目张之精神。众声喧嚣乃至诸神争吵既罢，建筑理论亟待哲学莅临与灼照。遍察之，实应首推现象学。现象学作为极具辐射力的哲学思潮，可令林林总总的建筑理论按部就班，条分缕析，"或简

言以达旨，或博文以该情，或明理以立体，或隐义以藏用"。① 从某种意义上来说，现象学不是一个哲学学派，它不时地进行自我改变，因此而持存在着的"思"（Sinnzusammenhang）的可能性。现象学意味着一种共同的接近问题的方式（Verständnishorizont），理解各种人生、社会、世界的现象和本质内涵（Ontologische Differenz），梳理它们的奠基与师承关系是现象学的基本任务，感知（Bewusstsein）、想象、图像、符号、判断、联想、良心、欲望是现象学分析的具体总题（Transzendentale Erkenntnis）。勒·柯布西耶毕生都强调"建筑漫步"，这是一种"穿越建筑的体验"，② 其实正是典型的现象学方法。

现象学既可提供本体论、认识论，亦可奉献方法论乃至方法论体系，其深广足以囊括当下已有的建筑理论，敦其井井有条，焕发新生。

5.9 建筑即影像，影像即建筑

不论是工具说、元素说，还是媒介说、题材说——乃至于强调互文，思维的进路均立足于从建筑观影像，或从影像观建筑，这其实还是二分法，是将建筑与影像割裂开来甚至对立起来的二元论。没有两个以上的对象，何谈"互"？二元论者，不会相信建筑就是影像，影像能成为建筑，如图 5 - 13。漫漫几千年人类历史，二元对立思维作祟甚深，非此即彼，非黑即白，不对就错，或生或死，不美即丑。但是，现象学正是在这个意义上抛弃了形而上学，匡正了二元论，具有哲学的革命性。

先秦诸子百家中的名家，主要探究名实的关系问题，后世从此悟出逻各斯的不可靠。名，就是概念；实，就是存在，事物的概念与其自身的存在往往是两码事，甚至相互矛盾。名家的代表公孙龙（BC. 320—BC. 250）在《公孙龙子·白马论》中提出了著名的"白马非马"论：

---

① 《文心雕龙·征圣》。
② ［英］弗洛拉·塞缪尔：《勒·柯布西耶与建筑漫步》，马琴、万志斌译，中国建筑工业出版社 2013 年版。

图 5 – 13　建筑就是影像，影像就是建筑，来自 http：//www. archifield. com

　　"白马非马，可乎？"曰："可。"曰："何哉？"曰："马者，所以命形也。白者，所以命色也。命色者，非命形也，故曰白马非马。"

　　曰："马固有色，故有白马。使马无色，有马如已耳，安取白马？故白者非马也。白马者，马与白也；马与白马也，故曰白马非马也。"

　　公孙龙的"白马非马"论，反映出辩证法中的一个重要问题——同一性与差别性的关系问题。他的诡辩，印证了同一性在自身中包含着差别性。公孙龙从命题出发，他发现在每个命题中，如"莲花是一种植物，玫瑰是红的"等，其主语和述语的内涵和外延都不完全相同。正如 Friedrich Von Engels（恩格斯，1820—1895）所云："不论是在主语或者在述语中，总有点什么东西是述语或主语所包括不了的。"恩格斯指出，"述语是必需和主语不同的"，这正是"同一性在自身中包含着差别性"① 这个客观辩证法的反映。一般人都说"白马是马"，公孙龙对于这个命题作了相当详细的分析，明确指出主语和谓语之间的不同。但是，他不知道这样的不同是必需的，是客观规律的反映，

————————

　　① 《形而上学的夸大》，《马克思恩格斯全集》（第 33 卷）中文第二版，人民出版社 2002 年版，第 390 页。

反而把二者割裂开来，加以抽象化、绝对化，由此达到客观唯心主义的结论，得出"白马非马"的结论，这就是把范畴固定化，其思想方法是形而上学的。

　　这里又牵涉到另外一个哲学关系，即一般和个别的关系的问题。Владимир Ильич Ульянов（列宁，1870—1924）说："在这里（正如黑格尔天才地指出过的）就已经有辩证法：个别就是一般……这就是说，对立面（个别跟一般相对立）是同一的：个别一定与一般相联而存在。"①可见，一般只能在个别中存在，只能通过个别而存在。任何个别（不论怎样）都是一般。任何一般都是个别的（一部分，一方面，或本质）。任何一般都只能大致地包括一切个别事物。任何个别都不能完全地包括在一般之中等。任何个别经过千万次的转化而与另一类的个别（事物、现象、过程）相联系，诸如此类。个别自身的同一性，经过千万次的转化，而与千万类的个别相联系，也就是说，也与千万个一般相联系，这也是同一性自身所包含的差别。

　　当我们讨论建筑或影像时，我们时刻都离不开辩证法，这是我们思维的器质人类学秉性先天决定的。人体的大部分重要器官都是两个，如两只手、两条腿、两只眼、两只耳、两个心房，甚至大脑也包括左半球和右半球，所以，我们的思维非常容易从辩证法走向二分法直至二元对立。辩证法是科学的思维方法，是能企及真理的，但是，二元对立则不是，把建筑与影像截然二分并对立，最终也会得出"白马非马"一样荒谬可笑的结论。

　　海德格尔在《现象学的基本问题》（*Die Grundprobleme Der Phänomenologie*）②导论第三节 *Philosophie als Wissenschaft vom Sein* 中指出：

Wir müssen uns beim Ausgang unserer Betrachtung ohne jede Vorspiegelung und Beschönigung eingestehen：Unter Sein kann ich mir zunächst nichts denken. Andererseits steht ebensoseher fest：Wir denken das Sein ständig. Sooft wir ungezählt Male jeden Tag sagen, ob in wirklicher Verlautbarung oder stillschweigend：das und das ist so und so, jenes ist nicht so, das war, wird, wird sein. In jedem gebruach eines Verbum haben wir schon Sein gedacht und

---

　　①　《谈谈辩证法问题》，《列宁全集》中文第二版，人民出版社 1984 年版，第 38 卷，第 409 页。
　　②　［德］海德格尔：《现象学的基本问题》（*Die Grundprobleme Der Phänomenologie*），丁耘译，上海译文出版社 2008 年版。

immer irgendwie verstanden. Wir verstehen unmittelbar: heute ist Samstag, die Sonne ist aufgegangen. Wir verstehen das 〉ist〈, das wir reden gebrauchen, und begreifen es nicht. Der Sinn dieses 〉ist〈 bleibt uns verschlossen. Dieses Verstehen des 〉ist〈 und damit des Seins überhaupt versteht sich so sehr von selbst, daß sich ein bis heute unbestrittenes Dogma in der Philosophie breit machen konnte: Sein ist der einfachste und selbstverständlichste Begriff; er ist einer Bestimmung weder fähig noch bedürftig.

在我们考察之初，我们必须摒弃任何借口与掩饰并承认：我对"是"（Sein）首先不可能有任何思考。另一方面，同样确定的是，我们总是在思考这个"是"（das Sein）。只要我们每天无数次地说（不管是实际上是否表达了出来），这个如此，那个如此，这个不如此，那个不如此，这个不是那个，那个不是这个，这个过去是那样，那个将来是那样，等等。在对一个动词的每次运用中，我们都已经想到了并总是以某种方式懂得了"是"（Sein）。我们直接懂得今天是星期天，太阳升起来了。我们懂得这个我们在言谈中运用的和我们并不从概念上把握的"是"（ist）。这个"是"（ist）的意义，依然对我们锁闭着。对这个"是"（ist）、由此对一般的"是"（Sein überhaupt）的这种理解是如此的不言而喻，以至于一个迄今毫无争议的信条能够在哲学中扩散："是"（Sein）是最简单和自明的概念，它既不可能、也不需要得到一种规定。①

这段论述，是进入现象学大门之钥匙，是剔除长期桎梏我们思维的传统范式之利刃。是，是自明的，不需规定。建筑是什么，影像是什么，是一个自明的问题，任何试图对其予以界定尤其旨在以己见拘囿后学的努力最终都是徒劳的，很快便会被历史的滚滚尘烟淹没。同样地，质询建筑与影像甚或影像与建筑的关系，说到底也不必用"是"来限制，这种关系亦是自明于世的，正如"此在在于世"一样，它在笔者写此论著之前已经敞开于世，如图5-14。

---

① 此段译文由笔者翻译。

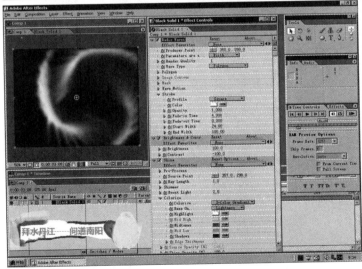

图 5 - 14   听闻笔者负笈西安建筑科技大学攻读建筑学博士学位，以前的影视界旧友与同僚无不惊羡，后将笔者推荐给清华大学水利工程学院、清华大学国情研究中心，为其承制建筑动画短片《拜水丹江 问道南阳》。该片系河南省南阳市西峡县太平镇未来 20 年整体规划与综合开发之宣传片，80% 为三维，20% 为二维，无纸动画，前期使用 SONY HDCAM 之 HDW - 800P 高清摄录一体机、Canon 5D Mark Ⅲ，后期使用 3D Max 2012、Auto CAD、AE 9.0、Flash 9.0、Apple Final Cut Pro X 10.0.5，DOLBY 5.1，9′10″，16:9。该片由笔者担任导演，90% 工作由笔者独立完成。全片观看网址：http://v.youku.com/v_ show/id_ XNDUxODU1OTQ0.html。建筑即影像，影像即建筑，二者的互文如此之深，如此之实，从该片即可窥见一斑，它是笔者博士论文——此书的基础之有力注脚。图为该片后期工作截图，笔者自绘

小　结

本章对建筑与影像进行了深入的比较研究，分析建筑艺术与影像艺术之异同，分析建筑文化与影像文化之异同，依此探寻影像创作，充分彰显建筑的诸多策略，枚举建筑设计巧妙利用影像的数种方法，指出文脉其实正是建筑与影像之间两种互文性的意向表征。但是，在现象学进入建筑学之前，人们无法认识到二者之间存在互文性，因此，需要以现象学统摄建筑学理论，洞明建筑与影像的本己性与一同性。

建筑即影像，影像即建筑，只有现象学才能做到如此精准而清晰。

6 定量研究

科学史清楚地昭示，人类追求知识的活动逐渐从启蒙运动之后的唯心传统，配合 19 世纪末数学与逻辑的发展，走上一条量化、实证、非历史、非主观的科学实证范式。在自然科学领域，一套以数学为基础的符号逻辑思考体系取代了亚里士多德以来的形式逻辑概念，发展出以量化研究（Quantitative research）为主轴的科学研究范式。多年来，这种范式建构了一套区分科学与非科学的科学程序与检证标准，决定了 20 世纪以来科学的发展。实证主义下的符号逻辑思考体系，仍是当代科学技术研究的主流思想，量化研究方法作为理工学科学术训练的必要环节，仍然普遍存在，应用广泛。

定量研究，是对研究现象的数量特征、数量关系与数量变化进行分析的方法。定量分析可以弥补定性分析的不足与缺陷，具有客观性、确切性、可重复性、预测性等优势。因此，笔者必须采用这一研究方法乃至思维模式，对本课题予以再度考察。

6.1 针对"文本间性"和"主体间性"的调查与统计

6.1.1 面向 20 位研究生和 5 位副教授就"互文性"这一概念的实验心理学调查

为了了解学者对"互文性"这一概念的熟悉程度，笔者在西安建筑科技大学、中国传媒大学、北京联合大学、西北大学四所高校，选择了 20 位研究生（甲组）和5位副教授（乙组），通过面谈、电话访谈和电子邮件三种方式采集数据。然后，根据美国心理学家 Egerton Osgood（奥斯古德）、George John Suci（萨奇）、Percy H. Tannenbaum（泰尼邦）提出的 Semantic Differential Scale（语义差异量表），[①] 将他们对"互文性"这一概念的基本定义尤其笔者解释的态度从"完全不懂"到"很清楚"区分为9级，依次赋值 -4、-3、-2、-1、0、1、2、3、4，得到如下两组数据，如表 6-1、表 6-2。

表 6-1　　　　甲组：20 位研究生面对"互文性"的态度，笔者自绘

被试编号	1	2	3	4	5	6	7	8	9	10	11	12	13	14	15	16	17	18	19	20
态度赋值	0	-2	-3	2	-1	1	-2	0	1	4	0	3	1	-3	3	-4	4	-3	2	0

表 6-2　　　　乙组：5 位副教授面对"互文性"的态度，笔者自绘

被试姓氏	马	陈	杨	李	邓
态度赋值	0	3	4	1	-1

在表 6-1 中，0 出现了 4 次，概率均为 $4/20=0.25$；1 出现了 3 次，概率为 $3/20=0.15$；2 出现了 2 次，概率为 $2/20=0.10$；3 出现了 2 次，概率为 0.10；4 出现了 1 次，概率为 $1/20=0.05$。在表 6-2 中，0、1、3、4 这四种态度各出现了 1 次，概率为 0.05。由于算术平均数 $M=\dfrac{\sum\limits_{i=1}^{n}x_i}{n}$，几何平均数 $G=\sqrt[n]{\prod\limits_{i=1}^{n}x_i}$、$G=\sqrt[\sum\limits_{i=1}^{n}f_i]{\prod\limits_{i=1}^{n}x^f}$，二次平均数 $M=\sqrt{\dfrac{\sum\limits_{i=1}^{n}x_i^2}{n}}$，总体方差 $\sigma^2=\dfrac{\sum(x_i-\mu)^2}{N}$，样本方差 $s^2=\dfrac{\sum(x_i-\bar{x})^2}{n-1}$，将上述数据输入 SPSS 19.0，可得出两组被试 5 种积极态度之均值，如表 6-3。

———————————

① 可参朱滢主编《实验心理学》（第三版），北京大学出版社 2014 年版（普通高等教育"九五""十一五""十二五"国家级规划教材，国家级精品课程配套教材）。

表6-3　甲、乙两组被试对"互文性"的积极态度及其均值，笔者自绘

	积极态度	甲组出现的概率	乙组出现的概率
	0	0.25	0.05
	1	0.15	0.05
	2	0.10	0
	3	0.10	0.05
	4	0.05	0.05
算数平均数		0.080.08	
几何平均数		0.050.05	
二次平均数		0.050.05	
方差		0.4525	

图6-1是表6-3的雷达图，系列1＝甲组，系列2＝乙组，系列3＝均值。

显然，不论甲组还是乙组，绝大多数被试对"互文性"这一基础概念表示"清楚"，对笔者的阐释表示"清楚"，这足以说明本论著立论基础是可靠的。

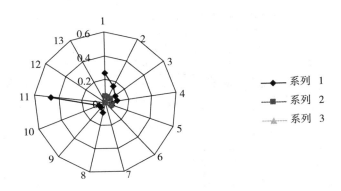

图6-1　甲、乙两组被试对"互文性"的积极态度及其均值之雷达图，笔者自绘

6.1.2 面向 12 位不同学科背景博士生导师就"现象学"这一基础概念之调查

本论著的哲学基础和首要方法论就是现象学，笔者深知现象学知音很少，内行更是寥寥无几。为了调查学术界对现象学的熟悉度与认可度，读博数载，笔者先后与西安建筑科技大学 D 教授、西北大学 Z_1 教授、陕西师范大学 C 教授、中国社会科学院 M 研究员、北京大学 W 教授、清华大学 Y_1 教授、北京师范大学 Z_2 教授、中国人民大学 J 教授、中国传媒大学 Z_3 教授、首都师范大学 X 教授、美国 University of California 的 K 教授、美国 University of maryland 的 Y_2 教授逐一面谈，每人至少 2 次每次 15 分钟以上。这 12 名学者全都是博士生导师，学科背景在一级学科上各不相同。然后，根据 6.1.1 提及的三位美国心理学家编制的语义差异量表，将他们对"现象学"这一概念尤其笔者解释的态度，从积极到消极区分为 9 级，依次赋值 -4、-3、-2、-1、0、1、2、3、4。最后，求出每位被试对待各种态度的众数，并根据公式 $V_r = \dfrac{\sum f_i - f_m}{\sum f_i} = */24$ 计算出异众比例，如表 6-4。图 6-2a 是表 6-4 中从被试 D 到被试 Y_1 的雷达图，图 6-2b 是表 6-4 中从被试 Z 到被试 Y_2 的雷达图，图 6-2c 是众数与异众比示意图。

表 6-4　12 名博士生导师对待"现象学"这一基础概念的态度统计，笔者自绘

态度	D 第1次	D 第2次	Z_1 第1次	Z_1 第2次	C 第1次	C 第2次	M 第1次	M 第2次	W 第1次	W 第2次	Y_1 第1次	Y_1 第2次	Z_2 第1次	Z_2 第2次	J 第1次	J 第2次	Z_3 第1次	Z_3 第2次	X 第1次	X 第2次	K 第1次	K 第2次	Y_2 第1次	Y_2 第2次	众数	异众比例
晦涩·难懂	-4	0	0	-2	1	0	0	-1	2	0	-2	0	0	0	-1	0	0	0	-1	-1	0	-1	-2	0	0	0.458
专业术语多	0	2	3	-2	-2	1	-2	2	-1	3	4	2	2	1	-2	2	3	-1	0	-2	2	3	3	-1	2	0.750
新作生词多	-4	-2	-1	-2	-3	-2	-2	-1	0	-3	-3	2	0	-2	-2	3	2	1	-1	-4	-2	3	3	2	-2	0.708

续　表

态度	D		Z₁		C		M		W		Y₁		Z₂		J		Z₃		X		K		Y₂		众数	异众比例
	第1次	第2次	第1次	第2次	第1次	第2次	第1次	第2次	第1次	第2次	第1次	第2次	第1次	第2次	第1次	第2次	第1次	第2次	第1次	第2次	第1次	第2次	第1次	第2次		
博大精深	0	1	1	2	0	1	-1	1	0	1	0	0	1	1	0	1	-1	0	0	0	1	0	1	2	1	0.583
概括力强	1	1	0	-2	0	0	1	-1	0	-3	-4	0	-4	-3	0	2	3	-3	-4	0	-2	-4	0	3	0	0.667
影响大	4	3	3	2	1	2	0	1	1	2	3	1	1	3	0	-1	3	4	4	4	3	2	1	1	1	0.708
传播效果深远	3	3	2	0	1	3	3	2	4	2	4	-1	0	3	-3	4	4	4	2	-2	3	2	1	2	3	0.750
交叉性强	-3	-4	-2	-1	0	0	-2	-2	-3	-2	0	-4	-3	-2	-1	-2	-3	0	2	1	-2	-2	-3	-2	-2	0.625
饱含哲理	4	3	2	-1	4	3	2	1	1	3	4	2	0	0	-2	-2	3	2	2	1	2	1	-1	2	2	0.708
与古希腊语关联深	3	2	1	3	0	-1	0	-2	-1	-3	2	1	3	4	2	2	2	1	0	2	2	-1	2	2	2	0.625
与拉丁文关联深	-4	-4	-3	-2	-2	-1	0	0	-1	-2	1	1	1	1	0	1	1	1	0	-1	2	1	0	-1	1	0.667
基于哲学家坎坷的人生	4	3	4	4	3	3	2	3	4	3	2	2	2	1	0	1	2	2	4	4	3	4	4	2	4	0.667
值得学习	0	0	-1	-2	-1	0	-1	-2	-3	0	0	0	-1	-2	-2	0	1	3	-2	0	-3	0	0	-2	0	0.583

续 表

态度	D 第1次	D 第2次	Z₁ 第1次	Z₁ 第2次	C 第1次	C 第2次	M 第1次	M 第2次	W 第1次	W 第2次	Y₁ 第1次	Y₁ 第2次	Z₂ 第1次	Z₂ 第2次	J 第1次	J 第2次	Z₃ 第1次	Z₃ 第2次	X 第1次	X 第2次	K 第1次	K 第2次	Y₂ 第1次	Y₂ 第2次	众数	异众比例
有用,非常管用	-2	0	-3	0	-2	-1	-2	-2	-3	1	0	-2	-2	-2	-1	0	-3	-1	-1	0	-2	-2	-3	0	-2	0.625
应去伪存真	3	3	2	3	3	0	2	1	1	1	-1	2	0	-1	1	0	-1	0	0	2	2	2	-1	-1	2	0.75
摒弃糟粕,发扬精华	2	3	4	2	2	4	0	-1	2	0	0	0	-1	3	2	2	3	1	0	-1	2	3	2	4	2	0.667
重要而独特的思维方法	2	-1	0	-2	3	4	-1	0	-2	-2	-3	2	0	0	-1	0	-1	-2	0	0	-1	0	1	1	0	0.667
要活学活用	4	3	3	2	2	1	-2	0	-1	4	4	3	4	2	2	1	1	0	-1	3	4	4	3	4	4	0.750

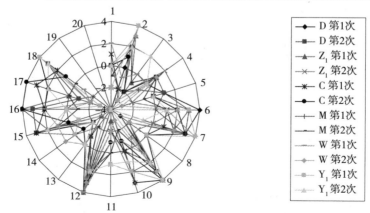

图 6-2a　12 名博士生导师中前 6 名（从 D 到 Y_1）对待现象学的态度之雷达图，笔者自绘

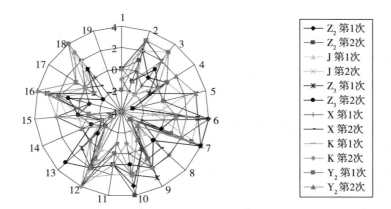

图 6 – 2b　12 名博士生导师中后 6 名（从 Z 到 Y$_2$）对待现象学的态度之雷达图，笔者自绘

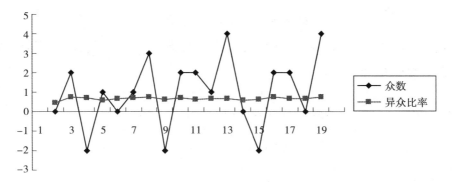

图 6 – 2c　12 名博士生导师对待现象学的态度之众数、异众比例对比图，笔者自绘

在信度计算中，由于 X = T + B + E，考虑到 B 很难分解，故可简化为 X = T + E。一般假定 E 的期望值为 0，故 E（X）= E（T）。由于 T、E 相互独立，故有 Var（X）= Var（T）+ Var（E），信度系数 $r = \dfrac{\text{Var}(T)}{\text{Var}(X)} = 1 - \dfrac{\text{Var}(E)}{\text{Var}(X)}$，

或 $r = \sqrt{\dfrac{\text{Var}(T)}{\text{Var}(X)}}$。因此，Lee Cronbach/克朗巴哈信度系数 $\alpha = \dfrac{k}{k-1}\left(1 - \sum\limits_{i=1}^{k} \dfrac{s_i^2}{s_p^2}\right)$，Flanagan/弗朗那根折半系数 $G = \dfrac{2(S_p^2 - S_{p1}^2 - S_{p2}^2)}{S_p^2}$，

Spearman – Brown/皮尔曼 – 布朗系数 $Y = \dfrac{2R}{R+1} = \dfrac{-R^2 + \sqrt{R^4 + \dfrac{4R^2(1-R^2)k_1 k_2}{k^2}}}{\dfrac{2(1-R^2)k_1 k_2}{k^2}}$。

鉴于此节的计算与心理测量密切相关，必须重视严格平行模型的信度系数 $\hat{R} =$

$$\frac{(n-3)Rel+3}{n}，式中 Rel = \frac{kR}{1+(k-1)R}，R = \frac{\overline{Cov} - \frac{1}{k(k-1)}\sum_{i=1}^{k}(\overline{T_I}-\overline{G})^2}{\overline{Var} + \frac{1}{k}\sum_{i=1}^{k}(\overline{T_I}-\overline{G})^2}。$$

将表 6-4 的数据输入 SPSS 19.0，输出的各种信度系数都在 0.7945 ± 0.005。毋庸置疑，笔者甚至这 12 位被试者看待现象学均不带有任何感情色彩，此文以现象学作哲学基础和首要方法论是可取的。

6.1.3　面向大学生就"透视法对建筑设计与摄影创作的利与弊"之调查与统计

为了佐证 6.1.2，了解透视法的利与弊，笔者向西安建筑科技大学（A组）、中国传媒大学（B组）各 50 名大学生发放了调查问卷，收回有效答卷 90 份，如表 6-5a。

表 6-5a　　　　　　两组被试对待透视法的基本数据，笔者自绘

对象	态度	A 组	B 组
建筑	利大于弊	66	57
	弊大于利	9	12
	利弊参半	15	21
摄影	利大于弊	51	20
	弊大于利	34	45
	利弊参半	5	15

更进一步的数据拟揭示被试对待透视法的态度和其艺术审美能力强弱之间的关联，如表 6-5b。

表 6 – 5b　被试对待透视法的态度和其艺术审美能力强弱之关联数据，笔者自绘

被试是否推崇透视法	艺术审美能力差		合计	差率(%)
	正常 = 0	差 = 1		
不推崇 = 0	86	29	115	25.20
推崇 = 1	44	30	74	40.50
合计	130	59	189	31.20

显然，对这个问题的回答与被试的学科背景（Δ_1）、专业方向（Δ_2）、所在高校的大学精神（Δ_3）、学风（Δ_4）这四个因素密切相关，必须运用 SPSS 19.0 进行单因子分析（可逐一进行）。

先求出总方差 $V = \sum (x_{ij} - \bar{x})^2$，组内方差 $V_w = \sum (x_{ij} - \bar{x}_i)^2$，组间方差 $V_B = b \sum (\bar{x}_i - \bar{x})^2$；再求出组间均方差 $S_B^2 = \dfrac{V_B}{a-1}$，组内均方差 $S_W^2 = \dfrac{V_W}{ab-a}$；必要时还可进行卡方检验 $F = \dfrac{S_B^2}{S_W^2}$。

输入数据后，点击主菜单"Analyze"项，在下拉菜单中点击"Compare Means"项，在右拉式菜单中点击"One – Way ANOVA"项，打开菜单因素方差分析设置窗口，开始设变量。选择一个因子变量（如"建筑"）进入"Dependent List"框中；选择一个因素变量（A 组或 B 组）进入"Factor"框中。单击"Contrasts"按钮，打开对话框，设置均值的多项式比较。

定义该多项式的步骤为：① 选中"Polynomial"复选项，该操作激活其右面的"Degree"参数框。② 单击 Degree 参数框右面的向下箭头展开阶次菜单，选择"Linear"线性、"Quadratic"二次多项式。③ 为多项式指定各组均值的系数。在"Coefficients"框中输入一个系数，单击 Add 按钮，"Coefficients"框中的系数进入下面 的方框中。依次输入各组均值的系数，在方形显示框中形成一列数值。④单击"Next"，显示输入的各组系数检查无误后，按"Continue"确认输入的系数。

在"Statistics"栏中选择输出统计量：（1）选"Descriptive"，输出描述统计量，观测量数目、均值、标准差、标准误、最小值、最大值、各组中每个因变量的95%置信区间；（2）选 Fixed and random effects，观测固定和随机描述统计量；（3）选 Homogeneity – of – variance，进行方差齐次性检验，并输出检验结果，用"Levene lest"检验，即计算每个观测量与该组均值之差，并对这些差值进行一维方差分析；（4）选 Exclude cases analysis by analysis，观测被选择参与分析的变量所含缺失值，从分析中剔除。

输入数据，SPSS 19.0 的输出结果如表 6 –5c、图 6 –3。

表 6 –5c　　　大学生对"透视法的利与弊及其与艺术审美能力之间的关系"分析结果，笔者自绘

序列：差率					
滞后	自相关	标准误差[a]	Box – Ljung 统计量		
			值	df	Sig.[b]
1	– 0. 566	0. 365	2. 400	1	0. 121

ANOVA					
		平方和	Df	均方	F
方程 1	回归	1467. 186	1	1467. 186	0. 275
	残差	5326. 814	1	5326. 814	
	总计	6794. 000	2		

a. 假定的基础过程是独立性（白噪声）。

b. 基于渐近卡方近似。

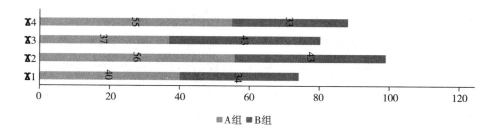

图 6 –3　影响两组被试对"透视性的利弊"问题做出判断的各因子权重之二维图示，笔者自绘

可见：（1）学科背景越接近艺术，越认为透视法弊大于利，越接近工科（如建筑学），越认为利大于弊；（2）专业方向越接近艺术（如摄影），越认为透视法弊大于利，越接近工科（如建筑学），越认为利大于弊；（3）大学

精神越明确，越认为透视法利大于弊；（4）学风越严谨，越认为透视法利大于弊。这与笔者在本论著 3.1.2 中的预期完全一致，故有必要区别"匠气"与"匠心"，打破透视法之桎梏，寻求新的突破。

6.1.4 面向多种属性受访者就"摄影对传达建筑的场所精神的有效性"之调查与统计

为了佐证 3.1.4，了解"摄影对传达建筑的场所精神的有效性"之利与弊，笔者向西安建筑科技大学（A 组）50 名、中国传媒大学（B 组）、首都师范大学科德学院（C 组）50 名大学生、三校门口附近 20 名民众（D 组）发放了调查问卷，收回有效答卷 145 份。显然，对这个问题的回答，与被试的性别（SEX）、年龄（AGE）、职业（JOB）、文化程度（EDU）、是否喜欢摄影（PHO）、是否熟悉建筑学（ARC）等因子有密切

的关系，必须根据 Pearson 相关系数 $r = \dfrac{\sum\limits_{i=1}^{n}(x_i - \bar{x})(y_i - \bar{y})}{\sqrt{\sum\limits_{i=1}^{n}(x_i - \bar{x})^2 \sum\limits_{i=1}^{n}(y_i - \bar{y})^2}} =$

$\dfrac{n\sum\limits_{i=1}^{n}x_i y_i - \sum\limits_{i=1}^{n}x_i \sum\limits_{i=1}^{n}y_i}{\sqrt{n\sum\limits_{i=1}^{n}x_i^2 - \left(\sum\limits_{i=1}^{n}x_i\right)^2}\sqrt{n\sum\limits_{i=1}^{n}y_i^2 - \left(\sum\limits_{i=1}^{n}y_i\right)^2}}$，$t = \dfrac{r\sqrt{n-2}}{\sqrt{1-r^2}}$ 仔细分析这 6 个变量

与该问题的相关系数。表 6-6 是对 D 组被试抽样后进行的实验心理学态度赋值。

表 6-6　D 组（高校门口民众）对"摄影-建筑场所精神"问题的态度，笔者自绘

AGE	EDU	JOB	PHO	ARC	SEX
4	0	5	−1	0	0.00
3	5	5	0	−1	1.00
4	4	4	1	−3	1.00
3	−1	3	3	2	0.00
5	−2	−2	4	1	1.00
2	5	−1	−2	0	0.00
5	4	4	0	2	1.00

表6-7是通过 SPSS 19.0 对上述数据的双变量分析。

表6-7　　SPSS 19.0 对表6-6数据进行的双变量相关性分析，笔者自绘

		EDU	JOB	AGE	ARC	SEX
EDU	Pearson 相关性	1	0.276	-0.382	-0.471	0.250
	显著性（双侧）		0.549	0.398	0.286	0.588
	N	7	7	7	7	7
JOB	Pearson 相关性	0.276	1	0.059	-0.247	0.077
	显著性（双侧）	0.549		0.899	0.593	0.869
	N	7	7	7	7	7
AGE	Pearson 相关性	-0.382	0.059	1	0.193	0.600
	显著性（双侧）	0.398	0.899		0.678	0.154
	N	7	7	7	7	7
ARC	Pearson 相关性	-0.471	-0.247	0.193	1	-0.276
	显著性（双侧）	0.286	0.593	0.678		0.549
	N	7	7	7	7	7
SEX	Pearson 相关性	0.250	0.077	0.600	-0.276	1
	显著性（双侧）	0.588	0.869	0.154	0.549	
	N	7	7	7	7	7

由于民众大都对摄影都表示喜欢，因此有必要控制"PHO"这一变量，再次进行分析，结果如表6-8。

表6-8　　SPSS 19.0 对表6-6数据进行的控制变量相关性分析，笔者自绘

控制变量			AGE	JOB	EDU	ARC	SEX
PHO	AGE	相关性	1.000	0.225	-0.097	0.080	0.542
		显著性（双侧）	.	0.668	0.855	0.880	0.267
		df	0	4	4	4	4
	JOB	相关性	0.225	10.000	0.099	-0.181	0.186
		显著性（双侧）	0.668	.	0.852	0.732	0.724
		df	4	0	4	4	4

控制变量			AGE	JOB	EDU	ARC	SEX
PHO	EDU	相关性	-0.097	0.099	1.000	-0.407	0.713
		显著性（双侧）	0.855	0.852	.	0.424	0.112
		df	4	4	0	4	4
	ARC	相关性	0.080	-0.181	-0.407	1.000	-0.397
		显著性（双侧）	0.880	0.732	0.424	.	0.435
		df	4	4	4	0	4
	SEX	相关性	0.542	0.186	0.713	-0.397	1.000
		显著性（双侧）	0.267	0.724	0.112	0.435	.
		df	4	4	4	4	0

为了稳妥，根据 $Euclidean = \sqrt{\sum_{i=1}^{k} (x_i - y_i)^2}$ 再度进行距离分析，结果如表 6 - 9。

表 6 - 9　　SPSS 19.0 对表 6 - 6 数据进行的近似矩阵分析，笔者自绘

	Euclidean 距离						
	2	3	4	5	6	7	8
2	0.000	1.414	2.236	4.583	8.660	6.403	1.732
3	1.414	0.000	1.732	3.606	8.307	6.403	2.236
4	2.236	1.732	0.000	2.449	6.782	6.164	1.414
5	4.583	3.606	2.449	0.000	5.477	6.481	3.742
6	8.660	8.307	6.782	5.477	0.000	6.782	7.211
7	6.403	6.403	6.164	6.481	6.782	0.000	6.164
8	1.732	2.236	1.414	3.742	7.211	6.164	0.000

这是一个不相似性矩阵。

通过 SPSS 19.0 的上述三次相关性分析，可以清楚地发现，面对"摄影对传达建筑的场所精神的有效性"这一问题，男性比女性的态度普遍积极——非线性相关，职业与此不相关，文化程度越高的被试的态度越积极——正相关，越喜欢摄影的被试的态度越积极——正相关，越熟悉建筑学的被试的态度越

积极——正相关。总体来看，被试对这一问题持积极态度。

笔者又对 A 组进行了相关性分析，结果与 D 组相同。

可见，本论著尤其 3.1.4 从现象学层面深入剖析摄影中的建筑场所精神，具有足够的科学依据，结论可信。

6.1.5　面向不同文化背景的受访者就"建筑物进入电影后所发生的变异"之调查与统计

在 3.2.1 中，笔者详述了建筑物进入电影影像后所发生的变异。为了印证这些论点，笔者向文化背景各不相同的受访者发放调查问卷，从外观、结构、色彩、影调、与环境的关系、身体性、与人的关系 7 个角度了解被试的态度，采用百分制，经抽样后得到 18 名不同姓氏的被试的基础数据，如表 6 - 10。

表 6 - 10　18 名被试对建筑物进入电影后所发生的变异之基础数据，笔者自绘

被试姓氏	外观	结构	色彩	影调	与环境的关系	身体性	与人的关系
曹	75	12	89	85	11	99.00	32.00
多	55	34	88	83	12	84.00	11.00
冯	56	35	80	81	31	89.00	8.00
古	50	56	77	70	19	81.00	89.00
宫	45	20	75	50	8	79.00	6.00
龚	50	16	67	81	9	74.00	4.00
何	51	17	99	83	3	75.00	33.00
胡	68	13	100	99	2	66.00	11.00
刘	71	27	92	79	10	60.00	10.00
罗	33	23	82	100	9	61.00	6.00
门	25	34	79	69	15	88.00	15.00
穆	90	20	78	77	22	82.00	56.00
那	89	8	80	79	23	80.00	45.00
宁	45	11	56	69	20	83.00	7.00
沙	39	9	80	99	7	81.00	2.00
陶	55	33	71	100	6	91.00	1.00
新	66	20	88	100	5	76.00	20.00
吴	59	16	92	89	10	79.00	3.00
	71	7	100	72	9	72.00	9.00

根据正态分布概率密度函数 $f(x) = \frac{1}{\sigma\sqrt{2\pi}}e^{-\frac{(x-\mu)^2}{2\sigma^2}}$，$F(x) = \frac{1}{\sigma\sqrt{2\pi}}$ $\int_{-\infty}^{x} e^{-\frac{(x-\mu)^2}{2\sigma^2}}dx$，将数据输入SPSS 19.0，得到变量"外观"的正态 P – P 图，如图 6 – 4。

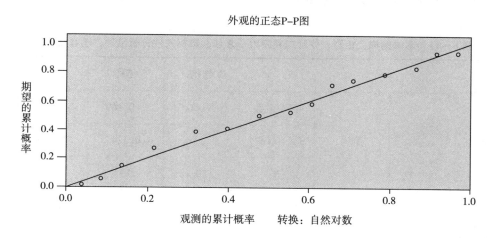

图 6 – 4　变量"外观"的正态 P – P 图，笔者自绘

再通过 SPSS 19.0，得到变量"结构"的趋降正态 P – P 图，如图 6 – 5。

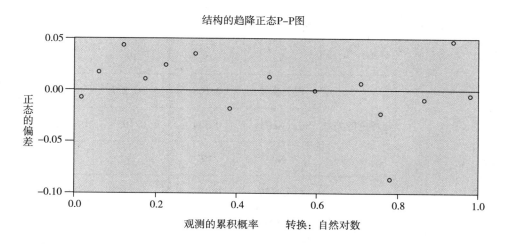

图 6 – 5　变量"结构"的趋降正态 P – P 图，笔者自绘

然后，根据 Spearman 秩相关系数 $rs = 1 - \dfrac{6\sum\limits_{i=1}^{n} di^2}{n(n^2-1)}$，Kendall 秩相关系

数 $rk = \dfrac{4R}{n(n-1)} - 1$，对影响"结构""色彩""外观"三个变量的复杂因子

进行非参数相关性分析，结果如表 6-11。

表 6-11　影响结构、色彩、外观的复杂因子之非参数相关性分析结果，笔者自绘

			结构	色彩	外观
Kendall 的 tau_b	结构	相关系数	1.000	-0.169	-0.204
		Sig.（双侧）	.	0.324	0.231
		N	19	19	19
	色彩	相关系数	-0.169	1.000	0.295
		Sig.（双侧）	0.324	.	0.084
		N	19	19	19
	外观	相关系数	-0.204	0.295	1.000
		Sig.（双侧）	0.231	0.084	0.221
		N	19	19	19
	与环境的关系	相关系数	0.168	-0.277	0.102
		Sig.（双侧）	0.324	0.105	0.550
		N	19	19	19
	身体性	相关系数	0.186	-0.198	0.012
		Sig.（双侧）	0.276	0.246	0.944
		N	19	19	19

续　表

			结构	色彩	外观
Spearman 的 rho	结构	相关系数	1.000	−0.240	−0.282
		Sig.（双侧）	.	0.322	0.242
		N	19	19	19
	色彩	相关系数	−0.240	1.000	0.449
		Sig.（双侧）	0.322	.	0.054
		N	19	19	19
	外观	相关系数	−0.282	0.449	1.000
		Sig.（双侧）	0.242	0.054	.
		N	19	19	19
	与环境的关系	相关系数	0.203	−0.347	0.170
		Sig.（双侧）	0.404	0.145	0.485
		N	19	19	19
	身体性	相关系数	0.282	−0.318	0.022
		Sig.（双侧）	0.242	0.185	0.930

　　以上统计分析清楚地显示，电影中的建筑从外观、结构、色彩、影调、身体性到建筑物与环境的关系、建筑物与人的关系等各个方面均发生了明显的变异，外观的变异最明显，然后由强到弱依次是色彩结构、影调、身体性，建筑物与环境的关系、与人的关系最不明显。这就需要从现象学高度把握诸多变异产生的根源，本论著 3.2.1 行文满足必要性与充分性。

6.1.6 基于上千次拉片的"电影中出现频率最高的建筑元素与构件" 之统计分析

在近 20 年的影视理论与实践中，笔者对中外上千部影片进行过精读，业内称之为"拉片"。在 3.2.4 这一节，笔者分析了中外电影中的建筑元素及其现象学蕴含，为了佐证这些论述，笔者以自己为被试，以自己细阅的这上千部电影为样本，对每 100 部中国、美国、法国、德国、意大利、欧洲其他国家、日本、韩国、伊朗、亚洲其他国家、俄罗斯、古巴、埃及、非洲其他国家电影中各种建筑元素与构件的出现频数，逐一进行统计，得到结果如表 6 – 12、图 6 – 6。

表 6 – 12 世界主要国家与地区电影中代表性建筑元素与构件出现频数统计表，笔者自绘

	中国	美国	法国	德国	意大利	欧洲其他国家	日本	韩国	伊朗	亚洲其他国家	俄罗斯	古巴	埃及	非洲其他国家
窗	55	88	82	80	77	56	52	50	30	22	34	31	29	20
门	62	44	40	32	30	28	23	25	29	30	29	28	22	11
楼梯	33	47	56	55	45	41	40	38	41	32	33	20	19	22
走廊	58	56	66	43	32	12	10	9	12	25	23	39	33	20
屋顶	12	28	22	16	15	9	8	5	2	2	5	16	2	3
地下室	32	85	79	91	67	34	55	43	37	21	25	14	15	5
柱	19	36	53	54	65	42	21	17	10	13	25	11	19	8
镜子	32	65	67	60	55	51	43	32	17	11	27	21	29	20
管道	9	55	37	23	36	22	17	15	5	6	11	9	11	1
建筑整体	81	67	55	35	27	23	44	48	22	20	32	30	28	16

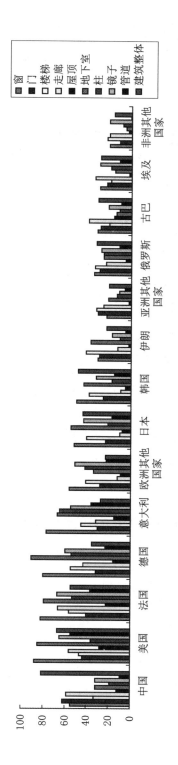

图6-6 世界主要国家与地区电影中代表性建筑元素与构件出现频数之柱状图，笔者自绘

（1）为了计算世界各国电影中"窗"这一建筑元素出现的均值，需进行单个样本 t 检验，$t = \dfrac{\overline{X} - \mu}{\dfrac{\sigma x}{\sqrt{n-1}}}$，SPSS 19.0 输出结果如表 6 – 13。

表 6 – 13　　单个样本（窗）在世界各国影片中出现的均值，笔者自绘

	N	均值	标准差	均值的标准误
窗	14	50.4286	23.69912	6.33386

	检验值 = 0					
					差分的 95% 置信区间	
	T	Df	Sig.（双侧）	均值差值	下限	上限
窗	7.962	13	0.000	50.42857	36.7451	64.1120

（2）为了比较"楼梯""走廊"这两种建筑元素在各国影片中出现的均值，需进行配对样本 t 检验，$t = \dfrac{\overline{X_1} - \overline{X_2}}{\sqrt{\dfrac{\sigma_1{}^2 + \sigma_2{}^2 - 2\gamma\sigma_1\sigma_2}{n}}}$，SPSS 19.0 输出结果如表 6 – 14、表 6 – 15。

表 6 – 14　　"楼梯"与"走廊"成对样本在世界各国影片中出现的均值，笔者自绘

		均值	N	标准差	均值的标准误
对 1	楼梯	37.2857	14	11.71737	3.13160
	走廊	30.5714	14	18.73587	5.00737
对 1	楼梯 & 走廊		14	0.533	0.050

表 6 – 15　"楼梯"与"走廊"成对样本 T 检验之成对差分与均值，笔者自绘

		成对差分				
					差分的 95% 置信区间	
		均值	标准差	均值的标准误	下限	上限
对 1	楼梯 – 走廊	6.71429	15.94427	4.26129	– 2.49166	15.92023

（3）为了比较"屋顶""管道"两种建筑元素在各国影片中的均值，需分别计算各自的标准差、方差、几何均值。其中，峰度 $Kurtosis = \dfrac{\dfrac{1}{n-1}\sum\limits_{i=1}^{n}(x_i-\bar{x})^4}{SD^4} - 3 = \dfrac{\mu_4}{\mu_2^2} - 3$，偏度 $Skewness = \dfrac{\dfrac{1}{n-1}\sum\limits_{i=1}^{n}(x_i-\bar{x})^3}{SD^3} = \dfrac{\mu_3}{\mu_2^{\frac{3}{2}}}$，

SPSS 19.0 输出的结果如表 6 – 16。

表 6 – 16　　"屋顶"与"管道"在各国影片中出现的均值之均值、ANOVA 表，笔者自绘

			平方和	Df	均方	F	显著性
管道 * 屋顶	组间	（组合）	2834.262	9	314.918	34.355	0.002
		组内	36.667	4	9.167		
		总计	2870.929	13			

屋顶	标准差	方差	几何均值	峰度
2.00	3.21455	10.333	6.9104	.
3.00	.	.	1.0000	.
5.00	2.82843	8.000	12.8452	.
8.00	.	.	17.0000	.
9.00	.	.	22.0000	.
12.00	.	.	9.0000	.

续　表

屋顶	标准差	方差	几何均值	峰度
15.00	.	.	36.0000	.
16.00	2.82843	8.000	20.9045	.
22.00	.	.	37.0000	.
28.00	.	.	55.0000	.
总计	14.86071	220.841	13.3758	1.294

根据差分的性质，$\Delta^n[f](x)$ 为 $f(x)$ 的 n 阶差分，如果 $\Delta^n[f](x) = \Delta\{\Delta^{n-1}[f](x)\} = \Delta^{n-1}[f](x+1) - \Delta^{n-1}[f](x)$，则 $\Delta^n[f](x) = \sum_{i=0}^n \binom{n}{i}(-1)^{n-1}f(x+i)$，其中 $\binom{n}{i}$ 为系数。当 $n=2$ 时，$\Delta^2[f](x) = f(x+2) - 2f(x+1) + f(x)$，前向差分可以当作数列的二项式变换，以此可再度估算上述结果中的成对差分。

　　显然，以上（1）（2）（3）的统计分析清楚地表明各种建筑元素在中外电影中出现的频次与均值，这有力地佐证了笔者的假设与推断，说明笔者3.2.4论述的客观性。

6.1.7　基于上千次拉片的"中外电影导演对用画面表现建筑的态度"之统计分析

　　本论著3.2.4、3.2.5认为，中外电影导演在影像摄制过程中，对进入镜头的建筑物的态度是有差异的，政治环境、文化背景、语言、色彩观念、动镜理念①、对建筑的熟悉度（简称"熟悉建筑"）、个人嗜好等因素对其态度均会产生明显的影响。为此，在上千部拉片实验中，笔者抽取了中外20位导演作为样本，依次对各指标给出百分比，试图对上述7个因子的权重予以排序，数据如表6-17。

---

　　① 动镜理念是指导演看待运动镜头的理念，包括对各种运动摄影技法乃至承托的熟悉程度，对长镜头的评价，以及能否从技术到艺术自主创造别人没有的独特运动镜头。

表 6-17　制约中外 20 位导演用画面表现建筑的态度之基础数据，笔者自绘

	政治环境	文化背景	语言	色彩观念	动镜理念	熟悉建筑	个人嗜好
张艺谋	0.7678	0.5528	0.2356	0.9231	0.9891	0.291	0.1022
陈凯歌	0.5273	0.8012	0.1235	0.2009	0.5921	0.123	0.2381
冯小刚	0.4321	0.3235	0.8801	0.231	0.631	0.192	0.103
姜文	0.4921	0.3829	0.881	0.2301	0.4032	0.1022	0.5129
贾樟柯	0.239	0.4039	0.7589	0.3429	0.6429	0.1	0.1004
王家卫	0.1929	0.7393	0.3921	0.5819	0.3	0.3124	0.1201
徐克	0.1002	0.6112	0.8929	0.3321	0.5829	0.122	0.1111
吴宇森	0.2201	0.4	0.529	0.2339	0.8811	0.3301	0.11
侯孝贤	0.4	0.7489	0.2009	0.2339	0.7219	0.1001	0.1001
杨德昌	0.4219	0.5201	0.302	0.42	0.888	0.2301	0.111
李安	0.1002	0.9692	0.6712	0.2359	0.7891	0.12	0.1001
格里菲斯	0.1292	0.8729	0.629	0.327	0.6791	0.4291	0.329
斯皮尔伯格	0.3329	0.9123	0.3281	0.2011	0.6712	0.321	0.2
库布里克	0.3451	0.8929	0.3229	0.421	0.811	0.3219	0.21
昆汀·塔伦蒂诺	0.421	0.321	0.9112	0.3101	0.5319	0.21	0.1209
乔治·卢卡斯	0.521	0.5728	0.319	0.321	0.7122	0.2101	0.1921
伯格曼	0.7621	0.671	0.5121	0.1229	0.521	0.3111	0.2199
黑泽明	0.221	0.5628	0.8213	0.5627	0.8216	0.3212	0.4192
小津安二郎	0.3219	0.5821	0.5219	0.3211	0.6	0.2102	0.1277
M. 安东尼奥尼	0.4323	0.722	0.3219	0.2381	0.5219	0.3219	0.1242
算术均值	0.369	0.6281	0.5277	0.3395	0.6646	0.2334	0.1826
几何均值	0.3182	0.5954	0.4596	0.3059	0.6417	0.2116	0.1584

采用 SPSS 19.0 分析 7 个指标的相关性，结果如表 6－18、表 6－19。

表 6－18　制约电影导演用画面表现建筑的态度各指标之相关性分析，笔者自绘

		政治环境	文化背景	语言	色彩观念	动镜理念	熟悉建筑	个人嗜好
政治环境	Pearson 相关性	1	－0.220	－0.383	0.112	0.047	0.001	0.051
	显著性（双侧）	—	0.324	0.078	0.618	0.835	0.998	0.821
	N	22	22	22	22	22	22	22
文化背景	Pearson 相关性	－0.220	1	－0.510*	－0.082	0.054	0.256	0.018
	显著性（双侧）	0.324	—	0.015	0.716	0.811	0.249	0.935
	N	22	22	22	22	22	22	22
语言	Pearson 相关性	－0.383	－0.510*	1	－0.146	－0.258	－0.201	0.256
	显著性（双侧）	0.078	0.015	—	0.517	0.247	0.371	0.251
	N	22	22	22	22	22	22	22
色彩观念	Pearson 相关性	0.112	－0.082	－0.146	1	0.372	0.268	－0.065
	显著性（双侧）	0.618	0.716	0.517	—	0.088	0.228	0.774
	N	22	22	22	22	22	22	22
动镜理念	Pearson 相关性	0.047	0.054	－0.258	0.372	1	0.169	－0.190
	显著性（双侧）	0.835	0.811	0.247	0.088	—	0.451	0.398
	N	22	22	22	22	22	22	22
熟悉建筑	Pearson 相关性	0.001	0.256	－0.201	0.268	0.169	1	0.141
	显著性（双侧）	0.998	0.249	0.371	0.228	0.451	—	0.532
	N	22	22	22	22	22	22	22
个人嗜好	Pearson 相关性	0.051	0.018	0.256	－0.065	－0.190	0.141	1
	显著性（双侧）	0.821	0.935	0.251	0.774	0.398	0.532	—
	N	22	22	22	22	22N	22	22

＊．在 0.05 水平（双侧）上显著相关。

表6-19　制约电影导演用画面表现建筑的态度各指标之非参数相关系数,笔者自绘

		政治环境	文化背景	语言	色彩观念	动镜理念	熟悉建筑	个人嗜好
Kendall 的 tau_b	**政治环境** 相关系数	1.000	-0.165	-0.356*	-0.248	-0.113	-0.091	0.135
	Sig.（双侧）	0.	0.284	0.021	0.108	0.463	0.553	0.382
	N	22	22	22	22	22	22	22
	文化背景 相关系数	-0.165	1.000	-0.307*	-0.061	0.013	0.191	0.121
	Sig.（双侧）	0.284	0.	0.045	0.693	0.933	0.215	0.430
	N	22	22	22	22	22	22	22
	语言 相关系数	-0.356*	-0.307*	1.000	-0.009	-0.221	-0.113	0.061
	Sig.（双侧）	0.021	0.045	.	0.955	0.150	0.463	0.693
	N	22	22	22	22	22	22	22
	色彩观念 相关系数	-0.248	-0.061	-0.009	1.000	0.278	0.178	-0.083
	Sig.（双侧）	0.108	0.693	0.955	.	0.071	0.247	0.592
	N	22	22	22	22	22	22	22
	动镜理念 相关系数	-0.113	0.013	-0.221	0.278	1.000	0.174	-0.139
	Sig.（双侧）	0.463	0.933	0.150	0.071	0.	0.259	0.367
	N	22	22	22	22	22	22	22
	熟悉建筑 相关系数	-0.091	0.191	-0.113	0.178	0.174	1.000	0.283
	Sig.（双侧）	0.553	0.215	0.463	0.247	0.259		0.067
	N	22	22	22	22	22	22	22
	个人嗜好 相关系数	0.135	0.121	0.061	-0.083	-0.139	0.283	1.000
	Sig.（双侧）	0.382	0.430	0.693	0.592	0.367	0.067	.
	N	22	22	22	22	22	22	22

			政治环境	文化背景	语言	色彩观念	动镜理念	熟悉建筑	个人嗜好
Kendall 的 tau_b	政治环境	相关系数	1.000	−0.255	−0.455*	−0.297	−0.114	−0.111	0.184
		Sig.（双侧）	.	0.253	0.033	0.179	0.613	0.624	0.411
		N	22	22	22	22	22	22	22
	文化背景	相关系数	−0.255	1.000	−0.427*	−0.103	0.032	0.236	0.166
		Sig.（双侧）	0.253	0.	0.047	0.649	0.887	0.290	0.460
		N	22	22	22	22	22	22	22
	语言	相关系数	−0.455*	−0.427*	1.000	−0.013	−0.293	−0.185	0.040
		Sig.（双侧）	0.033	0.047	.	0.954	0.186	0.409	0.859
		N	22	22	22	22	22	22	22
	色彩观念	相关系数	−0.297	−0.103	−0.013	1.000	0.355	0.234	−0.153
		Sig.（双侧）	0.179	0.649	0.954	.	0.105	0.295	0.496
		N	22	22	22	22	22	22	22
	动镜理念	相关系数	−0.114	0.032	−0.293	0.355	1.000	0.231	−0.263
		Sig.（双侧）	0.613	0.887	0.186	0.105	.	0.301	0.237
		N	22	22	22	22	22	22	22
	熟悉建筑	相关系数	−0.111	0.236	−0.185	0.234	0.231	1.000	0.377
		Sig.（双侧）	0.624	0.290	0.409	0.295	0.301	.	0.084
		N	22	22	22	22	22	22	22
	个人嗜好	相关系数	0.184	0.166	0.040	−0.153	−0.263	0.377	1.000
		Sig.（双侧）	0.411	0.460	0.859	0.496	0.237	0.084	.
		N	22	22	22	22	22	22	22

　＊. 在置信度（双侧）为 0.05 时,相关性是显著的。

为了深究"政治环境"与"语言"之间的相关性，故需进行回归分析之曲线估计。因为 $y = \beta_0 + \beta_1 x + \varepsilon$，为使 $\sum_{i=1}^{n} (y_i - \hat{y}_i)^2 = \sum_{i=1}^{n} (y_i - \hat{\beta}_0 - \hat{\beta}_1 x_i)^2$

最小，根据最小二乘法，可得 $\begin{cases} \hat{\beta}_1 = \dfrac{n \sum_{i=1}^{n} x_i y_i - \left(\sum_{i=1}^{n} x_i \right)\left(\sum_{i=1}^{n} y_i \right)}{n \sum_{i=1}^{n} x_i^2 - \left(\sum_{i=1}^{n} x_i \right)^2} \\[4ex] \hat{\beta}_0 = \bar{y} - \hat{\beta}_1 \bar{x} \end{cases}$，其中 $\bar{x} =$

$\dfrac{1}{n} \sum_{i=1}^{n} x_i$，$\bar{y} = \dfrac{1}{n} \sum_{i=1}^{n} y_i$，然后便可通过相关系数公式计算。SPSS 19.0 的输出结果显示二者负相关，如图 6 - 7。

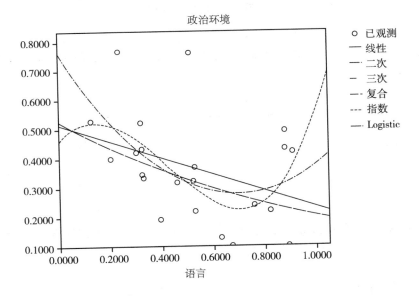

图 6 - 7　对中外 20 位导演"政治环境"与"语言"进行的回归分析之估计曲线，笔者自绘

一般来说，导演的"动镜理念"与"色彩观念"之间关系密切，为了从这 20 个样本中发现共性，对其进行回归分析之曲线估计，SPSS 19.0 的输出结果显示二者正相关，如图 6 - 8。

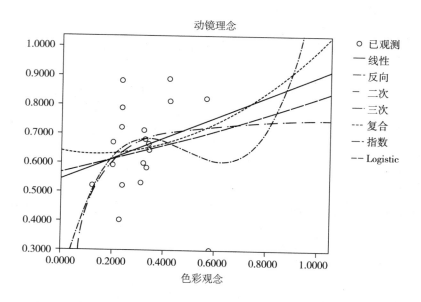

动镜理念

图6-8 对中外20位导演"动镜理念"与"色彩观念"进行的回归分析之估计曲线，笔者自绘

可见，制约电影导演用画面表现建筑的态度之7个指标的影响权重可做如下排序：动镜理念 > 色彩观念 > 语言 > 文化背景 > 对建筑的熟悉度 > 政治环境 > 个人嗜好，这与笔者在本论著3.2.4、3.2.5中的现象学分析完全一致。

6.1.8 西安、北京、纽约①电视受众观看建筑/园林类纪录片的接受心理学统计分析

为了印证3.3.1，了解受众观看建筑/园林类纪录片的接受心理，笔者在西安、北京、纽约三座城市各选择了一户家庭，通过面谈、电话访谈和深度访谈等方式，统计他们对十部有代表性的作品的接受程度，得到的结果如表6-20。

---

① 网络时代的问卷调查，可以借助成熟的调查网站如集思网 http：//www. opinionworld. com 实现。本章涉及美国纽约的数据，大多靠笔者委托该网站搜集而来。此外，笔者委托美国《侨报》、美国中文电视（http：//www. sinovision. net）资深记者 Marry Yang（杨扬）女士在纽约当地发放并回收了足够数量的问卷。

表 6 – 20   三地家庭受众观看建筑/园林类纪录片的接受心理之基础数据，笔者自绘

	西安	北京	纽约
《故宫》	0.6723	0.7821	0.3812
《圆明园》	0.521	0.7622	0.3921
《我的建筑师》	0.2192	0.42191	0.8001
《大明宫》	0.6221	0.5232	0.2188
《法门寺》	0.8921	0.4219	0.431
《世界八十园林》	0.8213	0.3228	0.4442
《世界伟大工程巡礼》	0.911	0.4563	0.4321
《摩天大楼简史》	0.6772	0.4421	0.7289
《柏林巴比伦》	0.3428	0.6288	0.6101
《敦煌》	0.912	0.7272	0.6821
算术平均	0.6591	0.5489	0.5121
几何平均	0.6066	0.527	0.4805

SPSS 19.0 输出的卡方检验结果如表 6 – 21。

表 6 – 21   三地家庭受众观看建筑/园林类纪录片接受心理之卡方检验
统计数据，笔者自绘

	西安	北京	纽约
卡方	0.000[a]	0.000[a]	0.000[a]
Df	11	11	11
渐近显著性	1.000	1.000	1.000

12 个单元（100.0%）具有小于 5 的期望频率。单元最小期望频率为 1.0。

为了仔细比较这三户家庭的态度，必须进行配对样本 t – 检验，结果如表 6 – 22a：

表 6 - 22a 　　　　三地家庭受众观看建筑/园林类纪录片的接受心理
之成对样本统计，笔者自绘

		均值	N	标准差	均值的标准误
对 1	西安	0.654725	12	0.2184733	0.0630678
	北京	0.547034	12	0.1484802	0.0428625

		N	相关系数	Sig.
对 1	西安 - 北京	12	- 0.113	0.727

		成对差分			差分的 95% 置信区间	
		均值	标准差	均值的标准误	下限	上限
对 1	西安 - 北京	0.1076908	0.2776492	0.0801504	- 0.0687191	0.2841007

		T	df	Sig.（双侧）
对 1	西安 - 北京	1.344	11	0.206

		均值	N	标准差	均值的标准误
对 1	北京	0.547034	12	0.1484802	0.0428625
	纽约	0.509433	12	0.1663815	0.0480302

		N	相关系数	Sig.
对 1	北京 - 纽约	12	- 0.134	0.677

		成对差分			差分的 95% 置信区间	
		均值	标准差	均值的标准误	下限	上限
对 1	北京 - 纽约	0.0376008	0.2374058	0.0685332	- 0.1132396	0.1884413

		T	df	Sig.（双侧）
对 1	北京 - 纽约	0.549	11	0.594

		均值	N	标准差	均值的标准误
对 1	西安	0.654725	12	0.2184733	0.0630678
	纽约	0.509433	12	0.1663815	0.0480302

		N	相关系数	Sig.
对 1	西安 – 纽约	12	− 0.334	0.288

		成对差分				
					差分的 95% 置信区间	
		均值	标准差	均值的标准误	下限	上限
对 1	西安 – 纽约	0.1452917	0.3157651	0.0911535	− 0.0553359	0.3459192

		T	df	Sig.（双侧）
对 1	西安 – 纽约	1.594	11	0.139

然后，选择有序回归分析，因为 Logistic 回归模型可更好地体现概率预测。若 $P = P(Y = 1 \mid X_1, X_2, \cdots, X_m)$，则该模型可表达为

$$P = \frac{\exp(\beta_0 + \beta_1 X_1 + \beta_2 X_2 + \cdots + \beta_m X_m)}{1 + \exp(\beta_0 + \beta_1 X_1 + \beta_2 X_2 + \cdots + \beta_m X_m)}$$。做 logit 变换，$\text{logit } P = \ln \dfrac{P}{1 - P}$

$$= \ln \left[\frac{\dfrac{\exp(\beta_0 + \beta_1 X_1 + \beta_2 X_2 + \cdots + \beta_m X_m)}{1 + \exp(\beta_0 + \beta_1 X_1 + \beta_2 X_2 + \cdots + \beta_m X_m)}}{1 - \dfrac{\exp(\beta_0 + \beta_1 X_1 + \beta_2 X_2 + \cdots + \beta_m X_m)}{1 + \exp(\beta_0 + \beta_1 X_1 + \beta_2 X_2 + \cdots + \beta_m X_m)}} \right] =$$

$\ln[\exp(\beta_0 + \beta_1 X_1 + \beta_2 X_2 + \cdots + \beta_m X_m)] = \beta_0 + \beta_1 X_1 + \beta_2 X_2 + \cdots + \beta_m X_m$。输入数据，SPSS 19.0 输出如表 6 – 22b 所示的结果。

表 6 – 22b　　　　　　三地家庭受众观看建筑/园林类纪录片的接受心理
之 Logistic 回归分析结果，笔者自绘

模型	−2 对数似然值	卡方	Df	显著性
仅截距	78. 469			
最终	0.000	78. 469	13	0. 000

连接函数：Logit。

	卡方	df	显著性
Pearson	5. 259	156	1. 000
偏差	8. 600	156	1. 000

联接函数：Logit。

伪 R 方

Cox 和 Snell	0.995
Nagelkerke	1. 000
McFadden[①]	1. 000

连接函数：Logit。

平行线检验[b]

模型	−2 对数似然值	卡方	df	显著性
零假设	0. 000			
广义	0. 000[a]	0. 000	156	1. 000

零假设规定位置参数（斜率系数）在各响应类别中都是相同的。

连接函数：Logit。

---

① Daniel L. McFadden（丹尼尔·麦克法登,1937— ）,美国经济学、计量学家,因创立"离散选择分析理论"尤其是"条件 Logit 分析理论"而获诺贝尔经济学奖,他的这些贡献均已被 SPSS 吸收。

检验表 $6-22b$，根据 $-2LL = -\ln\left(\dfrac{L_0}{L_1}\right)^2 = -2\ln\left(\dfrac{L_0}{L_1}\right) = \left[-2\ln(L_0)\right] -$

$\left[-2\ln(L_1)\right] = -2\displaystyle\sum_{i=1}^{n}\begin{bmatrix} y_i(\beta_0 + \beta_1 x_{i1} + \cdots + \beta_k x_{kp}) - \\ \ln(1 + \ell^{(\beta_0 + \beta_1 x_{i1} + \cdots + \beta_k x_{kp})}) \end{bmatrix} Cox\&Snell\ R^2 = 1 -$

$\left(\dfrac{L_0}{L_1}\right)^{\frac{2}{N}}$，$Nagelkeke\ R^2 = \dfrac{Cox\&Snell\ R^2}{1 - (L_0)^{\frac{2}{N}}}$，不难看出，西安这户受众观看建筑/园

林类纪录片的接受心理最积极，最乐观，浮动性最小；北京居中；纽约最消
极，最悲观，浮动性最大。这说明，此类纪录片需要从深层次结合建筑与影
像，使二者水乳交融，争取全球范围内更多受众的关注与认可，而这正是笔
者本论著3.3.1着力探究之焦点。

6.1.9 西安、北京受众对拆迁等涉房题材电视剧的反馈之媒介统计学 分析

为了了解受众对拆迁、买房等社会热点问题的基本看法，为本论著3.3.3
相关章节提供有力的支撑，笔者在西安、北京各抽取了5户家庭，图6-9、
图6-10、图6-11、图6-12、图6-13、图6-14分别是这些被试的统计
结果。

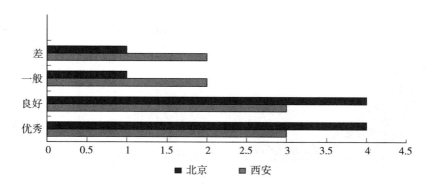

图6-9 西安、北京对拆迁等涉房类电视剧传播效果之评价，笔者自绘

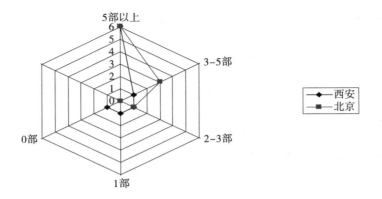

图6-10 西安、北京受众完整看过的对拆迁等涉房类电视剧的数量之对比，笔者自绘

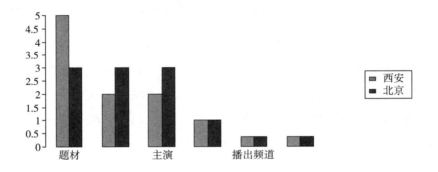

图6-11 西安、北京受众选择拆迁等涉房类电视剧的首要标准之对比，笔者自绘

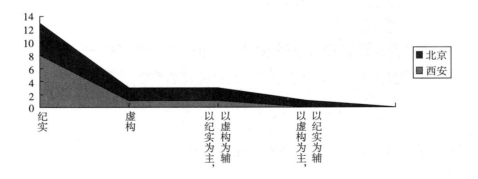

图6-12 西安、北京受众选择拆迁等涉房类电视剧美学风格之期待差异，笔者自绘

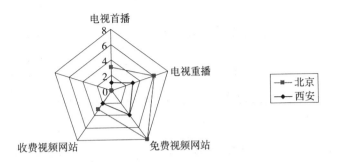

图 6-13　西安、北京受众收看拆迁等涉房类电视剧的媒介渠道之对比，笔者自绘

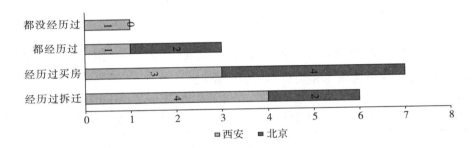

图 6-14　西安、北京电视受众自身经历涉房问题之对比，笔者自绘

　　此外，当被问及"拆迁等涉房问题是当今社会首要矛盾之首要诱因"时，这10户中的7户回答"是"。可见，这一问题具有相当的现实性与当下性，而且西部地区更为突出。

　　为此，（1）笔者登录国家统计局"中国统计年鉴数据库"，按"年度数据－固定资产投资和房地产－按用途分房地产企业完成投资－房地产开发住宅投资额、办公楼、其他（主要指文教类建筑）"，查询2012年数据，得到1627.99、384.81、864.78（亿元）三个数据；（2）再按"地区数据－陕西省－建筑业增加值（亿元）"查询2012年、2013年数据，得到1226.46、1404.30两个数据；① 接着登录陕西省统计局网站，按"统计要闻－2014年1－6月规定资产投资－房地产开发投资－按用途分－①住宅②办公楼③其

_____

　　① http：//data. stats. gov. cn/workspace/index？ m = fsnd.

他"查询，得到 825.87、43.93、58.01（亿元）三个数据[①]；（3）然后做配对 Logistic 回归与时间序列分析，采用指数平滑法，$\tilde{x}_t = \alpha x_t + \alpha(1-\alpha)x_{t-1} + \alpha(1-\alpha)^2 x_{t-2} + \cdots = \sum_{j=0}^{\infty} \alpha(1-\alpha)^j x_{t-j} \hat{x}_t(l) = \alpha xt + (1-\alpha)\hat{x}_t(l-1)$，发现在陕西省这样一个快速城镇化的西部地区，城市房地产的投资与新建正在快速增长，[②] 这必然引发并加剧拆迁等诸多涉房问题。

西安、北京受众对涉房题材电视剧的反馈，从一个侧面印证了笔者本论著 3.3.3 相关章节的阐述与分析，表明笔者的预见和判断都是有根据的。

6.1.10 对陕、浙、京等地全国主要影视城生存现状与经营模式的调查与统计

为了了解全国主要影视城的生存现状与经营模式，为本论著 3.3.5 提供有力的支撑，笔者搜集了相关资料，如表 6-23。

表 6-23　　　全国主要影视城的生存现状与经营模式概况，笔者自绘

	省份	主营业务	是否赢利	企业性质	前景
横店影视城	浙江	服务影视	是	民营	光明
象山影视城	浙江	服务影视	是	民营	光明
北普陀影视城	北京	旅游	否	国有控股	惨淡
涿州影视城	河北	旅游	否	国有控股	惨淡
焦作影视城	河南	旅游	否	国有控股	惨淡
镇北堡西部影视城	宁夏	旅游	是	民营	一般
宝鸡钓鱼台影视城	陕西	旅游	否	国有控股	惨淡
同里影视城	江苏	旅游	否	民营	惨淡
中山影视城	广东	旅游	否	国有控股	惨淡

---

① http://www.sn.stats.gov.cn/news/tjsj/2014725170809.htm.
② 陕西省统计局在这三个数据之后给出了增长率：①住宅为 7.4%，②办公楼为 25.2%，这与笔者的分析完全一致。

显然，绝大多数影视城是不赢利的。在"服务影视"与"旅游"这两种经营思路中，显然，前者更适合影视城，更能发挥影视城的资源优势，那么，"服务影视"的具体方式有哪些，"旅游"的具体做法有哪些，为什么前者会比后者的经济效益好呢？笔者为此搜集到如下一组数据，如表6－24。

为了避免数据过于定量而损失比照对象的秩序性与有序性，笔者采用有序回归法对表6－24的数据予以研判，SPSS 19.0输出结果如表6－25、表6－26。

表6－24 全国主要影视城两种经营模式的具体措施及其运行份额之对比，笔者自绘

| | 服务影视 | | | | | | | | | | | | 旅游 | |
	投资影视	发行影视剧	出租场地	演员经纪	提供群众演员	提供职员	出租服装	出租道具	出租摄影器材	销售影视后产品	提供食宿行	人才培训	售卖门票	提供食宿
横店影视城	0.4321	0.5322	0.9282	0.222	0.8922	0.2342	0.9822	0.9122	0.6622	0.2118	0.9282	0.1223	0.3372	0.7272
象山影视城	0.3221	0.1223	0.9272	0.1232	0.6262	0.3233	0.6622	0.6627	0.2233	0.0012	0.9922	0.0001	0.9929	0.8822
北普陀影视城	0.3212	0.0212	0.3192	0.0021	0.0202	0.0123	0.3321	0.4762	0.2129	0.0012	0.8828	0.0001	0.9922	0.8872
涿州影视城	0.4322	0.1223	0.9929	0.1233	0.3212	0.2313	0.1234	0.0021	0.0002	0.0001	0.9922	0.0029	0.9902	0.8822
焦作影视城	0.0012	0.0009	0.9828	0.2122	0.3223	0.0011	0.7722	0.8822	0.2111	0.0021	0.991	0.2112	0.9102	0.8851
镇北堡西部影视城	0.3223	0.0122	0.9921	0.1223	0.4221	0.0012	0.2001	0.0012	0.0011	0.0001	0.9322	0.2233	0.9212	0.8824

续 表

	服务影视												旅游	
	投资影视	发行影视剧	出租场地	演员经纪	提供群众演员	提供职员	出租服装	出租道具	出租摄影器材	销售影视后产品	提供食宿行	人才培训	售卖门票	提供食宿
宝鸡钓鱼台影视城	0.5222	0.4328	0.9211	0.3232	0.3211	0.1233	0.2344	0.2211	0.1239	0.0023	0.9125	0.3211	0.9008	0.8921
同里影视城	0.133	0.212	0.9245	0.0012	0.4322	0.3295	0.4322	0.2344	0.1228	0.0034	0.8922	0.1235	0.9233	0.7888
中山影视城	0.3211	0.219	0.9173	0.3221	0.3219	0.3279	0.3128	0.3221	0.4211	0.2326	0.6727	0.3223	0.9187	0.8622

表 6-25　　全国主要影视城两种经营模式的模型拟合信息，笔者自绘

模型	-2 对数似然值	卡方	df	显著性
仅截距	65.147			
最终	0.000	65.147	11	0.000

拟合度

	卡方	df	显著性
Pearson	3.661	99	1.000
偏差	6.068	99	1.000
连接函数:Logit			

伪 R 方

Cox 和 Snell	0.987
Nagelkerke	1.000
McFadden	1.000

连接函数:Logit

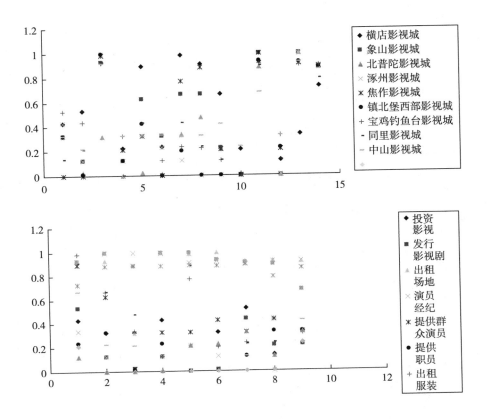

表 6 – 26　对全国主要影视城两种经营模式的 **PLUM** – 序数回归分析，笔者自绘

		N	边际百分比（%）
V10		5	33.3
	0.0012	1	6.7
	投资影视	1	6.7
V11		5	33.3
	0.4328	1	6.7
	0.5322	1	6.7
	发行影视剧	1	6.7
V12		4	26.7
	0.9929	1	6.7
	出租场地	1	6.7
	服务影视	1	6.7

		N	边际百分比（%）
V13		5	33.3
	0.0012	1	6.7
	0.8922	1	6.7
	提供群众演员	1	6.7
V15		5	33.3
	0.3295	1	6.7
	提供职员	1	6.7
V16		5	33.3
	0.1234	1	6.7
	出租服装	1	6.7
V17		5	33.3
	0.9122	1	6.7
	出租道具	1	6.7
V18		5	33.3
	0.2129	1	6.7
	出租摄影器材	1	6.7
V19		5	33.3
	0.0001	2	13.3
	0.2326	1	6.7
	销售影视后产品	1	6.7
V20		5	33.3
	0.6727	1	6.7
	0.9922	2	13.3
	提供食宿行	1	6.7
	有效	15	100.0
	缺失	0	
	合计	15	

		估计	标准误	Wald	df	显著性	95%置信区间	
							下限	上限
阈值	［V10 = 投资影视］	− 38.448	16.019	5.761	1	0.016	− 69.846	− 7.051
	［V10 = 0.5222］	− 4.848	11.379	0.182	1	0.670	− 27.151	17.455
位置	［V11 = ］	− 43.975	22.582	3.792	1	0.051	− 88.234	0.285
	［V11 = 0.0009］	− 36.050	15.710	5.266	1	0.022	− 66.841	− 5.260
	［V11 = 0.5322］	− 16.258	13.659	1.417	1	0.234	− 43.029	10.513
	［V11 = 发行影视剧］	0ᵃ	.	.	0	.	.	.
	［V12 = ］	− 2.716E − 15	17.795	0.000	1	1.000	− 34.877	34.877
	［V12 = 0.3192］	0ᵃ	.	.	0	.	.	.
	［V18 = 出租摄影器材］	0ᵃ	.	.	0	.	.	.
	［V19 = 0.2326］	0ᵃ	.	.	0	.	.	.
	［V19 = 销售影视后产品］	0ᵃ	.	.	0	.	.	.
	［V20 = 0.9922］	0ᵃ	.	.	0	.	.	.
	［V20 = 提供食宿行］	0ᵃ	.	.	0	.	.	.

连接函数：Logit

显然，有序回归清楚地显示了这两种经营模式的优劣，也明确了各自具体措施的有效性权重，这也有力佐证了全国各大影视城内的仿古建筑与无神园林小品的优劣短长。数据分析与现象学分析不谋而合，足见笔者在本论著中的论述是有根据的，是站得住脚的。

6.1.11　基于"住宅对电视收视行为与心理的影响"调查的统计分析

为了印证4.1，了解住宅是否以及在多大程度上影响电视受众的收视行为与心理，笔者在西安、北京各选择了5户家庭，得到的结果如表6 − 27、图6 − 15。

表 6－27　　　西安、北京电视受众看待住宅对收视行为与心理的影响之

数据对比，笔者自绘

	西安	北京
决定是否收看	3	5
干扰注意力	5	5
决定收看时长	4	3
决定观看时是否说话	3	2
影响节目选择	4	4
决定与谁一起看	3	5
决定收看的姿势	1	3
决定收看时是否做别的事	1	4
决定下次是否再看	2	3
干扰入眠	3	4
直接影响健康	2	4
其他	1	0

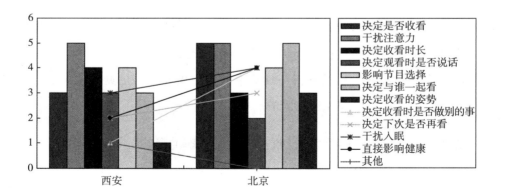

图 6－15　西安、北京电视受众看待住宅对收视行为与心理的影响之二维图示，笔者
自绘

接着，根据 $Chebychev(x,y)=\max\limits_{1\leqslant i\leqslant p}|x_i-y_i|$，$Minkowski(x,y)=$

$\sqrt[k]{\sum\limits_{i=1}^{p}|x_i-y_i|^k}$，$Cosine(x,y)=\dfrac{\sum\limits_{i=1}^{p}(x_iy_i)^2}{\sqrt{\left(\sum\limits_{i=1}^{p}x_i^2\right)\left(\sum\limits_{i=1}^{p}y_i^2\right)}}$，$\chi^2(x,y)=$

$\sqrt{\sum\limits_{i=1}^{p}\left(\dfrac{x_i-E(x_i)}{E(x_i)}\right)^2+\sum\limits_{i=1}^{p}\left(\dfrac{y_i-E(y_i)}{E(y_i)}\right)^2}$，$\varphi^2(x,y)$

$=\sqrt{\dfrac{\sum\limits_{i=1}^{p}\left(\dfrac{x_i-E(x_i)}{E(x_i)}\right)^2+\sum\limits_{i=1}^{p}\left(\dfrac{y_i-E(y_i)}{E(y_i)}\right)^2}{n}}$，进行聚类分析，可以看出二

地受众的态度由强到弱、由积极到消极明显区分为三个类别，如图 6-16。

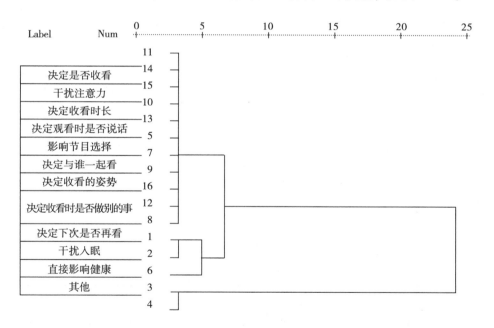

图 6-16　西安、北京电视受众看待住宅对收视行为与心理的影响之聚类分析树图，笔者自绘

由于等级相关系数 $r_s=\dfrac{l_{pq}}{\sqrt{l_{pp}l_{qq}}}$，SPSS 19.0 给出西安、北京两组的相关性分析，得到结果如表 6-28。

表6-28 　　　　　　 西安、北京电视受众看待住宅对收视行为
与心理的影响之相关性分析，笔者自绘

			西安	北京
	西安	Pearson 相关性	1	0.483
		显著性(双侧)	—	0.112
		N	12	12
	北京	Pearson 相关性	0.483	1
		显著性(双侧)	0.112	—
		N	12	12
Kendall 的 tau_b	西安	相关系数	1.000	0.367
		Sig. (双侧)	.	0.141
		N	12	12
	北京	相关系数	0.367	1.000
		Sig. (双侧)	0.141	.
		N	12	12
Spearman 的 rho	西安	相关系数	1.000	0.437
		Sig. (双侧)	.	0.156
		N	12	12
	北京	相关系数	0.437	1.000
		Sig. (双侧)	0.156	.
		N	12	12

　　西安、北京两组数据的各项相关系数均为正值，且在0.4以上，这说明电视受众一致认为住宅会对其收视行为、收视心理产生重要的影响，这种影响表现在各个方面，需要笔者从现象学高度予以深入剖析，正如本论著4.1之论述。

6.1.12　6位摄影家"选择大型影像作品展映的场所之决定性因素"的统计分析

　　为了证明大型影像展映举办在高端公共建筑内会产生媒介仪式感，佐证4.2，

笔者通过面谈、电话、电子邮件等方式搜集到 6 位知名摄影家的如下数据，
如表 6 - 29。

表 6 - 29　　六位知名摄影家选择大型影像展映举办场所的标准，笔者自绘

	胡	郑	袁	陈	魏	马
是否收费	5	4	4	3	5	5
收费是否高昂	5	5	5	5	4	5
是否在本市	1	1	2	1	1	1
是否在首都	5	4	5	4	5	3
是否在文化名城	4	3	2	4	4	3
交通是否便利	3	2	2	5	2	1
自己是否能赚钱	1	2	1	2	1	1
是否有门票收入	3	4	2	2	1	2
是否有大量媒体报道	5	5	5	4	5	4
是否有权威媒体报道	5	5	4	4	5	5
是否有专业布展人员	2	3	3	2	1	2
是否能有效保护展品	5	5	5	5	5	5
是否能确保展品安全	5	5	4	5	5	4
是否有保险	3	4	2	2	4	3
是否有先行赔付	1	1	1	2	1	1
观众是否足够多	5	5	4	3	5	5
观众的品位是否合格	3	2	1	2	2	4
观众中是否有同行	3	1	2	1	2	1
是否具有国际性因子	1	2	1	2	1	2
是否能结识高官富贾	4	2	3	3	4	5
展览馆是否古老	1	1	2	1	4	3
展览馆的建筑风格是否中西合璧	1	1	2	1	2	1
展厅装修是否有品位	1	2	1	2	4	5
展厅是否足够大	5	5	4	5	3	5
展厅出入口是否多且畅通	3	2	4	5	5	1
展厅消防是否合格	1	2	1	2	1	1
其他	3	4	2	5	5	2

接着，选择"胡"与"魏"两位摄影家，对二者进行回归分析，不难看出，二人的各项曲线均呈现正相关态势，如表6-30、图6-17，这说明诸位摄影家对选择大型影像展映举办场所的态度基本一致，看法接近。

表6-30 对两位知名摄影家选择影展场所的相关分析之模型汇总和
参数估计值，笔者自绘

因变量:胡

方程	模型汇总					参数估计值
	R 方	F	df1	df2	Sig.	常数
线性	0.513	26.351	1	25	0.000	
对数	0.506	25.582	1	25	0.000	
倒数	0.476	22.719	1	25	0.000	
二次	0.513	12.654	2	24	0.000	
三次	0.554	9.537	3	23	0.000	
复合	0.461	21.393	1	25	0.000	1.073
幂	0.468	21.980	1	25	0.000	1.311
S	0.455	20.868	1	25	0.000	1.581
增长	0.461	21.393	1	25	0.000	0.070
指数	0.461	21.393	1	25	0.000	1.073
Logistic	0.461	21.393	1	25	0.000	0.932

自变量:魏

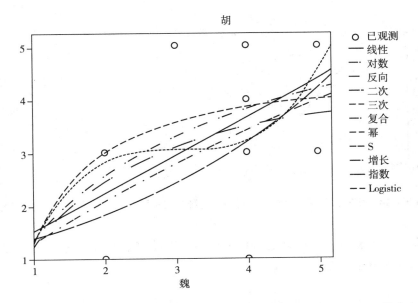

图 6 – 17　对两位知名摄影家选择影展场所的相关分析之各项曲线图示，笔者自绘

由于 $SST = SSA + SSB + SSAB + SSE$ ， $SSA = sl \sum\limits_{i=1}^{r} (\bar{x}_i - \bar{x})^2$ ， $SSB = rl \sum\limits_{j=1}^{s}$

$(\bar{x}_j - \bar{x})^2$ ， $SSAB = l \sum\limits_{i=1}^{r} \sum\limits_{j=1}^{s} (\bar{x}_{ij} - \bar{x}_i - \bar{x}_j + \bar{x})^2$ ， $SSE = \sum\limits_{i=1}^{r} \sum\limits_{j=1}^{s} \sum\limits_{k=1}^{l} (x_{ijk} - \bar{x}_{ij})^2$ ，

因此， $SST = \sum\limits_{i=1}^{r} \sum\limits_{j=1}^{s} \sum\limits_{k=1}^{l} (x_{ijk} - \bar{x})^2$ ，以上分析表明摄影家均认同影像展映栖
身于高端公共建筑内会产生庄严而隆重的仪式感，而媒介正是强调这种准
官方仪式的强大推手。二者如何媾和，笔者在 4.2 中从现象学层面予以了
深入分析。

6.1.13　基于"西安、北京、纽约市民对待地铁内影像的态度"的调查与统计分析

为了印证 4.5，了解公众看待地铁内各种影像的基本态度，笔者选择西
安、北京、纽约三座城市，在其地铁内外通过发放问卷、电视采访、面谈等
方式，搜集到相当丰富的数据，信息量很大。

第一，当被问及"你看到本市地铁内的影像主要有哪些内容"时，三城
受访者的回答各不相同，如图 6 – 18。

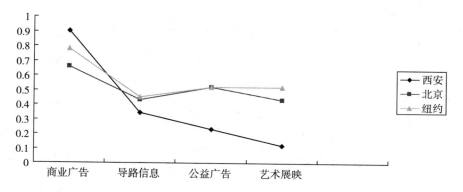

图 6 – 18　西安、北京、纽约市民对地铁内影像的主要内容之印象对比，笔者自绘

第二，当被问及"你认为本市地铁内的影像数量如何"时，三城受访者的回答各不相同，如图 6 – 19。

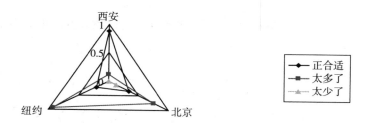

图 6 – 19　西安、北京、纽约市民对地铁内影像数量的看法之对比，笔者自绘

第三，当被问及"作为最强大的城市公共交通系统的必要构成，你认为本市地铁内的影像应该展示哪些内容"时，三城受访者的回答各不相同，如图 6 – 20。

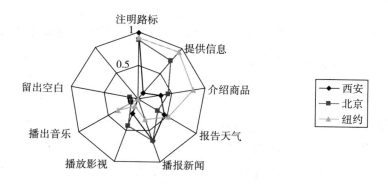

图 6 – 20　西安、北京、纽约市民对地铁内影像应该展示的内容之看法对比，笔者自绘

第四，当被问及"你认为本市地铁内影像都起到了哪些作用"时，三城受访者的回答各不相同，如图6–21。

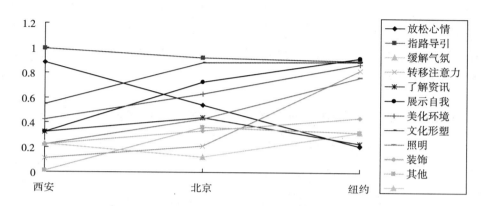

图6–21　西安、北京、纽约市民对地铁内影像的作用与功能之看法对比，笔者自绘

第五，当被问及"从构成与形态方面看，你认为本市地铁内影像应该选用哪些类别"时，三城受访者的回答各不相同，如图6–22。

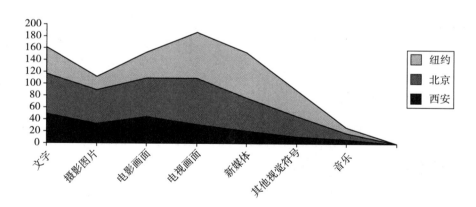

图6–22　西安、北京、纽约市民对地铁内影像的构成与形态之看法对比，笔者自绘

由于复相关系数 $R_{y \cdot 12 \cdots n} = \sqrt{1 - \dfrac{SSE}{SSR}} = \sqrt{1 - \dfrac{\sum (y_i - \hat{y}_i)^2}{\sum (y_i - \bar{y})^2}}$

$= \sqrt{1 - \dfrac{\sum y_i^2 - a\sum y_i - b_1 \sum x_1 y_i - b_2 \sum x_2 y_i - \cdots - b_n \sum x_n y_i}{\sum (y_i - \hat{y})^2}}$ ，笔者运用

EXCEL2010 的 CONFIDENCE（alpha，standard_ dev，size）、CORRFL（Array 1，Array 2）、RSQ（Known_ y's，Known_ x's）、FORECAST（x，Known_ y's，Known_ x's）、LOGEST（Known_ y's，Known_ x's，const，stats）共 5 个函数再次分析以上五图的数据，结果显示地铁内的影像具有十分重要的价值，各地市民对其均很关注，值得从现象学高度予以深入研究，本论著 4.5 之论必要而充分。

6.1.14 北京、西安市民对"影视在历史文化名城保护中的作用与价值"的调查与统计

为了印证 4.6，了解公众对什么是历史文化名城、影视在历史文化名城保护中能否发挥积极作用，笔者在西安、北京两座城市发放问卷 100 份，收回有效答卷 95 份，结果如表 6 - 31。

表 6 - 31　　　公众对"历史文化名城"界定的认识之对比，笔者自绘

测量指标	人数	比例(%)	男	女
a)"就是古城"	55	57.89	20	35
b)"就是具有悠久历史的城市"	73	76.84	38	35
c)"就是多个朝代的帝都"	90	94.73	50	40
d)"就是很有旅游意义的城市"	52	54.74	32	20
e)"就是不能盖很多商品房的城市"	65	68.42	31	34
f)"就是指西安、洛阳、开封、南京、北京等城市"	81	85.26	41	40
g)"就是应该当文物保护的城市"	45	47.37	15	30

表 6 - 31 可以代表对建筑学不熟悉的一般公众对"历史文化名城"这一概念的理解，这是一种大众化的，非专业性、外行的直观感受。其中，认为历史文化名城"就是多个朝代的帝都"的人数最多，高达 94.73%，且男女基本一致；对指标 g）的认可度最低，公众尤其男性几乎不认为历史文化名城

和文物有什么重要性。为此，笔者对这 100 名受访者采用实验心理学 Likert Scale／李克特量表，测量其对"影视在历史文化名城保护中能否发挥积极作用"的态度，得到结果如表 6－32。

表 6－32　　　公众对"影视在历史文化名城保护中能否发挥积极作用"的态度，笔者自绘

被试的态度	人数	比例（%）	男	女
①强烈反对	5	5.263	5	0
②不同意	7	7.368	5	2
③既不同意也不反对	4	4.210	3	1
④同意	72	75.79	38	34
⑤坚决同意	7	7.368	4	3
合计	95		55	40

表 6－32 清楚地显示，75.79% 的被试同意，7.368% 的被试表示坚决同意，两项之和为 83.16%，若把持态度③的被试也算进来，则有 87.28% 的认可度。其中，持④⑤两种态度的男女比例基本持平。

笔者运用 SPSS 19.0，对表 6－32 进行降维对应分析，语法如下：

CORRESPONDENCE

TABLE = 人数（5 80）BY 男（5 78）

/DIMENSIONS = 2

/MEASURE = EUCLID

/STANDARDIZE = RSUM

/NORMALIZATION = SYMMETRICAL

/PRINT = TABLE RPOINTS CPOINTS

/PLOT = NDIM（1，MAX）BIPLOT（20）.

结果显示，男性更为看好影视在历史文化名城保护中的积极性与建设性，如表 6－33、图 6－23。

表 6 - 33　　　公众对"影视在历史文化名城保护中的作用"认识之降维

对应分析，笔者自绘

维数			惯量比例		置信奇异值	
						相关
	奇异值	惯量	解释	累积	标准差	2
1	1.386	1.921	0.500	0.500	2.257	0.817
2	0.980	0.961	0.250	0.750	0.056	
3	0.980	0.960	0.250	1.000		
总计		3.842	1.000	1.000		

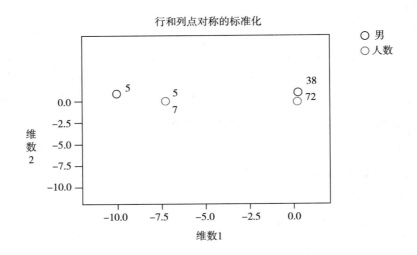

图 6 - 23　男性公众对"影视在历史文化名城保护中的贡献值"之降维对应分析，笔者自绘

对比以上统计分析，可以发现公众普遍希望加强对历史文化名城的保护，相信现代传媒的代表——影视能在历史文化名城保护中发挥积极的作用，这与笔者的预期完全吻合，这说明本论著4.6等节具有科学性和可信性，对这一课题更应辩证考究。

6.1.15 对西安市李家村地区四家酒店监控探头安装情况以及房客反应之调查与统计

为了了解城市电子眼与远程监控影像的实际情况，佐证4.11，笔者在西安市碑林区李家村地区实地考察了四家酒店，仔细观察并询问这些酒店内外摄像头的安装情况，特别是对房客是否知情、是否支持等态度进行了深入的追问，结果如表6-34。

表6-34　西安市碑林区李家村地区四家酒店监控摄像头调查，笔者自绘

	万达公寓	天域凯莱	西海大厦	锦江之星
地理位置	李家村万达广场内	万达广场对面	李家村十字路口西100米	李家村十字路口南
酒店星级	三星级	四星级	三星级	一星级
摄像头数量	25	20	8	6
具体探点	大门入口处,前台,各楼层走道,卫生间门口,餐厅,酒吧,商务中心,KTV	大门入口处,前台,各楼层走道,卫生间门口,洗衣房,宴会厅,茶座,酒吧,咖啡厅,商务中心,健身中心	大门入口处,前台,各楼层走道,餐厅,茶座,商务中心,健身中心	大门入口处,前台,各楼层走道,茶座,文印室
视频质量	高清,480线	高清,480线	标清,240线	标清,200线
镜头焦距	55mm	52mm	52mm	50mm
变焦倍数	X16	X16	X8	X8
旋转角度	140°	140°	90°	90°
有无夜视	有	有	无	无
摄录时段	全天候	全天候	全天候	6:00-24:00
保存期限	三个月	三个月	两个月	一个月
有无值守	有	有	有	不愿说明

　　在进一步的调查中，不同性别、年龄的房客均认为酒店属于公共场所，安装摄像头会影响自己的隐私，尤其是不应该在卫生间门口、酒吧、茶座、健身中心这种半私人性空间安装，他们还罗列自己所关注的隐私的具体内容。笔者用黑色代表强烈反对、灰色代表中等反对即勉强接受、白色代表不反对即同意，结合伦理学判断，得到表6－35和图6－24所示。

表6－35　西安市碑林区李家村地区四家酒店房客所关注隐私的内容，笔者自绘

	男性中年房客	男性老年房客	女性青年房客	女性中年房客	儿童
性生活					
个人生活细节					
衣着					
工作内容					
目的地					
交往对象					
随身钱财					
随身证件					
随身银行卡					
联系方式					
出现频率					

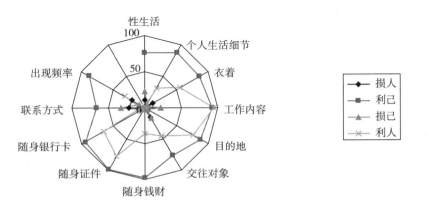

图6－24　西安市碑林区李家村地区四家酒店房客所关注的隐私内容及伦理学判断示意图，笔者自绘

在控制"损己"这一无关变量后，根据偏相关系数 $r_{12(3)}=$
$\dfrac{r_{12}-r_{13}r_{23}}{\sqrt{1-r_{13}^2}\sqrt{1-r_{23}^2}}$，$t=\dfrac{r\sqrt{n-q-2}}{\sqrt{1-r^2}}$，以及回归系数与相关系数的换算式 $r=b\dfrac{\sigma_x}{\sigma_y}$，
在 SPSS 19.0 后显示，在酒店这种公共空间过多安装监控摄像头，并非好事，
"利己"与"利人"总是正相关，如表6-36。

表6-36　　对西安市酒店房客隐私的伦理学判断之偏相关分析，笔者自绘

控制变量			利己	利人	损己
损己	利己	相关性	1.000	0.597	
		显著性(双侧)	.	0.068	
		Df	0	8	
	利人	相关性	0.597	1.000	
		显著性(双侧)	0.068	.	
		Df	8	0	

a. 单元格包含零阶（Pearson）相关

可见，凡利己之举必利人。这一伦理学基本规律，看似简单，仍需笔者立足于媒介伦理语境，从现象学高度予以深究，正如4.11之言。

6.1.16　对北京天安门广场超大屏幕前游客的行为心理学调查与统计

为了佐证4.9，彻底厘清建筑中的影像的能动性，笔者数十次在北京天安门广场矗立的两个超大电子屏幕前，现场调查游客的行为与心理，得到了如下原始数据，如表6-37。

表 6 – 37　　　　　天安门广场超大屏幕前游客典型性行为及其影响因子之
统计数据，笔者自绘

单位：分钟，%

行为	平均时长	性别		年龄（%）			时间		天气					国籍	
		男	女	少儿	中青年	老年	白天	夜晚	晴和	雨	刮风	雾	雪	中国	外国
观望	5	56.34	69.21	79.23	23.34	35.21	78.91	43.34	90.23	11.21	2.12	4.45	54.23	82.12	21.36
拍照留念	7	76.56	45.45	38.99	12.91	68.92	55.45	53.34	91.23	22.45	1.23	0.45	34.78	74.34	34.56
专业摄影	13	88.91	11.92	0.02	89.82	5.43	67.55	58.09	96.45	10.11	2.23	1.34	59.81	87.09	23.88
约见	26	70.22	68.92	3.45	90.12	8.81	76.34	18.34	92.33	6.54	1.01	2.23	58.71	88.91	18.34
聊天	31	44.23	69.33	2.34	34.22	79.23	88.11	12.23	97.23	7.12	0.88	19.23	69.45	90.11	10.15
休憩	42	77.22	69.23	21.23	18.2	88.29	66.24	42.91	99.23	0.12	0.24	8.34	23.12	88.23	16.34

首先，笔者运用 SPSS 19.0 对 6 种代表性行为进行相关性分析，结果显示如表 6 – 38。

表 6 – 38　　　　　北京天安门广场超大屏幕前游客行为与影响因子之
相关性分析，笔者自绘

		行为	时间	天气	性别	V11
行为	Pearson 相关性	.a	.a	.a	.a	.a
	显著性（双侧）					
	平方与叉积的和	.	.	.	.	.
	协方差	.	.	.	.	.
	N	0	0	0	0	0

续　表

		行为	时间	天气	性别	**V11**
时间	Pearson 相关性	.ᵃ	1	0.111	− 0.807	− 0.479
	显著性（双侧）	.		0.834	0.052	0.336
	平方与叉积的和	0.	652.938	23.283	− 742.243	− 202.435
	协方差	.	130.588	4.657	− 148.449	− 40.487
	N	0	6	6	6	6
天气	Pearson 相关性	.ᵃ	0.111	1	0.124	− 0.685
	显著性（双侧）	.	0.834		0.814	0.133
	平方与叉积的和	.	23.283	67.248	36.747	− 92.873
	协方差	.	4.657	13.450	7.349	− 18.575
	N	0	6	6	6	6
性别	Pearson 相关性	.ᵃ	−.807	0.124	1	0.112
	显著性（双侧）	.	0.052	0.814		0.833
	平方与叉积的和	.	− 742.243	36.747	1296.402	66.684
	协方差	.	− 148.449	7.349	259.280	13.337
	N	0	6	6	6	6
V11	Pearson 相关性	.ᵃ	− 0.479	− 0.685	0.112	1
	显著性（双侧）	.	0.336	0.133	0.833	
	平方与叉积的和	.	− 202.435	− 92.873	66.684	273.359
	协方差	.	− 40.487	− 18.575	13.337	54.672
	N	0	6	6	6	6

			行为	时间	天气	性别	**V11**	**V16**
Kendall 的 tau_b	行为	相关系数	.	.	.	.	.	.
		Sig.（双侧）	.	.	.	.	.	.
		N	0	0	0	0	0	0

			行为	时间	天气	性别	V11	V16
Kendall 的 tau_b	时间	相关系数	.	1.000	− 0.067	− 0.600	− 0.067	− 0.467
		Sig.（双侧）	.	.	0.851	0.091	0.851	0.188
		N	0	6	6	6	6	6
	天气	相关系数	.	− 0.067	1.000	0.200	− 0.600	− 0.467
		Sig.（双侧）	.	0.851	.	0.573	0.091	0.188
		N	0	6	6	6	6	6
	性别	相关系数	.	− 0.600	0.200	1.000	− 0.067	0.333
		Sig.（双侧）	.	0.091	0.573	.	0.851	0.348
		N	0	6	6	6	6	6
	V11	相关系数	.	− 0.067	− 0.600	− 0.067	1.000	0.600
		Sig.（双侧）	.	0.851	0.091	0.851	.	0.091
		N	0	6	6	6	6	6
	V16	相关系数	.	− 0.467	− 0.467	0.333	0.600	1.000
		Sig.（双侧）	.	0.188	0.188	0.348	0.091	.
		N	0	6	6	6	6	6
	国籍	相关系数	.	0.467	0.467	− 0.333	− 0.600	− 0.733 [*]
		Sig.（双侧）	.	0.188	0.188	0.348	0.091	0.039
		N	0	6	6	6	6	6
	年龄	相关系数	.	− 0.200	− 0.467	− 0.200	0.067	0.200
		Sig.（双侧）	.	0.573	0.188	0.573	0.851	0.573
		N	0	6	6	6	6	6
Spearman 的 rho	行为	相关系数	.	.	.	.	.	.
		Sig.（双侧）	.	.	.	.	.	.
		N	0	0	0	0	0	0

续 表

			行为	时间	天气	性别	**V11**	**V16**
Spearman 的 rho	时间	相关系数	.	1.000	−0.029	−0.771	−0.143	−0.600
		Sig.（双侧）	.	.	0.957	0.072	0.787	0.208
		N	0	6	6	6	6	6
	天气	相关系数	.	−0.029	1.000	0.257	−0.771	−0.657
		Sig.（双侧）	.	0.957	.	0.623	0.072	0.156
		N	0	6	6	6	6	6
	性别	相关系数	.	−0.771	0.257	1.000	−0.086	0.486
		Sig.（双侧）	.	0.072	0.623	.	0.872	0.329
		N	0	6	6	6	6	6
	V11	相关系数	.	−0.143	−0.771	−0.086	1.000	0.771
		Sig.（双侧）	.	0.787	0.072	0.872	.	0.072
		N	0	6	6	6	6	6
	V16	相关系数	.	−0.600	−0.657	0.486	0.771	1.000
		Sig.（双侧）	.	0.208	0.156	0.329	0.072	.
		N	0	6	6	6	6	6
	国籍	相关系数	.	0.600	0.657	−0.371	−0.771	−0.886*
		Sig.（双侧）	.	0.208	0.156	0.468	0.072	0.019
		N	0	6	6	6	6	6
	年龄	相关系数	.	−0.200	−0.600	−0.257	0.371	0.257
		Sig.（双侧）	.	0.704	0.208	0.623	0.468	0.623
		N	0	6	6	6	6	6

*．在置信度（双测）为 0.05 时,相关性是显著的

接着，有必要深究控制"平均时长"的主要因子，进行降维分析，结果如图 6 – 25。

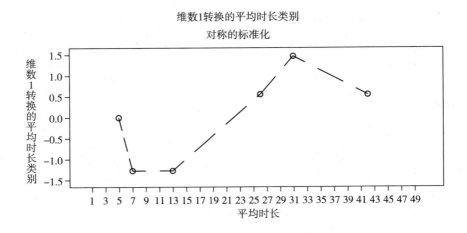

维数1转换的平均时长类别
对称的标准化

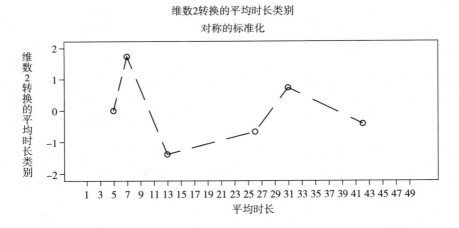

维数2转换的平均时长类别
对称的标准化

图 6 – 25　天安门广场超大屏幕前游客行为与主要影响因子之降维分析，笔者自绘

最后，依次分析"性别""年龄""时间"与"平均时长"之间的交叉对应，如图 6 – 26。

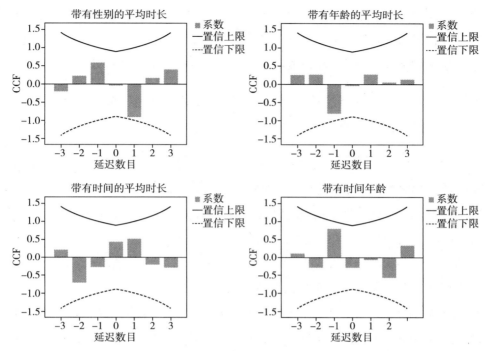

图 6 – 26　天安门广场超大屏幕前游客观望的三个主要影响因子之间的交叉对应分析，笔者自绘

笔者运用更擅长分析变量之间非线性复杂关系的 Copula 函数印证上述统计结果，根据二元 t – Copula 的密度函数 $c(u_1, u_2 \mid v_{12}, \rho_{12}) =$

$$\frac{\Gamma\left(\dfrac{v_{12} + 2}{2}\right)\Gamma\left(\dfrac{v_{12}}{2}\right)\left[\left(1 + \dfrac{x_1^2}{v_{12}}\right)\left(1 + \dfrac{x_2^2}{v_{12}}\right)\right]^{\frac{v_{12}+1}{2}}}{\sqrt{1 - \rho_{12}^2}\left[\Gamma\left(\dfrac{v_{12} + 1}{2}\right)\right]^2\left(1 + \dfrac{x_1^2 + x_2^2 - 2\rho_{12}x_1x_2}{v_{12}(1 - \rho_{12}^2)}\right)^{\frac{v_{12}+2}{2}}}$$

和 h – 函数 $h(u_1 \mid u_2, \rho_{12},$

$$v_{12}) = t_{v_{12}+1}\left(\frac{\dfrac{u_1 - \rho_{12}u_2}{t_{v_{12}}}}{\sqrt{\dfrac{v_{12} + \left(\dfrac{u_2}{t_{v_{12}}}\right)^2(1 - \rho_{12})^2}{v_{12}+1}}}\right)$$ 进行验算，结果完全一致。

以上分析表明，在天安门广场这样一个极具政治意蕴的公共建筑中增设两个播放动态影像的超大电子屏幕，极大地吸引了游客的眼球，增加了游客的逗留时间。游客从观望到休憩的 6 种代表性行为的平均时长与天气（下辖 5

个二级变量）的关系最密切，与时间的关系也很密切；游客的年龄、性别、国籍等因子间接制约其平均时长，最终都加强了超大电子屏幕的媒介仪式感，使该建筑与栖身其中的影像形成深刻的互文，本论著4.9之论可信。

6.1.17 史上最具建筑/电影意识的导演/建筑师所彰显的主体间性之统计分析

为了检验本论著的相关论点尤其是第4章、5.3、5.4，笔者决定对建筑师与电影导演创作乃至观念中的主体间性进行相关性分析。

选取十位最具有电影意识的建筑师，分别为 X_1 = 让·努韦尔、X_2 = 帕斯考·舒宁、X_3 = 帕拉司马、X_4 = 司彻我思、X_5 = 维利里奥、X_6 = 马勒－斯蒂文斯、X_7 = 莫霍利－纳吉、X_8 = 斯蒂文·霍尔、X_9 = 安藤忠雄、X_{10} = 勒·柯布西耶。接着，选取十位最具建筑意识的电影导演，分别为 Y_1 = 爱森斯坦、Y_2 = 格里菲斯、Y_3 = 米开朗基罗·安东尼奥尼、Y_4 = 库布里克、Y_5 = 希区柯克、Y_6 = 威斯康蒂、Y_7 = 格林纳威、Y_8 = 波兰斯基、Y_9 = 克里斯托弗·诺兰、Y_{10} = 李安，分别赋值，得到表6－39。运用 SPSS 19.0 转换出建筑师与导演之间的交叉表，表6－40为其节选。

表6－39　史上最具建筑/电影意识的导演/建筑师彰显高度主体间性之对比数据，笔者自绘

	建筑师										导演									
	X_1	X_2	X_3	X_4	X_5	X_6	X_7	X_8	X_9	X_{10}	Y_1	Y_2	Y_3	Y_4	Y_5	Y_6	Y_7	Y_8	Y_9	Y_{10}
人生阅历	77.71	60.01	78.91	45.38	56.23	66.68	73.47	59.78	45.22	56.89	94.23	89.23	88.23	91.23	80.23	77.23	82.34	91.22	72.23	67.9
教育背景	76.56	38.99	55.45	56.02	43.56	55.41	33.59	34.91	34.23	89.11	34.45	45.23	45.23	71.11	43.23	68.99	55.45	67.23	71.92	88.01
性格禀赋	88.91	34.99	67.55	66.97	55.34	44.9	44.12	67.89	39.9	38.39	23.23	33.34	43.01	40.23	23.45	43.12	25.33	25.64	26.87	39.11
性取向	70.22	33.48	76.34	67.11	34.01	42.11	62.22	82.12	33.01	47.72	56.33	45.23	45.23	56.78	45.33	66.11	45.34	45.32	47.32	29.19
其他	44.23	22.89	20.01	16.23	11.23	45.99	32.23	42.11	39.81	29.11	12.12	23.14	15.23	12.39	13.45	28.88	39.21	23.24	19.22	31.01

表 6－40 为分析建筑师与导演的主体间性而转换出的交叉表（节选），笔者自绘

	有效的		缺失		合计	
	N	百分比	N	百分比	N	百分比
V4 ＊ V12 ＊ V17	4	57.1	3	42.9	7	100.0
V4 ＊ V16 ＊ V17	5	71.4	2	28.6	7	100.0

基于此，进行 T－检验，结果如表 6－41。

表 6－41 对建筑师与导演主体间性对比数据进行的成对样本 T－检验，笔者自绘

		均值	N	标准差	均值的标准误
对 1	V1	.	0ᵃ	.	.
	V3	.	0ᵃ	.	.
对 2	V10	39.49	4	5.003	2.502
	V12	46.48	4	36.961	18.480
对 3	V6	40.07	5	18.540	8.291
	V21	51.04	5	25.846	11.559

		N	相关系数	Sig.
对 2	V10 & V12	4	0.341	0.659
对 3	V6 & V21	5	0.485	0.408

		成对差分				
					差分的 95％ 置信区间	
		均值	标准差	均值的标准误	下限	上限
对 2	V10 － V12	－6.993	35.566	17.783	－63.586	49.601
对 3	V6 － V21	－10.970	23.389	10.460	－40.011	18.071

		t	df	Sig.（双侧）
对 2	V10 － V12	－0.393	3	0.720
对 3	V6 － V21	－1.049	4	0.353

因此，SPSS 19.0 给出了建筑师、导演之间主体间性的 X – Graph 图，如图6 – 27。

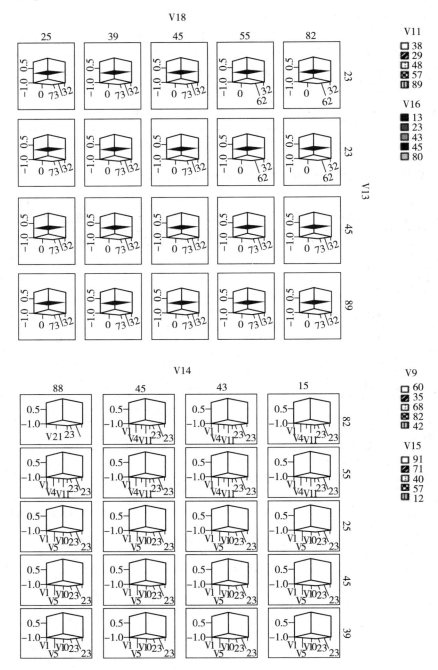

图 6 – 27　基于建筑师与导演主体间性交叉表的 X – Graph 图，笔者自绘

根据艺术创作的基本规律和创造性思维的普遍法则，选用结构方程模型，依据测量模型 $\begin{cases} x = \Lambda x\xi + \delta \\ y = \Lambda y\eta + \varepsilon \end{cases}$ 和结构模型 $\eta = B\eta + \Gamma\xi + \zeta$，选择 $\xi_1 =$ 人生阅历、$\xi_2 =$ 教育背景、$\xi_3 =$ 性格禀赋等具有最大权重的潜变量分别迭代 20 位被试，可利用 AMOS 22 软件绘出图 6 – 28 所示。

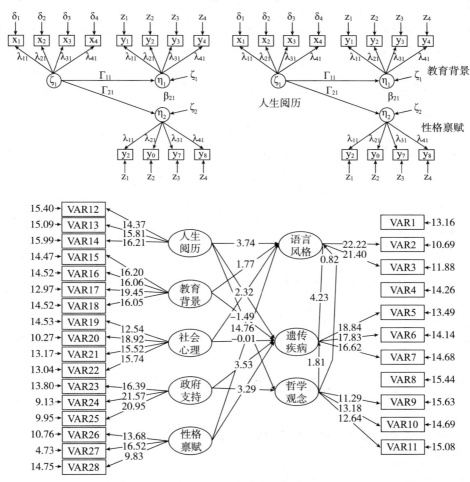

图 6 – 28　建筑师与导演的创作规律与思维法则之结构方程模型，笔者运用 AMOS 22 软件自绘

根据计算经济学的 Agent – based Computational Economics/ACE 范式，[①] 假

---

① Mauro Gallegati, Matteo G. Richiardi, "Agent Based Models in Economics and Complexity", *Complex System in Finance and Econometrics*, 2011, pp. 30 – 54.

定建筑师/导演对主体间性的估计服从正态分布，期望与方差分别为 $E_{i,t}[P_{t+1}$ $+ d_{t+1}]$，$\sigma_{i,t}^2$。那么，建筑师/导演利用自己教育背景、人生阅历、性格禀赋等潜变量进行创作时的期望值应为 $E_{i,j,t}(P_{t+1} + d_{t+1}) = MA_{i,j,t-1}\left(1 - \dfrac{1}{L_{i,j}}\right) +$

$\dfrac{1}{L_{i,j}}(p_t + d_t) + \varepsilon_{i,j}$，$\varepsilon_{i,j} \sim N(0, \sigma_{p+d})$ 为高斯随机变量，方差为 $\sigma_{i,j,t}^2 = (1 -$ $\theta)\sigma_{i,j,t-1}^2 + \theta\,[(p_t + d_t)(1 - E_{i,j,t-1})]^2$，$\theta$ 为权重常数。由于创作的题材遵循随机游走性，即 $d_t = d_{t-1} + r_d + \varepsilon_t$，则可得到该建筑师/导演对待异质性领域的语言①需求函数以及风格取向 $D_{i,t} = \dfrac{E_{i,t}(p_{t+1} + d_{t+1}) - p_t(r+1)}{\gamma\sigma_{i,t}^2(r+1)p_t}$，故对他们

的某一个具体作品（文本）的预估为 $p_t = \dfrac{\sum_i^N \dfrac{E_{i,t}(p_{t+1} + d_{t+1})}{\gamma_i^2 \sigma_{i,t}(r+1)}}{N + \sum_i^N \dfrac{1}{\gamma_i \sigma_{i,t}^2}}$，对其艺术人

生/职业生涯整体的评价 $p_{t+\tau} = \dfrac{\sum_i^N \dfrac{1}{\gamma_i}\left[\dfrac{E_{i,t+\tau}(p_{t+\tau+1} + d_{t+\tau+1})}{\sigma_{i,t+\tau}^2(1+r)} - \dfrac{1}{\sigma_{i,t+\tau}^2}\right]}{\sum_i^N \dfrac{1}{\gamma_i}\left[\dfrac{E_{i,t+\tau}(p_{t+1} + d_{t+1})}{\sigma_{i,t}^2(1+r)} - \dfrac{1}{\sigma_{i,t}^2}\right]} \cdot p_t$，

足见建筑师与导演在各个潜变量上均存在极大的主体间性，本论著第4章尤其是5.3、5.4之论述客观而可信。

6.2 基于"建筑与影像的互文性问题"的数学建模

针对"建筑与影像的互文性问题"，建立评价模型和预测模型，以解决建筑设计与影像创作的相互借鉴这一难题。

具体地，首先，利用模糊综合评价模型对影像的综合构成加以量化，对影像面对建筑的满意程度、建筑面对影像的满意程度进行量化，继而建立评价模型，制定影像和建筑的最佳双向选择方案；其次，利用灰色系统理论建构一个预测模型，对中国建筑界从影像界引进并借鉴创作设计的信息量之历

---

① 在本论文中，建筑师面临的异质性语言首推影像，导演面临的异质性语言主要指建筑。

史予以回顾，对这种现实予以正视，尤其对未来给出科学预计和推测；最后，转换思路，利用可拓学这一利器，对上述两个模型予以修正和完善，建立一种更直面问题本质的"建筑与影像的互文性"数学模型。

6.2.1 模糊综合评价模型

在媒介勃兴时代，建筑设计必须积极借鉴各类影像。要求候选的 11 类影像（建筑摄影、纪实摄影、风光摄影、电视新闻、电视综艺节目、纪录片、动画片、故事片、武侠片、高清节目、3D 节目）与 10 类建筑（博物馆、美术馆、展览馆、电影院、古典园林、住宅、地铁、城市综合体、高层建筑、数字建筑）之间做双向选择，即建筑可根据自己的特性与定位选择适合借鉴哪类影像，反之亦然。

在某大型建筑设计院备选的 10 类影像、10 类建筑中，必须确保双方满意度最大。因此，笔者所要解决的问题是要将两轮筛选的评分等级进行量化，用加权的方法对各类影像进行评分，然后分别进行择优，给出最佳配对方案。

6.2.1.1 问题分析

某大型建筑设计院决定从 10 类影像中搜寻灵感与思路，现有 15 类影像备选，专家组由 8 位专家组成。在选择过程中，要求每位专家对每类影像的 5 个二级指标都给出一个等级分，从高到低共分为 A、B、C、D 四个等级。该院现有 10 类建筑需要参考影像来设计，则可明确该问题的主要诉求为：

（1）对建筑和影像的综合评价及选择最优问题。首先，由于各专家对每一类影像的五项二级指标都有一个主观评判结果，则可据此确定各专家评分的量化分值，综合 8 名专家的评分就可得到每类影像的量化得分；然后由初选、复选规范化后的综合评分排序择优选出 10 类影像。

（2）最佳双向选择问题。包括一对一选择（每一类建筑只借鉴某一类影像）、一对多选择（一类建筑可借鉴多类影像）两种可能。用模糊评判及权重的相关理论分别确定影像对建筑、建筑对影像的满意度，而最优的双向选择方案应该使所有建筑和影像的相互综合满意度之和最大。

（3）设计一种更能体现"双向选择"精神的互文方案，最终使建筑、影像双方的满意度最大。

6.2.1.2　模型的假设

（1）假设来自影像、建筑两个领域的专家在选择时是客观公正的，没有作弊或歧视现象。

（2）假设要经过初选、复选两轮选择。

（3）根据本论著对"影像"的现象学界定，假设衡量影像的二级指标包括 5 项：主题（s_1）、叙事（n）、视觉语言（v）、听觉语言（a）、技术质量（t）。

（4）根据本论著对"建筑"的现象学界定，假设衡量建筑的二级指标包括 4 项：空间（r）、结构（s_2）、意象（c）和身体（b）。

6.2.1.3　定义与符号说明

R_k：专家 k 对影像 5 项二级指标的评价

r_{ji}：第 j 类影像的第 i 项二级指标的权重

B_j：第 j 类影像的复选权重

A_j：第 j 类影像的初选权重

$A_j^{'}$：第 j 类影像视听语言的权重（$A_j^{'} = a + v$）

C_j：第 j 类影像的综合权重

S：满意度，即影像与建筑之间的相互满意程度

$S_{ij}^{(l)}$：第 i 类建筑对第 j 类影像的第 l 项二级指标的综合评价满意度

S_{ij}：第 i 类建筑对第 j 类影像的五项二级指标的综合评价满意度

T_{ji}：第 j 类影像对第 i 类建筑的综合评价满意度

ST_{ji}：建筑与影像双方的相互综合满意度

6.2.1.4　模型的建立与求解

影像的五项二级指标都属于戏剧影视学或新闻传播学范畴，具有一定的

模糊性，评价分为 A、B、C、D 四个等级，根据模糊关系矩阵 $R = \begin{bmatrix} R \mid u_1 \\ R \mid u_2 \\ \cdots \\ R \mid u_p \end{bmatrix} =$

$$\begin{bmatrix} r_{11} & r_{12} & \cdots & r_{1m} \\ r_{21} & r_{22} & \cdots & r_{2m} \\ \cdots & \cdots & \cdots & \cdots \\ r_{p1} & r_{p2} & \cdots & r_{pm} \end{bmatrix}_{p.m}$$，即构成模糊集 $U = \{u_1, u_2, u_3, u_4\}$。

设相应的评语集为 {Excellent, Better, Good, Bad}，对应的数值为 $U = \{u_1, u_2, u_3, u_4\}$，根据实际情况取偏大型柯西分布隶属函数：

$$f(x) = \begin{cases} [1 + \alpha (x - \beta)^{-2}]^{-1}, 1 \leq x \leq 3 \\ a\ln x + b, 3 \leq x \leq 5 \end{cases} \quad (1)$$

其中 α，β，a，b 为待定常数，实际上，当评价为 "Excellent" 时，则隶属度为 1，即 j；当评价为 "Better" 时，则隶属度为 0.8，即 $f(3) = 0.8$；当评价为 "Bad" 时（在本案例中没有此评价），则认为隶属度为 0.01，即 $f(1) = 0.01$。于是，可以确定出 $\alpha = 1.1086$，$\beta = 0.8942$，$a = 0.3915$，$b = 0.3699$，代入公式（1）得到相应的隶属函数，经计算得 $f(2) = 0.5245$，$f(4) = 0.9126$；则专家对影像各单项指标的评价 {A，B，C，D} = {Excellent, Better, Good, Bad} 的量化值为（1，0.9126，0.8，0.5245）。

根据题目数据，可以得到 8 名专家对每一类影像的五项二级指标的评价矩阵：$R_k = (r_{ji}^{(k)})_{15 \times 5}$，$(k = 1,2,\cdots,8)$，由于 8 名专家的地位应该是平等的，于是综合 8 名专家评价结果可以得到 15 类影像的五项二级指标的复选评分为：

$$r_{ij} = \frac{1}{8} \sum_{k=1}^{8} r_{ij}^{(k)} (i = 1,2,\cdots5; j = 1,2,\cdots,15)$$

同样，影像的五项二级指标在综合评价中的地位也应该是同等的，则 15 类影像的综合复选评分可表示为：

$$B_j = \frac{1}{5} \sum_{i=1}^{5} r_{ij} (j = 1,2,\cdots,15)$$

为了便于将初选评分与复选评分做统一的比较处理，用极差规范化方法作相应的规范化理。初选评分的规范化：

$$A_j' = \frac{A_j - \min A_j}{\max A_j - \min A_j} = \frac{A_j - 356}{416 - 356} (j = 1,2,\cdots,15)$$

由于不同的建筑设计院对待初选和复选评分的重视程度可能会不同，而且一般会加大复选的权重，这里给影像的初选评分和复试评分加权，分别赋予权系数 $\alpha = 0.4$，$\beta = 0.6$，则影像 j 的综合评分为：$C_j = \alpha \times A_j^{'} + \beta \times B_j (j = 1,2,\cdots,15)$ 根据影像的综合评分，按从大到小排序，就可以择优选出 10 类影像。

6.2.1.4.1　建筑对影像的满意度

建筑对影像有 5 个二级指标［主题（s_1）、叙事（n）、视觉语言（v）、听觉语言（a）、技术质量（t）］的要求，相应每类影像都有专家对其五项二级指标的评分，建筑对影像的要求和专家对影像特性的评价都有四个等级，并且都具有模糊性，即构成模糊指标集 $U = \{u_1,u_2,u_3,u_4\}$。每一类建筑对影像的每一项指标都有一个"满意度"，将反映建筑对某项指标的要求与影像实际水平差异的程度。建筑对影像的要求和专家对影像特性的得分进行比较，如果专家对影像特性的得分与建筑对影像的要求相符合用 4 表示，如果专家对影像特性的得分比建筑对影像的要求要求高一个、两个、三个等级则分别用 5、6、7 表示，如果专家对影像特性的得分比建筑对影像的要求低一个、两个、三个等级分别用 3、2、1 表示，于是，认为建筑对影像某项指标的满意程度可以分为"很不满意、不满意、不太满意、基本满意、比较满意、满意、很满意"七个等级，即构成了评语集 $V = \{v_1,v_2,v_3,v_4,v_5,v_6,v_7\}$，并赋相应的数值 $\{1,2,3,4,5,6,7\}$。根据实际情况，则可以取类似于（1）式的近似偏大型柯西分布隶属函数：

$$f(x) = \begin{cases} [1 + \alpha(x - \beta)^{-2}]^{-1}, & 1 \leqslant x \leqslant 4 \\ a\ln x + b, & 4 \leqslant x \leqslant 7 \end{cases} \qquad (2)$$

实际上，当"很满意"时，则满意度的量化值为 1，即 $f(7) = 1$；当"基本满意"时，则满意度量化值为 0.8，即 $f(4) = 0.8$；当"很不满意"时，则满意度量化值为 0.01，即 $f(1) = 0.01$。于是，可以确定出相应的参数为 $\alpha = 2.14944$，$\beta = 0.8423$，$a = 0.1787$，$b = 0.6523$。经计算得 $f(2) = 0.3499$，$f(3) = 0.6514$，$f(5) = 0.9399$，$f(6) = 0.9725$，则建筑对影像各单项指标的满意程度 $\{v_1,v_2,v_3,v_4,v_5,v_6,v_7\}$ 的量化值为：（0.01,0.3499,0.6514,0.8,0.9399,0.9725,1）。将已选中的 10 类影像重新编号，依次从 1 到 10，可以分别计算得到每一类建筑对每一类影像的各单项指标的满意程度的量化值，

分别记为：

$$[S_{ij}^{(1)}(k), S_{ij}^{(2)}(k), S_{ij}^{(3)}(k), S_{ij}^{(4)}(k), S_{ij}^{(5)}(k)](k = 1,2,\cdots 8; i,j = 1,2,\cdots,10)$$

类似地，第 i 个建筑对第 j 个影像的第 l 项指标的综合满意度为：

$$S_{ij}^{(l)} = \frac{1}{8}\sum_{k=1}^{8}S_{ij}^{(l)}(k)(i,j = 1,2,\cdots,10; k = 1,2,\cdots,8)$$

第 i 类建筑对第 j 类影像的五项二级指标的综合评价满意度为：

$$S_{ij} = \frac{1}{5}\sum_{l=1}^{5}S_{ij}^{(l)}(i,j = 1,2,\cdots,10)$$

于是，可得 10 类建筑对 10 类影像的满意度矩阵：

$$S = (S_{ij})_{10\times10}$$

6.2.1.4.2 影像对建筑的满意度

对于反映建筑的四项二级指标 [空间（r）、结构（s_2）、意象（c）和身体（b）]，也可令 $t_i^{(k)}(i = 1,2,\cdots,10; k = 1,2,3,4)$ 的评语集为五个等级，即 {很不满意，不满意，基本满意，满意，很满意}，类似于上述确定建筑对影像的满意度的方法，首先确定建筑各指标的客观量化值：记 10 类建筑的四项指标的平均值为 $\bar{t} = (21,4.2,1.5,2.4)$；最大值 $t_{max} = (36,9,3,6)$；最小值为 $t_{min} = (10,1,0,1)$；等级差为：$\Delta t = (t_{max} - t_{min})/4 = (6.5,2,0.75,1.25)$，可以取近似的偏大型柯西分布隶属函数：

$$f(x) = \begin{cases} [1 + \alpha(x - \beta)^{-2}]^{-1}, t_{min} \leq x \leq \bar{t} \\ a\ln x + b, \bar{t} \leq x \leq t_{max} \end{cases} (k = 1,2,3,4) \qquad (3)$$

当 $t = \bar{t}$ 时，影像为对建筑"基本满意"，则满意度量化值为 0.9，即 $f_k(\bar{t}) = 0.9$；当某项指标处于最高值时，影像对建筑"很满意"，则满意度的量化值为 1，即 $f_k(t_{max}) = 1$；当某项指标处于最低值时，影像对建筑"很不满意"，则满意度量化值为 0.01，即 $f_k(t_{min}) = 0.01$；通过计算可以确定四项指标的隶属函数为 $f_k(x)(k = 1,2,3,4)$。由实际数据可计算出影像对每个建筑的各单项指标的满意度量化值，即对建筑水平的客观评价 $T_i = (t_{i1}, t_{i2}, t_{i3}, t_{i4})(i = 1,2,\cdots 10)$。于是，每一类影像对每一类建筑的四个单项指标的满意度应为建筑的客观水平评价值与影像对建筑的满意度权值 $w_{ji}(i,j = 1,2, \cdots,10)$ 的乘积，即

$$\overline{T_{ij}} = w_{ij} \times T_i = (T_{ij}^{(1)}, T_{ij}^{(2)}, T_{ij}^{(3)}, T_{ij}^{(4)}) (i,j = 1,2,\cdots,10)$$

则第 j 个影像对第 i 个建筑的综合评价满意度为：

$$T_{ij} = \frac{1}{4} \sum_{k=1}^{4} T_{ij}^{(k)} (i,j = 1,2,\cdots,10)$$

于是，可得影像对建筑的满意度矩阵 $T = (T_{ij})_{10 \times 10}$。

6.2.1.4.3 双方的相互综合满意度

根据上面的讨论，每一类建筑与任一类影像之间都有相应的单方面的满意度，双方的相互满意度应有各自的满意度来确定。在此，取双方各自满意度的几何平均值为双方相互综合满意度，即：

$$ST_{ij} = \sqrt{S_{ij} \cdot T_{ij}} (i,j = 1,2,\cdots,10)$$

最优的双向选择方案应该是使得所有建筑和影像的相互综合满意度之和最大，于是，问题可以归结为下述规划问题：

$$\max z = \sum_{i=1}^{10} \sum_{j=1}^{10} ST_{ij} \cdot x_{ij}$$

$$s.t. \begin{cases} \sum_{i=1}^{10} x_{ij} = 1, j = 1,2,\cdots,10 \\ x_{i2} = x_{i3} = x_{i6} = 0, i = 1,2,3 \\ x_{i4} = 0, i = 4,5 \\ x_{i1} = x_{i3} = x_{i7} = x_{i8} = 0, i = 6,7,8 \\ x_{i5} = x_{i9} = 0, i = 9,10 \end{cases}$$

同理，可以得到第 i 类建筑对 j 个影像的第 l 项指标的综合满意度为：

$$S_{ij}^{(l)} = \frac{1}{8} \sum_{k=1}^{8} S_{ij}^{(l)}(k) (i = 1,2,\cdots,10; j = 1,2,\cdots 15; l = 1,2,\cdots,5)$$

则第 i 类建筑对第 j 类影像的五项二级指标的综合评价满意度为：

$$S_{ij} = \frac{1}{5} \sum_{l=1}^{5} S_{ij}^{(l)} (i = 1,2,\cdots,10; j = 1,2,\cdots 15)$$

于是，10 类建筑对 15 类影像各自的综合满意度为：

$$S_j = \frac{1}{10} \sum_{i=1}^{10} S_{ij} (j = 1,2,\cdots,15)$$

极差规范化处理后为：

$$S_j' = \frac{S_j - \min S_k}{\max S_k - \min S_k}(j = 1,2,\cdots,15)$$

即得 10 类建筑对 15 类影像的综合评价指标向量 $s' = (s_1', s_2', \cdots, s_{15}')$

综合考虑建筑对影像的综合评价指标 S_j' 和影像的综合成绩 C_j，就可以得到影像的综合实力指标。

6.2.2　灰色系统预测模型

6.2.2.1　问题分析

近年，建筑业势头良好，影像业及新媒体更是呈现蓬勃兴旺的发展趋势。但是，建筑界尤其影像界经常受到政治、经济、社会等因素的影响，随机性很大，要对二者之间未来 10 到 20 年的互文态势做出准确的定量分析是相当困难的。但是，有上一节模糊综合评价做基础，对"建筑与影像互文性问题"做出一个相对客观且符合中国国情的预测，应该还是可行的。经比较，笔者选取灰色系统理论作为这次预测的数学范式。

灰色系统理论（Grey system）由中国学者邓聚龙教授于 20 世纪 80 年代初创立，不论是建筑还是影像，都存在"部分信息已知，部分信息未知"的不确定性，不会都是"全部已知"的白色，更不会都是"全部未知"的黑色。该理论认为，对既含有已知信息又含有未知信息的系统进行预测，就是对在一定方位内变化的、与时间有关的灰色过程进行的预测。尽管这一过程是随机的，但毕竟是有序的，因此具有潜在的规律。[1] 灰色预测法就是利用这种规律建立灰色模型进行预测。笔者认为该理论在人文社科界的认可度与知晓度也颇高，因为这些领域很多研究对象本身就是灰色的，非黑即白、非好即坏、非对即错的两极对象很少，在这个市场经济走向纵深、各种利益缠斗的时代尤其如此。

---

① 刘思峰等著：《灰色系统理论及其应用》（第 5 版）（"十二五"普通高等教育本科国家级规划教材），科学出版社 2010 年版。

6.2.2.2 模型的建立

灰色预测的一般过程包括 6 个步骤，具体如下：

第一步：一阶累加生成（1 – AGO）

设有变量为 $X^{(0)}$ 的原始非负数据序列

$$X^{(0)} = [x^{(0)}(1), x^{(0)}(2), \cdots, x^{(0)}(n)] \tag{1.1}$$

则 $X^{(0)}$ 的一阶累加生成序列为

$$X^{(1)} = [x^{(1)}(1), x^{(1)}(2), \cdots, x^{(1)}(n)] \tag{1.2}$$

式中 $x^{(1)}(k) = \sum_{i=1}^{k} x^{(0)}(i)$ $k = 1, 2, \cdots, n$

第二步：对 $X^{(0)}$ 进行准光滑检验和准指数规律检验

设 $\rho(k) = \dfrac{x^{(0)}(k)}{x^{(1)}(k-1)}$ $k = 2, 3, \cdots, n$ $\tag{1.3}$

若满足 $\rho(k) < 1$、$\rho(k) \in [0, \varepsilon]$ （$\varepsilon < 0.5$），$\rho(k)$ 呈递减趋势，则称 $X^{(0)}$ 为准光滑序列，$X^{(1)}$ 则具有准指数规律。否则，进行一阶弱化处理，

$$x'^{(0)}(k) = \frac{1}{n-k+1}(x(k) + x(k+1) + \cdots + x(n))   k = 1, 2, \cdots,$$

n $\tag{1.4}$

并且将 $x^{(0)}(k) = x'^{(0)}(k)$，即 $X^{(0)}$ 被 $X'^{(0)}$ 所替代。

第三步：由第 2 步可知，$X^{(1)}$ 具有近似的指数增长规律，故可认为序列 $X^{(1)}$ 满足一阶线性微分方程

$$\frac{\mathrm{d}x^{(1)}}{\mathrm{d}t} + ax^{(1)} = u \tag{1.5}$$

解得，

$$\begin{bmatrix} \hat{a} \\ \hat{u} \end{bmatrix} = (B^T B)^{-1} B^T Y_n \tag{1.6}$$

其中，$Y_n = \begin{bmatrix} x^{(0)}(2) \\ x^{(0)}(3) \\ \vdots \\ x^{(0)}(n) \end{bmatrix}$, $B = \begin{bmatrix} -\frac{1}{2}[x^{(1)}(1) + x^{(1)}(2)] & 1 \\ -\frac{1}{2}[x^{(1)}(2) + x^{(1)}(3)] & 1 \\ \vdots & \vdots \\ -\frac{1}{2}[x^{(1)}(n-1) + x^{(1)}(n)] & 1 \end{bmatrix}$

将所求得的 $\hat{a}$、$\hat{u}$ 代入微分方程（1.5），有

$$\frac{dx^{(1)}}{dt} + \hat{a}x^{(1)} = \hat{u} \qquad\qquad (1.7)$$

第四步：建立灰色预测模型

由微分方程（1.7）可得到累加数列 $X^{(1)}$ 的灰色预测模型为：

$$\hat{x}^{(1)}(k+1) = [x^{(1)}(0) - \frac{\hat{u}}{\hat{a}}]e^{-\hat{a}k} + \frac{\hat{u}}{\hat{a}} \qquad k = 0，1，2，\cdots，n \ (1.8)$$

如果 $X^{(1)}$ 来自 $X^{(0)}$ 一阶弱化处理得到的数列，则由式（1.4）可知，一阶弱化还原后 $\hat{x}^{(0)}(k+1) = \hat{x}^{(1)}(k+1)$ （1.9）

反之，则由式（1.8）在做累减还原，得到 $X^{(0)}$ 的灰色预测模型为

$$\hat{x}^{(0)}(k+1) = (e^{-\hat{a}} - 1)[x^{(0)}(n) - \frac{\hat{u}}{\hat{a}}]e^{-\hat{a}k} \qquad k = 0，1，2，\cdots，n$$

$$(1.10)$$

第五步：灰色预测模型的检验

①适用范围

当 $-\hat{a} \leq 0.3$ 时，可用于中长期预测；当 $0.3 < -\hat{a} \leq 0.5$ 时，可用于短期预测，中长期慎用；当 $0.5 < -\hat{a} \leq 0.8$ 时，短期预测十分慎用；当 $0.8 < -\hat{a} \leq 1$ 时，应采用残差修正；当 $-\hat{a} > 1$ 时，不宜采用灰色系统预测模型。

②后验查检验

设残差序列

$$\varepsilon^{(0)} = [\varepsilon(1)，\varepsilon(2)，\cdots，\varepsilon(n)] = [x^{(0)}(1) - \hat{x}^{(0)}(1)，x^{(0)}(2) -$$
$\hat{x}^{(0)}(2)，\cdots，x^{(0)}(n) - \hat{x}^{(0)}(n)]$ $\bar{\varepsilon} = \frac{1}{n}\sum_{k=1}^{n}\varepsilon(k)$ 和 $S_{\varepsilon}^2 = \frac{1}{n}\sum_{k=1}^{n}(\varepsilon(k) - \bar{\varepsilon})^2$ 分

别是残差的均值和方差，$\bar{x} = \frac{1}{n}\sum_{k=1}^{n}x^{(0)}(k)$ 和 $S_x^2 = \frac{1}{n}\sum_{k=1}^{n}[x^{(0)}(k) - \bar{x}]^2$ 分别为

$X^{(0)}$ 的均值和方差。

则后验差比值 $C = \frac{S_e}{S_x}$，小误差概率 $p = P(|\varepsilon(k) - \bar{\varepsilon}| < 0.6745S_x)$，其中 C 越小越好，p 越大越好。

第六步：等维新信息递推

去掉 $X^{(0)}$ 的首值，增加 $\hat{x}^{(0)}(k+1)$ 为 $X^{(0)}$ 的末值，保持数列的等维，新

陈代谢，逐个预测，依次递补，直到完成预测的目标。

6.2.2.3 求解与验证

笔者登录国家统计局《中国统计年鉴》官网[1]、中国知网"中国经济与社会发展统计数据库"[2]，检索"建筑业"和"文化－新闻出版广电业"两个行业大类，得到如下原始数据，如表6－42。

表6－42 中国建筑界从影像界引进并借鉴创作设计信息量之统计，笔者自绘

单位：百万次

年份	1998—1999	2000—2001	2002—2003	2004—2005	2006—2007	2008—2009	2010—2011	2012—2013
信息量	166.7	214.6	256.3	342.8	406.4	644.3	736.2	805.4

① 累加生成

对数列 $X^{(0)} = [166.7 \quad 214.6 \quad 256.3 \quad 342.8 \quad 406.4 \quad 644.3 \quad 736.2 \quad 805.4]$ 累加，生成：

$X^{(1)} = [166.7 \quad 381.3 \quad 637.6 \quad 980.4 \quad 1386.4 \quad 2030.7 \quad 2766.9 \quad 3572.3]$

② 对 $X^{(0)}$ 进行准光滑检验和准指数规律检验

$\rho = [1.29 \quad 0.67 \quad 0.54 \quad 0.41 \quad 0.46 \quad 0.36 \quad 0.29]$，可见，不满足 $\rho(k) \in [0, \varepsilon]$、$\varepsilon < 0.5$，则称 $X^{(0)}$ 不符合为准光滑序列，须进行一阶弱化。

$X'^{(0)} = [446.54 \quad 486.51 \quad 531.834 \quad 586.94 \quad 647.98 \quad 728.63 \quad 770.8 \quad 805.4] = X^{(0)}$

则对新的 $X^{(0)}$ 累加生成为：

$X^{(1)} = [446.54 \quad 933.05 \quad 1464.89 \quad 2051.83 \quad 2699.80 \quad 3428.43$

① http://www.stats.gov.cn/tjsj/ndsj/2013/indexch.htm.
② http://tongji.cnki.net/kns55/Dig/Industry/hy.aspx.

4199. 23 5004. 63]

③求解 $\hat{a}$ 、$\hat{u}$

运用 MATLAB 工具，算得 $\hat{a} = -0.0856$、$\hat{u} = 437.24$，其中 $-\hat{a} \leq 0.3$，可用于中长期预测。

④建立灰色预测模型

$$\hat{x}^{(1)}(k+1) = \left[x^{(1)}(0) - \frac{\hat{u}}{\hat{a}} \right] e^{-\hat{a}k} + \frac{\hat{u}}{\hat{a}} = 5557.39 \times e^{0.0856k} - 5110.85$$

由于对 $X^{(0)}$ 进行了一次一阶弱化处理，所以 $\hat{x}^{(1)}(k+1) = \hat{x}^{(0)}(k+1)$，即预测 2012 到 2013 年的数据为 $\hat{x}^{(0)} = 805.4$。

⑤模型检验

$S_e = 10.34$，$S_x = 134.28$

$\varepsilon^{(0)} = [\ 0 \qquad 9.860600774608656 \qquad 8.876768838703015$

2.065250968582859 \qquad 6.360973787144417 \qquad 29.71162091038707

9.451993037681632 \quad 23.95009372654897]，$\bar{\varepsilon} = 11.28$，则后验差比值为 C = 0.077 < 0.35，可见预测精度好。

小误差概率 $p = P(\ |\varepsilon(k) - \bar{\varepsilon}| < 0.6745 S_x\ ) = 1 > 0.95$，即预测精度好。

⑥等维新信息递推

$X^{(0)} = [446.54 \quad 486.51 \quad 531.834 \quad 586.94 \quad 647.98 \quad 728.63 \quad 770.8$

805.4]，进行循环运算，即可预测未来 20 年的趋势，如表 6 – 43、图 6 – 29。

表 6 – 43 未来 20 年中国建筑界从影像界引进并借鉴创作设计信息量之预测，笔者自绘

单位：百万次

年份	2014—2015	2016—2017	2018—2019	2020—2021	2022—2023	2024—2025	2026—2027	2028—2029	2030—2031	2032—2033	2034—2035
信息量预测值	903. 43	984. 12	1072. 02	1167. 77	1272. 07	1385. 69	1509. 46	1644. 28	1791. 14	1951. 12	2125. 39

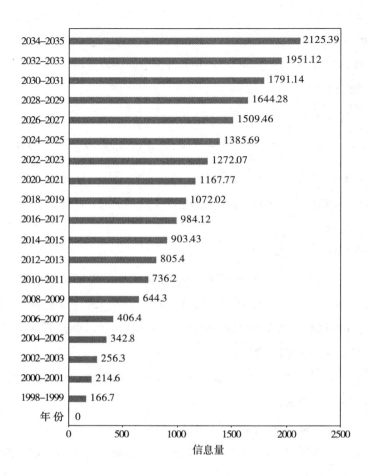

图 6 – 29　中国建筑界从影像界引进并借鉴创作设计信息量之历史、现实与未来（1998—2035），笔者自绘

　　可见，在未来 20 年，建筑界仍将积极从影像界吸收、借鉴用于创作设计的各种信息，建筑与影像的互文将越来越深入。但是，与表中 2013 年的数据对比后发现，这种增长的幅度将有所趋缓，笔者认为其因在于影像界内部基于数字高清、移动通信、互联网技术等深刻的变化，这种变化必将弥合建筑与影像二界之间的隔阂，促使二者加速融合。不难想象，20 年后最迟 21 世纪 50 年代前后，"建筑与影像的互文性"这一论题尤其模型恐会过时，因为那时二者已经合一，不分彼此了，就像今日的电视与网络一样。

6.2.3 思绪的升华——基于可拓学的初步模型

可拓学，Extenics，是研究事物的可拓性与事物开拓的规律与方法，并用于处理矛盾问题的一门新学科。① 建筑与影像的互文性问题，完全可以运用可拓学加以解决。

物元和事元是可拓学的基本概念，可拓变换是解决矛盾问题的基本工具，可拓分析方法是寻求可拓变换的依据，利用它们可以从定性的角度分析事物开拓的可能性。

物元是描述事物的基本元素，"建筑""影像"都是物元，用一个有序三元组 $R=(N, c, v)$ 表示，其中 N 表示事物的名称，c 表示特征的名称，$v=c(N)$ 表示 N 关于 c 所取的量值。

事元是描述事件的基本元素，"建筑设计""影像创作"都是事元，用一个有序三元组 $I=(d, h, u)$ 表示，其中 d 表示动词，h 是特征，u 是 d 关于 h 所取的量值。

一个客观的物，比如"建筑物""影像作品"，有无数特征，用 n 维物元表示其有限特征及对应的量值，即：

$$R = \begin{bmatrix} N, c_1, v_1 \\ c_2, v_2 \\ \vdots \ \vdots \\ c_n, v_n \end{bmatrix} \Rightarrow \begin{bmatrix} 空间, 外部空间, 内部空间 \\ 结构, 主体结构, 附加结构 \\ 意象, 整体意象, 细部意象 \\ 身体, 建筑物理, 诗意栖居 \end{bmatrix} \cup \begin{bmatrix} 视觉元素, 造型, 色彩, 影调 \\ 听觉元素 \\ 主题, 叙事, 节奏, 细节 \\ 材质, 设备, 传播方式 \end{bmatrix}$$

一个动词也有很多特征，比如"互文"，以 n 维事元表示其有限特征所对应的量值，即

$$I = \begin{bmatrix} d, h_1, u_1 \\ h_2, u_2 \\ \vdots \ \vdots \\ h_m, u_m \end{bmatrix} \Rightarrow \begin{bmatrix} 建筑设计, 环境, 文脉, 城市 \\ 外观, 结构, 空间 \\ 风格, 观念, 室内装修, 照明 \\ 造价, 使用寿命, 业主诉求 \end{bmatrix} \cap$$

① 该学科由广东工业大学蔡文研究员首创，可参蔡文《可拓论及其应用》，《科学通报》1999年，第673—682页；蔡文、杨春燕、林伟初《可拓工程方法》，科学出版社1997年版。

$$
\left[
\begin{array}{l}
\text{影像创作,题材,体裁,片长} \\
\text{互文,织补空间,完善肌理,图底关系} \\
\text{互文,延续文脉,城市学,景观学} \\
\text{互文,非线性,混沌,复杂性思维}
\end{array}
\right]
$$

事和物的多特征性是解决矛盾问题的重要工具。物元和事元都具有可拓性，包括发散性、相关性、蕴含性、可扩性和共轭性——可拓学论域中的互文性。可拓性是进行可拓变换的依据。

可拓变换包括元素的变换（物元变换和事元变换）、关联函数的变换和论域的变换，它们都有四种基本变换（增删变换、扩缩变换、置换变换和分解变换），可以进行变换的运算（积变换、与变换、或变换和逆变换）及复合变换。利用可拓变换，可以为矛盾问题转化为相容问题提供多条途径。

定义1 设 U 为论域，k 是 U 到实域 I 的一个映射，$T=(T_U, T_k, T_u)$ 为给定的变换，称 $\dot{A}(T) = \{(u, y, y') \mid u \in T_U U, y = k(u) \in I, y' = T_k k(T_u u) \in I\}$ 为论域 $T_U U$ 上的一个可拓集合，$y = k(u)$ 为 $\dot{A}(T)$ 的关联函数，$y' = T_k k(T_u u)$ 为 $\dot{A}(T)$ 的可拓函数。其中，T_U、T_k、T_u 分别为对论域 U、关联准则 k 和元素 u 的变换。

当 $T \neq e$ 时，称 $\dot{A} + (T) = \{(u, y, y') \mid u \in T_U U, y = k(u) \leqslant 0, y' = T_k k(T_u u) \geqslant 0\}$ 为 $\dot{A}(T)$ 的正可拓域；

$\dot{A} - (T) = \{(u, y, y') \mid u \in T_U U, y = k(u) \geqslant 0, y' = T_k k(T_u u) \leqslant 0\}$ 为 $\dot{A}(T)$ 的负可拓域；

$A + (T) = \{(u, y, y') \mid u \in T_U U, y = k(u) \geqslant 0, y' = T_k k(T_u u) \geqslant 0\}$ 为 $\dot{A}(T)$ 的正稳定域；

$A - (T) = \{(u, y, y') \mid u \in T_U U, y = k(u) \leqslant 0, y' = T_k k(T_u u) \leqslant 0\}$

为 $\dot{A}(T)$ 的负稳定域；

$J_0(T) = \{(u, y, y') \mid u \in T_U U, y' = T_k k(T_u u) = 0\}$ 为 $\dot{A}(T)$ 的拓界。

①当 $T_U = e$，$T_k = e$，$T_u = e$ 时，$\dot{A}(T) = \dot{A} = \{(u, y) \mid u \in U, y = k$

$(u)\in I\}$

②当 $T_U=e$，$T_k=e$ 时，$T_U U=U$，$T_k k=k$，$Å(T)=Å(T_u)=\{(u,$ $y,\ y')\mid u\in U,\ y=k(u)\in I,\ y'=k(T_u u)\in I\}$ 此可拓集合为关于元素 u 变换的可拓集合。

③当 $T_U=e$，$T_u=e$ 时，$T_U U=U$，$T_u u=u$

$Å(T)=Å(T_k)=\{(u,\ y,\ y')\mid u\in U,\ y=k(u)\in I,\ y'=T_k k$ $(u)\in I\}$ 此可拓集合为关于关联函数 $k(u)$ 变换的可拓集合。

④当 $T_u=e$ 且 $T_U U-U\neq\Phi$ 时，$T_u u=u$，$k(u)$，$u\in U\cap T_U U$

$T_k k(u)=k'(u)=\quad k_1(u)$，$u\in T_U U-U$

$Å(T)=Å(T_U)=\{(u,\ y,\ y')\mid u\in T_U U,\ y=k(u)\in I,\ y'=k'$ $(u)\in I\}$ 此可拓集合为关于论域变换的可拓集合。

特别地，当 $T_u=e$，$T_k=e$ 且 $T_U U\subset U$ 时，$T_k k=k$，$T_u u=u$，$y'=k(u)=$ y，$Å(T)=Å(T_U)=\{(u,\ y)\mid u\in T_U U,\ y=k(u)\in I\}$

定义2　设 x_0 为实轴上的任一点，$X_0=<a,\ b>$ 为实域上的任一区间，称为点 x_0 与区间 X_0 之距。其中 $<a,\ b>$ 既可为开区间，也可为闭区间，也可为半开半闭区间。

点与区间之距 $\rho(x_0,\ X_0)$ 与经典数学中 "点与区间之距离" $d(x_0,\ X_0)$ 的关系是：

①当 $x_0\notin X_0$ 或 $x_0=a,\ b$ 时，$\rho(x_0,\ X_0)=d(x_0,\ X_0)\geqslant 0$；

②当 $x_0\in X_0$ 且 $x_0\neq a,\ b$ 时，$\rho(x_0,\ X_0)<0$，$d(x_0,\ X_0)=0$。

"距" 概念的引入，可以把点与区间的位置关系用定量的形式精确刻画。当点在区间内时，经典数学中认为点与区间的距离都为 0，而在可拓集合中，利用 "距" 这一概念，就可以根据距的值的不同描述出点在区间内的位置的不同。"距" 的概念对点与区间的位置关系的描述，使人们从 "类内即为同" 发展到类内也有程度区别的定量描述。

具体地，在 "建筑与影像的互文性" 这一关联函数中，$k(x)\geqslant 0$ 表示 x 属于 X_0 的程度，$k(x)\leqslant 0$ 表示 x 不属于 X_0 的程度，$k(x)=0$ 表示 x 既属于 X_0 又不属于 X_0。因此，该关联函数可作为定量化描述事物量变和质变的工具。根据可拓集合的定义，对给定的变换 T，当 $k(x)\cdot k(Tx)\geqslant 0$ 时，说明二者的互文性是量变；当 $k(x) \cdot k(Tx) \leq 0$ 时，说明二者的互文性是质变。

笔者利用可拓集合和关联函数建立了评价"建筑与影像的互文性"的优度评价法，其优点在于：1）在衡量条件中，加入了"非满足不可的条件（ж）"，使评价更切合实际；2）利用关联函数确定各"建筑"与"影像"两种对象的合格度和优度，由于关联函数的值可正可负，因此，这种可拓学优度评价法可以反映一个"建筑与影像的互文性"方案或策略之利弊，可以从发展的角度去权衡这种互文性。

6.2.4 对三种模型的比较与评价

笔者建立了三种"建筑与影像的互文性问题"的数学模型，主要创新点有：（1）在应用模糊数学对建筑、影像进行综合评价时，由于评价指标较多，常用的取大取小算法常出现结果不易分辨的情况，笔者采用加权平均型进行评价，取得了较好的效果。（2）在对模糊综合评价结果进行分析时，最大隶属度原则方法常存在有效性的问题，笔者采用加权平均方法，并可对多指标进行比较排序，结果令人满意。（3）对于权重的确定，大多由专家凭个人经验给出，人为性较为严重，导致评判结果的出入。为了避免这一缺陷，笔者对这一论题未来20年的发展态势进行预测，不再运用模糊综合评价法，改用灰色系统理论，这种范式更适合于人文社会科学，中肯，接地气，预测结果更可信。（4）可拓学是新兴的、前沿的理论，对系统科学、管理科学的启发性很大，不需要高深的数学基础，既适合评价也适合预测，据此建立的模型可以对模糊综合评价模型、灰色系统预测模型起到很好的校正与纠偏，使之更具科学性。（5）以上三种模型，成功地解决了在建筑设计过程如何选择并获取最优秀、最优质的影像这一难题，具有较强的通用性，可以推广至各类建筑设计、城市规划、园林景观，也对各类影像创作时如何借鉴建筑、城市、园林因素具有明确的指导意义。（6）该模型具有普适性和可扩展性，只要改变其中的部分参数值，即可应用于其他设计与创作问题，比如对文学创作、平面设计也不无裨益。这一模型，具有强烈的艺术与科学交叉特色，实用性强，通用性强。

当然，任何数学模型都难免存在缺陷。这三种模型的建立虽然都有数学依据，推导也符合逻辑，但因建筑设计、影像创作是极其主观而个人化的创造性脑力活动，数学未必能对人脑的心理机制解释清楚，某些主观性与理想化是不可避免的。①

小　结

本章对"建筑与影像的互文性"论题进行定量研究。遵循统计学原理，结合 SPSS 19.0、EXCEL 2010 软件，笔者设计并完成了 17 项社会调查，对本论著核心章节逐一予以统计分析。依据模糊数学、灰色系统理论、可拓学，结合 MATLAB 7 软件，笔者建立了三种数学模型，对上述统计分析予以提升与概括。两条定量进路，异曲同工，相得益彰。定量分析，大大增强了本论著的科学性与说服力。

---

①　笔者建模过程中的主要参考文献：白其峥：《数学建模案例分析》，海洋出版社 1999 年版；杨纶标：《模糊数学原理及应用》，华南理工大学出版社 1998 年版；姜启源、谢金星、叶俊：《数学模型》（第三版），高等教育出版社 2003 年版；钱颂迪：《运筹学》（修订版），清华大学出版社 1999 年版；薛毅：《数学建模基础》，北京工业大学出版社 2004 年版。

7 结语

7.1 初步结论

经过一番艰辛的思索，笔者相信，本论著应该可以得出一些初步结论，取得阶段性成果。

第一，精准捕捉到了建筑与影像之间的关系。笔者研究的既不单单是建筑，也不单单是影像，而是二者的关系。显然，这比单独研究任何一种都要难得多。但是，基于对互文性理论的深刻理解，笔者敏锐而准确地认识到，建筑与影像之间正是一种互文关系，二者之间存在深刻的互文性。这种互文性，既体现于影像中的建筑所蕴含的文本间性，又体现于建筑中的影像所内孕的主体间性。尽管作为艺术的建筑与作为艺术的影像不尽相同，作为文化的建筑与作为文化的影像更大相径庭，但是，文本间性与主体间性促使二者的互文性无时不在，无处不在，最终走向契合与同一，如图7-1。

第二，成功地运用现象学研究了具体问题。现象学总是给人晦涩玄奥之感，令很多学者望而却步，一般读者对其更是一知半解。笔者紧紧抓住现象学的精华，沿着"悬置—体验—思—真理自明"的这条思路，重新界定了建筑，重新界定了影像，甚至重新诠释了互文性，对古今中外诸多前人的理论予以深思与扬弃，取精舍糟，最终成功剖析了建筑与影像的互文性及其产生根源、表现方式、美学特质与实用价值。这是一次方向明确的现象学形而下实验，是运用现象学分析具体学科中的具体问题的成功尝试。

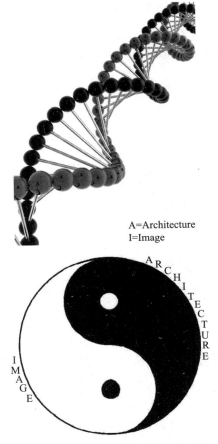

A=Architecture
I=Image

图7-1　建筑与影像的互文性示意两种，笔者自绘

第三，为建筑学理论开辟了新的视角，带来了新的曙光。本论著坚持一种交叉研究的思想进路，在跨学科、多学科中努力凸显对论题的复杂性的独到思索。笔者的这种复杂性思维，正是当下人文社会科学乃至所有科学研究秉持的方法论根基。笔者没有把建筑问题简单化，也没有把影像问题简单化，更没有把二者的关系问题简单化，非线性思维、整体思维、关系思维、过程思维等各种彰显复杂性思维要义的意识总是溢动于本论著的字里行间，因此，从立论、推论到结论，本论著都显得不简单，不单薄，相信这能为建筑学理论开辟新的视角，带来新的曙光。

第四，为创立建筑影像学奠定了基础。本论著尽管已将建筑与影像的关系揭示得清澈见底，敞露无余，但对于创立建筑影像学这门新学科而言还只是一个发端。一门学科，必须要有明确的研究对象、研究方法、术语、评价指标以及应用价值等一系列要素，建筑影像学显然不能仅考量建筑与影像的关系，必须以此为起点，筚路蓝缕，展开学科建设之拓荒。笔者有志在本论著的基础上继续探索，在以后的工作和事业中为开辟建筑影像学而继续努力，如图7-2、图7-3。

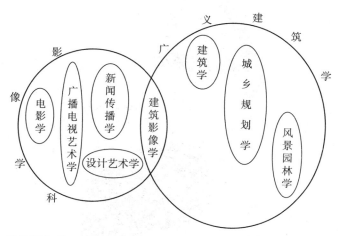

图7-2 建筑影像学属于交叉学科，是广义建筑学与影像学科融合的产物，笔者自绘

建筑影像学
- 定位——交叉学科
- 研究对象——影像与建筑的文本间性，建筑与影像的主体间性
- 学科性质——基础理论研究，应用学科，专业课，选修
- 内容
  - 影像中的建筑——摄影、电影、电视中的各类建筑
  - 建筑中的影像——各类建筑中的摄影影像、电影影像、电视影像
- 核心范畴——建筑，影像，文本间性，主体间性，互文性，现象学
- 研究方法——现象学方法＋定性研究＋定量研究
- 授课对象——硕士研究生，本科三、四年级
- 课时——64—72课时
- 学分——3—4学分
- 应用价值——指导建筑设计与创作，指导影像创作
- 考查方式——要求学生独立编导关涉建筑、城市、园林的纪录片一部，或独立制作建筑动画短片一部，另外需写作结课论文一篇

图7-3 建筑影像学初步构想，笔者自绘

7.2 不足之处与存在的问题

本论著虽然顺利完成，取得了上述研究成果，提出了一些富有原创性与启发性的观点，但依旧难免不足，仍然存在一些问题。

第一，对建筑本质的重新界定，恐会引起学界争鸣。什么是建筑，建筑的本质究竟是什么，这是一个争论了几千年的话题，多少泰斗耆宿之论都难以服众。尽管在影视界笔者小有名气，但在建筑界却是无名小卒。很多大家尤其审阅此文的前辈可能会对笔者不屑一顾，更遑论看好此文，认同上述界定。笔者只有谦卑谨慎，虚心好学，才能逐渐获得理解，取得进步。

第二，探讨建筑与影像的关系，恐难以引发建筑界尤其学术权威的特别关注。这个课题，对建筑学而言比较边缘，不属于建筑学的主流论域。而且，这个课题很新、很当下，自幼浸淫于影像语境中"80后""90后"对此会有浓厚兴趣，但年长的学术权威对此天生比较隔膜，比较陌生。摄影的历史迄今不足180年，电影史不足120余年，电视史不足百年，习惯于研究几千年中外建筑史的盲审专家、学术评委恐不会太醉心于笔者此文。

第三，影像除了摄影、电影、电视外，还有其他类型，比如与建筑学关系较近的遥感影像。这种来源于航空摄影、卫星图片的影像，在建筑设计、城市规划、工程测量中具有十分广泛而重要的用途。但是，因学科背景所限，笔者对关乎遥感影像的诸多技术问题如摄影测量学、图形图像处理、数字建筑学、虚拟现实难以从学理层面精确把握，只能从其应用价值尤其人文蕴含角度予以宏观掌控，故而难免疏漏。

第四，笔者的知识结构偏重人文，对建筑学一级学科下的"建筑技术科学"这一二级学科的掌握有待提升。除了对建筑声学、建筑光学比较敏感外，建筑物理学中的其他课题如建筑节能、绿色建筑等技术性很强的问题，笔者尚需继续学习，深入钻研。

第五，该书属于基础理论研究，比较抽象，思辨色彩较强，恐会令很多学者望而生畏。笔者向来鄙夷那种经验总结、工作汇报式的学术论文，也对学位论文的八股式死板规定颇有微词，曾在影视学研究中倡导并践行"源意识"批判，借以提升操作层面的浅薄与重复，让学术研究折射出哲性，学界对此颇有好评。但是，建筑学属于工学，工学注重实验、数据、经验，工学本身就与理论离得比较远，建筑学理论因此长期裹足不前。同时，建筑学习惯于绘图、读图，习惯于参与进某个设计项目中去，特别在乎土木、水泥、混凝土、钢结构这些体大质重的实在物，这些都不是形而上的理论思索，而是形而下的实践。在这个物欲横流的时代，实用主义无孔不入，人们注重眼前利益，注重物质享受，对空、玄、深的东西普遍缺乏兴趣。在土建类大学谈论现象学更容易被视为高风险，但笔者仍愿做出努力，为建筑学基础理论研究贡献绵薄之力。

第六，建筑文化作为一个自主设置的二级学科，还处于摸索期。笔者迄今没有见过一份完整而清晰界定建筑文化专业的定位与培养目标的文件，这根源于学界对究竟什么是"建筑文化"尚无共识。笔者正是建筑文化专业全国第一批博士生之一，我们这批人的成败对这一专业今后的生存与发展至关重要。

这一切都带有拓荒性、首创性，甚至革命性。革命就得有流血，就得有牺牲，难免失败，难免有不足。勒·柯布西耶在《走向新建筑》的结尾写道："建筑或者革命？革命可以避免。"① 在大师的弦外之音中，但愿笔者的这种"革命精神"能得到同行的理解，引起后学深思。

7.3 后续研究展望

本论著是一种交叉研究，这滥觞于建筑的复杂性，也植根于建筑与影像的互文性。笔者以为，符号互动论域的建筑语言之于跨语言学视域的影像符号，具含某种前逻辑性甚或反 Logos 基因，思想史的神圣莅临必须呼唤并敞拥现象学，思想必须在场，真理必须去蔽，美才能豁显，人的价值才会最终得

---

① 陈志华译，陕西师范大学出版社 2004 年版。

以凸显。笔者曾计划从管理学的视角比较影视剧组与建筑工程管理中的组织行为与领导决策，从生态学视角品咂非人类中心主义的影像与植根于大地伦理学的建筑和园林，但终因篇幅、时间、学力所限，未能实现。笔者将在后续研究中，继续秉承现象学的精义，将更多有关建筑与影像的问题纳入论域，如建筑界正在热议的人居学、住居学、景观学，如影像界的新媒体、微电影、立体电影，对其展开更为专深的分析。笔者相信，现象学这一哲学立场既可避免经验论的自然主义，又可避免精神科学中的历史相对主义，一定会在关于建筑与影像的理论思考中奠定具有普遍确定性的认识基础，如图 7-4。

图 7-4　本论著后续研究一定要紧扣建筑学尤其建筑设计，图片来自昵图网，由笔者编辑

　　此文为创立建筑影像学开了一个好头。影像可以为丰富建筑理论及其实践提供新的滋养、新的视野。首先，影像为解释和理解空间的信息与意义提供一种视觉化、影音化语言体系；其次，影像为描述与表达地域建筑与场所特质提供一种叙事性、戏剧化的可选策略；再次，影像为分析和评价建筑空间社会文化维度的隐喻性提供一种质的工具；最后，影像是光大建筑物、建筑师甚至建筑学的知晓度与美誉度之最佳媒介。可见，影像可以帮助业主/建筑师/使用者具象化思路，巧妙编排空间事件，逐步发掘建筑文本的文化内涵，积极构筑空间秩序，促进人对空间的体验和认同与归属。当然，建筑必然也会惠及影像实践乃至理论研究。笔者将继续沿循现象学的哲思之路，确立建筑影像学的研究目标，确立这一学科在建筑学学科体系中的地位，确立核心范畴与主要术语，确立研究范式，确立研究方法，确立技术路线，确立评价指标甚或价值体系，确立该学科下属的二级学科甚至三级学科，确立应用价值，确立该学科的未来发展方向。

"对我来说，建筑与艺术可谓是两种并行的学习，从两种专业修养中受益，并努力寻找两个专业的交点。"① 从一篇博士论文到一本专著，真若能催生一门崭新的学科，那将是多么非凡的创新与壮举，笔者将为此不懈努力！

---

① 摘自吴良镛先生2014年8月29日至9月9日在中国美术馆举办的"人居艺境——吴良镛绘画书法建筑艺术展"展览自序。

图表总释

第1章

图 1-1　从业界到学界，建筑与影像已形成深刻互文，亟待系统梳理，笔者根据网络图片编辑

图 1-2　上图为科学计量学经典软件 CiteSpace Ⅱ 给出的 2000—2011 年"Architecture + image"及类似研究文献的时区视图。这是一个具有明显中心的非线性分维结构，其任何一维都具有可拓性，说明全球学者对这一论题的研究尚处于发轫阶段，环论题中心的发散思维仍居主导。下图为该软件给出的 2012—2014 年全球范围内该论题经典文献、过渡文献的被引关系网络拓扑图，在"Architecture + image"这一核心关键词周围派生出 3 个聚类，在其右下方还有 2 个较大的聚类，而且，此图不具有中心性，偏移性与耗散性十分明显，复杂性思维突出。这表明，短短的几年，中外学者对该论题的研究已经走向纵深，其间不乏分歧与分化。上下二图皆系笔者操作 CiteSpace Ⅱ 所得，笔者自绘

图 1-3　读博期间，笔者导演的建筑三维动画片《拜水丹江 问道南阳》之 Auto CAD + AE 工作站截图，笔者自绘

图 1-4　本论著结构脉络示意，笔者自绘

图 1-5　本论著研究框架示意，笔者自绘

图 1-6　本论著的研究方法与技术路线体系，笔者自绘

图 1-7　本论著研究方法之间的逻辑关系示意，笔者自绘

图 1-8　建筑影像学产生的必然性之系统动力学因果回路，笔者运用

Vensim 软件自绘

图 1-9　从实践到理论，建筑与影像业已形成深刻的互文，笔者根据网络图片编辑加工

第 2 章

图 2-1　基于 BP 神经网络分析的现象学运思图-范式甲，笔者自绘

图 2-2　基于 BP 神经网络分析的现象学运思图-范式乙，笔者自绘

图 2-3　勒·柯布西耶的三幅建筑草图及其空间意识，来自谷歌学术

图 2-4　现代建筑的结构及其独特的悬柱，出自 Peter Eiseman（彼得·埃森曼，1932—　）设计的美国俄亥俄州立大学韦克斯纳视觉艺术中心，图片来自 http://www.zhulong.com

图 2-5　安藤忠雄的"光之教堂"，在墙体上开了一个十字形分割的孔洞，从而营造出鲜明的光影效果，意象独特而深刻。图片来自 http://www.churuchoflight.com

图 2-6　赖特的"流水别墅"，充分让人诗意栖居的身体感，图片来自维基百科

图 2-7　本论著界定的建筑四元素及其实例图示，图片来自谷歌、百度，由作者编辑

图 2-8　笔者界定的建筑四元素，相得益彰，密不可分，宛如微分几何学四叶玫瑰线，具有严谨而精确的逻辑性，$\rho = \sin2\theta$，$\theta \in [0, 2\pi]$ 或 $\rho = \cos2\theta$，$\theta \in [0, 2\pi]$，笔者自绘

图 2-9　本论著中影像的分类，笔者自绘

图 2-10　在阿拉伯世界文化中心的阿格巴塔楼（Torre Agbar）中，让·努韦尔则将色彩、材料、层次和"像素"的概念结合起来，每一个窗扇如同影像的一个像素，4000 多扇窗户和 5 万多块透明和半透明的玻璃板组成了这幅富于运动感和层次感并可不断变化的银幕，就像电影摄影机和放映机的连续成像一般。这是一种典型的现象学图像意识，可在建筑与影像两大主体之间游刃有余。图片来自谷歌学术

图 2-11　马岩松设计的玛丽莲·梦露大厦，耸立在加拿大多伦多密西沙

加市，完美实现了建筑与影像在主体间的位移与可交换性。图片来自谷歌学术

图 2 – 12 互文性包括文本间性与主体间性，二者之间的关系应该符合美国气象学家 Lorenz Edward Norton（爱德华·诺顿·洛伦兹，1917—2008）提出的"蝴蝶效应"偏微分方程

$$\begin{cases} \dfrac{\mathrm{d}x}{\mathrm{d}t} = -\sigma(x-y) \\[2ex] \dfrac{\mathrm{d}y}{\mathrm{d}t} = -xz + \gamma x - y \\[2ex] \dfrac{\mathrm{d}z}{\mathrm{d}t} = xy - bz \end{cases}$$

且具有 Robustness（鲁棒性）：文本/主体间性的初值具有敏感性，千分之一甚至万分之一的变化都有可能引起主体/文本间性截然不同的巨大变化，但整个互文系统即使受到干扰，也能够通过自适应纠正这一偏差，误差可以忽略不计，最终达成平衡。笔者自绘

图 2 – 13 由德国 KSP Engel und Zimmermann 建筑事务所、华东建筑设计研究院组建的 ASP 联合体设计的中国国家图书馆二期新馆，外墙及顶棚全部采用热工性能优异的中空透明 LOW – E 玻璃幕墙装饰，室内照明采用玻璃顶棚和 30 多个天窗射进的自然光，白天完全不用开灯，节能 50% 以上。笔者长期徜徉于此，对其深厚而独特的光意识深表赞叹。图片系作者自摄

图 2 – 14 路易斯·巴拉干的吉拉迪住宅，在侧墙开设了匀距而大小一致的窗孔，使强烈的阳光射入鲜艳的墙体，尽端屋顶还有光束照射着红色的柱和蓝色的墙——在平静的水池中升起一根红色的柱子。阳光在这里直射、折射又反射，营造出一个斑驳绚丽的梦幻空间。图片来自谷歌学术。

图 2 – 15 勒·柯布西耶代表作之朗香教堂，教堂内外的日景与夜景从各个角度展示了其独特而鲜活的光影语言。此系勒·柯布西耶的成名作，现代建筑史的大幕由此拉开。图片来自谷歌学术

第 3 章

表 3 – 1 摄影的分类，笔者自绘

图 3 – 1　摄影镜头成像系统与建筑物点线面之复共轭，图片素材来自谷歌学术，由作者编辑

图 3 – 2　建筑透视教程与示例，图片来自中国西部开发远程学习网陕西远程学习中心，可从西安建筑科技大学官网 http：//www. xauat. edu. cn 进入，由笔者简单编辑

图 3 – 3　两种典型的视错觉，来自谷歌学术

图 3 – 4　刘克成设计的贾平凹文学艺术馆，利用光廊充分展现日光在馆内形成的叠错光影，拓深空间，凸显文脉。图片来自 http：//www. jpwgla. com

图 3 – 5　由美国芝加哥 SOM 建筑设计公司、上海现代设计集团的邢同和、张皆正、张行健联合设计的上海金茂大厦内君悦酒店的中庭，是一个巨型桶形中空体，由 56 楼开始，旋转而上，直至 87 楼，形成一种类似装置的当代艺术感。图片来自 http：//www. 1x. com

图 3 – 6　从建筑摄影到建筑思想史的现象学进路，笔者自绘

图 3 – 7　胡武功代表作，左为《爬城墙的孩子》，右为《俯卧撑》，由笔者先基于胡老师提供的底版冲洗，再扫描而得

图 3 – 8　侯登科先生代表作之一，记录西安城墙根儿下晨练秦腔的市民，建筑与民俗相得益彰，现代与传统水乳交融。来自中国摄影家协会官网 http：//www. cpanet. cn。

图 3 – 9　一座后现代主义建筑的立面，各种管线被集成于一个粗大的红色中空圆柱内，且直接裸露于外，令人想起 Renzo Piano（伦佐·皮亚诺，1937—　）和 Richard George Rogers（理查德·罗杰斯，1933—　）联袂设计的 Centre National d'art et de Culture Georges Pompidou（乔治·蓬皮杜法国国家文化艺术中心）。图片来自 http：//www. 1x. com 和谷歌图片，并经笔者编辑

图 3 – 10　让·努韦尔设计的 Lucerna – Suica Hotel 室内装饰，让一帧电影画面嵌入建筑物室内的天花板与各个立面，二者的互文性盘根错节，活色生香。图片来自谷歌学术

图 3 – 11　某城市综合体内部空间动线设计，兼顾平面与立体，使线性与非线性理想融合。图片来自 http：//www. em – bj. com/zx – knowledge

表 3 – 2　罗兰·巴特叙事视角理论示意，笔者自绘

图 3 – 12　Dupli. casa 是位于德国路德维希堡附近的一所私人别墅，业主是一位考古学家。J. MAYER. H 建筑师事务所将原先的现代主义风格旧宅改造成十足的非线性建筑。图片来自该所官网 http：//www. jmayerh. de

图 3 – 13　IMAX 电影的长画幅非常符合人的视觉心理，上为实景，图片来自百度百科；下为四幅原理图，由笔者运用 Photoshop 自绘

图 3 – 14　古希腊建筑四种柱式的外观、结构、比例，及其与古罗马柱式的对比，图片来自石材体验网 http：//www. stonexp. com，由笔者编辑

图 3 – 15　建筑物的部件乃至建筑元素进入电影后的经典化通途示意，笔者自绘

图 3 – 16　西方电影摄取的古代建筑与现代建筑，图片来自影片截屏，由作者编辑

图 3 – 17　电影 *Inception*（《盗梦空间》）驾驭镜子堪称史上极致，来自该片截屏

图 3 – 18　在张艺谋的武侠电影《英雄》中，出现了诸多中国古代皇家建筑与皇家园林，上图为影片中精彩镜头之截屏，下左图为该片故事所发生的秦阿房宫复原图，下右图为宫殿建筑梁架结构图。图片来自百度百科。

图 3 – 19　中国武侠电影中的园林及其蕴含的"寒"与"逸"，折射出文人对从政为官的厌倦与官场黑暗的憎恶。左图为苏州退思园平面图，来自百度学术；中图为一代武侠电影宗师胡金铨代表作之《侠女》的韩国海报，来自时光网 http：//www. mtime. com；右图为苏州拙政园 CAD 图，来自网易土木在线

图 3 – 20　德意志银行经济学家 Andrew Lawrence（安德鲁·劳伦斯）提出"Skyscraper Index"（摩天大楼指数）的概念，指出经济衰退往往发生在新高楼落成的前后，宽松的政策与银行利率经常会刺激摩天大楼的兴建，使地产商尽可能把空间使用率和租金收益"最大化"。在土地价格、企业需求和资金支撑三个因素的制约下，人类不断创新摩天大楼的世界纪录。然而，当过度投资与投机心理引起的房地产泡沫危及实体经济时，政策会转紧，银根收紧，摩天大楼的建成往往是经济衰退的先声。故此，"摩天大楼指数"也被称

为"劳伦斯魔咒"。图为全球最高摩天大楼排名，上为 2004 年数据，下为 2014 年数据，素材来自谷歌学术，笔者运用 Photoshop 简单编辑

图 3 - 21　上图为周星驰 1988 年主演的电视剧《最佳女婿》，下图为日本剧集《震撼鲜师》中一帧电梯内镜头，来自二剧截屏

图 3 - 22　全球范围内，大城市的住房压力日益增大，很多低收入者连"胶囊公寓"都租不起，不得不放弃租房，有人常年憋在水泥管内。北京市远郊农民王秀青为了供三个孩子上学，蜗居丽都饭店附近只有 4m² 的热力井底十多年。德国建筑师 Vanboo Donnertorte Zeer（范波·雷门特泽尔，1955— ）曾是老挝难民，设计了世界上最小的住宅，仅 1m²，可移动，小屋放倒后通过折叠就会出现床、桌子、灯、窗户以及带锁的门，内部拥有生存的必需品，为赤贫者在大城市提供了一个最廉价的栖身空间。它的建材包括 20 米的木板、墙纸、200 个螺丝钉、4 个轮子、约 2m² 玻璃，成本在 300 美元以内。据悉，这种住宅已在纽约、巴黎售出 30 万套。图片来自谷歌

图 3 - 23　两幅关乎拆迁及其引发的纠纷之纪实摄影作品，图片来自 http：//www. beipiao. ccoo. cn

图 3 - 24　中国中央电视台春晚演播现场，上为实景照片，来自新华网；下左为立体示意图，下中、下右为平面图，来自 http：//www. tgnet. com

图 3 - 25　横店影视城坚持"影视为表，旅游为里，文化为魂"的经营理念，实现了影视业与旅游业的深度融合。1997 年，为了给陈凯歌的电影《荆轲刺秦王》提供场景，横店集团投资修建了秦王宫建筑群，日后成为张艺谋电影《英雄》的主场景。该景区占地面积 11 万平方米，有雄伟的宫殿 27座，主宫"四海归一殿"高达 44.8 米，面积 17169 平方米，长 2289 米。高18 米的巍巍城墙与王宫大殿交相辉映，还有一条长 120 米的"秦汉街"，充分展示了秦汉时期的街肆风貌。这一切，淋漓尽致地表现出秦始皇并吞六国、一统天下的磅礴气势，也是该集团誓当"东方好莱坞"乃至"世界片场"雄心之实证。上图为该建筑群高清实景俯瞰，中间二图为该景区导览图，下三图为横店影视城之影视产业实验区规划图，图片来自横店影视城官方网站 http：//www. hengdianworld. com

第4章

图4-1　Robert Venturi（文丘里）的第一个作品是位于美国费城的"母亲住宅"，他如是自述："为母亲设计住宅至少有一个好处，就是天然享有母子间的理解、宽谅、顺从。为母亲设计住宅却又有不便之处，老人家的体己得之不易，做儿子的花起钱来终归不忍大肆挥洒，因此，'母亲住宅'建筑规模不大、结构也很简单，但是，功能周全、到位而充满温情地满足了家庭的实际活动需要。除了餐厅、起居合一的客厅和厨房外，有一间给母亲的双人卧室、一间给自己的单人卧室，二楼另有一间自己的工作室，外带各处极小的卫生间，就这些。"笔者感到此作品很好地考虑到了住宅空间的身体禁忌问题。图片来自谷歌学术

图4-2　中国、美国家庭全家人在客厅观看适当的电视节目，其乐融融，图片来自百度，由笔者编辑

图4-3　勒·柯布西耶在《走向新建筑》中说："建筑是对一些搭配起来的体块在光线下辉煌、正确和聪明的表演。"让·努韦尔实现了这一理念，他为丹麦公共广播公司设计的哥本哈根音乐厅，明亮的蓝色透明外层覆盖着整座建筑，每个夜晚音乐厅表面都会映射出蒙太奇般的影像。《纽约时报》赞誉该建筑为"漂亮的充满情感的圣殿，似乎是无国界的世界中留下的一角乌托邦。"图片来自维基百科

图4-4　影像进入高端公共建筑展览，便被媒介放大，增加话语权，提升权威感，最终催生仪式感和神圣性，这如同圆的渐开线一样，渐行渐远，渐行渐巨，

$$\begin{cases} rk = \dfrac{rb}{\cos\alpha k} \\ \theta k = \tan\alpha k - \alpha k \end{cases}, \begin{cases} x = rb \cdot \cos\theta + rb \cdot \mathrm{rad}\theta \cdot \sin\theta \\ y = rb \cdot \sin\theta - rb \cdot \mathrm{rad}\theta \cdot \cos\theta \end{cases}$$。笔者自绘

图4-5　贝聿铭设计的 National Gallery of Art, USA – The East Building（美国国家美术馆东馆）是一个典型的公共建筑，也是一个极具影像主体意识的作品，光是跃动的设计精灵。这个等腰三角形建筑的中央大厅高达25米，自然光从1500m²大小、由25个三棱锥组成的钢网架天窗上倾泻而下，不同高度、不同形状的平台、楼梯、斜坡和廊柱在明亮温情的日光下尽情欢歌。自

然光经过天窗上分割成不同形状和大小的玻璃镜面折射后，扑向由华丽的大理石筑就的墙面、天桥及平台，柔和而浪漫。该馆主要收藏现代艺术作品，包括摄影，2013 年曾展出美国超现实主义摄影家 Man Ray（曼雷）1916—1968 年创作的 150 多幅人像作品，鲜明的媒介仪式感令人难忘。图片来自谷歌学术

图 4 – 6　豪华电影院内，受众沉浸在 IMAX 3D 电影带来的视听享受中，图片来自昵图网 http：//www. nipic. com

图 4 – 7　"冰山理论"示意图，笔者自绘

图 4 – 8　获得 2011 年普利兹克建筑奖的葡萄牙建筑师 Eduardo Souta de Moura（爱德华多·索托·莫拉）设计的 Casa do 电影院，外观酷似电影放映机的放映窗与镜头，此二图片来自 Wiki 百科。不过，这只是令建筑具有表面化的影像主体性，建筑现象学大师 Steven Holl（斯蒂文·霍尔）设计的北京当代 MOMA 则实质性地彰显建筑与影像的主体间性，足见影像在其设计生命中的重要性。出北京地铁东直门站，沿左家庄西街往北走，远远看去，当代 MOMA 十分抢眼。天桥从建筑的第 16 到 19 层之间"伸出"，构成半透明的空中走廊，这里有画廊、健身房、阅览室、餐厅和俱乐部。从天桥上可以"上帝之眼"俯瞰整个社区，而下面的人看这些飘浮于头顶上的人，如同看一场不间断的流动的"城市电影"，正如霍尔所说，"你可以看到城市在你眼前缓缓展开"。笔者徜徉于该社区，只见被 8 座住宅楼、1 座酒店围绕在中心的是一座小型电影院，电影院的周围是水池。播映电影时，画面被传送到电影院外墙的超大银幕上，加上映于水池、玻璃中的幻影，整个当代 MOMA 会变成一座超大的露天电影院。笔者深信，霍尔此作就是美国经典影片 *The Truman Show*（《楚门的世界》，Peter Weir 导演）的建筑版甚或现实版，该图片由笔者自摄

图 4 – 9　王功新 *Synchronisation*，录像装置，13 × 11m，图片来自东方视觉 http：//www. ionly. com. cn

图 4 – 10　建筑现象学大师 Steven Holl 的 KIASMA Museum of Contemporay Art（芬兰赫尔辛基当代美术馆）经常展出包括录像、视像、装置等在内的欧洲当代艺术作品，该馆对这些艺术的生命力具有不可多得的再造性。图片系

该馆内景，来自其官网 http：//www. kiasma. fi

图 4 – 11　北京（上左）、纽约（上右）、巴黎（下左）、东京（下右）2014 年地铁线路图，图片来自谷歌

图 4 – 12　地铁建造史一瞥，上为 1905—1908 年修建巴黎地铁 4 号线采用的传统技术，下为全球工程界当前普遍采用的最新技术。技术的进步必然激发文化的裂变，地铁亦然。图片来自谷歌学术

图 4 – 13　巴黎地铁某车站独特而鲜明的现代主义建筑风格，图片来自 http：//www. 1x. com

图 4 – 14　唐大明宫想象图，上为建筑师手工搭建的木质模型之照片，来自中国文物信息网 http：//www. ccrnews. com. cn；下为建筑动画师制作的三维影像之截屏，检索自百度百科，源自西安网 http：//www. xiancity. cn

图 4 – 15　上为唐都长安城平面图，来自西安市莲湖区档案馆官网 http：//www. xalhda. gov. cn；下三张照片为陕西历史博物馆二楼展厅运用现代光电技术展示唐长安城布局，随着光线的明暗，可逐一展现南北中轴线、纵横干支、街区格局等，笔者自摄

图 4 – 16　园林中的月影、树影、云影、竹影及其不同的造园功能，图片来自百度百科，由作者编辑

图 4 – 17　2011 年冬，为了给建筑动画片《拜水丹江 问道南阳》虚拟演播室 Camera 动作捕捉物色最佳的演员，笔者赴正在拆除中的北京电影制片厂门口面试群众演员，破败的建筑与兴旺的产业极不相称。图片由笔者自摄并做简单的 Photoshop 处理

图 4 – 18　中国电影博物馆外观，实景，笔者自摄

图 4 – 19　冉·库哈斯设计的 CCTV 新厦外景，实景，图片由作者自摄

图 4 – 20　人民大会堂首层平面图，印制于 1950 年，图片来自中国书店官网 http：//www. zgsd. net

图 4 – 21　会堂内影像与权力的博弈示意，笔者自绘

图 4 – 22　北京天安门广场。上为清朝和 1958 年天安门广场平面图，图片来自首都图书馆北京地方文献阅览室；下为实景鸟瞰图，高清超宽电子显示屏前电视记者正在拍摄，图片来自新华网

图 4-23　乡土建筑之窑洞，左图由笔者自绘，右图由笔者自摄并经 Photoshop 简单处理

图 4-24　笔者拍摄六集电视剧《天缺一角》时的主场景、电影《法门寺之侠女神器》的第二场景——陕西省扶风县博物馆，原为城隍庙，是一座带有典型关中民居特色的乡土建筑群。图片由笔者自摄

图 4-25　某建筑企业通过远程电子监控系统集中调度全国各施工现场，图片来自中国建筑第五工程局有限公司网站 http：//www.cscec5b.com.cn

图 4-26　一个典型的远程监控系统，可实现对建筑物内每个房间的实时高效管理，但也令居者的隐私荡然无存。图片系笔者依据网络素材运用 CAD、Photoshop 软件自绘

图 4-27　位于美国纽约的某数字化智能建筑内景，虚实相生，雄浑苍莽，图片来自 http：//www.1x.com

图 4-28　虚拟现实系统框架与流程，笔者自绘

图 4-29　从智能家庭到智能城市，笔者根据谷歌图片素材运用 AutoCAD + Photoshop 编辑

图 4-30　范斯沃斯住宅是密斯·凡·德·罗为美国单身女医师范斯沃斯设计的一栋住宅，坐落在河岸，四周是树林。该住宅以大片的玻璃取代阻隔视线的墙面，成为名副其实的"看得见风景的房间"，外观类似一个架空的四边透明的盒子，造型简洁明净，高雅别致。不过，这栋深受包豪斯风格影响的全玻璃房子，在住者看来无疑是隐私会被完全暴露，故备受争议。图片来自建筑文化艺术网 http：//www.jzwhys.com

图 4-31　深受包豪斯思想影响的现代建筑之螺旋楼梯，图片来自 http：//www.1x.com、http：//www.sheyi.com

第 5 章

表 5-1　作为艺术的建筑、作为艺术的影像之全方位比较，作者自绘

表 5-2　建筑文化与影像文化之深度比较，作者自绘

图 5-1　一部充分而深入彰显法国、意大利建筑尤其园林的电影，来自法国导演阿伦·雷乃的《去年在马里安巴德》，图为该片在日本公映时的海

报，来自时光网 http：//www.mtime.com。该片的主场景之一即 Versailles（凡尔赛宫苑），是法国古典园林之典范，正所谓"文艺复兴的意大利，古典主义的法国"，周围 5 幅为该园林实景图、规划图，来自土木在线http：//www.co188.com。

图 5 - 2 深谙影像与建筑互文性的后现代主义建筑表皮，图片来自 http：//www.1x.com

图 5 - 3 影像作为建筑语言自由表演的舞台，图片来自http：//www.1x.com

图 5 - 4 由土耳其建筑师 Eren Talu（艾仁·塔露，1960— ）设计的Adam&Eve Hotel（亚当 - 夏娃酒店）位于该国 Antalya 省，被欧洲导游称作全世界最性感的酒店。艾仁·塔露利用简单柔和、充满光泽的材料，彩色透明玻璃、随处可见的镜子及隐藏的吸音板营造出让人神魂颠倒的梦幻效果。夜幕降临，酒店外观俨然上百块充满浪漫柔情的电影屏幕，同时上演着绚丽迷人的爱情故事，而房间内多重反射的镜子则通过影像蒙太奇将红尘俗世的人间梦境推向高潮。两帧图片来自 http：//www.jzwhys.com

表 5 - 3 建筑设计借鉴、参照影像创作之互文，笔者自绘

图 5 - 5 让·努韦尔作品 ONYX Culture Center 实景，图片来自 http：//www.en.wikipedia.org

图 5 - 6 高度互文影像的建筑设计流程，笔者自绘

图 5 - 7 建筑设计高度互文影像进而凸显主体间性总图，笔者自绘

图 5 - 8 "被影像"或影像化建筑工程施工图，笔者自绘

图 5 - 9 "被影像"或影像化建筑工程竣工验收图，笔者自绘

图 5 - 10 柏林犹太人博物馆的建筑平面曲折蜿蜒，走势极具破坏性，仿佛把六角的"大卫之星"切割后再重组的结果。堆叠而连贯的锯齿形平面被一组排列成直线的空白空间打断，这些空间代表着真空，不仅隐喻大屠杀中逝去的无数犹太生命，也暗喻犹太民族及其文化永远无法弥补的空白。穿过陈列着犹太人档案的展廊，混凝土原色的开阔空间没有任何装饰，只是从裂缝似的窗户和天窗透进模糊的光亮。博物馆外墙以镀锌铁皮构成不规则的形状和带有棱角尖的透光缝。由表及里，所有的线、面和空间都是破碎而不规

则的，馆内几乎找不到任何水平和垂直的结构，所有通道、墙壁、窗户都带有一定的倾斜，以此隐喻犹太人在德国的地位失衡，影射其在心理和精神上所遭受的苦难。展厅内虽无直观的犹太人遭受迫害的展品，但馆内曲折的通道、沉重的色调和灯光无不给人以精神上的震撼和心灵上的撞击。图片来自 http：//www. archina. com

图 5 - 11　是建筑，还是影像？是建筑，也是影像。图片来自 http：//www. 1x. com

图 5 - 12　是建筑，还是影像？既是建筑，又是影像。来自 http：//www. 1x. com

表 5 - 4　现象学出现前后的建筑史与影像史对照，笔者自绘

图 5 - 13　建筑就是影像，影像就是建筑。来自 http：//www. archifield. com

图 5 - 14　听闻笔者负笈西安建筑科技大学攻读建筑学博士学位，以前的影视界旧友与同僚无不惊羡，后将笔者推荐给清华大学水利工程学院、清华大学国情研究中心，为其承制建筑动画短片《拜水丹江 问道南阳》。该片系河南省南阳市西峡县太平镇未来 20 年整体规划与综合开发之宣传片，80% 为三维，20% 为二维，无纸动画，前期使用 SONY HDCAM 之 HDW - 800P 高清摄录一体机、Canon 5D Mark Ⅲ，后期使用 3D Max 2012、Auto CAD、AE 9. 0、Flash 9. 0、Apple Final Cut Pro X 10. 0. 5，DOLBY 5. 1，9′10″，16：9。该片由笔者担任导演，90% 工作由笔者独立完成。全片观看网址：http：//v. youku. com/v_ show/id_ XNDUxODU1OTQ0. html。建筑即影像，影像即建筑，二者的互文如此之深，如此之实，从该片即可窥见一斑，它是笔者博士论文——此书的基础之有力注脚。图为该片后期工作截图，笔者自绘

第6章

表 6 - 1　甲组：20 位研究生面对"互文性"的态度，笔者自绘

表 6 - 2　乙组：5 位副教授面对"互文性"的态度，笔者自绘

表 6 - 3　甲、乙两组被试对"互文性"的积极态度及其均值，笔者自绘

图 6 - 1　甲、乙两组被试对"互文性"的积极态度及其均值之雷达图，

笔者自绘

图 6 - 2a　12 名博士生导师中前 6 名（从 D 到 Y_1）对待现象学的态度之雷达图，笔者自绘

图 6 - 2b　12 名博士生导师中后 6 名（从 Z 到 Y_2）对待现象学的态度之雷达图，笔者自绘

图 6 - 2c　12 名博士生导师对待现象学的态度之众数、异众比例对比，笔者自绘

表 6 - 4　12 名博士生导师对待"现象学"这一基础概念的态度统计，笔者自绘

表 6 - 5a　两组被试对待透视法的基本数据，笔者自绘

表 6 - 5b　被试对待透视法的态度和其艺术审美能力强弱之关联数据，笔者自绘

表 6 - 5c　大学生对"透视法的利与弊及其与艺术审美能力之间的关系"分析结果，笔者自绘

图 6 - 3　影响两组被试对"透视性的利弊"问题做出判断的各因子权重之二维图示，笔者自绘

表 6 - 6　D 组（高校门口民众）对"摄影 - 建筑场所精神"问题的态度，笔者自绘

表 6 - 7　SPSS 19.0 对表 6 - 6 数据进行的双变量相关性分析，笔者自绘

表 6 - 8　SPSS 19.0 对表 6 - 6 数据进行的控制变量相关性分析，笔者自绘

表 6 - 9　SPSS 19.0 对表 6 - 6 数据进行的近似矩阵分析，笔者自绘

表 6 - 10　20 名被试对建筑物进入电影后所发生的变异之基础数据，笔者自绘

图 6 - 4　变量"外观"的正态 P - P 图，笔者自绘

图 6 - 5　变量"结构"的趋降正态 P - P 图，笔者自绘

表 6 - 11　影响结构、色彩、外观的复杂因子之非参数相关性分析结果，笔者自绘

表 6 - 12　世界主要国家与地区电影中代表性建筑元素与构件出现频数统

计，笔者自绘

图 6 – 6　世界主要国家与地区电影中代表性建筑元素与构件出现频数之柱状图，笔者自绘

表 6 – 13　单个样本（窗）在世界各国影片中出现的均值，笔者自绘

表 6 – 14　"楼梯"与"走廊"成对样本在世界各国影片中出现的均值，笔者自绘

表 6 – 15　"楼梯"与"走廊"成对样本 T 检验之成对差分与均值，笔者自绘

表 6 – 16　"屋顶"与"管道"在各国影片中出现的均值之均值、ANOVA 表，笔者自绘

表 6 – 17　制约中外 20 位导演用画面表现建筑的态度之基础数据，笔者自绘

表 6 – 18　制约电影导演用画面表现建筑的态度各指标之相关性分析，笔者自绘

表 6 – 19　制约电影导演用画面表现建筑的态度各指标之非参数相关系数，笔者自绘

图 6 – 7　对中外 20 位导演"政治环境"与"语言"进行的回归分析之估计曲线，笔者自绘

图 6 – 8　对中外 20 位导演"动镜理念"与"色彩观念"进行的回归分析之估计曲线，笔者自绘

表 6 – 20　三地家庭受众观看建筑/园林类纪录片的接受心理之基础数据，笔者自绘

表 6 – 21　三地家庭受众观看建筑/园林类纪录片接受心理之卡方检验统计数据，笔者自绘

表 6 – 22a　三地家庭受众观看建筑/园林类纪录片的接受心理之成对样本统计，笔者自绘

表 6 – 22b　三地家庭受众观看建筑／园林类纪录片的接受心理之 Logistic 回归分析结果，笔者自绘

图 6 – 9　西安、北京对拆迁等涉房类电视剧传播效果之评价，笔者自绘

笔者自绘

叉对应分析，笔者自绘

表6-39　史上最具建筑／电影意识的导演／建筑师彰显高度主体间性之对比数据，笔者自绘

表6-40　为分析建筑师与导演的主体间性而转换出的交叉表（节选），笔者自绘

表6-41　对建筑师与导演主体间性对比数据进行的成对样本 T-检验，笔者自绘

图6-27　基于建筑师与导演主体间性交叉表的 X-Graph 图，笔者自绘

图6-28　建筑师与导演的创作规律与思维法则之结构方程模型，笔者运用 AMOS 22 软件自绘

表6-42　中国建筑界从影像界引进并借鉴创作设计信息量之统计，笔者自绘

表6-43　未来20年中国建筑界从影像界引进并借鉴创作设计信息量之预测，笔者自绘

图6-29　中国建筑界从影像界引进并借鉴创作设计信息量之历史、现实与未来（1998—2035），笔者自绘

第7章

图7-1　建筑与影像的互文性示意2种，笔者自绘

图7-2　建筑影像学属于交叉学科，是广义建筑学与影像学科融合的产物，笔者自绘

图7-3　建筑影像学初步构想，笔者自绘

图7-4　本论著后续研究一定要紧扣建筑学尤其建筑设计，图片来自昵图网，由笔者编辑

参考文献

I　中文文献

［1］同济大学孙周兴教授著作十种

①《海德格尔选集》，上、下册，上海三联书店 1996 年版。

②《林中路》（1935—1946），上海译文出版社 1997 年版。

③《在通向语言的途中》，商务印书馆 1997 年版。

④《荷尔德林诗的阐释》（1936—1968），商务印书馆 2000 年版。

⑤《路标》（1919—1958），商务印书馆 2000 年版。

⑥［德］海德格尔等：《海德格尔与有限性思想》，刘小枫选编，孙周兴等译，华夏出版社 2002 年版。

⑦《尼采》（1936—1946），上、下册，商务印书馆 2002 年版。

⑧《海德格尔存在哲学》，九州出版社 2004 年版。

⑨《形式显示的现象学——海德格尔早期弗莱堡文选》，同济大学出版社 2004 年版。

⑩《演讲与论文集》（1936—1953），生活·读书·新知三联书店 2005 年版。

［2］［德］海德格尔：《诗·语言·思》，彭富春译，文化艺术出版社 1990 年版。

［3］［德］马丁·海德格尔：《面向思的事情》（1962—1964），陈小文、孙周兴译，商务印书馆 1996 年版。

［4］［德］海德格尔：《形而上学导论》（1949），熊伟、王庆节译，商务

印书馆 1996 年版。

［5］［德］海德格尔：《我的现象学之路》，方鸣译，《现代外国哲学》，人民出版社 1984 年总 5 期。

［6］［德］海德格尔：《存在与时间读本》，陈嘉映编著，生活·读书·新知三联书店 1999 年版。

［7］［德］冈特·绍伊博尔德：《海德格尔分析新时代的科技》，宋祖良译，中国社会科学出版社 1993 年版。

［8］ ［德］ 比梅尔：《海德格尔》，刘鑫、刘英译，商务印书馆 1996年版。

［9］［德］ 恩斯特·贝勒尔：《尼采、海德格尔与德里达》，李朝晖译，社会科学文献出版社 2001 年版。

［10］［德］ 莱因哈德·梅依：《海德格尔与东亚思想》，张志强译，中国社会科学出版社 2003 年版。

［11］叶秀山：《思·史·诗——现象学和存在哲学研究》，人民出版社1988 年版。

［12］熊伟编：《现象学与海德格尔》，台北远流出版事业股份有限公司1994 年版。

［13］陈嘉映：《海德格尔哲学概论》修订版，生活·读书·新知三联书店 1995 年版。

［14］张灿辉：《海德格尔与胡塞尔现象学》，台北东大图书股份有限公司 1996 年版。

［15］范玉刚：《睿思与歧误：一种对海德格尔技术之思的审美解读》，中央编译出版社 2005 年版。

［16］余虹：《艺术与归家：尼采·海德格尔·福柯》，中国人民大学出版社 2005 年版。

［17］彭怒、支文军、戴春主编：《现象学与建筑的对话》，同济大学出版社 2009 年版。

［18］沈克宁：《建筑现象学》，中国建筑工业出版社 2008 年版。

［19］［丹麦］扬·盖尔：《交往与空间》，中国建筑工业出版社 1992

年版。

［20］刘先觉著作二种

①《现代建筑理论》，中国建筑工业出版社 1999 年版。

②《现代建筑理论：建筑结合人文科学自然科学与技术科学的新成就》第 2 版，中国建筑工业出版社 2008 年版。

［21］［挪威］诺伯格·舒尔茨：《场所精神——迈向建筑现象学》，施植民译，台北田园文化出版社 1995 年版。

［22］［德］海德格尔：《人，诗意地安居》，郜元宝译，广西师范大学出版社 2000 年版。

［23］［美］凯文·林奇：《城市意象》，方益萍、何晓军译，华夏出版社 2001 年版。

［24］郑时龄：《建筑批评学》，中国建筑工业出版社 1999 年版。

［25］［美］阿摩斯·拉普卜特：《建成环境的意义》，黄兰谷等译，中国建筑工业出版社 2003 年版。

［26］周凌：《空间之觉：一种建筑现象学》，《建筑师》2003 年第 5 期。

［27］张雅琳：《建筑意境的现象学演绎》，厦门大学 2009 届硕士学位论文。

［28］韩怡：《运用建筑现象学对城市生活空间的研究》，西安建筑科技大学 2003 届硕士学位论文。

［29］周静、陈纲伦：《赫尔佐格与德默隆创作世界的现象学解读》，《中外建筑》2004 年第 4 期。

［30］［英］彼得·F. 史密斯：《美观的动力学——建筑与审美》，邢晓春译，中国建筑工业出版社 2012 年版。

［31］赵前：《21 世纪视野下的"新艺术"建筑与设计——新艺术运动历史解析》，中国建筑工业出版社 2012 年版。

［32］［英］弗洛拉·塞缪尔：《勒·柯布西耶与建筑漫步》，马琴、万志斌译，中国建筑工业出版社 2013 年版。

［33］卫大可等：《建筑形态的结构逻辑》，中国建筑工业出版社 2013 年版。

［34］［德］沃尔夫·劳埃德：《建筑设计方法论》，孙彤宇译，中国建筑工业出版社 2012 年版。

［35］［日］TN Probe：《释放建筑自由的方法——从现代主义到当代主义》（共五册），平辉等译，中国建筑工业出版社 2012 年版。

［36］王耀武：《西方城市乌托邦思想与实践研究》，中国建筑工业出版社 2012 年版。

［37］［英］威廉 J·R. 柯蒂斯：《20 世纪世界建筑史》，中国建筑工业出版社 2012 年版。

［38］戴俭等：《中西方传统建筑外部空间构成比较研究》，中国建筑工业出版社 2012 年版。

［39］［英］布莱恩·劳森：《空间的语言》，杨青娟译，中国建筑工业出版社 2003 年版。

［40］杨晓龙：《现代主义建筑的起源》，中国建筑工业出版社 2012 年版。

［41］［意］布鲁诺·赛维：《现代建筑语言》，席云平等译，中国建筑工业出版社 2005 年版。

［42］青藤著：《德国无声电影艺术》，文化艺术出版社 2010 年版。

［43］舒绍福编著：大国精神系列丛书之《德国精神》，当代世界出版社 2008 年版。

［44］［法］梅洛－庞蒂：《知觉现象学》，姜志辉译，商务印书馆 2001 年版。

［45］罗国祥译梅洛－庞蒂二种

①《可见的与不可见的》，商务印书馆 2008 年版。

②《眼与心》，当代法国思想文化译丛，商务印书馆 2007 年版。

［46］杨大春：《感性的诗学：梅洛·庞蒂与法国哲学主流》，人民出版社 2005 年版。

［47］刘国英：《肉身、空间性与基础存在论：海德格尔〈存在与时间〉中肉身主体的地位问题及其引起的困难》，《中国现象学与哲学评论》第四辑，上海译文出版社 2001 年版。

［48］［法］梅洛－庞蒂：《行为的结构》，杨大春、张尧均译，商务印书

馆 2010 年版。

[49] 徐复观：《中国艺术精神》，春风文艺出版社 1987 年版。

[50] 杭间、靳埭强：《包豪斯道路：历史、遗泽、世界和中国》，山东美术出版社 2010 年版。

[51] 过伟敏、史明：《城市景观形象的视觉设计》，东南大学出版社 2005 年版。

[52] 董春方：《高密度建筑学》，中国建筑工业出版社 2012 年版。

[53] 郭绍虞、王文生：《中国历代文论选》，上海古籍出版社 2001 年版。

[54] 潘运告：《宋人画论》，湖南美术出版社 2003 年版。

[55] ［美］丹尼尔·贝尔：《资本主义的文化矛盾》，赵一凡、蒲隆、任晓晋译，生活·读书·新知三联书店 1989 年版。

[56] 全增嘏主编：《西方哲学史》（上、下册），上海人民出版社 1983 年版。

[57] ［德］尼采：《偶像的黄昏》，周国平译，湖南人民出版社 1987 年版。

[58] 曾芬芳：《虚拟现实技术》，上海交通大学出版社 1997 年版。

[59] 洪炳镕等编著：《虚拟现实及其应用》，国防工业出版社 2005 年版。

[60] ［德］格劳：《虚拟艺术》，陈玲译，清华大学出版社 2007 年版。

[61] 李勋祥：《虚拟现实技术与艺术》，武汉理工大学出版社 2007 年版。

[62] ［美］Grigore C. Burdea、［法］Philippe Coiffet 著：《虚拟现实技术》(第二版)，魏迎梅等译，电子工业出版社 2005 年版。

[63] 王绍森：《透视"建筑学"——建筑艺术导论》，科学出版社 2000 年版。

[64] 齐鹏：《新感性：虚拟与现实》，人民出版社 2008 年版。

[65] ［德］尼采：《查拉斯图特拉如是说》，尹冥译，文化艺术出版社 1987 年版。

[66] ［美］理查德·舒斯特曼：《实用主义美学》，彭锋译，商务印书馆 2002 年版。

[67] ［美］阿摩斯·拉普卜特：《宅形与文化》，常青等译，中国建筑工

业出版社 2007 年版。

　　［68］［美］艾伦·S. 魏斯：《无限之镜：法国十七世纪园林及其哲学渊源》，段建强译，中国建筑工业出版社 2013 年版。

　　［69］俞剑华：《中国绘画史》，东南大学出版社 2009 年版。

　　［70］李允鉌：《华夏意匠：中国古典建筑设计原理分析》，天津大学出版社 2005 年版。

　　［71］［美］弗兰克·惠特福德：《包豪斯：大师和学生们》，艺术与设计杂志社编译，四川美术出版社 2009 年版。

　　［72］傅熹年主编：《中国古代建筑工程管理和建筑等级制度研究》，中国建筑工业出版社 2012 年版。

　　［73］陈师曾：《中国绘画史》，中国人民大学出版社 2008 年版。

　　［74］李世葵：《〈园冶〉园林美学研究》，人民出版社 2010 年版。

　　［75］俞剑华：《中国古代画论类编》（上、下），人民美术出版社 2004 年版。

　　［76］胡家峦：《文艺复兴时期英国诗歌与园林传统》，北京大学出版社 2008 年版。

　　［77］葛路：《中国画论史》，北京大学出版社 2009 年版。

　　［78］俞剑华：《中国画论选读》，凤凰出版传媒集团、江苏美术出版社 2007 年版。

　　［79］张学忠：《早期抽象主义画家对包豪斯的影响研究》，清华大学 2007 年博士学位论文。

　　［80］贾涛：《中国画论论纲》，文化艺术出版社 2005 年版。

　　［81］熊志庭、刘城淮、金五德、潘运告：《宋人画论》，湖南美术出版社 2000 年版。

　　［82］贾磊磊：《中国武侠电影史》，文化艺术出版社 2005 年版。

　　［83］陈墨：《刀光侠影蒙太奇：中国武侠电影论》，中国电影出版社 1996 年版。

　　［84］释印顺：《中国禅宗史》，中华书局 2010 年版。

　　［85］洪修平、陈红兵著：《中国佛学之精神》，复旦大学出版社 2009

年版。

　　［86］桂宇晖：《包豪斯与中国设计艺术的关系研究》，华中师范大学出版社 2009 年版。

　　［87］卿希泰等编著：《中国道教思想史》（全 4 卷），人民出版社 2009 年版。

　　［88］黄少华：《纪实摄影是一种独立的摄影形式》，1989 年《摄影》丛书（2）第 79 页。

　　［89］［美］苏珊·桑塔格著：《论摄影》，小白、黄灿然译，上海译文出版社 2008 年版。

　　［90］［美］弗兰姆普敦等著：《建构文化研究——论 19 世纪和 20 世纪建筑中的建造诗学》，王骏阳译，中国建筑工业出版社 2007 年版。

　　［91］［美］特里·巴雷特著：《影像艺术批评》，何积惠译，上海人民出版社 2006 年版。

　　［92］林路：《摄影思想史》，浙江摄影出版社 2008 年版。

　　［93］江融：《摄影的力量——当代世界著名摄影人访谈录》，中国文联出版公司 2009 年版。

　　［94］张魁：《中国纪实摄影观念研究》，南京师范大学 2008 年硕士学位论文。

　　［95］闫俊、崔玉华：《一次集体电影治疗尝试》，《中国临床康复》2003 年第 7 期。

　　［96］高颖：《艺术心理治疗》，山东人民出版社 2007 年版。

　　［97］陈燕妮：《城市与文学：以唐代洛阳建筑景观与唐诗关系为中心》，苏州大学 2009 年博士学位论文。

　　［98］程大锦：《建筑：形式空间和秩序》第 3 版，天津大学出版社 2008 年版。

　　［99］费明、梁国伟、范振玉等：《精神病人集体艺术治疗的初步探讨》《中国康复》1991 年第 1 期。

　　［100］费明、范振玉、梁秀兰等：《绘画疗法对慢性精神分裂症的康复效果》，《上海精神医学》1992 年第 4 期。

［101］Lawson Bryan：《空间的语言》，杨青娟译，中国建筑工业出版社 2003 年版。

［102］［英］康威·劳埃德·摩根：《让·努韦尔：建筑的元素》，白颖译，中国建筑工业出版社 2004 年版。

［103］童强：《空间哲学》，北京大学出版社，2011 年版。

［104］汪民安：《身体空间与后现代性》，江苏人民出版社 2006 年版。

［105］［英］Chris Shilling：《文化、技术与社会中的身体》，李康译，北京大学出版社 2011 年版。

［106］詹和平：《空间》，东南大学出版社 2006 年版。

［107］［英］Caroline Case、Tessa Dalley：《艺术治疗前沿》，黄水婴译，南京出版社 2006 年版。

［108］［德］托马斯·史密特：《建筑形式的逻辑概念》，肖毅强译，中国建筑工业出版社 2005 年版。

［109］胡智锋、罗振宇：《学院精神与学理路径——理论视野中的"电视批评"》，《现代传播》1996 年第 1 期。

［110］徐贲：《走向后现代与后殖民》，中国社会科学出版社 1996 年版。

［111］［美］莫·狄克斯坦：《城市喜剧与现代性》，《世界电影》1993 年第 1 期。

［112］詹明信：《晚期资本主义的文化逻辑》，生活·读书·新知三联书店、牛津大学出版社 1997 年版。

［113］丁沃沃、张雷、冯金龙：《欧洲现代建筑解析》，江苏科学技术出版社 1999 年版。

［114］龚锦编译：《人体尺度与室内空间》，天津科学技术出版社 1987 年版。

［115］高晓康：《大众的梦》，东方出版社 1993 年版。

［116］［丹］拉斯姆森：《建筑体验》，刘亚芬译，知识产权出版社 2003 年版。

［117］［美］肯尼斯·弗兰普姆顿：《现代建筑——一部批判的历史》，张钦楠译，中国建筑工业出版社 2003 年版。

［118］［美］弗雷德里克·詹姆逊：《布莱希特与方法》，陈永国译，中国社会科学出版社 1998 年版。

［119］王才勇：《现代审美哲学新探索》，中国人民大学出版社 1990 年版。

［120］苗棣、范钟离：《电视文化学》，北京广播学院出版社 1997 年版。

［121］许良英等编译：《爱因斯坦文集》第一卷，商务印书馆 1976 年版。

［122］叶如棠：《迎接新世纪的挑战，加速中国建筑走向世界的步伐——中国建筑学会第八届理事会工作报告》，《建筑学报》1997 年第 2 期。

［123］［英］皮尔逊：《科学的规范》，李醒民译，华夏出版社 1999 年版。

［124］［德］海森堡：《精密科学中美的含义》，曹南燕译，《自然科学哲学问题》1982 年第 1 期。

［125］孔宇航：《非线性有机建筑》，中国建筑工业出版社 2012 年版。

［126］［日］渊上正幸编：《世界建筑师的思想和作品》，覃力、黄衍顺译，中国建筑工业出版社 2000 年版。

［127］［美］库恩：《必要的张力——科学的传统和变革论文选》，纪树立等译，福建人民出版社 1981 年版。

［128］杨振宁：《美和物理学》，张美曼译，《自然辩证法通讯》1998 年第 10 卷第 1 期。

［129］崔世昌：《现代建筑与民族文化》，天津大学出版社 2001 年版。

［130］［美］麦卡里斯特：《美与科学革命》，李为译，吉林人民出版社 2000 年版。

［131］张钢：《论科学文化的效率观》，《自然辩证法研究》2000 年第 16 卷第 8 期。

［132］蔡仲：《后现代相对主义与反科学思潮——科学、修饰与权力》，南京大学出版社 2004 年版。

［133］吴卫：《中国传统艺术符号十说》，"建筑意匠与历史中国"书系，中国建筑工业出版社 2011 年版。

［134］［美］拉兹洛：《决定命运的选择》，李吟波等译，生活·读书·

新知三联书店 1997 年版。

［135］［英］齐曼：《真科学：它是什么，它指什么》，曾国屏等译，上海科学教育出版社 2002 年版。

［136］［美］李克特：《科学是一种文化过程》，顾昕等译，生活·读书·新知三联书店 1989 年版。

［137］佟裕哲、刘晖编著：《中国地景文化史纲图说》，中国建筑工业出版社 2013 年版。

［138］周祥、邓燕嫦：《功夫在建筑外》，《中外建筑》2001 年第 2 期。

［139］［英］罗素：《西方哲学史》上卷，何兆武等译，商务印书馆 1963 年版。

［140］［英］怀特海：《科学与近代世界》，何钦译，商务印书馆 1959 年版。

［141］李道增：《"新制宜主义"的建筑观》，《世界建筑》1998 年第 6 期。

［142］王树声；《黄河晋陕沿岸历史城市人居环境营造研究》，中国建筑工业出版社 2009 年版。

［143］方子卫：《现代科学与文化》，台北中华文化出版事业委员会 1952 年版。

［144］虞大鹏等著：《解读街道》，中国建筑工业出版社 2013 年版。

［145］刘文海：《技术的政治价值》，人民出版社 1996 年版。

［146］［美］怀特：《文化科学——人和文明的研究》，曹锦清等译，浙江人民出版社 1988 年版。

［147］刘文海：《技术的政治价值》，人民出版社 1996 年版。

［148］［法］戈德斯密斯、马凯主编：《科学的科学——技术时代的社会》，赵红州等译，科学出版社 1985 年版。

［149］国际建筑师协会第 20 届世纪建筑师大会纪念文集——《曙光》，中国建筑工业出版社 2000 年版。

［150］［法］莫兰：《复杂思想：自觉的科学》，陈一壮译，北京大学出版社 2001 年版。

[151]《建筑师》2008 年第 12 期，建筑与电影专辑。

[152]《建筑美学》教材二种

①高校建筑学与城市规划专业教材，沈福煦著，中国建筑工业出版社 2007 年版。

②普通高等教育"十一五"国家级规划教材，高校建筑学专业指导委员会规划推荐教材，曾坚、蔡良娃著，中国建筑工业出版社 2010 年版。

[153] 侯幼彬：《中国建筑美学》，中国建筑工业出版社 2009 年版。

[154] 刘月：《中西建筑美学比较论纲》，复旦大学出版社 2008 年版。

[155] 潘定祥：《建筑美的构成》，东方出版社 2010 年版。

[156]［荷兰］仲尼斯：《古典主义建筑：秩序的美学》，何可人译，中国建筑工业出版社 2008 年版。

[157]［美］巫鸿：《中国古代艺术与建筑中的纪念碑性》，李清泉、郑岩等译，上海人民出版社 2009 年版。

[158]［英］卡彭：《建筑理论（上）：维特鲁威的谬误：建筑学与哲学的范畴史》，王贵祥译，中国建筑工业出版社 2007 年版。

[159] 卢永毅：《同济建筑讲坛·建筑理论的多维视野》，中国建筑工业出版社 2009 年版。

[160] 赵辰、甘阳：《立面的误会：建筑·理论·历史》，生活·读书·新知三联书店 2007 年版。

[161]［英］理查德·帕多万：《比例：科学 哲学 建筑》，申祖烈、周玉鹏、刘耀辉译，中国建筑工业出版社 2005 年版。

[162]［英］鲁道夫：阿恩海姆：《建筑形式的视觉动力》，宁海林译，中国建筑工业出版社 2006 年版。

[163]［意］曼弗雷多·塔夫里：《建筑学的理论和历史》，郑时龄译，中国建筑工业出版社 2010 年版。

[164] 王振复：《建筑美学笔记》，百花文艺出版社 2005 年版。

[165] 杨豪中著作二种

①［瑞士］达盖尔：《20 世纪瑞士建筑》，杨豪中译，中国建筑工业出版社 2009 年版。

②杨豪中、王赢、王翮：《瑞典与挪威的地域性建筑》，中国建材工业出版社 2006 年版。

［166］张似赞译著二种

①［意］布鲁诺·赛维著：《建筑空间论：如何品评建筑》，张似赞译，中国建筑工业出版社 2006 年版。

②［法］罗兰·马丁著：《希腊建筑》，张似赞、张军英译，中国建筑工业出版社 1999 年版。

［167］［美］琳达·格鲁特、大卫·王编著，《建筑学研究方法》，王晓梅译，机械工业出版社 2005 年版。

［168］张阿利著作二种

①《陕派电视剧地域文化论》，中国电影出版社 2008 年版。

②《电影读解与评论》，太白文艺出版社 1999 年版。

［169］韩鲁华：《精神的映象——贾平凹文学创作论》，中国社会科学出版社 2003 年版。

［170］邓波代表作三篇

①《海德格尔的建筑哲学及其启示》，《自然辩证法研究》2003 年第 12 期。

②《朝向工程事实本身——再论工程的划界、本质与特征》，《自然辩证法研究》2007 年第 23 期。

③《工程筹划的时间结构》，《自然辩证法研究》2010 年 8 期。

［171］胡武功：《中国影像革命》，中国文联出版公司 2005 年版。

［172］杨新磊著作二种

①《理论之"在"与影像研究》，陕西出版集团、三秦出版社 2011 年版。

②《空间之间　象外之象》，（香港）中国科学文献出版社 2012 年版。

II　英文文献

［1］Rollinger, Robin, *Husserl's Position in the School of Brentano*, Dordrecht / Boston / London：Kluwer, 1999.

［2］Husserl, Edmund. *The Crisis of the European Sciences and Transcendental*

Phenomenology. Evanston: Northwestern University Press, 1970, pg. 240.

［3］ Natanson, M. Edmund Husserl: *Philosopher of Infinite Tasks.* Evanston: Northwestern University Press, 1973.

［4］ Safranski, R. Martin Heidegger: *Between Good and Evil.* Cambridge, MA: Harvard University Press, 1998.

［5］ Robert Sokolowski, *Introduction to Phenomenology*, Cambridge University Press, 2000.

［6］ Popkin, R. H. *The Columbia History of Western Philosophy.* New York, Columbia University Press, 1999.

［7］ David Woodruff Smith, *Husserl*, Routledge, 2007.

［8］ Heidegger, Martin, "Introduction", *The Basic Problems of Phenomenology*, Indiana University Press, 1975.

［9］ Heidegger's "A Dialogue on Language Between a Japanese and an Inquirer", in *On the Way to Language*, New York: Harper & Row, 1971.

［10］ *Martin Heidegger, Emmanuel Levinas, and the Politics of Dwelling* by David J. Gauthier, Ph. D. dissertation, Louisiana State University.

［11］ Hermann Philipse, *Heidegger's Philosophy of Being*, p. 173, Supplements, trans. John Van Buren p. 183.

［12］ Charles Bambach, *Heidegger's Roots*, Cornell University Press.

［13］ Julian Young, *Heidegger, Philosophy, Nazism*, Cambridge University Press, 1997.

［14］ Rüdiger Safranski, *Martin Heidegger: Between Good and Evil*, Harvard University Press, 1998.

［15］ Heidegger, Martin; Heidegger, Gertrud (September 2005), *Mein liebes Seelchen*, Briefe von Martin Heidegger an seine Frau Elfride: 1915 – 1970, Munich: DVA, ISBN 978 – 3421058492.

［16］ Lévi – Strauss, Claude. *Structural Anthropology.* Trans. Claire Jacobson and Brooke Grundfest Schoepf (First published New York: Basic Books, 1963; New York: Anchor Books Ed. , 1967).

[17] Lyon, James K. Paul Celan and Martin Heidegger: *An unresolved conversation*, 1951 – 1970.

[18] Heidegger (1971), *Poetry*, *Language*, *Thought*, translation and introduction by Albert Hofstadter.

[19] The Influence of Augustine on Heidegger: *The Emergence of an Augustinian Phenomenology*, ed. Craig J. N. de Paulo. (Lewiston: The Edwin Mellen Press, 2006.) and also *Martin Heidegger's Interpretations of Augustine: Sein und Zeit und Ewigkeit*, ed. Frederick Van Fleteren. (Lewiston: The Edwin Mellen Press, 2005.)

[20] Heidegger, *What is Called Thinking?* New York: Harper & Row, 1968.

[21] Kelvin Knight, Aristotelian Philosophy: *Ethics and Politics from Aristotle to MacIntyre*, Cambridge: Polity Press, 2007.

[22] *Political Islam*, *Iran*, *and the Enlightenment: Philosophies of Hope and Despair*, Ali Mirsepassi. Cambridge University Press, 2010.

[23] *Iran's Islamists Influenced By Western Philosophers*, NYU's Mirsepassi Concludes in New Book, New York University. January 11, 2011. Accessed February 15, 2011

[24] Liangsicheng, *A Pictorial History of Chinese Architecture*, Cambridge, Mass. : MIT Press, 1984.

[25] Hans Sluga, *Heidegger's Crisis: Philosophy and Politics in Nazi Germany*, Cambridge, Massachusetts & London: Harvard University Press, 1993.

[26] Seyla Benhabib, *The Reluctant Modernism Of Hannah Arendt*, Rowman and Littlefield, 2003.

[27] Seyla Benhabib, *The Personal is not the Political*, October / November 1999 issue of Boston Review.

[28] Jencks, Charles A. *The Language of Post – Modern Architecture.* New York: Rizzoli, 1977.

[29] Xue, Charlie Q. L. , *Building a Revolution: Chinese Architecture since*

1980. Hong Kong: Hong Kong University Press, 2006.

[30] Xing Ruan, *New China Architecture*. Singpore: Periplus, 2006.

[31] Rowe, Peter G. and Seng Kuan., *Architectural Encounters with Essence and Form in Modern China*, Cambridge, Mass: MIT Press, 2002.

[32] Bernard Stiegler, *Technics and Time* – 1: *The Fault of Epimetheus*, Stanford: Stanford University Press, 1998.

[33] Nikolas Kompridis, *Critique and Disclosure: Critical Theory between Past and Future*, MIT Press, 2006.

[34] Bertrand Russell, *Wisdom of the West*, New York: Crescent Books, 1989.

[35] Emmanuel Levinas, *Nine Talmudic Readings*, Indiana University Press, 1990.

[36] Banister Fletcher, *A History of Architecture on the Comparative Method*, New York Press, 2001.

[37] D. Rowland – T. N. Howe: Vitruvius. *Ten Books on Architecture*. Cambridge University Press, Cambridge 1999.

[38] Henry Wotton, 1624, *"firmness, commodity and delight"*, Cambridge University Press, Cambridge 1956.

[39] Françoise Choay, *Alberti and Vitruvius*, editor, Joseph Rykwert, Profile 21, Architectural Design, Vol 49 No 5 – 6.

[40] John Ruskin, *The Seven Lamps of Architecture*, G. Allen (1880), reprinted Dover, 1989.

[41] Le Corbusier, *Towards a New Architecture*, Dover Publications, 1985.

[42] Rondanini, Nunzia, *Architecture and Social Change Heresies II*, Vol. 3, No. 3, New York, Neresies Collective Inc., 1981.

[43] Robert Stam, *Film Theory: an introduction*, Oxford: Blackwell Publishers, 2000.

[44] André Bazin, *What is Cinema*, essays selected and translated by Hugh Gray, Berkeley: University of California Press, 1971.

［45］ Weddle, David. *"Lights, Camera, Action. Marxism, Semiotics, Narratology: Film School Isn't What It Used to Be, One Father Discovers."* Los Angeles Times, July 13, 2003; URL retrieved 22 Jan 2011.

［46］ Slavoj Žižek, *Welcome to the Desert of the Real*, London: Verso, 2000.

［47］ Dudley Andrew, *Concepts in Film Theory*, Oxford, New York: Oxford University Press, 1984.

［48］ Francesco Casetti, *Theories of Cinema*, 1945 – 1990, Austin: University of Texas Press, 1999.

［49］ Stanley Cavell, *The World Viewed: Reflections on the Ontology of Film* (1971); 2nd enlarged edn (1979).

［50］ Bill Nichols, *Representing Reality. Issues and Concepts in Documentary*, Bloomington: Indiana University Press, 1991.

［51］ *The Oxford Guide to Film Studies*, Oxford University Press, 1998.

［52］ Rapoport, Amos., *Culture, Architecture and Design*, Chicago: Locke Science Publication Co., 2005.

［53］ Barbe, W. B., & Swassing, R. H., with M. N. Milone. (1979). *Teaching Through Modality Strengths: Concepts and Practices.* Columbus, OH: Zaner – Bloser.

［54］ Pashler, Harold; McDonald, Mark; Rohrer, Doug; Bjork, Robert (2009), *Learning Styles: Concepts and Evidence*, Psychological Science in the Public Interest 9 (3): 105 – 119.

［55］ UNESCO, *Education for All Monitoring Report* 2008, Net Enrollment Rate in primary education.

［56］ Daron Acemoglu, Simon Johnson, and James A. Robinson, *The Colonial Origins of Comparative Development: An Empirical Investigation.* American Economic Review 91, no. 5 (December 2001): 1369 – 1401.

［57］ Chan, Bernard, *New Architecture in China.* London: Merrill Press, 2005.

［58］ David Card, *Causal Effect of Education on Earnings, in Handbook of*

Labor Economics, edited by Orley Ashenfelter and David Card. Amsterdam: North – Holland, 1999: 1801 – 1863.

[59] Samuel Bowles and Herbert Gintis, *Schooling in Capitalist America: Educational Reform and the Contradictions of Economic Life* (Basic Books, 1976) .

[60] Richard Wollheim, *Art and Its Objects*, p. 1, 2nd edn, 1980, Cambridge University Press, ISBN 0521297060.

[61] Jerrold Levinson, *The Oxford Handbook of Aesthetics*, Oxford university Press, 2003.

[62] Martin Heidegger, *The Origin of the Work of Art*, in *Poetry*, *Language*, *Thought*, Harper Perenniel, 2001.

[63] Elkins, James, *Art History and Images: That Are Not Art*, The Art Bulletin, Vol. 47, No. 4 (Dec. 1995), with previous bibliography. "Non – Western images are not well described in terms of art, and neither are medieval paintings that were made in the absence of humanist ideas of artistic value". 553.

[64] Dana Arnold and Margaret Iverson (eds.) *Art and Thought*. Oxford: Basil Blackwell, 2003.

[65] Michael Ann Holly and Keith Moxey (eds.) *Art History and Visual Studies*. Yale University Press, 2002. John Whitehead. Grasping for the Wind. 2001.

[66] Oliver Leaman. *The Qur' an: an Encyclopedia*. New York: Taylor & Francis, 2002.

[67] Peter C. Rogers, Ph. d. *Ultimate Truth. Bloomington: AuthorHouse*. ISBN 1 – 4389 – 7968 – 1.

[68] Walter Taminang. *Perspectives on Mankind' s Search for Meaning*. Lulu. com. 2008.

[69] Arnold, D and Ballantyne, A. (ed.), *Architecture as Experience: Rdical Change in Spatial Practice*. New York: Routedge, 2004.

[70] Iris Barry, *The German Film*, *in: New Republic*, Vol. 116, No. 20, 19. Mai 1947.

[71] David T. Bazelzon, *The Hidden Movie*, in: Commentary, Vol. 4,

No. 2, August 1947.

［72］Andrew Bergman, *We' re in the Money. Depression America and Its Films*, New York 1972.

［73］Franklin Fearing, *Films as History*, in: Hollywood Quarterly, No. 4, Juli 1947.

［74］Erens, Patricia. *"Introduction" Issues in Feminist Film Criticism.* Patricia Erens, ed. Bloomington: Indiana University Press, 1990.

［75］Braudy and Cohen, *Film Theory and Criticism*, Sixth Edition, Oxford University Press, 2004.

［76］McHugh, Kathleen and Vivian Sobchack. *"Introduction: Recent Approaches to Film Feminisms."* Signs 30 (1): 1205 – 1207.

［77］Rich, B. Ruby. *In the Name of Feminist Film Criticism.* Issues in Feminist Film Criticism. Patricia Erens, ed. Bloomington: Indiana University Press, 1990.

［78］*The Oppositional Gaze: Black Female Spectators.* The Feminism and Visual Culture Reader. Amelia Jones, ed. London: Routledge, 2003.

［79］Braudy and Cohen, *Film Theory and Criticism*, 6th Edition, Oxford University Press, 2004.

［80］Johnston, Claire. *Women' s Cinema as Counter Cinema.* Sexual Strategems: The World of Women in Film. Patricia Erens, ed. New York: Horizon Press, 1979.

［81］Sue Thornham (ed.), *Feminist Film Theory.* A Reader, Edinburgh University Press, 1999.

［82］*Multiple Voices in Feminist Film Criticism*, edited by Diane Carson, Janice R. Welsch, Linda Dittmar, University of Minnesota Press 1994.

［83］Kjell R. Soleim (ed.), *Fatal Women.* Journal of the Center for Women' s and Gender Research, Bergen Univ. , Vol. 11: 115 – 128, 1999.

［84］Bracha L. Ettinger (1999), *Matrixial Gaze and Screen: Other than Phallic and Beyond the Late Lacan.* In: Laura Doyle (ed.) Bodies of Resistance. Evanston, Illinois: Northwestern University Press, 2001.

［85］Beyond the Gaze：*Recent Approaches to Film Feminisms*. Signs Vol. 30，No. 1（Autumn 2004）.

［86］Griselda Pollock，*Differencing the Canon*. Routledge，London & N. Y.，1999.

［87］Griselda Pollock（ed. ），*Psychoanalysis and the Image*. Oxford：Blackwell，2006.

［88］*The Complete Correspondence of Sigmund Freud and Karl Abraham*，1907 – 1925，Publisher：Karnac Books，2002.

Ⅲ 国外建筑学类学术期刊

［1］美国：Grey Room（MIT Press）；Harvard Design Magazine；Journal of architectural education（MIT Press）；*Journal of the Society of Architectural Historians*（Urbana，Ill）。

［2］英国：AA Files（London）；*Journal of Architecture*（*London*）；Architectural Research Quarterly（Cambridge Univ Press）。

［3］日本：A + U，S + D，Japan Architect，GA Document。

［4］西班牙：El Croquis；Arquitectura viva（Madrid）；Quaderns d'arquitectura i urbanisme（Barcelona）。

［5］意大利：Domus；Casabella。

Ⅳ 几个富有参考价值的英文网站

［1］http：//www. pritzkerprize. com/（建筑界的诺贝尔奖——普利兹克奖）

［2］http：//www. greatbuildings. com/gbc/archuitects/Peter_ Eisenman. htm（美国建筑师 P. Eisenman 的作品模型）

［3］http：//www. fosterandpartners. com/（英国建筑师 Norman Foster 的官方网站）

［4］http：//www. e – architect. com/news/aiarchitect/jan00/goldmedal. asp（墨西哥建筑师 Legoretta Ricardo，获 AIA 美国建筑师学会奖）

［5］http：//www. richardrogers. co. uk/（英国建筑师 Richard Rogers）

［6］http：//architecture. mit. edu/（美国麻省理工学院建筑系）

［7］http：//www. architecture. yale. edu（美国耶鲁大学建筑学院）

［8］http：//acsa - arch. org/（美国建筑院校协会）

［9］http：//www. msa. mmu. ac. uk/（英国 MANCHESTER 建筑学院）

V 德文文献

［1］Martin Heidegger：*Sein und Zeit*，Gesamtausgabe Volume 2.

［2］Martin Heidegger：*Holzwege*，Gesamtausgabe Volume 5. This collection includes "Der Ursprung der Kunstwerkes"（1935 - 1936）.

［3］Martin Heidegger：*Bauen Wohnen Denken*，Gesamtausgabe Volume 22.

［4］Geoffrey Nowell - Smith（Hrsg. ）：*Geschichte des internationalen Films.* Metzler，Stuttgart 1998.

［5］Wolfgang acobsen，Anton Kaes，Hans H. Prinzler（Hrsg. ）：*Geschichte des Deutschen Films*，Stuttgart：Metzler，2. erw. Auflage 2004.

［6］Werner Faulstich：*Filmgeschichte.* Fink，Paderborn 2005.

［7］Corinna Müller：*Vom Stummfilm zum Tonfilm.* 2003.

［8］Dörhöfer，Kerstin：*Pionierinnen in der Architektur*：*Eine Baugeschichte der Moderne.* Tübingen，Wasmuth 2004.

［9］Durth，Werner：*Deutsche Architekten.* München，dtv 1992.

［10］Kuhl，Isabel/ Lowis，Kristina/ Thiel - Siling，Sabine：50 *Architekten die man kennen sollte*，Prestel Vlg. ，München 2008.

［11］Pfammatter，Ulrich：Die Erfindung des modernen Architekten：*Ursprung und Entwicklung seiner wissenschaftlich - industriellen Ausbildung.* Basel ［u. a. ］，Birkhäuser 1997.

［12］Herrmann，FriedrichWilhelm von：*Weltphilosophie und Phänomenologie.* In：Badische Zeitung，11. /12. 12. 1965，Nr. 268，S. 5.

［13］Schmidt，G. ：Eugen Fink：*Der Philosoph wird 60 Jahre.* In：Frankfurter Allgemeine（11. 12. 1965），S. 2.

［14］Janssen，Paul：Eugen Fink：*Sein und Mensch.* In：Perspektiven der Philosophie 7（1981），S. 349 – 370.

［15］Biemel，Walter. *Schlußwort.* In：Ferdinand Graf（Hrsg.）：Eugen – Fink – Symposion 1985. Freiburg i. Br.：Pädagogische Hochschule Freiburg，1987（Schriftenreihe der Pädagogischen Hochschule Freiburg；2），S. 111 – 115. – TM 87/2855.

［16］Hodonyi，Robert：*Von Baustelle zu Baustelle.* Ein Streifzug durch die Geschichte des Architektenmotivs in der Literatur. In：Weimarer Beiträge. Zeitschrift für Literaturwissenschaft，Ästhetik und Kulturwissenschaften 54（2008），H. 4，S. 589 – 608.

VI 影像资料

［1］CCTV – 纪录频道播出的直接与本论著有关的纪录片：
① 《为中国而设计》
② 《世界地铁》《地铁》
③ 《望长安》《西安 2020》
④ 《大明宫》《拯救大遗址》《梦回大唐：大明宫猜想》
⑤ 《故宫》《台北故宫》
⑥ 《圆明园》《颐和园》
⑦ 《人民大会堂不能不说的秘密》第 1、2 集。
［2］众多知名建筑师出场的纪录片：《柏林巴比伦》，BBC，2003。
［3］《我的建筑师》，Frank O. Gehry 等导演，116 分钟。
［4］迄今唯一一部关于海德格尔的纪录片：*THE ISTER*（《伊斯特河》）。
［5］杨新磊导演的建筑动画短片：《拜水丹江 问道南阳》。

后　记

此书基于我的博士论文，是对我在西安建筑科技大学读博五载之检视与总括。

这是一所历史悠久的大学，治学严谨，口碑良佳，建筑学是其传统优势之一，国家级重点学科。校长、中国工程院徐德龙院士高瞻远瞩，力倡工学与人文的深度融合。建筑学院刘克成院长积极响应，在国内首创"建筑文化"这个二级学科，我方有此机缘负笈该校，开始跨学科的交叉研究。

我素来敬重那些具有深厚文化积淀、良好学术修养的学者，比如北大的季羡林前辈，他们能从容游弋于几个一级学科之间，纵横捭阖，俯仰皆及，挥洒自如，且齐头并进，硕果累累。在文学的边际日益模糊的今天，在人文科学与社会科学甚至自然科学不断融汇的当下，我跨进广袤的工学领域而钻研建筑学，实乃应天顺时、知机识变也。感谢刘克成院长在学科点上的拓荒，突出人文尤其艺术对建筑学的渗透与浸淫，倡导技术与艺术的内联深合，这无疑是睿智的。

论文从选题、预答辩到最终答辩，长达五年，多位前辈给予了直接指正。感谢中国传媒大学戏剧影视学院的宋家玲教授，他一直在关注我，详细批阅了全文，年逾七旬仍亲临西安出席最终答辩，令我如沐春风。感谢西安交通大学人居学院的许樫教授，他在建筑学上的思想火花，照亮了本论著踽踽独行的夜空。感谢西北大学文学院的张阿利教授，作为中国传媒大学的师兄、校友，他对本论著中有关影视尤其电视剧句段的纠偏与匡误，足见其专业功底之深。感谢邓波教授——一位资深现象学研究者，他的指点夯实了本论著的哲学根基。他的同事苏红教授，也是一位认真的学者，曾出席预答辩。感谢杨豪中教授，他对西方建筑理论的熟稔与专长，令我受益匪浅。感谢韩鲁华教授，他在文学批评乃至文学理论上的灼见，令此文增色不少。感谢张似赞前辈，年近九旬，我数次登门，他都认真接待并耐心答疑，这种敬业与忘我，令后辈肃然起敬。感谢中共中央党校苏士铎教授，他为我的新书作序，几番与我促膝长谈，推荐同事赵素芬教授亲临西安出席最终答辩，这种扶持与鼓励，令我信心倍增。感谢业界导师胡武功教授，他是著名摄影家，尤擅纪实摄影。

读博五载，有几位专家对此书给予了间接指导。感谢徐德龙院士对我的扶持与鼓励，他平易近人，慈祥温和，内心涌动着对后辈及学子的博大关爱。感谢仲呈祥研究员，他曾任国务院学位办艺术学科评议组召集人多年，对包括影视、建筑在内的各门艺术之间的内联性与贯通性有精辟见解，这对我的研究启迪良多。感谢中国传媒大学"长江学者"胡智锋教授，他对此文的结构、脉络曾给予肯綮的指正。感谢郝继平副校长，他认真听取此文角逐博士研究生创新基金答辩。感谢研究生院王燕平副院长，他从政策高度对学位论文文献引用率的革故鼎新表明他颇具科研创新力。感谢建筑学院李岳岩副院长，他结合自己的博士论文建议我在图表、格式上精益求精。感谢刘晖教授，不论讲课还是批改论文，她都是那么认真，那么严谨。感谢机电工程学院王继武书记，他曾与我一起写作并发表论文，这种支持很独特。感谢王树声教授，他在研究生院的寥寥数语，令我看到了曙光。感谢清华大学吴良镛院士，他在中国美术馆举办"人居艺境——吴良镛绘画书法建筑艺术展"开幕式的间歇曾匆匆翻阅此文，点头肯定。

那五载，博士学友李红梅、史煜、储兆文、毕振波、李照、徐进、郝占鹏、史雷鸣、肖轶、田野、李海军、魏书威、潘文彦、李智杰、孙静、于东飞、石英等给予我不同形式的帮助，谨谢！同窗之情，弥足珍贵。

不能忘记感谢我的妻子张苹，读博很费钱，夫人的理解与支持功不可没。断不能忘记向我的父母致敬并谢恩，那五年每逢坎坷挫折，他们都会为我担忧，为我流泪，为我祈祷。

回眸抚思，那五载，吾常焚膏继晷，广览勤耕。黄庭坚慨叹"江湖夜雨十年灯"，① 人生短促，学海浩瀚，读博，是任何一位学者人生中都必须经历

---

① 宋·黄庭坚《寄黄几复》。

的，我将"长相思，在长安"①；永难忘，西建大。

感谢海南师范大学新闻传播与影视学院。

感谢中国社会科学出版社，感谢责编郭晓鸿博士，她学养扎实，认真
负责。

限于笔者的学力与眼界，此书难免不妥与不周，还望各位前辈不吝赐教，
各位专家批评指正，希冀广大读者予以海涵。

2019 年 5 月 10 日

---

① 李白《长相思·其一》。